软件项目开发全程实录

C#项目开发全程实录

（第5版）

明日科技 编著

清华大学出版社
北京

内 容 简 介

本书精选 10 个热门项目，涉及游戏开发、Windows 桌面应用开发、数据库管理系统开发等 C#优势开发领域，实用性非常强。具体项目包含：智能语音计算器、俄罗斯方块游戏（炫彩版）、系统优化清理助手、图片处理工坊、一站式文档管家、飞鹰多线程下载器、卓识决策分析系统、灵动快递单打印精灵、智汇人才宝管理系统、云销商品管理系统。全书从软件工程的角度出发，按照项目开发的顺序，系统、全面地讲解每一个项目的开发实现过程。在体例上，每章一个项目，统一采用"开发背景→系统设计→技术准备→各功能模块实现→项目运行→源码下载"的形式完整呈现项目，给读者明确的成就感，可以让读者快速积累实际项目经验与技巧，早日实现就业目标。

另外，本书配备丰富的 C#在线开发资源库和电子课件，主要内容如下：

- ☑ 技术资源库：348 个核心技术点
- ☑ 技巧资源库：629 个开发技巧
- ☑ 实例资源库：1583 个应用实例
- ☑ 项目资源库：38 个精选项目
- ☑ 源码资源库：1619 套项目与案例源码
- ☑ 视频资源库：668 集学习视频
- ☑ PPT 电子课件

本书可为 C#入门自学者提供更广泛的项目实战场景，可为计算机专业学生进行项目实训、毕业设计提供项目参考，可供计算机专业教师、IT 培训讲师用作教学参考资料，还可作为软件工程师、IT 求职者、编程爱好者进行项目开发时的参考书。

本书封面贴有清华大学出版社防伪标签，无标签者不得销售。
版权所有，侵权必究。举报：010-62782989，beiqinquan@tup.tsinghua.edu.cn。

图书在版编目（CIP）数据

C#项目开发全程实录 / 明日科技编著. -- 5 版. -- 北京：清华大学出版社，2025.1. -- (软件项目开发全程实录). -- ISBN 978-7-302-67567-9

I. TP312.8

中国国家版本馆 CIP 数据核字第 2024Y15R66 号

责任编辑：贾小红
封面设计：秦 丽
版式设计：楠竹文化
责任校对：范文芳
责任印制：杨 艳

出版发行：清华大学出版社
网　　址：https://www.tup.com.cn，https://www.wqxuetang.com
地　　址：北京清华大学学研大厦 A 座
邮　　编：100084
社 总 机：010-83470000
邮　　购：010-62786544
投稿与读者服务：010-62776969，c-service@tup.tsinghua.edu.cn
质量反馈：010-62772015，zhiliang@tup.tsinghua.edu.cn

印 装 者：定州启航印刷有限公司
经　　销：全国新华书店
开　　本：203mm×260mm
印　　张：21.75
字　　数：740 千字
版　　次：2008 年 6 月第 1 版
印　　次：2025 年 1 月第 5 版 2025 年 1 月第 1 次印刷
定　　价：89.80 元

产品编号：107426-01

如何使用本书开发资源库

本书赠送价值 999 元的"C#在线开发资源库"一年的免费使用权限，结合图书和开发资源库，读者可快速提升编程水平和解决实际问题的能力。

C# 开发资源库

1. VIP 会员注册

刮开并扫描图书封底的防盗码，按提示绑定手机微信，然后扫描右侧二维码，打开明日科技账号注册页面，填写注册信息后将自动获取一年（自注册之日起）的 C#在线开发资源库的 VIP 使用权限。

读者在注册、使用开发资源库时有任何问题，均可通过明日科技官网页面上的客服电话进行咨询。

2. 开发资源库简介

C#开发资源库中提供了技术资源库（348 个核心技术点）、技巧资源库（629 个开发技巧）、实例资源库（1583 个应用实例）、项目资源库（38 个精选项目）、源码资源库（1619 套项目与案例源码）、视频资源库（668 集学习视频），共计六大类、4885 项学习资源。学会、练熟、用好这些资源，读者可在最短的时间内快速提升自己，从一名新手晋升为一名软件工程师。

3. 开发资源库的使用方法

在学习本书的各项目时，可以通过 C#在线开发资源库提供的大量技术点、技巧、热点实例、视频等快速回顾或了解相关的知识和技巧，提升学习效率。

除此之外，开发资源库还配备了更多的大型实战项目，供读者进一步扩展学习，提升编程兴趣和信心，

积累项目经验。

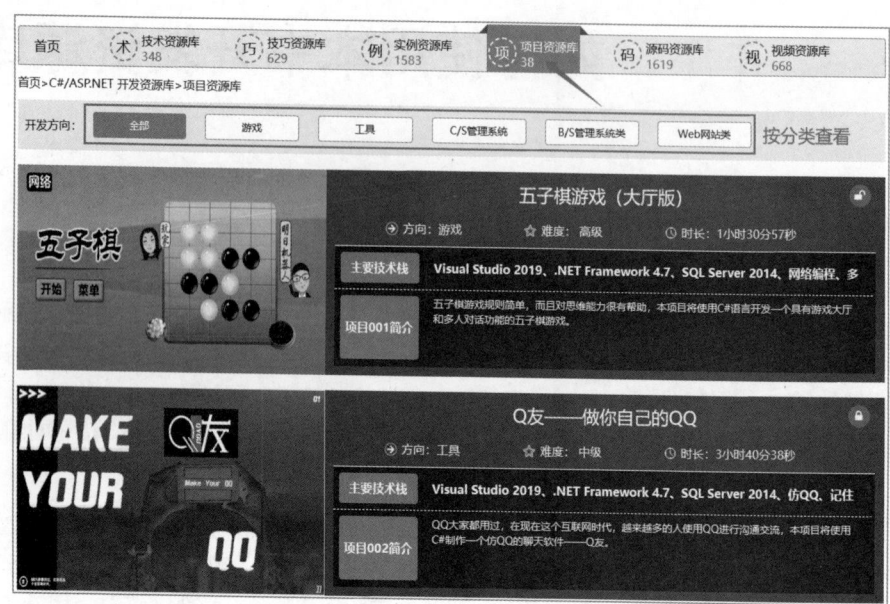

另外，利用页面上方的搜索栏，还可以对技术、技巧、实例、项目、源码、视频等资源进行快速查阅。

万事俱备后，读者该到软件开发的主战场上接受洗礼了。本书资源包中提供了C#各方向的面试真题，是求职面试的绝佳指南。读者可扫描图书封底的"文泉云盘"二维码获取。

前 言
Preface

丛书说明："软件项目开发全程实录"丛书第 1 版于 2008 年 6 月出版，因其定位于项目开发案例、面向实际开发应用，并解决了社会需求和高校课程设置相对脱节的痛点，在软件项目开发类图书市场上产生了很大的反响，在全国软件项目开发零售图书排行榜中名列前茅。

"软件项目开发全程实录"丛书第 2 版于 2011 年 1 月出版，第 3 版于 2013 年 10 月出版，第 4 版于 2018 年 5 月出版。经过十六年的锤炼打造，不仅深受广大程序员的喜爱，还被百余所高校选为计算机科学、软件工程等相关专业的教材及教学参考用书，更被广大高校学子用作毕业设计和工作实习的必备参考用书。

"软件项目开发全程实录"丛书第 5 版在继承前 4 版所有优点的基础上，进行了大幅度的改版升级。首先，结合当前技术发展的最新趋势与市场需求，增加了程序员求职急需的新图书品种；其次，对图书内容进行了深度更新、优化，新增了当前热门的流行项目，优化了原有经典项目，将开发环境和工具更新为目前的新版本等，使之更与时代接轨，更适合读者学习；最后，录制了全新的项目精讲视频，并配备了更加丰富的学习资源与服务，可以给读者带来更好的项目学习及使用体验。

C#是微软公司为 Visual Studio 开发平台推出的一种简洁、类型安全、面向对象的编程语言，开发人员可以通过它编写各种在.NET 上运行的安全可靠的应用程序。C#不仅可以开发数据库管理系统，而且在游戏开发、桌面常用工具开发方面具有显著的优势。本书以中小型项目为载体，带领读者切身体验软件开发的实际过程，可以让读者深刻体会 C#核心技术在项目开发中的具体应用。全书内容不是枯燥的语法和陌生的术语，而是一步一步地引导读者实现一个个热门的项目，从而激发读者学习软件开发的兴趣，变被动学习为主动学习。另外，本书的项目开发过程完整，不但可以为 C#编程自学者提供中小型项目开发参考，而且可以作为大学生毕业设计的项目参考书。

本书内容

本书精选 C#开发方向的 10 个热门项目，涉及游戏开发、Windows 桌面应用开发、数据库管理系统开发等 C#优势开发领域。具体项目包括：智能语音计算器、俄罗斯方块游戏（炫彩版）、系统优化清理助手、图片处理工坊、一站式文档管家、飞鹰多线程下载器、卓识决策分析系统、灵动快递单打印精灵、智汇人才宝管理系统、云销商品管理系统。

本书特点

- ☑ **项目典型**。本书精选 10 个 C#开发领域常见的热门项目，从实际应用角度出发展开系统性的讲解，可以让读者从项目学习中积累丰富的开发经验。
- ☑ **流程清晰**。本书项目从软件工程的角度出发，统一采用"开发背景→系统设计→技术准备→各功能模块实现→项目运行→源码下载"的流程进行讲解，可以让读者更加清晰地了解项目的完整开发流程，给读者明确的成就感和信心。
- ☑ **技术新颖**。本书所有项目的实现技术均采用目前业内推荐使用的最新稳定版本，与时俱进，实用性极强。同时，项目全部配备"技术准备"，对项目中用到的C#基本技术点、高级应用等进行精要讲解，在C#基础和项目开发之间搭建了有效的桥梁，为仅有C#语言基础的初级编程人员参与项目开发扫清了障碍。

- ☑ **精彩栏目**。本书根据项目学习的需要，在每个项目讲解过程的关键位置添加了"注意""说明"等特色栏目，点拨项目的开发要点和精华，以便读者能更快地掌握相关技术的应用技巧。
- ☑ **源码下载**。本书每个项目最后都安排了"源码下载"一节，读者能够通过扫描二维码下载对应项目的完整源码，以方便学习。
- ☑ **项目视频**。本书为每个项目提供了项目精讲微视频，使读者能够更加轻松地搭建、运行、使用项目，并能够随时随地查看和学习。

读者对象

- ☑ 初学编程的自学者
- ☑ 参与项目实训的学生
- ☑ 做毕业设计的学生
- ☑ 参加实习的初级程序员
- ☑ 高等院校的教师
- ☑ IT 培训机构的教师与学员
- ☑ 程序测试及维护人员
- ☑ 编程爱好者

资源与服务

本书提供了大量的辅助学习资源，同时还提供了专业的知识拓展与答疑服务，旨在帮助读者提高学习效率并解决学习过程中遇到的各种疑难问题。读者需要刮开图书封底的防盗码（刮刮卡），扫描并绑定微信，获取学习权限。

- ☑ **开发环境搭建视频**

搭建环境对于项目开发非常重要，它确保了项目开发在一致的环境下进行，减少了因环境差异导致的错误和冲突。通过搭建开发环境，可以方便地管理项目依赖，提高开发效率。本书提供了开发环境搭建讲解视频，可以引导读者快速准确地搭建本书项目的开发环境。扫描右侧二维码即可观看学习。

开发环境
搭建视频

- ☑ **项目精讲视频**

本书每个项目均配有对应的项目精讲微视频，主要针对项目的需求背景、应用价值、功能结构、业务流程、实现逻辑以及所用到的核心技术点进行精要讲解，可以帮助读者了解项目概要，把握项目要领，快速进入学习状态。扫描每章首页的对应二维码即可观看学习。

- ☑ **AI 辅助开发手册**

在人工智能浪潮的席卷之下，AI 大模型工具呈现百花齐放之态，辅助编程开发的代码助手类工具不断涌现，可为开发人员提供技术点问答、代码查错、辅助开发等非常实用的服务，极大地提高了编程学习和开发效率。为了帮助读者快速熟悉并使用这些工具，本书专门精心配备了电子版的《AI 辅助开发手册》，不仅为读者提供各个主流大语言模型的使用指南，而且详细讲解文心快码（Baidu Comate）、通义灵码、腾讯云 AI 代码助手、iFlyCode 等专业的智能代码助手的使用方法。扫描右侧二维码即可阅读学习。

AI 辅助
开发手册

☑ **项目源码**

本书每章一个项目，系统全面地讲解了该项目的设计及实现过程。为了方便读者学习，本书提供了完整的项目源码（包含项目中用到的所有素材，如图片、数据表等）。扫描每章最后的二维码即可下载。

☑ **代码查错器**

为了进一步帮助读者提升学习效率，培养良好的编码习惯，本书配备了由明日科技自主开发的代码查错器。读者可以将本书的项目源码保存为对应的 txt 文件，存放到代码查错器的对应文件夹中，然后自己编写相应的实现代码并与项目源码进行比对，快速找出自己编写的代码与源码不一致或者发生错误的地方。代码查错器配有详细的使用说明文档，扫描右侧二维码即可下载。

代码查错器

☑ **C#开发资源库**

本书配备了强大的线上 C#开发资源库，包括技术资源库、技巧资源库、实例资源库、项目资源库、源码资源库、视频资源库。扫描右侧二维码，可登录明日科技网站，获取 C#开发资源库一年的免费使用权限。

C#开发资源库

☑ **C#/ASP.NET 面试资源库**

本书配备了 C#/ASP.NET 面试资源库，精心汇编了大量企业面试真题，是求职面试的绝佳指南。扫描本书封底的"文泉云盘"二维码即可获取。

☑ **教学 PPT**

本书配备了精美的教学 PPT，可供高校教师和培训机构讲师备课使用，也可供读者做知识梳理。扫描本书封底的"文泉云盘"二维码即可下载。另外，登录清华大学出版社网站（www.tup.com.cn），可在本书对应页面查阅教学 PPT 的获取方式。

☑ **学习答疑**

在学习过程中，读者难免会遇到各种疑难问题。本书配有完善的新媒体学习矩阵，包括 IT 今日热榜（实时提供最新技术热点）、微信公众号、学习交流群、400 电话等，可为读者提供专业的知识拓展与答疑服务。扫描右侧二维码，根据提示操作，即可享受答疑服务。

学习答疑

致读者

本书由明日科技.NET 开发团队组织编写，主要编写人员有王小科、高春艳、赵宁、刘书娟、张鑫、王国辉、赛奎春、田旭、葛忠月、杨丽、李颖、程瑞红、张颖鹤等。明日科技是一家专业从事软件开发、教育培训以及软件开发教育资源整合的高科技公司，其编写的图书非常注重选取软件开发中的必需、常用内容，同时也很注重内容的易学性、学习的方便性以及相关知识的拓展性，深受读者喜爱。其编写的图书多次荣获"全行业优秀畅销品种""全国高校出版社优秀畅销书"等奖项，多个品种长期位居同类图书销售排行榜的前列。

在编写本书的过程中，我们始终本着科学、严谨的态度，力求精益求精，但疏漏之处在所难免，垦请广大读者批评指正。

感谢您购买本书，希望本书能成为您的良师益友，成为您步入编程高手之路的踏脚石。

宝剑锋从磨砺出，梅花香自苦寒来。祝读书快乐！

编 者
2024 年 11 月

目 录

第 1 章 智能语音计算器 1
——运算符＋流程控制＋类＋方法＋窗体应用＋INI 文件读写＋音频播放

- 1.1 开发背景 1
- 1.2 系统设计 2
  - 1.2.1 开发环境 2
  - 1.2.2 业务流程 2
  - 1.2.3 功能结构 2
- 1.3 技术准备 3
  - 1.3.1 技术概览 3
  - 1.3.2 INI 配置文件读写 4
  - 1.3.3 使用 API 函数播放语音 5
- 1.4 功能设计 5
  - 1.4.1 设计窗体 5
  - 1.4.2 数字键输入 6
  - 1.4.3 点的输入 7
  - 1.4.4 清零及删除功能的实现 7
  - 1.4.5 实现计算及语音播放功能 8
  - 1.4.6 语音设置的实现 12
- 1.5 项目运行 13
- 1.6 源码下载 14

第 2 章 俄罗斯方块游戏（炫彩版） 15
——随机数＋数组＋面向对象编程＋Timer 计时器＋GDI+技术＋键盘处理

- 2.1 开发背景 15
- 2.2 系统设计 16
  - 2.2.1 开发环境 16
  - 2.2.2 业务流程 16
  - 2.2.3 功能结构 16
- 2.3 技术准备 17
  - 2.3.1 技术概览 17
  - 2.3.2 方块组变换分析 18
  - 2.3.3 键盘处理技术 19
- 2.4 公共类设计 20
- 2.5 功能设计 30
  - 2.5.1 设计窗体 30
  - 2.5.2 初始化游戏场景 32
  - 2.5.3 生成游戏方块并使其自动下落 33
  - 2.5.4 使用键盘控制方块的变换及移动 34
  - 2.5.5 暂停和继续游戏 34
- 2.6 项目运行 35
- 2.7 源码下载 35

第 3 章 系统优化清理助手 36
——多分支语句＋窗体控件＋Process 进程类＋注册表操作＋WMI 操作

- 3.1 开发背景 36
- 3.2 系统设计 37
  - 3.2.1 开发环境 37
  - 3.2.2 业务流程 37
  - 3.2.3 功能结构 37
- 3.3 技术准备 38
  - 3.3.1 技术概览 38
  - 3.3.2 使用 Process 类获取进程信息 39
  - 3.3.3 WMI 技术应用 40
- 3.4 公共类设计 41
  - 3.4.1 Operator 类 42
  - 3.4.2 Win32 类 48
  - 3.4.3 myHook 类 49
- 3.5 主窗体设计 51
  - 3.5.1 主窗体概述 51
  - 3.5.2 设计主窗体 51
  - 3.5.3 窗体标题栏的实现 54
  - 3.5.4 主窗体中的快捷按钮 56
  - 3.5.5 系统托盘的实现 57

3.6 系统检测窗体设计 58
    3.6.1 系统检测窗体概述 58
    3.6.2 设计系统检测窗体 58
    3.6.3 初始化树菜单 59
    3.6.4 根据选择项显示其详细信息 62
3.7 功能集合窗体设计 62
    3.7.1 功能集合窗体概述 62
    3.7.2 功能集合窗体属性设置 63
    3.7.3 设计导航工具栏 63
    3.7.4 设计系统清理面板 64
    3.7.5 设计实用工具面板 65
    3.7.6 设计任务管理面板 66
    3.7.7 设计选项面板 68
3.8 系统清理功能 68
    3.8.1 系统清理功能概述 68
    3.8.2 系统清理功能的实现 69
3.9 实用工具集合功能 69
    3.9.1 实用工具集合功能概述 69
    3.9.2 调用系统常用工具 70
    3.9.3 快速关机功能的实现 70
3.10 锁定系统模块设计 71
    3.10.1 锁定系统模块概述 71
    3.10.2 设计锁屏设置窗体 72
    3.10.3 设计锁屏窗体 75
    3.10.4 设计解锁窗体 77
3.11 系统优化窗体设计 79
    3.11.1 系统优化窗体概述 79
    3.11.2 设计系统优化窗体 80
    3.11.3 实现系统优化功能 80
    3.11.4 备份注册表信息 82
    3.11.5 还原注册表信息 82
3.12 项目运行 82
3.13 源码下载 83

第4章 图片处理工坊 84
——对话框控件＋Timer 计时器＋
打印技术＋GDI+技术

4.1 开发背景 84
4.2 系统设计 85
    4.2.1 开发环境 85
    4.2.2 业务流程 85
    4.2.3 功能结构 85
4.3 技术准备 86
    4.3.1 技术概览 86
    4.3.2 对话框控件的使用 87
    4.3.3 使用 RotateFlip()方法旋转图片 90
    4.3.4 GetPixel()方法和 SetPixel()方法的使用 91
4.4 主窗体设计 91
    4.4.1 主窗体概述 91
    4.4.2 设计主窗体 92
    4.4.3 打开图片目录 93
    4.4.4 转换图片格式 93
    4.4.5 打印图片 94
4.5 图片特效窗体设计 95
    4.5.1 图片特效功能概述 95
    4.5.2 设计图片特效窗体 95
    4.5.3 "浮雕"效果 95
    4.5.4 "积木"效果 96
    4.5.5 "底片"效果 96
    4.5.6 "雾化"效果 97
4.6 图片调节窗体设计 97
    4.6.1 图片调节功能概述 97
    4.6.2 设计图片调节窗体 98
    4.6.3 调节图片亮度 98
    4.6.4 调节图片大小 99
    4.6.5 调节图片对比度 100
    4.6.6 保存调节后的图片 101
4.7 图片加文字水印窗体设计 102
    4.7.1 图片加文字水印功能概述 102
    4.7.2 设计图片加文字水印窗体 102
    4.7.3 添加文字到图片中 102
    4.7.4 设置水印文字的字体和颜色 103
    4.7.5 水印效果预览 103
    4.7.6 保存写入文字的图片 104
4.8 幻灯片放映窗体设计 105
    4.8.1 幻灯片放映功能概述 105
    4.8.2 设计幻灯片放映窗体 105
    4.8.3 将图片显示在幻灯片中 105

4.8.4	自动切换图片	106
4.8.5	暂停播放幻灯片	106
4.8.6	重新播放幻灯片	107
4.9	项目运行	107
4.10	源码下载	107

第 5 章 一站式文档管家 108
——TreeView 树控件 + 文件及文件夹类 + 数据库操作技术 + DriveInfo 类 + 无边框窗体移动技术

5.1	开发背景	108
5.2	系统设计	109
5.2.1	开发环境	109
5.2.2	业务流程	109
5.2.3	功能结构	110
5.3	技术准备	110
5.3.1	技术概览	110
5.3.2	使用 GetDrives()方法获取本地驱动器	111
5.3.3	无边框窗体的移动	111
5.4	数据库设计	112
5.5	公共类设计	113
5.5.1	DataClass 类	113
5.5.2	FrmAffairClass 类	115
5.6	主窗体设计	130
5.6.1	主窗体概述	130
5.6.2	设计主窗体	130
5.6.3	主窗体的显示	131
5.6.4	设置主窗体标题栏	131
5.6.5	动态切换资料集列表和文件夹列表	132
5.6.6	查看文件夹或资料集	132
5.6.7	查找文件功能的实现	133
5.7	文件夹操作窗体设计	133
5.7.1	文件夹操作窗体概述	133
5.7.2	设计文件夹操作窗体	133
5.7.3	初始化文件夹操作窗体	134
5.7.4	实现文件夹的添加、修改和删除功能	134
5.8	文件操作窗体设计	136
5.8.1	文件操作窗体概述	136
5.8.2	设计文件操作窗体	136
5.8.3	初始化文件操作窗体	137
5.8.4	实现添加文件列表	137
5.8.5	实现文件的添加、修改和删除功能	138
5.9	导入导出窗体设计	139
5.9.1	导入导出窗体概述	139
5.9.2	设计导入导出窗体	140
5.9.3	初始化导入导出窗体	140
5.9.4	显示指定目录下的文件夹	141
5.9.5	实现文件/文件夹的导入导出功能	141
5.10	项目运行	142
5.11	源码下载	142

第 6 章 飞鹰多线程下载器 143
——委托 + 异常处理 + 文件流 + 多线程 + 网络编程 + 断点续传技术

6.1	开发背景	143
6.2	系统设计	144
6.2.1	开发环境	144
6.2.2	业务流程	144
6.2.3	功能结构	145
6.3	技术准备	145
6.3.1	技术概览	145
6.3.2	断点续传技术	147
6.3.3	序列化与反序列化	147
6.4	项目配置文件设计	148
6.5	公共类设计	149
6.5.1	Locations 记录续传信息类	149
6.5.2	Set 系统设置类	150
6.5.3	DownLoad 文件下载类	152
6.5.4	Resume 断点续传类	155
6.6	主窗体设计	155
6.6.1	主窗体概述	155
6.6.2	设计主窗体	156
6.6.3	初始化控件及下载任务状态	157
6.6.4	打开新建下载任务窗体	161
6.6.5	开始、暂停、删除及续传操作	162
6.6.6	网络速度实时监控	163
6.6.7	打开系统设置窗体	164
6.6.8	退出程序时自动保存续传文件	164

6.7	新建下载任务窗体设计	165
	6.7.1 新建下载任务窗体概述	165
	6.7.2 设计新建下载任务窗体	165
	6.7.3 显示默认下载路径	166
	6.7.4 选择下载文件保存位置	166
	6.7.5 自动获取下载文件名	166
	6.7.6 确认下载文件信息	166
6.8	系统设置窗体设计	167
	6.8.1 系统设置窗体概述	167
	6.8.2 设计系统设置窗体	168
	6.8.3 显示用户的默认设置	169
	6.8.4 切换设置界面	170
	6.8.5 保存用户设置	170
6.9	项目运行	172
6.10	源码下载	173

第 7 章 卓识决策分析系统 174
——ADO.NET＋游标＋存储过程＋透视表/统计表＋GDI+技术＋自定义用户控件

7.1	开发背景	174
7.2	系统设计	175
	7.2.1 开发环境	175
	7.2.2 业务流程	175
	7.2.3 功能结构	175
7.3	技术准备	176
	7.3.1 技术概览	176
	7.3.2 透视表的使用	177
	7.3.3 统计表的使用	178
	7.3.4 自定义用户控件	179
7.4	数据库设计	181
7.5	公共类设计	181
	7.5.1 DataClass 类	182
	7.5.2 FrmClass 类	186
7.6	决策分析主窗体设计	191
	7.6.1 决策分析主窗体概述	191
	7.6.2 设计决策分析主窗体	191
	7.6.3 初始化数据	192
	7.6.4 打开生成透视表窗体	192
	7.6.5 打开生成统计表窗体	194

7.7	生成透视表窗体设计	194
	7.7.1 生成透视表窗体概述	194
	7.7.2 设计生成透视表窗体	194
	7.7.3 初始化窗体	195
	7.7.4 删除重复字段	195
	7.7.5 生成透视表	195
7.8	生成统计表窗体设计	196
	7.8.1 生成统计表窗体概述	196
	7.8.2 设计生成统计表窗体	196
	7.8.3 绑定数据到列表	197
	7.8.4 选择生产日期字段	197
	7.8.5 生成统计表	198
7.9	图表模块设计	199
	7.9.1 绘制条形图	199
	7.9.2 绘制面形图	205
	7.9.3 绘制饼形图	209
7.10	项目运行	213
7.11	源码下载	214

第 8 章 灵动快递单打印精灵 215
——泛型＋序列化＋数据流＋打印组件＋自定义组件＋数据库事务

8.1	开发背景	215
8.2	系统设计	216
	8.2.1 开发环境	216
	8.2.2 业务流程	216
	8.2.3 功能结构	217
8.3	技术准备	217
8.4	数据库设计	219
	8.4.1 数据表设计	219
	8.4.2 存储过程设计	220
8.5	项目配置文件设计	221
8.6	公共类设计	222
	8.6.1 DataOperate 类	222
	8.6.2 CommClass 类	224
	8.6.3 GlobalProperty 类	227
	8.6.4 MD5Encrypt 类	228
	8.6.5 ReadFile 类	228
	8.6.6 自定义通用文本输入框组件	229

目录

- 8.7 快递单设置模块设计 232
  - 8.7.1 快递单设置模块概述 232
  - 8.7.2 设计快递单设置窗体 234
  - 8.7.3 设计添加/修改快递单窗体 ...234
  - 8.7.4 打开添加/修改快递单信息窗体 ...235
  - 8.7.5 初始化添加/修改快递单信息窗体 ...235
  - 8.7.6 保存快递单基本信息 236
  - 8.7.7 删除指定的快递单 238
  - 8.7.8 设计快递单模板 238
- 8.8 快递单打印窗体设计 241
  - 8.8.1 快递单打印窗体概述 241
  - 8.8.2 设计快递单打印窗体 242
  - 8.8.3 初始化快递单模板 242
  - 8.8.4 打印快递单 244
- 8.9 快递单查询窗体设计 245
  - 8.9.1 快递单查询窗体概述 245
  - 8.9.2 设计快递单查询窗体 246
  - 8.9.3 动态生成快递单的列 246
  - 8.9.4 查询快递单记录 247
- 8.10 项目运行 249
- 8.11 源码下载 250

第9章 智汇人才宝管理系统 ...251
——面向对象编程 + 窗体控件 + 二进制流 +
ADO.NET 技术 + Word/Excel 操作

- 9.1 开发背景 251
- 9.2 系统设计 252
  - 9.2.1 开发环境 252
  - 9.2.2 业务流程 252
  - 9.2.3 功能结构 252
- 9.3 技术准备 253
  - 9.3.1 技术概览 253
  - 9.3.2 Word 和 Excel 操作技术 ...254
- 9.4 数据库设计 256
  - 9.4.1 数据库概述 256
  - 9.4.2 数据表设计 256
  - 9.4.3 数据表逻辑关系 259
- 9.5 公共类设计 261
  - 9.5.1 MyMeans 公共类 261
  - 9.5.2 MyModule 公共类 262
- 9.6 登录窗体设计 272
  - 9.6.1 登录窗体概述 272
  - 9.6.2 设计登录窗体 272
  - 9.6.3 按 Enter 键时移动鼠标焦点 ...272
  - 9.6.4 登录功能的实现 273
- 9.7 系统主窗体设计 273
  - 9.7.1 系统主窗体概述 273
  - 9.7.2 设计菜单栏 274
  - 9.7.3 设计工具栏 275
  - 9.7.4 设计导航菜单 276
  - 9.7.5 设计状态栏 276
- 9.8 人事档案管理窗体设计 277
  - 9.8.1 人事档案管理窗体概述 277
  - 9.8.2 设计人事档案管理窗体 278
  - 9.8.3 添加/修改人事档案信息 ...279
  - 9.8.4 删除人事档案信息 281
  - 9.8.5 单条件查询人事档案信息 ...281
  - 9.8.6 逐条查看人事档案信息 283
  - 9.8.7 将人事档案信息导出为 Word 文档 ...284
  - 9.8.8 将人事档案信息导出为 Excel 表格 ...287
- 9.9 人事资料查询窗体设计 291
  - 9.9.1 人事资料查询窗体概述 291
  - 9.9.2 设计人事资料查询窗体 291
  - 9.9.3 多条件查询人事资料 292
- 9.10 用户设置模块设计 293
  - 9.10.1 用户设置模块概述 293
  - 9.10.2 设计用户设置窗体 294
  - 9.10.3 添加/修改用户信息 294
  - 9.10.4 删除用户基本信息 295
  - 9.10.5 设置用户操作权限 295
- 9.11 项目运行 296
- 9.12 源码下载 297

第10章 云销商品管理系统 ...298
——可空类型 + CheckedListBox 控件 +
BindingSource 组件 + Lambda 表达式

- 10.1 开发背景 299
- 10.2 系统设计 299

- 10.2.1 开发环境 299
- 10.2.2 业务流程 299
- 10.2.3 功能结构 300
- 10.3 技术准备 301
  - 10.3.1 技术概览 301
  - 10.3.2 可空类型的使用 301
  - 10.3.3 CheckedListBox 控件的使用 302
  - 10.3.4 BindingSource 组件的使用 303
- 10.4 数据库设计 304
  - 10.4.1 数据库概述 304
  - 10.4.2 数据表设计 304
  - 10.4.3 数据表逻辑关系 307
- 10.5 公共类设计 308
  - 10.5.1 DataLogic 公共类 308
  - 10.5.2 Useful 公共类 312
- 10.6 商品大类模块设计 314
  - 10.6.1 商品大类模块概述 314
  - 10.6.2 设计商品大类窗体 314
  - 10.6.3 初始化商品大类信息显示 315
  - 10.6.4 打开商品大类编辑窗体 315
  - 10.6.5 实现商品大类的添加和修改功能 316
- 10.6.6 商品大类的删除 317
- 10.7 代理登记模块设计 318
  - 10.7.1 代理登记模块概述 318
  - 10.7.2 设计代理登记窗体 318
  - 10.7.3 实现代理商导航菜单 318
  - 10.7.4 打开代理登记编辑窗体 319
  - 10.7.5 代理登记编辑窗体的实现 320
- 10.8 订货单模块设计 323
  - 10.8.1 订货单模块概述 323
  - 10.8.2 设计订货单窗体 323
  - 10.8.3 打开订货单编辑窗体 324
  - 10.8.4 订货单编辑窗体的实现 325
  - 10.8.5 删除订货单信息 330
- 10.9 权限分配模块设计 330
  - 10.9.1 权限分配模块概述 330
  - 10.9.2 设计权限分配窗体 331
  - 10.9.3 显示指定操作员的已有权限 331
  - 10.9.4 保存新分配的权限 332
- 10.10 项目运行 333
- 10.11 源码下载 334

第1章 智能语音计算器

——运算符 + 流程控制 + 类 + 方法 + 窗体应用 + INI 文件读写 + 音频播放

数字化时代,计算器作为一种不可或缺的工具,其形态与功能正在不断演化。本章将使用 C#技术开发一个智能语音计算器,该计算器除了具备基本的加、减、乘、除、百分比、开方、正负转换、x 分之一等数学运算功能之外,还可以根据自己的个性化需求,对按键的语音进行设置。

项目微视频

本项目的核心功能及实现技术如下:

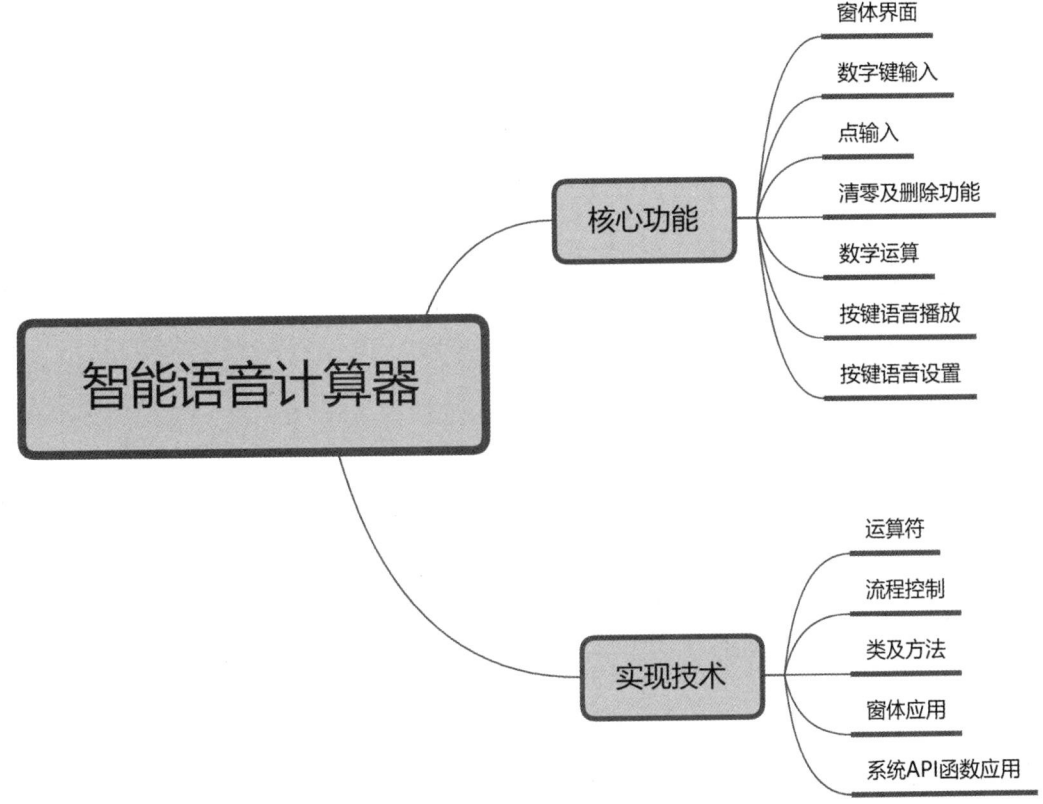

1.1 开发背景

智能语音计算器可为用户提供一个既具备传统计算器功能,又能通过声音反馈增强用户体验的计算工具。其不仅满足基本的数学运算需求,还能通过模拟物理计算器的按键音效,让用户在进行计算操作时获得更加真实的互动感官体验。C#凭借丰富的类库支持以及对.NET 框架的深度整合,能够为开发单机版的图形用户界面程序提供高效的开发平台。本章将使用 C#的基础知识及窗体应用开发一个操作简单、便捷的"智能语音计算器"项目,以便学习者能够快速地巩固C#基础知识,激发学习兴趣,同时获得开发成就感。

本项目的实现目标如下:

- ☑ 实现加、减、乘、除等基本算术运算,以及百分比、开方、正负转换、x分之一等常用计算功能。
- ☑ 每次按下计算器上的虚拟按键时,播放相应的按键声音。
- ☑ 设计直观易用的图形界面,模拟真实计算器的布局。
- ☑ 允许用户选择不同的按键音风格。
- ☑ 界面美观,操作简单。

1.2 系统设计

1.2.1 开发环境

本项目的开发及运行环境如下:

- ☑ 操作系统:推荐Windows 10、11及以上。
- ☑ 开发工具:Visual Studio 2022。
- ☑ 开发语言:C#。

1.2.2 业务流程

在启动项目后,首先进入计算器主窗体,该窗体中定义了数字输入、符号输入、计算及语音播放相关的公共方法,通过调用这些方法可以实现计算及语音播放相关的功能。另外,通过主窗体的快捷菜单可以打开语音设置窗体,该窗体中可以对按键对应的语音文件进行设置。

本项目的业务流程如图1.1所示。

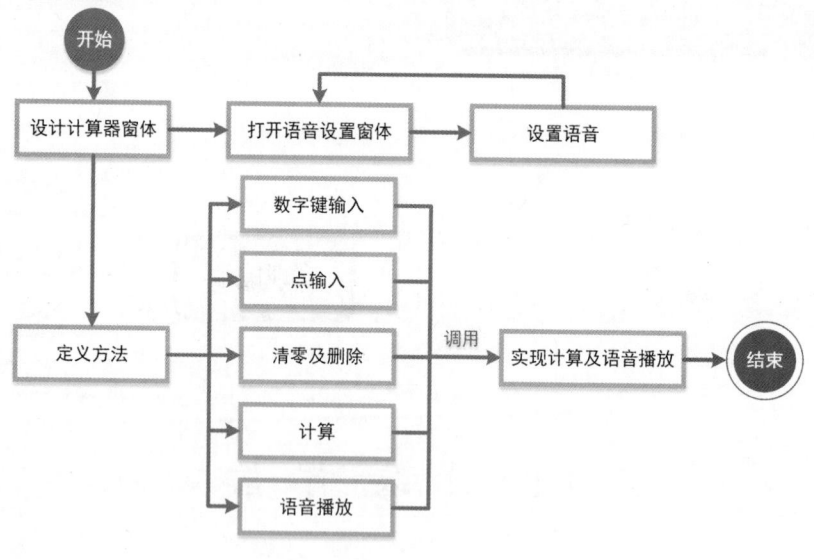

图1.1 智能语音计算器业务流程

1.2.3 功能结构

本项目的功能结构已经在章首页中给出。作为一个带有语音功能的计算器,本项目实现的具体功能如下。

- ☑ 用户界面：设计并实现计算器的图形界面，包括数字键、运算符键、功能键等，确保响应用户点击事件。
- ☑ 计算逻辑：实现数学运算的核心算法，支持加、减、乘、除、百分比、开方、正负转换、x 分之一等数学运算，确保计算的准确性。另外，还包括错误处理逻辑，如除以零的异常处理。
- ☑ 按键音频播放：设计逻辑以响应用户按键事件，触发相应音效播放。
- ☑ 按键音频设置：提供语音设置界面，允许用户自定义按键的音效。

1.3 技术准备

1.3.1 技术概览

- ☑ 运算符：运算符是用于执行特定操作的符号或关键字，C#中的运算符主要包括算术运算符、赋值运算符、比较运算符、逻辑运算符、位运算符、条件运算符等，本项目中主要使用算术运算符执行数学运算操作。例如，根据传入的算术运算符符号执行加、减、乘、除运算，代码如下：

```
switch (sign)
{
    case "-": return n1 - n2;
    case "+": return n1 + n2;
    case "*": return n1 * n2;
    case "/": return n1 / n2;
}
```

- ☑ 流程控制：流程控制是指在编程中管理和指导程序执行顺序的一系列技术和策略，它能够确保程序按照预定的逻辑和需求，有效地执行任务，处理数据，并最终达到预期的结果。C#中的流程控制主要有 if 条件判断语句、switch 多分支语句、循环语句（while、do…while、for 和 foreach）、跳转语句（break、continue、goto、return）。例如，本项目中在处理小数点输入时，使用了 if 条件判断语句，代码如下：

```
if (isnum == true)
{
    if (textBox1.Text == "0.")
    {
        textBox1.Text = textBox1.Text + n;
    }
    else
    {
        textBox1.Text = n;
    }
    isnum = false;
}
```

- ☑ 类：类是一种数据结构，它是面向对象编程的核心，其包含数据成员（常量和变量）、函数成员（方法、属性、事件、索引器、运算符、构造函数和析构函数）和嵌套类型。类支持继承，而继承是一种使子类（派生类）可以对基类进行扩展和专用化的机制。C#中，类使用 class 关键字来声明。例如，本项目中设计窗体类时，使类继承自.NET Framework 类库中的 Form 基类，代码如下：

```
public partial class Frm_Main : Form
{
}
```

- ☑ 方法：方法是包含一系列语句的代码块。C#中，每个执行指令都是在方法的上下文中完成的，方法在类或结构中声明,声明时需要指定访问修饰符、返回值类型、方法名称及参数列表。方法参数需要放在括号中,并用逗号隔开。若括号中没有内容,则表示声明的方法中不包含参数。例如,本项目中通过定义方法实现两个数的加、减、乘、除运算,代码如下:

```
public double eval(double n1, string sign, double n2)
{
    switch (sign)
    {
        case "-": return n1 - n2;
        case "+": return n1 + n2;
        case "*": return n1 * n2;
        case "/": return n1 / n2;
    }
    return 0;
}
```

- ☑ 窗体应用:Form 窗体也称为窗口,是.NET 框架的智能客户端技术,使用窗体可以显示信息、请求用户输入。.NET 框架类库中,System.Windows.Forms 命名空间中定义的 Form 类,是所有窗体类的基类。在编写窗体应用程序时,需要设计窗体的外观,并在窗体中添加控件,常用的控件包括文本类控件、选择类控件、分组类控件、菜单控件、工具栏控件以及状态栏控件等,控件的基类是位于 System.Windows.Forms 命名空间的 Control 类,其他控件类都直接或间接地派生自 Control 类。

有关 C#中运算符、流程控制、类、方法、窗体应用等基础知识在《C#从入门到精通(第 7 版)》中有详细的讲解,对这些知识不太熟悉的读者可以参考该书对应的内容。除了以上知识,开发智能语音计算器的关键是 INI 配置文件读写,以及语音播放,这需要用到系统 API 函数 WritePrivateProfileString()、GetPrivateProfileString()和 mciSendString(),下面将分别对它们进行必要的介绍,以确保读者可以顺利完成本项目。

1.3.2 INI 配置文件读写

INI 文件是一种配置文件格式,常用于存储软件设置、初始化参数或简单的数据库,其以节(Sections)和键值对(Key-Value)的形式组织数据。例如,本项目中使用 INI 文件存储按键编号及其对应的音频文件,如图 1.2 所示。

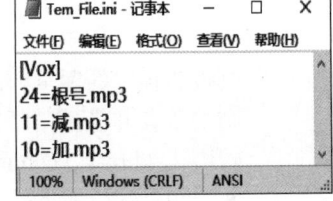

图 1.2 项目 INI 配置文件

在 C#中读写 INI 文件可以借助系统 API 函数 WritePrivateProfileString()和 GetPrivateProfileString()实现,其中,WritePrivateProfileString()函数用来向 INI 文件中写入内容,其语法格式如下:

```
[DllImport("kernel32")]
private static extern long WritePrivateProfileString(string section, string key, string val, string filePath);
```

参数说明如下:

- ☑ section:指定 INI 文件中的节(Section)名称。节是由方括号包围的字符串,用于组织相关的键值对。
- ☑ key:表示要写入或修改的键(Key)的名称。键是节内的具体设置标识符,与一个值关联。
- ☑ val:要写入 INI 文件的值,这个值会与指定的节和键关联,它可以是任何字符串。
- ☑ filePath:包含完整路径的 INI 文件名,该参数指定了要写入或修改的 INI 文件的位置。

说明

在使用系统 API 函数时,必须引用 System.Runtime.InteropServices 命名空间。

GetPrivateProfileString()函数用来从 INI 文件中读取配置信息,其语法格式如下:

```
[DllImport("kernel32")]
private static extern int GetPrivateProfileString(string section, string key, string def, StringBuilder retVal, int size, string filePath);
```

参数说明如下：
- ☑ section：指定要从中读取信息的 INI 文件节（Section）名称，它应该是一个有效的节名称，即 INI 文件中用方括号包围的字符串。
- ☑ key：要从指定节中读取的键（Key）的名称，它是与特定值关联的标识符。
- ☑ def：如果指定的键在 INI 文件中不存在，将返回的默认值。
- ☑ retVal：用于接收从 INI 文件中读取的值的 StringBuilder 对象，它的初始容量应该足够大，以容纳预期的最大值长度。
- ☑ size：retVal 的缓冲区大小，以字符为单位，这个值必须足够大，以容纳读取的值加上一个终止的空字符（\0）。
- ☑ filePath：包含完整路径的 INI 文件名。

1.3.3 使用 API 函数播放语音

本项目中主要使用 API 函数 mciSendString() 来实现按键语音文件的播放与关闭，该函数用于与多媒体设备进行通信，执行如播放、停止音频等多媒体控制命令，其语法格式如下：

```
[DllImport("winmm.dll", EntryPoint = "mciSendString")]
private static extern Int32 mciSendString(String lpstrCommand, String lpstrReturnString, Int32 uReturnLength, Int32 hwndCallback);
```

参数说明如下：
- ☑ lpstrCommand：一个包含要发送到 MCI（媒体控制接口）的命令字符串，这些命令通常是预定义的，用于控制媒体播放、录音、状态查询等操作。
- ☑ lpstrReturnString：一个用于接收 MCI 命令执行结果或信息的缓冲区。MCI 可能会将执行命令后的信息（如错误消息或状态报告）通过这个参数返回，该参数可以设置为空字符串或者 null。
- ☑ uReturnLength：指定 lpstrReturnString 缓冲区的长度（以字符为单位），用于限制返回字符串的最大长度。
- ☑ hwndCallback：一个窗口句柄，用于接收 MCI 通知消息，该参数通常设置为 0 或者 null。

1.4 功能设计

1.4.1 设计窗体

本项目中有两个窗体，分别为 Frm_Main 窗体和 Frm_Set 窗体，其中，Frm_Main 窗体为启动窗体，主要用来实现计算功能；Frm_Set 窗体为语音设置窗体，主要用来设置各个按键对应的语音文件。在 Frm_Main 窗体中，添加一个 TextBox 控件，用于显示输入的数字及运算结果；添加 23 个 Button 按钮，用来设置计算器中的按键（这里需要注意的是，添加 Button 按钮时需要设置其 Tag 属性，以便根据该属性在 INI 配置文件中查找对应的音效文件）；添加一个 ContextMenuStrip 控件，用来作为窗体的快捷菜单。计算器窗体设计效果如图 1.3 所示。

在 Frm_Set 窗体中，添加一个 OpenFileDialog 组件，用来显示打开对话框；添加 24 个 TextBox 控件，用来显示选择的各个按键对应的

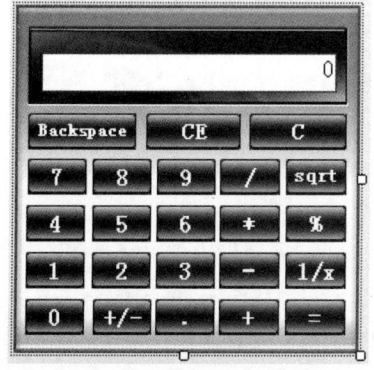

图 1.3　计算器窗体设计效果

语音文件；添加 26 个 Button 按钮，用来执行选择各个按键对应的语音文件、"确定"或"取消"操作。语音设置窗体效果如图 1.4 所示。

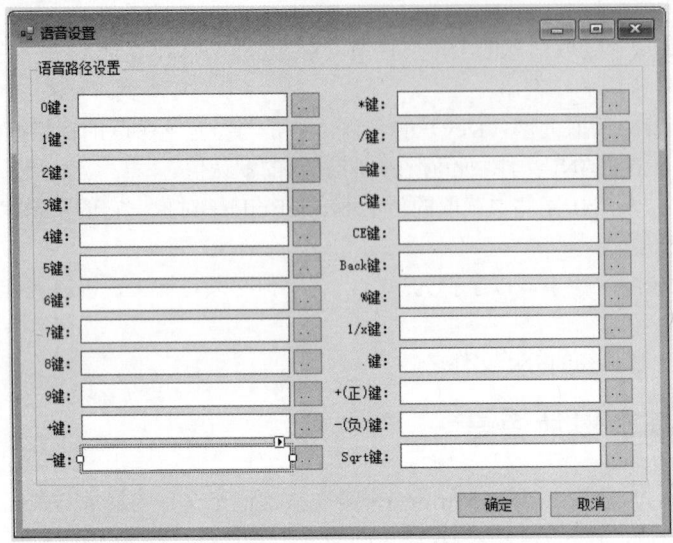

图 1.4　语音设置窗体

1.4.2　数字键输入

自定义一个 num()方法，用来实现数字键的输入功能，这里需要注意小数的输入，以及输入文本框中已经有数字的情况。num()方法的实现代码如下：

```csharp
bool isnum = false;                    //是否为数字
double n1 = 0;                         //记录输入的数字，初始为 0
string fu = "";                        //记录输入的计算符号
double zong = 0;                       //记录计算结果
bool isdian = false;                   //是否为小数点（.）
//数字键输入
public void num(string n)
{
    if (isnum == true)
    {
        if (textBox1.Text == "0.")
        {
            textBox1.Text = textBox1.Text + n;
        }
        else
        {
            textBox1.Text = n;
        }
        isnum = false;
    }
    else
    {
        if (textBox1.Text == "0")
        {
            textBox1.Text = n;
        }
        else
        {
            textBox1.Text = textBox1.Text + n;
        }
```

```
        }
        n1 = Convert.ToDouble(textBox1.Text);
    }
```

1.4.3 点的输入

自定义一个 dian()方法,用来实现按下小数点按键时的文本框输入情况,这里需要注意小数的输入,以及输入不只有一个点时的情况。dian()方法的实现代码如下:

```
//点方法,用于处理小数点相关逻辑
public void dian()
{
    bool isfirst = isfloor();                          //判断是否为第一个输入的数字
    //如果 isnum 为 true 或者文本框内容为"0"
    if ((isnum == true) || (textBox1.Text == "0"))
    {
        textBox1.Text = "0.";                          //将文本框内容设置为"0."
    }
    //如果还没有输入过小数点,并且是第一个输入的数字
    if ((isdian == false) && (isfirst == true))
    {
        textBox1.Text = "0.";                          //将文本框内容设置为"0."
    }
    else if (isdian == false)                          //如果还没有输入过小数点
    {
        if (Convert.ToDouble(textBox1.Text) == 0)      //如果文本框内容转为双精度浮点数后等于 0
        {
            textBox1.Text = "0.";                      //将文本框内容设置为"0."
        }
        //如果是第一个输入的数字(但此时已确定不是小数点)
        else if (isfirst == true)
        {
            textBox1.Text = textBox1.Text;             //文本框内容保持不变
        }
        else
        {
            textBox1.Text = textBox1.Text + ".";       //在文本框内容后添加小数点
        }
        isdian = true;                                 //设置已输入过小数点的标志为 true
    }
}

//判断输入的数字是否为小数
public bool isfloor()
{
    var int1 = Convert.ToDouble(textBox1.Text);        //将文本框内容转为双精度浮点数
    var int2 = Math.Floor(int1);                       //对转换后的数字进行向下取整
    //如果转换后的数字大于其向下取整的结果,说明原输入为小数
    if (int1 > int2)
    {
        return true;                                   //返回 true,表示是小数
    }
    else
    {
        return false;                                  //返回 false,表示不是小数
    }
}
```

1.4.4 清零及删除功能的实现

定义 Aclose()方法和 backspace()方法,分别实现清零和退格删除的功能。另外,在输入错误时也会自动

清除，其通过自定义的 ce()方法实现。代码如下：

```csharp
//输入错误时清除
public void ce()
{
    zong = Convert.ToDouble(textBox1.Text);
    textBox1.Text = "0";
    isnum = true;
    isdian = false;
}

//清零
public void Aclose()
{
    isdian = isnum = false;
    ce();
    fu = tem_base = "";
    zong = n1 = 0;
}

//退格删除
public void backspace()
{
    var bstr = textBox1.Text;
    if (bstr != "0")
    {
        string isabs = (Math.Abs(Convert.ToDouble(bstr)).ToString());
        if ((bstr.Length == 1) || (isabs.Length == 1))
        {
            textBox1.Text = "0";
            isdian = false;
        }
        else { textBox1.Text = bstr.Substring(0, bstr.Length - 1); }
    }
}
```

1.4.5　实现计算及语音播放功能

自定义一个 js()方法，主要根据参数中传入的符号进行加、减、乘、除运算，代码如下：

```csharp
string tem_base;                                      //记录加减乘除符号
//计算方法，根据传入的符号进行不同的计算操作
public void js(string s)
{
    //将 n1 转换为单精度浮点数并赋值给变量 lin
    double lin = Convert.ToSingle(n1);
    //如果 s 是"="并且 fu 也是"="
    if ((s == "=") && (fu == "="))
    {
        //如果 tem_base 是"+"、"-"、"*"或"/"中的任意一个
        if ((tem_base == "+") || (tem_base == "-") || (tem_base == "*") || (tem_base == "/"))
        {
            //调用 eval 方法计算，并更新结果的值
            zong = eval(zong, tem_base, lin);
            //判断结果是否为小数，并设置 textBox1 的文本为相应格式的结果
            if (isxiao(zong) == true)
            {
                textBox1.Text = Math.Round(zong, 4).ToString();
            }
            else
            {
                textBox1.Text = zong.ToString();
            }
        }
```

```csharp
}
//如果 fu 是"="并且 s 是"*","/", "+"或"-"中的任意一个
else if ((fu == "=") && (s == ("*") || s == ("/") || s == ("+") || s == ("-")))
{
    //判断结果是否为小数，并设置 textBox1 的文本为之前计算的结果
    if (isxiao(zong) == true)
    {
        textBox1.Text = Math.Round(zong, 4).ToString();
    }
    else
    {
        textBox1.Text = zong.ToString();
    }
    //更新 tem_base 和 fu 的值
    tem_base = fu;
    fu = s;
}
else
{
    //如果 isnum 为 true 并且 fu 不为"="
    if (isnum && fu != "=")
    {
        //根据 fu 的值进行不同的计算操作，并更新结果的值
        if ("+" == fu)
            zong = eval(zong, fu, lin);
        else if ("-" == fu)
            zong = eval(zong, fu, lin);
        else if ("/" == fu)
            zong = eval(zong, fu, lin);
        else if ("*" == fu)
            zong = eval(zong, fu, lin);
        else if ("" == fu)
            zong = lin;
        //判断结果是否为小数，并设置 textBox1 的文本为相应格式的结果
        if (isxiao(zong) == true)
        {
            textBox1.Text = Math.Round(zong, 4).ToString();
        }
        else
        {
            textBox1.Text = zong.ToString();
        }
        //更新 tem_base 和 fu 的值
        tem_base = fu;
        fu = s;
    }
    else
    {
        //根据 fu 的值进行不同的计算操作，这次是直接对结果进行累加、累减、累乘或累除
        if ("+" == fu)
            zong += lin;
        else if ("-" == fu)
            zong = zong - lin;
        else if ("/" == fu)
            zong /= lin;
        else if ("*" == fu)
            zong *= lin;
        else
            zong = lin;
        //判断结果是否为小数，并设置 textBox1 的文本为相应格式的结果
        if (isxiao(zong) == true)
        {
            textBox1.Text = Math.Round(zong, 4).ToString();
        }
        else
        {
            textBox1.Text = zong.ToString();
        }
        //更新 tem_base 和 fu 的值
```

```csharp
            tem_base = fu;
            fu = s;
        }
    }
    //设置 isnum 为 true,表示已经输入过数字
    isnum = true;
}
//加减乘除运算公共方法
public double eval(double n1, string sign, double n2)
{
    switch (sign)
    {
        case "-": return n1 - n2;
        case "+": return n1 + n2;
        case "*": return n1 * n2;
        case "/": return n1 / n2;
    }
    return 0;
}
```

通过自定义方法对特殊的数学运算进行处理,比如百分比、开方、正负值转换、分数转换等,代码如下:

```csharp
//以百分比表示
public void bai()
{
    textBox1.Text = ((Convert.ToDouble(textBox1.Text) / 100) * Convert.ToDouble(zong)).ToString();
    isdian = false;
}

//开方运算
public void kfang()
{
    if (textBox1.Text != "0" || textBox1.Text != "")
    {
        textBox1.Text = Math.Sqrt(Convert.ToDouble(textBox1.Text)).ToString();
        isnum = true;
        isdian = false;
    }
}

//正负转换
public void zf()
{
    double pp = Convert.ToDouble(textBox1.Text);
    if (pp > 0) { textBox1.Text = "-" + pp; }
    if (pp < 0) { textBox1.Text = Math.Abs(pp).ToString(); }
}

//x 分之一计算
public void ji()
{
    double pp = Convert.ToDouble(textBox1.Text);
    textBox1.Text = Convert.ToDouble(1 / pp).ToString();
    isnum = true;
    isdian = false;
}

//加减乘除运算
public double eval(double n1, string sign, double n2)
{
    switch (sign)
    {
        case "-": return n1 - n2;
        case "+": return n1 + n2;
        case "*": return n1 * n2;
        case "/": return n1 / n2;
    }
    return 0;
}
```

上面已经定义了各个符号输入、数字输入和数学运算的相关方法,接下来单击 Frm_Main 窗体中的按钮时,分别调用相应的方法执行输入或计算即可。代码如下:

```csharp
private void pict_Back_Click(object sender, EventArgs e)
{
    tem_Value = ((PictureBox)sender).AccessibleName;        //获取当前按钮的标识

    switch (tem_Value)
    {
        case "0": num(tem_Value); sound(VoxPath[0]); break;   //实现按钮的语音功能
        case "1": num(tem_Value); sound(VoxPath[1]); break;
        case "2": num(tem_Value); sound(VoxPath[2]); break;
        case "3": num(tem_Value); sound(VoxPath[3]); break;
        case "4": num(tem_Value); sound(VoxPath[4]); break;
        case "5": num(tem_Value); sound(VoxPath[5]); break;
        case "6": num(tem_Value); sound(VoxPath[6]); break;
        case "7": num(tem_Value); sound(VoxPath[7]); break;
        case "8": num(tem_Value); sound(VoxPath[8]); break;
        case "9": num(tem_Value); sound(VoxPath[9]); break;
        case "+": js(tem_Value); sound(VoxPath[10]); break;
        case "-": js(tem_Value); sound(VoxPath[11]); break;
        case "*": js(tem_Value); sound(VoxPath[12]); break;
        case "/": js(tem_Value); sound(VoxPath[13]); break;
        case "=": js(tem_Value); sound(VoxPath[14]); break;
        case "C": Aclose(); sound(VoxPath[15]); break;
        case "CE": ce(); sound(VoxPath[16]); break;
        case "Back": backspace(); sound(VoxPath[17]); break;
        case "%": bai(); sound(VoxPath[18]); break;
        case "X": ji(); sound(VoxPath[19]); break;
        case ".": dian(); sound(VoxPath[20]); break;
        case "+-":
            {
                zf();
                if (Convert.ToInt32(textBox1.Text) > 0)       //如果当前为正数
                    sound(VoxPath[21]);                        //实现正数发音
                else
                    sound(VoxPath[22]);                        //实现负数发音
                break;
            }
        case "Sqrt": kfang(); sound(VoxPath[23]); break;
    }
    textBox1.Select(textBox1.Text.Length, 0);
}
```

上面代码中,在按下按键时,调用了自定义的 sound()方法来播放指定按键的语音,该功能主要是通过读取 INI 文件中的配置信息,并使用系统 API 函数 mciSendString()来实现的,其关键实现代码如下:

```csharp
[DllImport("winmm.dll", EntryPoint = "mciSendString")]
private static extern Int32 mciSendString(String lpstrCommand, String lpstrReturnString,
    Int32 uReturnLength, Int32 hwndCallback);
[DllImport("kernel32")]
private static extern int GetPrivateProfileString(string section, string key, string def,
    StringBuilder retVal, int size, string filePath);
public static string[] VoxPath = new string[24];
string tem_Value = "";
string tem_FileName = "";
Int32 n = 0;

//获取按键对应的语音文件
public void GetVox()
{
    StringBuilder temp = new StringBuilder(255);
    if (System.IO.File.Exists(Application.StartupPath + "\\Tem_File.ini") == true)
    {
        for (int i = 0; i < VoxPath.Length; i++)
        {
```

```csharp
            GetPrivateProfileString("Vox", i.ToString(), "数据读取错误。", temp, 255,
                Application.StartupPath + "\\Tem_File.ini");
            VoxPath[i] = temp.ToString();
        }
    }
}
public void sound(string FileName)
{
    if (FileName == null)                                    //如果文件为空
        return;                                              //退出操作
    if (FileName.IndexOf(" ") == -1)                         //如果路径中没有空格
    {
        if (tem_FileName.Length!=0)                          //如果有播放的文件
            mciSendString("close " + tem_FileName, null, 0, 0);  //关闭当前文件的播放
        n=mciSendString("open " + FileName , null, 0, 0);    //打开要播放的文件
        n=mciSendString("play " + FileName, null, 0, 0);     //播放当前文件
        tem_FileName = FileName;                             //记录播放文件的路径
    }
}
```

1.4.6 语音设置的实现

语音设置功能是在 Frm_Set 窗体中实现的，该窗体中首先定义两个系统 API 函数 WritePrivateProfileString() 和 GetPrivateProfileString()，用来对 INI 配置文件进行读写；然后将用户的设置通过定义的 API 函数写入 Debug 文件夹下的 Tem_File.ini 文件中。代码如下：

```csharp
[DllImport("kernel32")]
private static extern long WritePrivateProfileString(string section, string key, string val, string filePath);
[DllImport("kernel32")]
private static extern int GetPrivateProfileString(string section, string key, string def, StringBuilder retVal,
    int size, string filePath);
private void button25_Click(object sender, EventArgs e)
{
    Clear_Control(groupBox1.Controls, Frm_Main.VoxPath.Length);
    this.DialogResult = DialogResult.OK;
    Close();
}
public void Clear_Control(Control.ControlCollection Con, int m)
{
    int tem_n = 0;
    foreach (Control C in Con)                               //遍历可视化组件中的所有控件
    {
        if (C.GetType().Name == "TextBox")                   //判断是否为 TextBox 控件
        {
            WritePrivateProfileString("Vox", ((TextBox)C).Tag.ToString(), ((TextBox)C).Text,
                Application.StartupPath + "\\Tem_File.ini");
            tem_n += 1;
        }
        if (tem_n > m)
            break;
    }
}
public void Clear_Control(Control.ControlCollection Con, int n, string Path)
{
    foreach (Control C in Con)
    {
        if (C.GetType().Name == "TextBox")
        {
            if (Convert.ToInt32(((TextBox)C).Tag.ToString()) == n)
            {
                ((TextBox)C).Text = Path;
                break;
```

```
            }
        }
    }
}
public void GetIni(Control.ControlCollection Con)
{
    StringBuilder temp = new StringBuilder(255);
    if (System.IO.File.Exists(Application.StartupPath + "\\Tem_File.ini") == true)
    {
        foreach (Control C in Con)
        {
            if (C.GetType().Name == "TextBox")
            {
                GetPrivateProfileString("Vox", ((TextBox)C).Tag.ToString(), "数据读取错误。", temp, 255,
                    Application.StartupPath + "\\Tem_File.ini");
                ((TextBox)C).Text = temp.ToString();
            }
        }
    }
}
private void button1_Click(object sender, EventArgs e)
{
    openFileDialog1.FileName = "";
    if (openFileDialog1.ShowDialog() == DialogResult.OK)
    {
        Clear_Control(groupBox1.Controls, Convert.ToInt32(((Button)sender).Tag.ToString()), openFileDialog1.FileName);
    }
}
private void Frm_Set_Load(object sender, EventArgs e)
{
    GetIni(groupBox1.Controls);
}
```

1.5 项 目 运 行

通过前述步骤，完成了"智能语音计算器"项目的开发。下面运行该项目，检验一下我们的开发成果。使用 Visual Studio 打开智能语音计算器项目，单击工具栏中的"启动"按钮或者按 F5 快捷键，即可成功运行该项目。程序启动后，首先显示计算器窗体，该窗体中可以执行基本的一些运算，如图 1.5 所示。

图 1.5 语音计算器

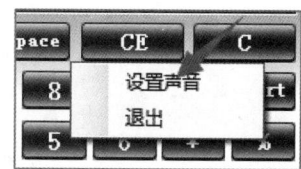
图 1.6 选择"设置声音"快捷菜单

在计算器窗体中单击右键，可以弹出快捷菜单，选择"设置声音"快捷菜单（如图 1.6 所示），即可弹出"语音设置"窗体，该窗体中可以为按键设置语音，如图 1.7 所示。设置完成后，单击"确定"按钮，返回计算器窗体，这时再次单击设置完语音的按钮，即可播放相应的语音提示。

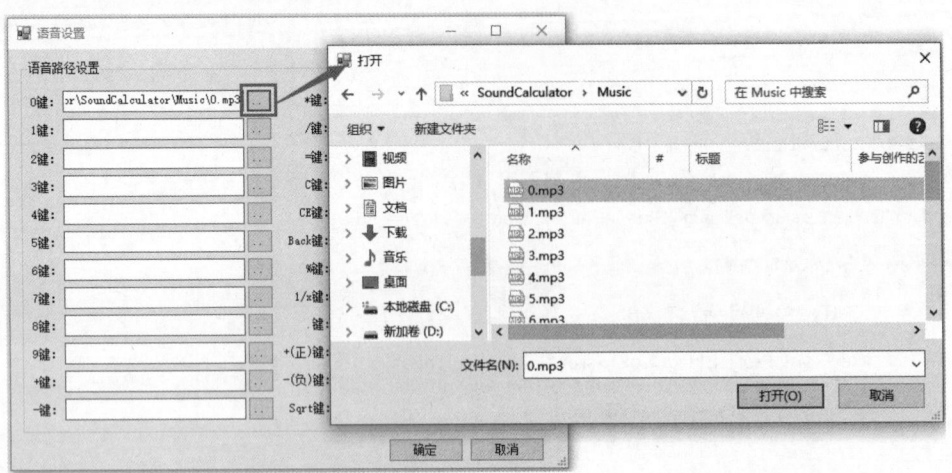

图1.7 语音设置

本章主要讲解了如何使用C#开发一个语音计算器。基本的输入及计算等功能使用C#基础知识（如运算符、流程控制、类、方法、窗体等）实现，语音设置及播放使用了系统API函数去实现。其中，语音文件的读写是通过对INI文件操作实现的，这用到了系统API函数WritePrivateProfileString()和GetPrivateProfileString()；按键语音的播放是通过系统API函数mciSendString()实现的。

1.6 源码下载

本章详细地讲解了如何编码实现"智能语音计算器"软件的各个功能。为了方便读者学习，本书提供了完整的项目源码，扫描右侧二维码即可下载。

第 2 章
俄罗斯方块游戏（炫彩版）

——随机数 + 数组 + 面向对象编程 + Timer 计时器 + GDI+技术 + 键盘处理

俄罗斯方块游戏是一款广受大众喜欢的经典益智类游戏，其游戏规则非常简单。在屏幕上堆积各种形状的方块，满行即消除该行，并得到相应的分数，而当方块堆积到屏幕最上方时，游戏结束。俄罗斯方块游戏不仅可以考验玩家的即时反应能力，还可以锻炼玩家的观察力和专注力。本章将讲解如何使用 C#开发一个炫彩版的俄罗斯方块游戏。本项目对经典的俄罗斯方块游戏做了一定的优化，增强了游戏的视觉吸引力，有助于玩家更快速地识别和匹配方块，提升了游戏的可玩性。

项目微视频

本项目的核心功能及实现技术如下：

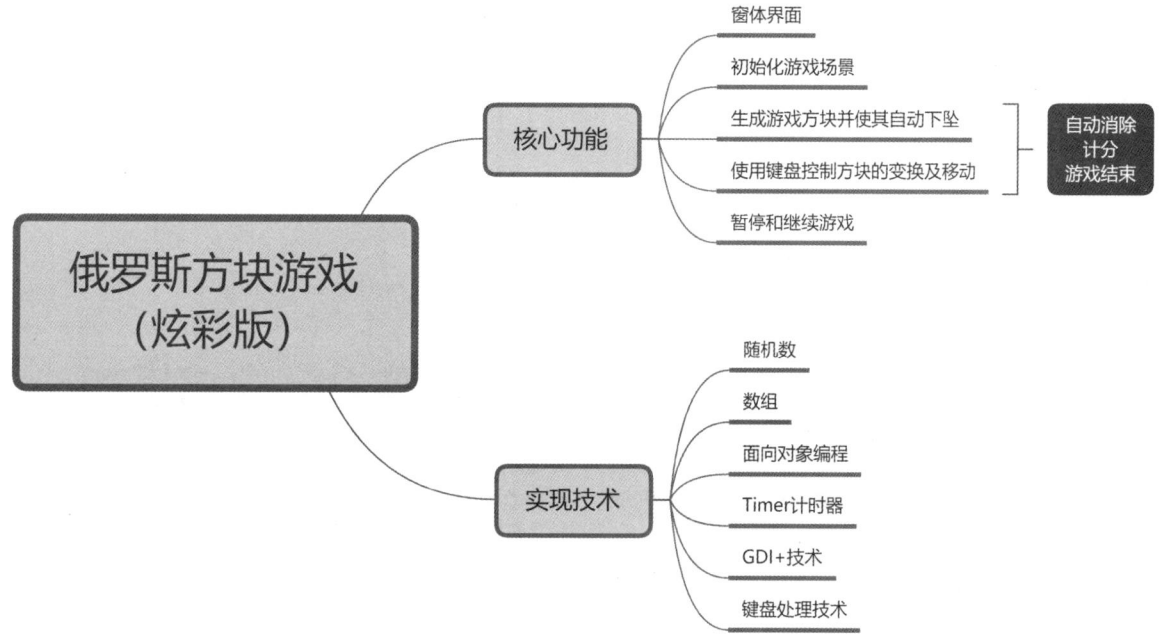

2.1 开发背景

俄罗斯方块是一款经典的游戏，自从其诞生之日起，就以简单易懂、受众极广的特性迅速风靡全球。基于 C#强大的面向对象编程能力、丰富的图形用户界面库以及 GDI+绘图技术的支持，我们能够快速、高效地进行俄罗斯方块游戏的开发。本章就来开发一款炫彩版的俄罗斯方块游戏。

本项目的实现目标如下：

☑ 用户界面简单，使玩家能够轻松愉快地享受游戏。

- 实现俄罗斯方块游戏的主要逻辑,包括方块的形状、旋转、下落和消除等。
- 实现一个随机生成不同形状方块的系统,为游戏增加更多的不确定性和挑战性。
- 建立一个计分系统,根据玩家消除的方块数量计算分数,并在游戏界面上实时显示。

2.2 系统设计

2.2.1 开发环境

本项目的开发及运行环境如下:
- 操作系统:推荐 Windows 10、11 及以上。
- 开发工具:Visual Studio 2022。
- 开发语言:C#。

2.2.2 业务流程

俄罗斯方块游戏(炫彩版)启动时,首先进入游戏主窗体中,在该窗体中单击"开始"按钮后,可以自动生成方块并下坠。在方块下坠的过程中,用户可以使用键盘来控制方块的变换及移动。同时,程序会自动判断是否有可消除的行,以及方块是否已经在屏幕的顶格处且无法移动,并根据判断结果执行相应的业务处理。另外,在游戏过程中,用户可以手动控制游戏的暂停与继续。

本项目的业务流程如图 2.1 所示。

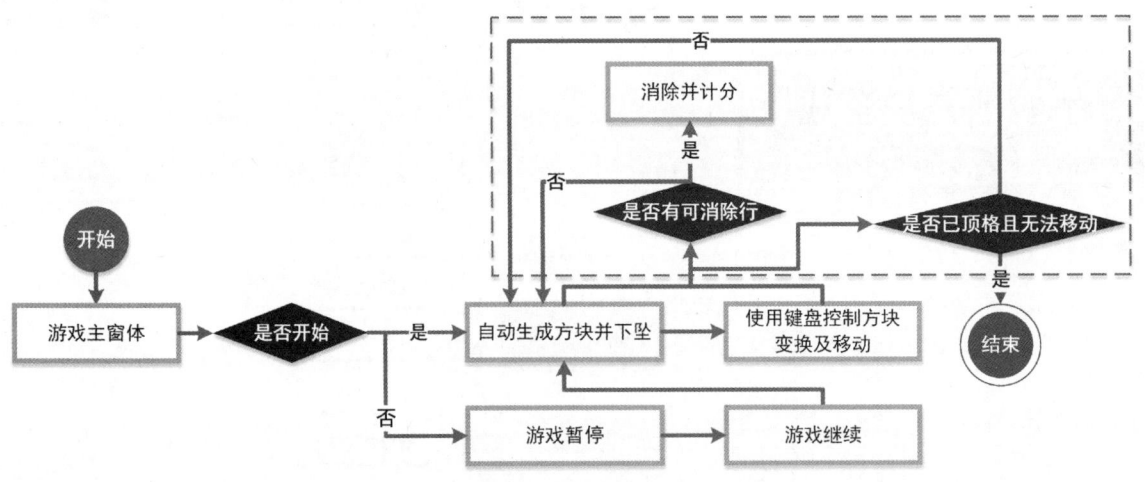

图 2.1 俄罗斯方块游戏(炫彩版)业务流程

图 2.1 中使用虚线标注的逻辑部分会在移动方格时自动进行处理。

2.2.3 功能结构

本项目的功能结构已经在章首页中给出。作为一个经典的俄罗斯方块游戏项目,本项目实现的具体功能如下:

- ☑ 游戏界面设计：使用 C#中的 WinForm 技术创建游戏的窗体界面，界面简洁明了，易于操作。
- ☑ 游戏功能设计：
  - ➢ 游戏初始化：初始化游戏的场景，并绘制初始的俄罗斯方格。
  - ➢ 方块的生成：随机生成不同形状的方块，并将待操作方块显示在游戏界面上。
  - ➢ 游戏逻辑实现：包括方块的自动下落、通过键盘控制方块旋转、满行自动消除、判断方块是否已经顶格且不能移动等功能。
  - ➢ 计分系统：根据玩家消除的方块数量计算分数，并在游戏界面上实时显示。
  - ➢ 控制游戏暂停与继续：在游戏过程中，玩家可以手动控制游戏的暂停与继续。

2.3 技术准备

2.3.1 技术概览

- ☑ 随机数：C#中生成随机数使用 Random 类实现，该类是一个生成随机数的类，其中的 Next()方法用来随机生成指定范围内的数字。例如，本项目中根据随机生成的数字来确定方块的样式，关键代码如下：

```
Random rand = new Random();                    //实例化 Random
CakeNO = rand.Next(1, 8);                      //获取随机数
MyRussia.CakeMode(CakeNO);                     //设置方块的样式
```

- ☑ 数组：数组是最为常见的一种数据结构，存储的是一组相同类型的数据序列或对象序列。根据维数的不同，可将数组分为一维数组、二维数组等。本项目中使用 Point 类型的一维数组来存储方块的位置，关键代码如下：

```
Point[] ArryPoi = new Point[4];                                  //方块的数组
ArryPoi[1] = new Point(firstPoi.X, firstPoi.Y - Cake);            //设置第二块方块的位置
ArryPoi[2] = new Point(firstPoi.X, firstPoi.Y + Cake);            //设置第三块方块的位置
ArryPoi[3] = new Point(firstPoi.X + Cake, firstPoi.Y + Cake);     //设置第四块方块的位置
```

- ☑ 面向对象编程：面向对象编程的核心思想是要以对象来思考问题，需要将现实世界的实体抽象为对象，然后考虑这个对象具备的属性和行为。在 C#中，对象的属性是以成员变量的形式定义的，而对象的行为是以方法的形式定义的。例如，本项目中定义了一个 Russia 类，该类中定义了俄罗斯方块游戏中的公共成员变量及方法，示例代码如下：

```
class Russia
{
    public Point firstPoi = new Point(140, 20);        //定义方块的起始位置
    public static Color[,] PlaceColor;                 //记录方块的颜色
    public static bool[,] Place;                       //记录方块的位置
    public void CakeMode(int n)
    {
                                                       //省略实现代码
    }
    //省略部分代码
}
```

- ☑ Timer 计时器：Timer 计时器在 WinForm 应用中以 Timer 控件来体现，它可以定期引发事件，其时间间隔由 Interval 属性定义，通过它的 Start()方法和 Stop()方法可以启动和停止计时器。例如，本项目中实现游戏的暂停及继续功能时，通过 Timer 计时器进行控制，关键代码如下：

```
if (timer1.Enabled == true)
{
```

```
        timer1.Stop();                                              //暂停
        button2.Text = "继续";
        ispause = false;
        textBox1.Focus();                                           //获取焦点
}
else
{
        timer1.Start();                                             //继续
        button2.Text = "暂停";
        ispause = true;
}
```

- ☑ GDI+技术：GDI+是微软在 Windows 平台上提供的一种对图形图像进行操作的应用程序编程接口（API），它是.NET 框架的一部分，主要用来进行二维图形的绘制、图像处理等。Graphics 类是 GDI+的核心，是进行 GDI+操作的基础类。Graphics 对象表示 GDI+绘图表面，它提供了将对象绘制到显示设备的方法，包括绘制直线、曲线、矩形、圆形、多边形、图像和文本等的方法。本项目中使用 GDI+技术来完成方块的绘制，关键代码如下：

```
g.FillRectangle(SolidB, rect);                                      //绘制一个矩形块
```

有关 C#中的随机数、数组、面向对象编程、Timer 计时器、GDI+技术等知识在《C#从入门到精通（第 7 版）》中有详细的讲解，对这些知识不太熟悉的读者可以参考该书对应的内容。下面将对俄罗斯方块游戏中的方块组变换以及键盘控制技术进行必要介绍，以确保读者可以顺利完成本项目。

2.3.2　方块组变换分析

要开发俄罗斯方块游戏（炫彩版），首先要明确该游戏的开发思路，具体如下：

- ☑ 明确俄罗斯方块游戏的规则。例如，方块在移动时，不能超出边界；方块与方块要罗列在一起；当某行方块填满时，要去除该行，并使该行以上的行下移；当屏幕中的方块已顶格并且不能消除时，游戏结束。
- ☑ 计算各方块组内每个小方块的显示位置，如"L""T""田"等方块组。
- ☑ 计算各方块组一共有几种变换样式。
- ☑ 由于俄罗斯方块是用一个个方块组合而成的，所以要根据背景的行数和列数定义多维数组。程序主要根据方块的行数和列数记录其是否存在，以及当前方块的颜色。
- ☑ 用 Timer 组件实时控制方块组的下移。
- ☑ 当方块组下移或变换样式时，判断其是否超出边界，是否与已经排列好的方块重叠。如果超出边界，或与方块重叠，停止下移或变换样式。
- ☑ 当方块下移完成后，根据方块所在的最大行和最小行，判断其是否有填满的行。如果有，则去除该行，并将该行以上的各行下移。
- ☑ 在去除指定的行后，重新生成一个新的随机方块组。

从上面的开发思路可以看出，俄罗斯方块游戏的核心是方块的组合、变换及移动，接下来对常见的几种方块组合样式进行介绍。俄罗斯方块游戏（炫彩版）中常见的几种方块组合样式如图 2.2 所示。

接下来分析如何制作方块组，以及方块组如何进行变换。

在俄罗斯方块游戏（炫彩版）中，所有的方块组都是用 4 个子方块组成的。在计算各方块组时，首先要明确方块组中哪一个子方块是起始方块，然后通过起始方块的位置计算其他子方块。下面以"L"方块组的组合及变换过程进行说明。图 2.3 表示"L"方块组的起始样式，图 2.4～图 2.6 为"L"方块组以起始方块为中心的变换过程。

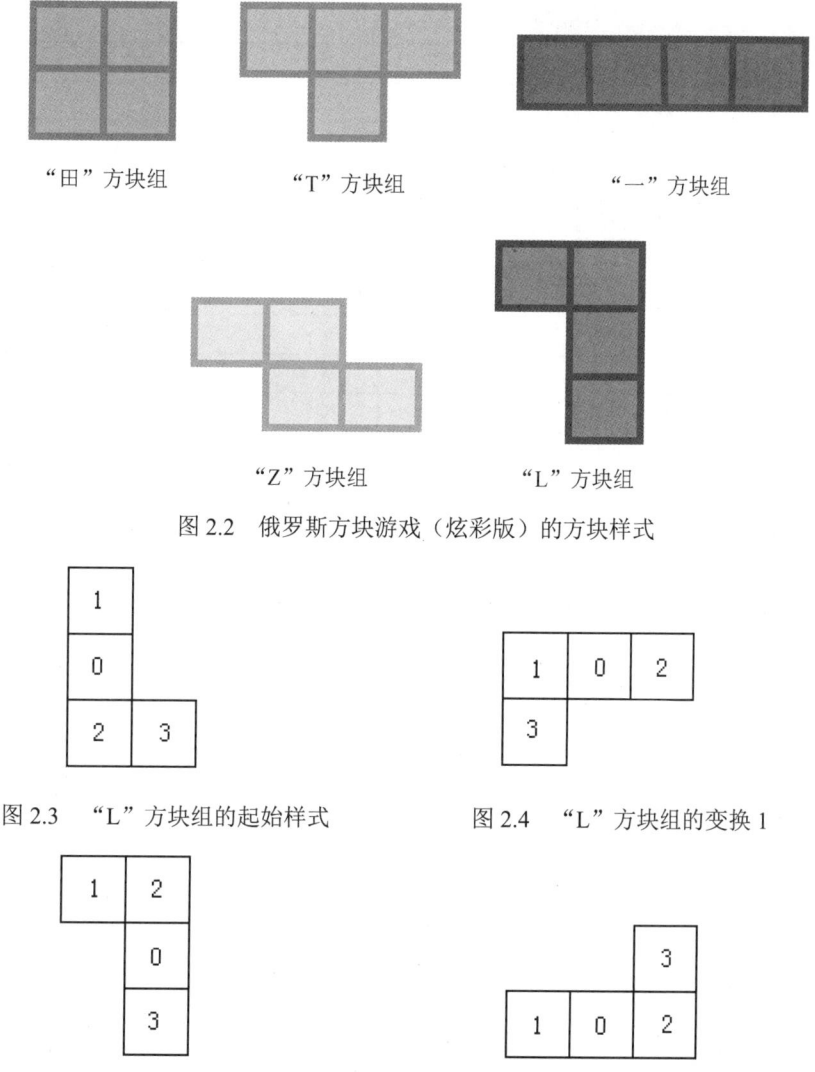

图 2.2 俄罗斯方块游戏（炫彩版）的方块样式

图 2.3 "L"方块组的起始样式　　图 2.4 "L"方块组的变换 1

图 2.5 "L"方块组的变换 2　　图 2.6 "L"方块组的变换 3

2.3.3 键盘处理技术

在俄罗斯方块游戏（炫彩版）中，可以通过键盘控制方块的形状变换及移动，这主要用到 C#窗体应用中的键盘处理事件 KeyDown 和 KeyUp。其中，KeyDown 事件在键盘按下时触发，而 KeyUp 事件在键盘抬起时触发，它们的语法格式如下：

```
private void Form1_KeyDown(object sender, KeyEventArgs e){}
private void Form1_KeyUp(object sender, KeyEventArgs e){}
```

参数说明如下：

- ☑ sender：触发事件的对象的引用，它通常是窗体或控件的引用。
- ☑ e：KeyEventArgs 类型，是包含事件数据的参数，它包含有关按键事件的信息，如哪个键被按下或释放。KeyEventArgs 对象提供了一个 KeyCode 属性，可以获取 KeyDown 或 KeyUp 事件的键盘代码，它的值是一个 Keys 枚举值，如表 2.1 所示。

表 2.1 Keys 枚举值及说明

枚举值	说明	枚举值	说明	枚举值	说明
A	A 键	P	P 键	D0	0 键
B	B 键	Q	Q 键	D1	1 键
C	C 键	R	R 键	D2	2 键
D	D 键	S	S 键	D3	3 键
E	E 键	T	T 键	D4	4 键
F	F 键	U	U 键	D5	5 键
G	G 键	V	V 键	D6	6 键
H	H 键	W	W 键	D7	7 键
I	I 键	X	X 键	D8	8 键
J	J 键	Y	Y 键	D9	9 键
K	K 键	Z	Z 键	Up	向上箭头键
L	L 键	Alt	Alt 修改键	Down	向下箭头键
M	M 键	Shift	Shift 修改键	Left	向左箭头键
N	N 键	Tab	Tab 键	Right	向右箭头键
O	O 键	Enter	Enter 键	……	

例如，判断是否按下了"向下箭头"键，并执行方块下移操作，关键代码如下：

```
private void Frm_Main_KeyDown(object sender, KeyEventArgs e)
{
    if (e.KeyCode == Keys.Down)                          //如果当前按下的是↓键
    {
        timer1.Interval = MyRussia.UpCareer - 50;        //增加下移的速度
        MyRussia.ConvertorMove(g,0);                     //方块下移
    }
    //省略部分代码
}
```

2.4 公共类设计

开发 C#项目时，通过合理设计公共类可以减少重复代码的编写，有利于代码的重用及维护。俄罗斯方块游戏（炫彩版）项目中创建了一个公共类，名为 Russia，该类中定义的主要方法及作用如表 2.2 所示。

表 2.2 Russia 类中定义的主要方法及作用

方法	说明
CakeMode(int n)	设置方块的样式
ConvertorClear()	清空游戏背景
ConvertorDelete()	清空当前方块的区域
MyConvertorMode()	变换当前方块的样式
ConvertorMode(int n)	设置方块的变换样式
Protract(Control control)	绘制方块组合
MyPaint(Graphics g, SolidBrush SolidB, Rectangle rect)	对方块的单个块进行绘制
ConvertorMove(int n)	移动方块

续表

方　　法	说　　明
RefurbishRow(int Max,int Min)	去除已填满的行
PlaceInitialization()	对信息进行初始化
MoveStop(int n)	判断方块移动时是否出边界

在 Russia 类中定义全局变量，代码如下：

```csharp
public Point firstPoi = new Point(140, 20);              //定义方块的起始位置
public static Color[,] PlaceColor;                        //记录方块的位置
public static bool[,] Place;                              //记录方块的位置
public static int conWidth = 0;                           //记录列数
public static int conHeight = 0;                          //记录行数
public static int maxY = 0;                               //方块在行中的最小高度
public static int conMax = 0;                             //方块落下后的最大位置
public static int conMin = 0;                             //方块落下后的最小位置
bool[] tem_Array = { false, false, false, false };        //记录方块组中哪一块所在行中已满
Color ConColor = Color.Coral;
Point[] ArryPoi = new Point[4];                           //方块的数组
Point[] Arryfront = new Point[4];                         //前一个方块的数组
int Cake = 20;                                            //定义方块的大小
int Convertor = 0;                                        //变换器
Control Mycontrol = new Control();                        //创建 Control
public Label Label_Linage = new Label();                  //创建 Label，用于显示去除的行数
public Label Label_Fraction = new Label();                //创建 Label，用于显示分数
public static int[] ArrayCent = new int[] { 2, 5, 9, 15 };//记录加分情况
```

自定义方法 ConvertorClear()用来清空游戏背景，代码如下：

```csharp
///<summary>
///清空游戏背景
///</summary>
public void ConvertorClear()
{
    if (Mycontrol != null)                                //如果已载入背景控件
    {
        Graphics g = Mycontrol.CreateGraphics();          //创建背景控件的 Graphics 类
        Rectangle rect = new Rectangle(0, 0, Mycontrol.Width, Mycontrol.Height);  //获取背景区域
        MyPaint(g, new SolidBrush(Color.Black), rect);    //用背景色填充背景
    }
}
```

自定义方法 PlaceInitialization()用于初始化记录各方块位置和颜色的多维数组，代码如下：

```csharp
///<summary>
///对信息进行初始化
///</summary>
public void PlaceInitialization()
{
    conWidth=Mycontrol.Width / 20;                        //获取背景的总行数
    conHeight = Mycontrol.Height / 20;                    //获取背景的总列数
    Place = new bool[conWidth, conHeight];                //定义记录各方块位置的数组
    PlaceColor = new Color[conWidth, conHeight];          //定义记录各方块颜色的数组
    //对各方块的信息进行初始化
    for (int i = 0; i < conWidth; i++)
    {
        for (int j = 0; j < conHeight; j++)
        {
            Place[i, j] = false;                          //方块为空
            PlaceColor[i, j] = Color.Black;               //与背景色相同
        }
    }
    maxY = conHeight * Cake;                              //记录方块的最大值
}
```

自定义方法 CakeMode()主要通过参数值 n 获取指定样式的方块组，代码如下：

```csharp
///<summary>
///设置方块的样式
///</summary>
///<param n="int">标识，方块的样式</param>
public void CakeMode(int n)
{
    ArryPoi[0] = firstPoi;                                              //记录方块的起始位置
    switch (n)                                                          //根据标识设置方块的样式
    {
        case 1:                                                         //组合"L"方块
            {
                ArryPoi[1] = new Point(firstPoi.X, firstPoi.Y - Cake);          //设置第二块方块的位置
                ArryPoi[2] = new Point(firstPoi.X, firstPoi.Y + Cake);          //设置第三块方块的位置
                ArryPoi[3] = new Point(firstPoi.X + Cake, firstPoi.Y + Cake);   //设置第四块方块的位置
                ConColor = Color.Fuchsia;                                       //设置当前方块的颜色
                Convertor = 2;                                                  //记录方块的变换样式
                break;
            }
        case 2:                                                         //组合"Z"方块
            {
                ArryPoi[1] = new Point(firstPoi.X, firstPoi.Y - Cake);
                ArryPoi[2] = new Point(firstPoi.X - Cake, firstPoi.Y - Cake);
                ArryPoi[3] = new Point(firstPoi.X + Cake, firstPoi.Y);
                ConColor = Color.Yellow;
                Convertor = 6;
                break;
            }
        case 3:                                                         //组合倒"L"方块
            {
                ArryPoi[1] = new Point(firstPoi.X, firstPoi.Y - Cake);
                ArryPoi[2] = new Point(firstPoi.X, firstPoi.Y + Cake);
                ArryPoi[3] = new Point(firstPoi.X - Cake, firstPoi.Y + Cake);
                ConColor = Color.CornflowerBlue;
                Convertor = 8;
                break;
            }
        case 4:                                                         //组合倒"Z"方块
            {
                ArryPoi[1] = new Point(firstPoi.X, firstPoi.Y - Cake);
                ArryPoi[2] = new Point(firstPoi.X + Cake, firstPoi.Y - Cake);
                ArryPoi[3] = new Point(firstPoi.X - Cake, firstPoi.Y);
                ConColor = Color.Blue;
                Convertor = 12;
                break;
            }
        case 5:                                                         //组合"T"方块
            {
                ArryPoi[1] = new Point(firstPoi.X, firstPoi.Y - Cake);
                ArryPoi[2] = new Point(firstPoi.X + Cake, firstPoi.Y - Cake);
                ArryPoi[3] = new Point(firstPoi.X - Cake, firstPoi.Y - Cake);
                ConColor = Color.Silver;
                Convertor = 14;
                break;
            }
        case 6:                                                         //组合"一"方块
            {
                ArryPoi[1] = new Point(firstPoi.X + Cake, firstPoi.Y);
                ArryPoi[2] = new Point(firstPoi.X - Cake, firstPoi.Y);
                ArryPoi[3] = new Point(firstPoi.X - Cake*2, firstPoi.Y);
                ConColor = Color.Red;
                Convertor = 18;
                break;
            }
        case 7:                                                         //组合"田"方块
            {
                ArryPoi[1] = new Point(firstPoi.X - Cake, firstPoi.Y);
```

```
                ArryPoi[2] = new Point(firstPoi.X - Cake, firstPoi.Y - Cake);
                ArryPoi[3] = new Point(firstPoi.X, firstPoi.Y - Cake);
                ConColor = Color.LightGreen;
                Convertor = 19;
                break;
        }
    }
}
```

自定义方法 ConvertorMode()主要通过参数 n 获取变换后的方块组样式，如果变换后的方块组超出边界，或与已经排列好的方块重叠，则不对当前方块组进行变换。代码如下：

```
///<summary>
///设置方块的变换样式
///</summary>
///<param n="int">标识，判断变换的样式</param>
public void ConvertorMode(int n)
{
    Point[] tem_ArrayPoi = new Point[4];                        //定义一个临时数组
    Point tem_Poi = firstPoi;                                    //获取方块的起始位置
    int tem_n = n;                                               //记录方块的下一个变换样式
    //将当前方块的位置存入临时数组中
    for (int i = 0; i < tem_ArrayPoi.Length; i++)
        tem_ArrayPoi[i] = ArryPoi[i];
    switch (n)                                                   //根据标识变换方块的样式
    {
        case 1:                                                  //设置"L"方块的起始样式
        {
            tem_ArrayPoi[1] = new Point(tem_Poi.X, tem_Poi.Y - Cake);
            tem_ArrayPoi[2] = new Point(tem_Poi.X, tem_Poi.Y + Cake);
            tem_ArrayPoi[3] = new Point(tem_Poi.X + Cake, tem_Poi.Y + Cake);
            tem_n = 2;                                           //记录变换样式的标志
            break;
        }
        case 2:                                                  // "L"方块组顺时针旋转90°的样式
        {
            tem_ArrayPoi[1] = new Point(tem_Poi.X - Cake, tem_Poi.Y);
            tem_ArrayPoi[2] = new Point(tem_Poi.X + Cake, tem_Poi.Y);
            tem_ArrayPoi[3] = new Point(tem_Poi.X + Cake, tem_Poi.Y - Cake);
            tem_n = 3;
            break;
        }
        case 3:                                                  // "L"方块组顺时针旋转180°的样式
        {
            tem_ArrayPoi[1] = new Point(tem_Poi.X, tem_Poi.Y - Cake);
            tem_ArrayPoi[2] = new Point(tem_Poi.X - Cake, tem_Poi.Y - Cake);
            tem_ArrayPoi[3] = new Point(tem_Poi.X, tem_Poi.Y + Cake);
            tem_n = 4;
            break;
        }
        case 4:                                                  // "L"方块组顺时针旋转270°的样式
        {
            tem_ArrayPoi[1] = new Point(tem_Poi.X + Cake, tem_Poi.Y);
            tem_ArrayPoi[2] = new Point(tem_Poi.X - Cake, tem_Poi.Y);
            tem_ArrayPoi[3] = new Point(tem_Poi.X - Cake, tem_Poi.Y + Cake);
            tem_n = 1;                                           //返回方块的起始样式
            break;
        }
        case 5:                                                  // "Z"型方块
        {
            tem_ArrayPoi[1] = new Point(tem_Poi.X, tem_Poi.Y - Cake);
            tem_ArrayPoi[2] = new Point(tem_Poi.X - Cake, tem_Poi.Y - Cake);
            tem_ArrayPoi[3] = new Point(tem_Poi.X + Cake, tem_Poi.Y);
            tem_n = 6;
            break;
        }
        case 6:
        {
```

```csharp
                    tem_ArrayPoi[1] = new Point(tem_Poi.X + Cake, tem_Poi.Y);
                    tem_ArrayPoi[2] = new Point(tem_Poi.X + Cake, tem_Poi.Y - Cake);
                    tem_ArrayPoi[3] = new Point(tem_Poi.X, tem_Poi.Y + Cake);
                    tem_n = 5;
                    break;
                }
            case 7:                                                    // "倒 L" 型方块
                {
                    tem_ArrayPoi[1] = new Point(tem_Poi.X, tem_Poi.Y - Cake);
                    tem_ArrayPoi[2] = new Point(tem_Poi.X, tem_Poi.Y + Cake);
                    tem_ArrayPoi[3] = new Point(tem_Poi.X - Cake, tem_Poi.Y + Cake);
                    tem_n = 8;
                    break;
                }
            case 8:
                {
                    tem_ArrayPoi[1] = new Point(tem_Poi.X - Cake, tem_Poi.Y);
                    tem_ArrayPoi[2] = new Point(tem_Poi.X + Cake, tem_Poi.Y);
                    tem_ArrayPoi[3] = new Point(tem_Poi.X + Cake, tem_Poi.Y + Cake);
                    tem_n = 9;
                    break;
                }
            case 9:
                {
                    tem_ArrayPoi[1] = new Point(tem_Poi.X, tem_Poi.Y - Cake);
                    tem_ArrayPoi[2] = new Point(tem_Poi.X, tem_Poi.Y + Cake);
                    tem_ArrayPoi[3] = new Point(tem_Poi.X + Cake, tem_Poi.Y - Cake);
                    tem_n = 10;
                    break;
                }
            case 10:
                {
                    tem_ArrayPoi[1] = new Point(tem_Poi.X - Cake, tem_Poi.Y);
                    tem_ArrayPoi[2] = new Point(tem_Poi.X + Cake, tem_Poi.Y);
                    tem_ArrayPoi[3] = new Point(tem_Poi.X - Cake, tem_Poi.Y - Cake);
                    tem_n = 7;
                    break;
                }
            case 11:                                                   // "倒 Z" 型方块
                {
                    tem_ArrayPoi[1] = new Point(tem_Poi.X, tem_Poi.Y - Cake);
                    tem_ArrayPoi[2] = new Point(tem_Poi.X + Cake, tem_Poi.Y - Cake);
                    tem_ArrayPoi[3] = new Point(tem_Poi.X - Cake, tem_Poi.Y);
                    tem_n = 12;
                    break;
                }
            case 12:
                {
                    tem_ArrayPoi[1] = new Point(tem_Poi.X - Cake, tem_Poi.Y);
                    tem_ArrayPoi[2] = new Point(tem_Poi.X - Cake, tem_Poi.Y - Cake);
                    tem_ArrayPoi[3] = new Point(tem_Poi.X, tem_Poi.Y + Cake);
                    tem_n = 11;
                    break;
                }
            case 13:                                                   // "T" 型方块
                {
                    tem_ArrayPoi[1] = new Point(tem_Poi.X, tem_Poi.Y - Cake);
                    tem_ArrayPoi[2] = new Point(tem_Poi.X + Cake, tem_Poi.Y - Cake);
                    tem_ArrayPoi[3] = new Point(tem_Poi.X - Cake, tem_Poi.Y - Cake);
                    tem_n = 14;
                    break;
                }
            case 14:
                {
                    tem_ArrayPoi[1] = new Point(tem_Poi.X, tem_Poi.Y - Cake);
                    tem_ArrayPoi[2] = new Point(tem_Poi.X, tem_Poi.Y + Cake);
                    tem_ArrayPoi[3] = new Point(tem_Poi.X + Cake, tem_Poi.Y);
                    tem_n = 15;
                    break;
                }
```

```csharp
            }
        case 15:
            {
                tem_ArrayPoi[1] = new Point(tem_Poi.X - Cake, tem_Poi.Y);
                tem_ArrayPoi[2] = new Point(tem_Poi.X + Cake, tem_Poi.Y);
                tem_ArrayPoi[3] = new Point(tem_Poi.X, tem_Poi.Y - Cake);
                tem_n = 16;
                break;
            }
        case 16:
            {
                tem_ArrayPoi[1] = new Point(tem_Poi.X, tem_Poi.Y - Cake);
                tem_ArrayPoi[2] = new Point(tem_Poi.X - Cake, tem_Poi.Y);
                tem_ArrayPoi[3] = new Point(tem_Poi.X, tem_Poi.Y + Cake);
                tem_n = 13;
                break;
            }
        case 17:                                                            // "一" 型方块
            {
                tem_ArrayPoi[1] = new Point(tem_Poi.X + Cake, tem_Poi.Y);
                tem_ArrayPoi[2] = new Point(tem_Poi.X - Cake, tem_Poi.Y);
                tem_ArrayPoi[3] = new Point(tem_Poi.X - Cake * 2, tem_Poi.Y);
                tem_n = 18;
                break;
            }
        case 18:
            {
                tem_ArrayPoi[1] = new Point(tem_Poi.X, tem_Poi.Y - Cake);
                tem_ArrayPoi[2] = new Point(tem_Poi.X, tem_Poi.Y + Cake);
                tem_ArrayPoi[3] = new Point(tem_Poi.X, tem_Poi.Y + Cake * 2);
                tem_n = 17;
                break;
            }
        case 19:                                                            // "田" 型方块
            {
                tem_ArrayPoi[1] = new Point(tem_Poi.X - Cake, tem_Poi.Y);
                tem_ArrayPoi[2] = new Point(tem_Poi.X - Cake, tem_Poi.Y - Cake);
                tem_ArrayPoi[3] = new Point(tem_Poi.X, tem_Poi.Y - Cake);
                tem_n = 19;
                break;
            }
    }
    bool tem_bool = true;                                                   //判断方块是否可变
    //遍历方块的各个子方块
    for (int i = 0; i < tem_ArrayPoi.Length; i++)
    {
        if (tem_ArrayPoi[i].X / 20 < 0)                                     //变换后是否超出左边界
        {
            tem_bool = false;                                               //不变换
            break;
        }
        if (tem_ArrayPoi[i].X / 20 >= conWidth)                             //变换后是否超出右边界
        {
            tem_bool = false;
            break;
        }
        if (tem_ArrayPoi[i].Y / 20 >= conHeight)                            //变换后是否超出下边界
        {
            tem_bool = false;
            break;
        }
        if (Place[tem_ArrayPoi[i].X / 20, tem_ArrayPoi[i].Y / 20])          //变换后是否与其他方块重叠
        {
            tem_bool = false;
            break;
        }
    }
    if (tem_bool)                                                           //如果当前方块可以变换
    {
```

```
        //改变当前方块的样式
        for (int i = 0; i < tem_ArrayPoi.Length; i++)
            ArryPoi[i] = tem_ArrayPoi[i];
        firstPoi = tem_Poi;                                              //获取当前方块的起始位置
        Convertor = tem_n;                                               //获取方块下一次的变换样式
    }
}
```

自定义方法 MyPaint()用来使用 GDI+技术绘制单个方块，代码如下：

```
///<summary>
///对方块的单个块进行绘制
///</summary>
///<param g="Graphics">封装一个绘图的类对象</param>
///<param SolidB="SolidBrush">画刷</param>
///<param rect="Rectangle">绘制区域</param>
public void MyPaint(Graphics g, SolidBrush SolidB, Rectangle rect)
{
        g.FillRectangle(SolidB, rect);                                   //填充一个矩形
}
```

自定义方法 Protract()用来根据 Control 区域绘制方块组合，代码如下：

```
///<summary>
///绘制方块组合
///</summary>
///<param control="Control">控件</param>
public void Protract(Control control)
{
    Mycontrol = control;
    Graphics g = control.CreateGraphics();                               //创建背景控件的 Graphics 类
    //绘制方块的各个子方块
    for (int i = 0; i < ArryPoi.Length; i++)
    {
        Rectangle rect = new Rectangle(ArryPoi[i].X + 1, ArryPoi[i].Y + 1, 19, 19);  //获取子方块的区域
        MyPaint(g, new SolidBrush(ConColor), rect);                      //绘制子方块
    }
}
```

自定义方法 MyConvertorMode()用来变换当前方块的样式，代码如下：

```
///<summary>
///变换当前方块的样式
///</summary>
public void MyConvertorMode()
{
    ConvertorDelete();                                                   //清空当前方块的区域
    ConvertorMode(Convertor);                                            //设置方块的变换样式
    Protract(Mycontrol);                                                 //绘制变换后的组合方块
}
```

自定义方法 ConvertorMove()主要用来对方块组进行下移、左移和右移操作。如果在移动时超出边界，或与其他方块重叠，停止移动；如果方块组移到底端，或与其他方块排列在一起，生成新的方块组。代码如下：

```
///<summary>
///方块移动
///</summary>
///<param n="int">标识，对左右下进行判断</param>
public void ConvertorMove(int n)
{
    //记录方块移动前的位置
    for (int i = 0; i < Arryfront.Length; i++)
        Arryfront[i] = ArryPoi[i];
    switch (n)                                                           //方块的移动方向
    {
        case 0:                                                          //下移
```

```csharp
            {
                //遍历方块中的子方块
                for (int i = 0; i < Arryfront.Length; i++)
                    //使各子方块下移一个方块位
                    Arryfront[i] = new Point(Arryfront[i].X, Arryfront[i].Y + Cake);
                break;
            }
        case 1:                                                         //左移
            {
                for (int i = 0; i < Arryfront.Length; i++)
                    Arryfront[i] = new Point(Arryfront[i].X - Cake, Arryfront[i].Y);
                break;
            }
        case 2:                                                         //右移
            {
                for (int i = 0; i < Arryfront.Length; i++)
                    Arryfront[i] = new Point(Arryfront[i].X + Cake, Arryfront[i].Y);

                break;
            }
    }
    bool tem_bool = MoveStop(n);                                        //记录方块移动后是否出边界
    if (tem_bool)                                                       //如果没有出边界
    {
        ConvertorDelete();                                              //清空当前方块的区域
        //获取移动后方块的位置
        for (int i = 0; i < Arryfront.Length; i++)
            ArryPoi[i] = Arryfront[i];
        firstPoi = ArryPoi[0];                                          //记录方块的起始位置
        Protract(Mycontrol);                                            //绘制移动后方块
    }
    else                                                                //如果方块到达底部
    {
        if (!tem_bool && n == 0)                                        //如果当前方块是下移
        {
            conMax = 0;                                                 //记录方块落下后的顶端位置
            conMin = Mycontrol.Height;                                  //记录方块落下后的底端位置
            //遍历方块的各个子方块
            for (int i = 0; i < ArryPoi.Length; i++)
            {
                if (ArryPoi[i].Y < maxY)
                    maxY = ArryPoi[i].Y;
                Place[ArryPoi[i].X / 20, ArryPoi[i].Y / 20] = true;     //记录指定的位置已存在方块
                PlaceColor[ArryPoi[i].X / 20, ArryPoi[i].Y / 20] = ConColor;  //记录方块的颜色
                if (ArryPoi[i].Y > conMax)
                    conMax = ArryPoi[i].Y;                              //记录方块的顶端位置
                if (ArryPoi[i].Y < conMin)
                    conMin = ArryPoi[i].Y;                              //记录方块的底端位置
            }
            Random rand = new Random();                                 //创建 Random
            int CakeNO = rand.Next(1, 8);                               //获取随机数
            firstPoi = new Point(140, 20);                              //设置方块的起始位置
            CakeMode(Form1.CakeNO);                                     //设置方块的样式
            Protract(Mycontrol);                                        //绘制组合方块
            RefurbishRow(conMax,conMin);                                //去除已填满的行
            Form1.become = true;                                        //标识，判断可以生成下一个方块
        }
    }
}
```

自定义方法 MoveStop()用于判断当前移动的方块组是否超出边界。代码如下：

```csharp
///<summary>
///判断方块移动时是否出边界
///</summary>
public bool MoveStop(int n)
{
    bool tem_bool = true;
    int tem_width = 0;
```

```csharp
        int tem_height = 0;
        switch (n)
        {
            case 0:                                                         //下移
                {
                    //遍历方块中的各个子方块
                    for (int i = 0; i < Arryfront.Length; i++)
                    {
                        tem_width = Arryfront[i].X / 20;                    //获取方块的横向坐标值
                        tem_height = Arryfront[i].Y / 20;                   //获取方块的纵向坐标值
                        //判断是否超出底边界，或是与其他方块重叠
                        if (tem_height == conHeight || Place[tem_width, tem_height])
                            tem_bool = false;                               //超出边界
                    }
                    break;
                }
            case 1:                                                         //左移
                {
                    for (int i = 0; i < Arryfront.Length; i++)
                    {
                        tem_width = Arryfront[i].X / 20;
                        tem_height = Arryfront[i].Y / 20;
                        //判断是否超出左边界，或是与其他方块重叠
                        if (tem_width == -1 || Place[tem_width, tem_height])
                            tem_bool = false;
                    }
                    break;
                }
            case 2:                                                         //右移
                {
                    for (int i = 0; i < Arryfront.Length; i++)
                    {
                        tem_width = Arryfront[i].X / 20;
                        tem_height = Arryfront[i].Y / 20;
                        //判断是否超出右边界，或是与其他方块重叠
                        if (tem_width == conWidth || Place[tem_width, tem_height])
                            tem_bool = false;
                    }
                    break;
                }
        }
        return tem_bool;
}
```

自定义方法 ConvertorDelete()用于清空当前位置的方块组。代码如下：

```csharp
///<summary>
///清空当前方块的区域
///</summary>
public void ConvertorDelete()
{
    Graphics g = Mycontrol.CreateGraphics();                                //创建背景控件的 Graphics 类
    for (int i = 0; i < ArryPoi.Length; i++)                                //遍历方块的各个子方块
    {
        Rectangle rect = new Rectangle(ArryPoi[i].X, ArryPoi[i].Y, 20, 20); //获取各子方块的区域
        MyPaint(g, new SolidBrush(Color.Black), rect);                      //用背景色填充背景
    }
}
```

自定义方法 RefurbishRow()主要判断当前落下的方块组不能再移动时，已经排列好的所有方块中是否有填满一行的情况。如果有，则去除该行，并将该行以上的各行下移。代码如下：

```csharp
///<summary>
///去除已填满的行
///</summary>
public void RefurbishRow(int Max,int Min)
{
    Graphics g = Mycontrol.CreateGraphics();                                //创建背景控件的 Graphics 类
```

```csharp
int tem_max = Max / 20;                                         //获取方块的最大位置在多少行
int tem_min = Min / 20;                                         //获取方块的最小位置在多少行
bool tem_bool = false;
//初始化记录刷新行的数组
for (int i = 0; i < tem_Array.Length; i++)
    tem_Array[i] = false;
int tem_n = maxY;                                               //记录最高行的位置
for (int i = 0; i < 4; i++)                                     //查找要刷新的行
{
    if ((tem_min + i) > 19)                                     //如果超出边界
        break;                                                  //退出本次操作
    tem_bool = false;
    //如果当前行中有空格
    for (int k = 0; k < conWidth; k++)
    {
        if (!Place[k, tem_min + i])                             //如果当前位置为空
        {
            tem_bool = true;
            break;
        }
    }
    if (!tem_bool)                                              //如果当前行为满行
    {
        tem_Array[i] = true;                                    //记录为刷新行
    }
}
int Progression = 0;                                            //记录去除的几行
//如果有刷新行
if (tem_Array[0] == true || tem_Array[1] == true || tem_Array[2] == true || tem_Array[3] == true)
{
    int Trow = 0;                                               //记录最小行数
    for (int i = (tem_Array.Length - 1); i >= 0; i--)           //遍历记录刷新行的数组
    {
        if (tem_Array[i])                                       //如果是刷新行
        {
            Trow = Min / 20 + i;                                //记录最小行数
            //将刷新行到背景顶端的区域下移
            for (int j = Trow; j >=1 ; j--)
            {
                for (int k = 0; k < conWidth; k++)
                {
                    PlaceColor[k, j] = PlaceColor[k, j - 1];    //记录方块的位置
                    Place[k, j] = Place[k, j - 1];              //记录方块的位置
                }
            }
            Min += 20;                                          //方块的最小位置下移一个方块位
            //将背景的顶端清空
            for (int k = 0; k < conWidth; k++)
            {
                PlaceColor[k, 0] = Color.Black;                 //记录方块的位置
                Place[k, 0] = false;                            //记录方块的位置
            }
            Progression += 1;                                   //记录刷新的行数
        }
    }
    //在背景中绘制刷新后的方块图案
    for (int i = 0; i < conWidth; i++)
    {
        for (int j = 0; j <= Max / 20; j++)
        {
            //获取各方块的区域
            Rectangle rect = new Rectangle(i * Cake + 1, j * Cake + 1, 19, 19);
            MyPaint(g, new SolidBrush(PlaceColor[i, j]), rect); //绘制已落下的方块
        }
    }
    //显示当前的刷新行数
    Label_Linage.Text = Convert.ToString(Convert.ToInt32(Label_Linage.Text) + Progression);
    //显示当前的得分情况
    Label_Fraction.Text = Convert.ToString(Convert.ToInt32(Label_Fraction.Text) + ArrayCent[Progression - 1]);
```

        }
}

2.5 功能设计

2.5.1 设计窗体

俄罗斯方块游戏(炫彩版)的窗体设计主要分为两个步骤,分别是设置窗体、向窗体中添加控件或组件,下面分别介绍。

1. 设置窗体

俄罗斯方块游戏(炫彩版)的主窗体为 Frm_Main 窗体,其属性设置如表 2.3 所示。

表 2.3 Frm_Main 窗体的属性值列表

属　　性	值	说　　明
KeyPreview	True	向窗体注册键盘事件
MaximizeBox	false	设置窗体不可以最大化
MinimizeBox	false	设置窗体不可以最小化
Width	431	设置窗体的宽度
Height	450	设置窗体的高度
StartPosition	CenterScreen	设置窗体首次出现时的位置为屏幕中心
Text	俄罗斯方块	设置窗体的标题

2. 向窗体中添加控件或组件

Frm_Main 窗体是俄罗斯方块游戏(炫彩版)的主窗体,该窗体布局稍显复杂。因此,首先看一下它的整体布局效果,如图 2.7 所示。

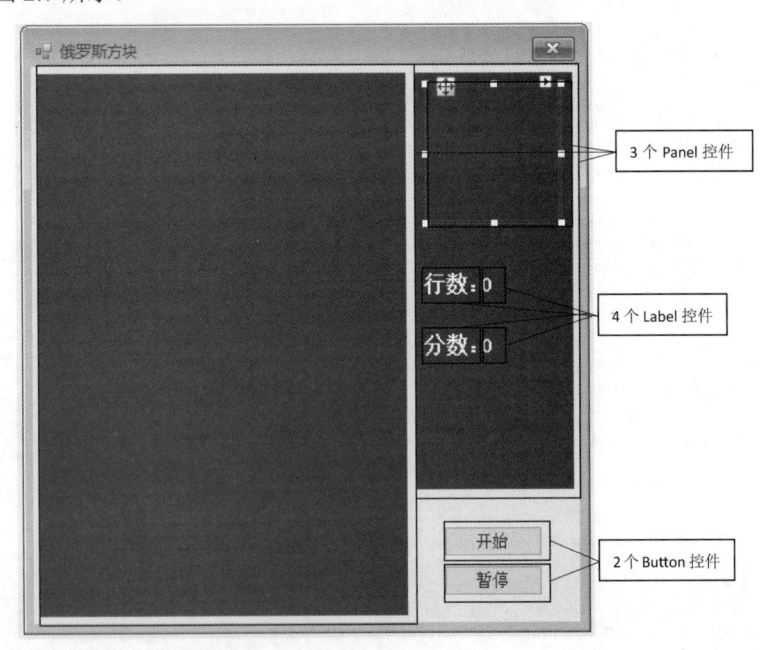

图 2.7 Frm_Main 窗体整体布局效果

Frm_Main 窗体中用到的控件、组件及其属性如表 2.4 所示。

表 2.4　Frm_Main 窗体中用到的控件、组件及对应属性设置

控件/组件类型	属　　性	值	说　　明
Panel	BackColor	WindowText	设置游戏区的背景色
	X	4	设置游戏区的起始点 X 坐标
	Y	5	设置游戏区的起始点 Y 坐标
	Width	281	设置游戏区的宽度
	Height	401	设置游戏区的高度
Panel	BackColor	Black	设置游戏提示区的背景色
	X	291	设置游戏提示区的起始点 X 坐标
	Y	5	设置游戏提示区的起始点 Y 坐标
	Width	120	设置游戏提示区的宽度
	Height	308	设置游戏提示区的高度
Panel	BackColor	Black	设置方格提示区的背景色
	X	10	设置方格提示区的起始点 X 坐标
	Y	10	设置方格提示区的起始点 Y 坐标
	Width	100	设置方格提示区的宽度
	Height	100	设置方格提示区的高度
Label	Font	宋体，12pt，style=Bold	设置行数标识控件的字体及字体大小
	ForeColor	Window	设置行数标识控件的字体颜色
	X	4	设置行数标识控件的 X 坐标
	Y	148	设置行数标识控件的 Y 坐标
	Text	行数：	设置行数标识控件的文本
Label	Font	宋体，12pt，style=Bold	设置分数标识控件的字体及字体大小
	ForeColor	White	设置分数标识控件的字体颜色
	X	4	设置分数标识控件的 X 坐标
	Y	193	设置分数标识控件的 Y 坐标
	Text	分数：	设置分数标识控件的文本
Label	Font	宋体，10.5pt，style=Bold	设置显示行数标签的字体及字体大小
	ForeColor	White	设置显示行数标签的字体颜色
	X	48	设置显示行数标签的 X 坐标
	Y	150	设置显示行数标签的 Y 坐标
	Text	0	设置显示行数标签的文本
Label	Font	宋体，10.5pt，style=Bold	设置显示分数标签的字体及字体大小
	ForeColor	White	设置显示分数标签的字体颜色
	X	48	设置显示分数标签的 X 坐标
	Y	195	设置显示分数标签的 Y 坐标
	Text	0	设置显示分数标签的文本

续表

控件/组件类型	属　性	值	说　明
Button	X	312	设置"开始"按钮的 X 坐标
	Y	340	设置"开始"按钮的 Y 坐标
	Text	开始	设置"开始"按钮显示的文本
Button	X	312	设置"暂停"按钮的 X 坐标
	Y	369	设置"暂停"按钮的 Y 坐标
	Text	暂停	设置"暂停"按钮显示的文本
TextBox	X	291	设置辅助的文本框控件的 X 坐标
	Y	480	设置辅助的文本框控件的 Y 坐标
Timer	Interval	300	设置计时器组件的事件触发频率

> **说明**
>
> 向 Frm_Main 窗体中添加表 2.4 所列的控件时,第 3 个 Panel 控件和所有的 Label 控件都添加在第 2 个 Panel 控件中。具体方法为:将鼠标焦点定位到第 2 个 Panel 控件中,然后在"工具箱"窗口中双击要添加的 Panel 控件或者 Label 控件。

2.5.2　初始化游戏场景

在 Frm_Main 窗体的设计界面,单击右键,选择"查看代码"菜单项,切换到 Frm_Main 窗体的代码页,首先在 Frm_Main 窗体类的内部声明公共的变量及对象,代码如下:

```csharp
Russia MyRussia = new Russia();                //实例化 Russia 类,用于操作游戏
Russia TemRussia = new Russia();               //实例化 Russia 类,用于生成下一个方块样式
public static int CakeNO = 0;                  //记录下一个方块样式的标识
public static bool become = false;             //判断是否生成下一个方块的样式
public static bool isbegin = false;            //判断当前游戏是否开始
public bool ispause = true;                    //判断是否暂停游戏
```

在 Frm_Main 窗体类的内部,定义一个无返回值类型的 beforehand()方法,用来生成下一个方块的样式。beforehand()方法代码如下:

```csharp
///<summary>
///生成下一个方块的样式
///</summary>
public void beforehand()
{
    Graphics P3 = panel3.CreateGraphics();
    P3.FillRectangle(new SolidBrush(Color.Black), 0, 0, panel3.Width, panel3.Height);
    Random rand = new Random();                //实例化 Random
    CakeNO = rand.Next(1, 8);                  //获取随机数
    TemRussia.firstPoi = new Point(50, 30);    //设置方块的起始位置
    TemRussia.CakeMode(CakeNO);                //设置方块的样式
    TemRussia.Protract(panel3);                //绘制组合方块
}
```

切换到 Frm_Main 窗体的设计界面,双击"开始"按钮控件,自动触发其 Click 事件。该事件中,主要使用 Russia 公共类中的相关方法初始化游戏的场景,并绘制初始的俄罗斯方块。代码如下:

```csharp
private void button1_Click(object sender, EventArgs e)
{
    MyRussia.ConvertorClear();                 //清空整个控件
    MyRussia.firstPoi = new Point(140, 20);    //设置方块的起始位置
```

```
    label3.Text = "0";                          //显示去除的行数
    label4.Text = "0";                          //显示分数
    MyRussia.Label_Linage = label3;             //将 label3 控件加载到 Russia 类中
    MyRussia.Label_Fraction = label4;           //将 label4 控件加载到 Russia 类中
    timer1.Interval = 500;                      //设置下移的速度
    MyRussia.Add_degree = 1;
    MyRussia.UpCareer = timer1.Interval;
    timer1.Enabled = false;                     //停止计时
    timer1.Enabled = true;                      //开始计时
    Random rand = new Random();                 //实例化 Random
    CakeNO = rand.Next(1, 8);                   //获取随机数
    MyRussia.CakeMode(CakeNO);                  //设置方块的样式
    MyRussia.Protract(panel1);                  //绘制组合方块
    beforehand();                               //生成下一个方块的样式
    MyRussia.PlaceInitialization();             //初始化 Random 类中的信息
    isbegin = true;                             //判断是否开始
    ispause = true;
    MyRussia.timer = timer1;
    button2.Text = "暂停";
    ispause = true;
    textBox1.Focus();                           //获取焦点
}
```

2.5.3 生成游戏方块并使其自动下落

切换到 Frm_Main 窗体的设计界面，双击 timer1 组件，会自动触发其 Tick 事件。该事件中，首先使用自定义的 beforehand()方法生成下一个游戏方块，然后控制用户未按下键盘上的"向下箭头"键时，方块自动向下移动。代码如下：

```
private void timer1_Tick(object sender, EventArgs e)
{
    if (MyRussia.Add_n != 5)
    {
        MyRussia.ConvertorMove(0);              //方块下移
        if (become)                             //如果显示新的方块
        {
            beforehand();                       //生成下一个方块
            become = false;
        }
        textBox1.Focus();                       //获取焦点
    }
    else
    {
        MyRussia.panel = panel1;
        MyRussia.ConvertorClear();              //清空整个控件
        MyRussia.firstPoi = new Point(140, 20); //设置方块的起始位置
        timer1.Interval = 500;                  //下移的速度
        MyRussia.UpCareer = timer1.Interval;
        timer1.Enabled = false;                 //停止计时
        timer1.Enabled = true;                  //开始计时
        Random rand = new Random();             //实例化 Random
        CakeNO = rand.Next(1, 8);               //获取随机数
        MyRussia.CakeMode(CakeNO);              //设置方块的样式
        MyRussia.Protract(panel1);              //绘制组合方块
        beforehand();                           //生成下一个方块的样式
        MyRussia.PlaceInitialization();         //初始化 Random 类中的信息
        textBox1.Focus();                       //获取焦点
        isbegin = true;                         //判断是否开始
        MyRussia.timer = timer1;
    }
}
```

2.5.4 使用键盘控制方块的变换及移动

切换到 Frm_Main 窗体的设计界面，选中窗体，在其"属性"对话框中单击 ⚡ 图标。在列表中找到 KeyDown，然后双击，触发其 KeyDown 事件。该事件中，使用键盘控制方块的向下、向左和向右移动，以及方格样式的变换。代码如下：

```csharp
private void Frm_Main_KeyDown(object sender, KeyEventArgs e)
{
    if (!isbegin)                               //如果没有开始游戏
        return;
    if (!ispause)                               //如果游戏暂停
        return;
    if (e.KeyCode == Keys.Up)                   //如果当前按下的是↑键
        MyRussia.MyConvertorMode();             //变换当前方块的样式
    if (e.KeyCode == Keys.Down)                 //如果当前按下的是↓键
    {
        timer1.Interval = MyRussia.UpCareer - 50;  //增加下移的速度
        MyRussia.ConvertorMove(0);              //方块下移
    }
    if (e.KeyCode == Keys.Left)                 //如果当前按下的是←键
        MyRussia.ConvertorMove(1);              //方块左移
    if (e.KeyCode == Keys.Right)                //如果当前按下的是→键
        MyRussia.ConvertorMove(2);              //方块右移
}
```

切换到 Frm_Main 窗体的设计界面，选中窗体，在其"属性"对话框中单击 ⚡ 图标。在列表中找到 KeyUp，然后双击，触发其 KeyUp 事件。该事件中，首先判断游戏的当前状态，如果是未开始或者暂停状态，则返回；如果当前松开的是"向下箭头"键，则恢复方块的下移速度，并切换鼠标焦点。代码如下：

```csharp
private void Frm_Main_KeyUp(object sender, KeyEventArgs e)
{
    if (!isbegin)                               //如果游戏没有开始
        return;
    if (!ispause)                               //如果暂停游戏
        return;
    if (e.KeyCode == Keys.Down)                 //如果当前松开的是↓键
    {
        timer1.Interval = MyRussia.UpCareer;    //恢复下移的速度
    }
    textBox1.Focus();                           //获取焦点
}
```

2.5.5 暂停和继续游戏

切换到 Frm_Main 窗体的设计界面，双击"暂停"按钮控件，自动触发其 Click 事件。该事件中，主要通过计时器的可用状态控制游戏的暂停和继续。代码如下：

```csharp
private void button2_Click(object sender, EventArgs e)
{
    if (timer1.Enabled == true)
    {
        timer1.Stop();                          //暂停
        button2.Text = "继续";
        ispause = false;
        textBox1.Focus();                       //获取焦点
    }
    else
    {
        timer1.Start();                         //继续
        button2.Text = "暂停";
        ispause = true;
    }
}
```

2.6 项目运行

通过前述步骤，设计并完成了"俄罗斯方块游戏（炫彩版）"项目的开发。下面运行该项目，检验一下我们的开发成果。使用 Visual Studio 打开俄罗斯方块游戏（炫彩版）项目，单击工具栏中的"启动"按钮或者按 F5 快捷键，即可成功运行该项目。游戏启动后的界面效果如图 2.8 所示。

本章主要讲解了如何使用 C#开发一个炫彩版的俄罗斯方块游戏。其中，在实现游戏的基本逻辑功能时，主要用到了随机数生成、数组、面向对象编程、Timer 计时器等技术，而游戏界面的绘制主要使用了 GDI+技术，游戏中方块的变换、移动等主要通过键盘处理技术进行控制。通过本项目的开发，读者不仅可以巩固 C#编程基础知识，而且能够加深对游戏开发流程的理解，为未来参与更复杂的游戏开发奠定坚实基础。

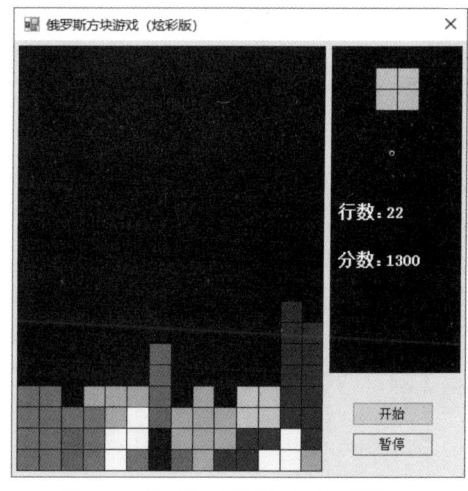

图 2.8 俄罗斯方块游戏（炫彩版）

2.7 源码下载

本章详细地讲解了如何编码实现"俄罗斯方块游戏（炫彩版）"项目的各个功能。为了方便读者学习，本书提供了完整的项目源码，扫描右侧二维码即可下载。

第 3 章
系统优化清理助手

——多分支语句 + 窗体控件 + Process 进程类 + 注册表操作 + WMI 操作

为了提升操作系统的性能，市场上出现了很多优化、增强系统的软件，比如大家常用的 360 安全卫士、腾讯电脑管家等，通过这些软件可以让操作系统运行更加流畅，同时还可以管理系统的一些常用功能。本章将使用 C#语言开发一个系统优化清理助手，通过该软件，不仅可以对系统中的垃圾文件进行清理，同时还可以管理系统进程、检测系统相关信息、调用系统常用工具、对注册表进行备份及还原、优化系统性能等。

项目微视频

本项目的核心功能及实现技术如下：

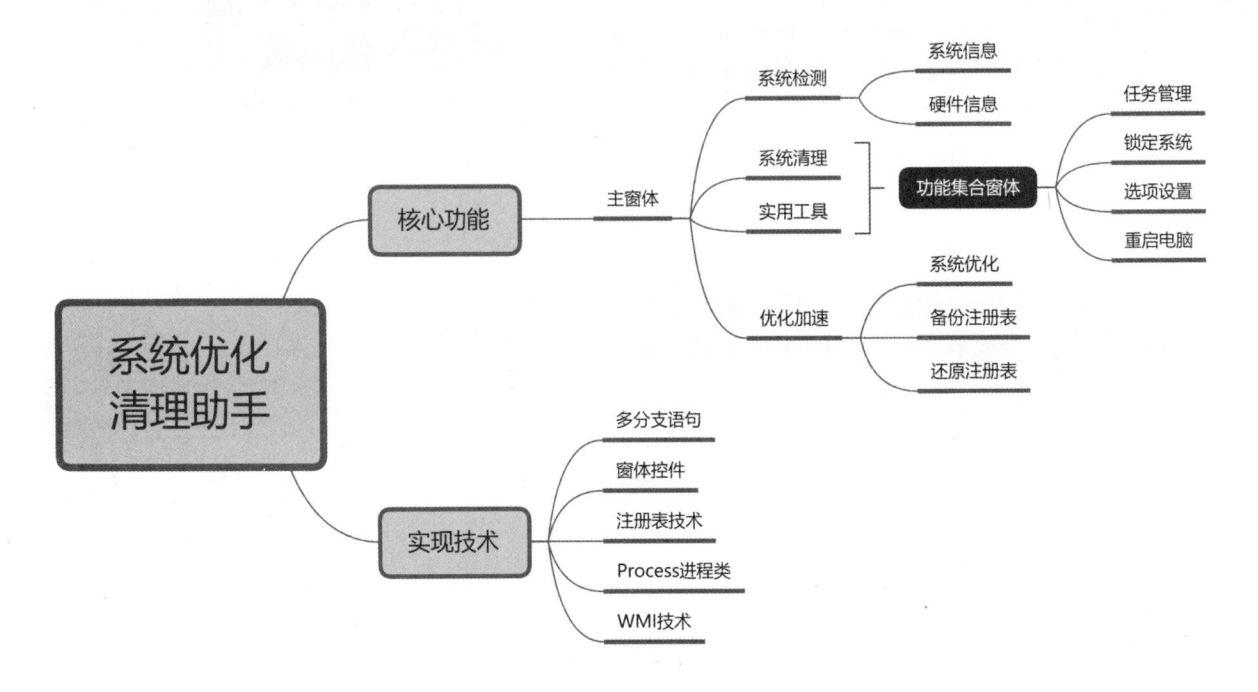

```
                            ┌─ 系统信息
             ┌─ 系统检测 ──┤
             │              └─ 硬件信息              ┌─ 任务管理
             │              ┌─ 系统清理              ├─ 锁定系统
 核心功能 ─ 主窗体 ──────┤              ── 功能集合窗体 ──┤
             │              └─ 实用工具              ├─ 选项设置
             │                                        └─ 重启电脑
             │              ┌─ 系统优化
             └─ 优化加速 ──┼─ 备份注册表
                            └─ 还原注册表

              ┌─ 多分支语句
              ├─ 窗体控件
 实现技术 ──┼─ 注册表技术
              ├─ Process 进程类
              └─ WMI 技术
```

3.1 开发背景

Windows 操作系统是使用最广泛的操作系统之一。随着使用时间的增长，系统会逐渐出现各种冗余文件、无用程序和配置问题，导致系统性能下降、运行缓慢，甚至出现崩溃等严重问题。因此，开发一款能够自动清理系统垃圾、优化系统性能的工具显得尤为重要。C#作为一种功能强大、易于学习和使用的编程语言，在开发桌面软件方面具有显著的高效性和便捷性，是开发此类工具的理想选择。

本项目的实现目标如下：

☑ 清理系统垃圾：能够扫描并清理系统中的临时文件、回收站文件等无用数据，释放磁盘空间。

☑ 优化系统性能：能够关闭不必要的系统服务、禁用自动启动程序、优化注册表等，提高系统运行速度。
- ☑ 简单易用：提供直观的界面和操作方式，使用户能够轻松完成系统优化和清理工作。
- ☑ 安全性高：在清理和优化过程中，不会误删重要文件或破坏系统稳定性。

3.2 系统设计

3.2.1 开发环境

本项目的开发及运行环境如下：
- ☑ 操作系统：推荐 Windows 10、11 及以上。
- ☑ 开发工具：Visual Studio 2022。
- ☑ 开发语言：C#。

3.2.2 业务流程

系统优化清理助手启动时，首先进入主窗体中，该窗体中提供了"系统检测""电脑清理""实用工具""优化加速"等主要功能的快捷按钮，通过这些快捷按钮，可以打开相应的窗体进行操作。这里需要注意的是，在单击"电脑清理"和"实用工具"快捷按钮时，打开的是同一个窗体，该窗体中集合了"系统清理""实用工具""任务管理""锁定系统""选项设置""重启电脑"等常用的功能。

本项目的业务流程如图 3.1 所示。

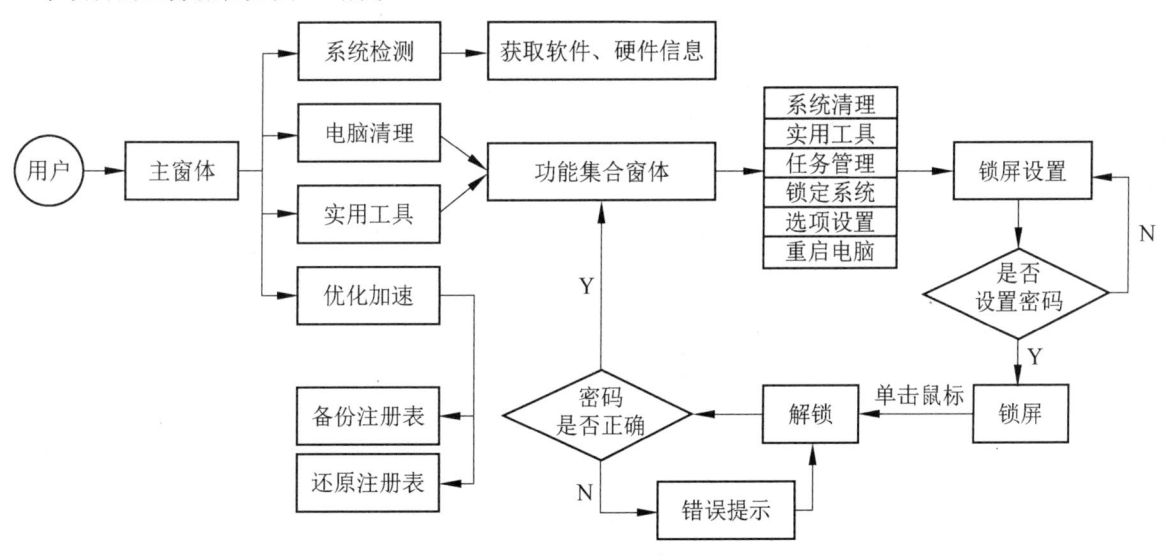

图 3.1 系统优化清理助手业务流程

3.2.3 功能结构

本项目的功能结构已经在章首页中给出。作为一个对系统进行优化清理的应用程序，本项目实现的具体功能如下：
- ☑ 系统检测：显示系统的基本信息，如硬件信息、系统配置等。
- ☑ 系统清理：扫描并清理系统中的临时文件、回收站文件等无用数据，释放磁盘空间。

- ☑ 系统优化：关闭不必要的系统服务、禁用自动启动程序、优化注册表等，提高系统运行速度。
- ☑ 进程管理：显示当前运行的进程信息，支持结束进程、查看进程属性等操作。
- ☑ 实用工具：能够方便地打开系统的常用工具，以便对系统进行设置。
- ☑ 启动项管理：管理系统的启动项，禁用不必要的启动项，加快系统启动速度。
- ☑ 注册表修复：修复注册表中的错误和冗余项，提高系统稳定性。
- ☑ 锁定系统：为了保证用户使用计算机的安全，用户可以通过设置锁屏密码方便地对计算机进行锁屏和解锁操作。

3.3 技术准备

3.3.1 技术概览

- ☑ 多分支语句：多分支条件语句可以根据表达式的值从多个分支中选择一个分支来执行，C#中使用 switch 语句来表示多分支语句。例如，本项目中在将获取到的系统相关信息由英文转换为中文时用到了 switch 多分支语句，示例代码如下：

```
switch (str)
{
    case "AddressWidth":
        strCH = "地址宽度";
        break;
    case "Architecture":
        strCH = "结构";
        break;
    case "Availability":
        strCH = "可用";
        break;
    //省略部分代码
}
```

- ☑ 窗体控件：控件是进行 WinForm 窗体程序开发的基础，根据作用的不同，控件可以分为文本类控件、选择类控件、分组类控件、列表类控件、图片类控件、菜单控件、工具栏控件以及状态栏控件等。例如，本项目大量使用了 Button 按钮控件执行各种操作，使用 ListView 列表控件展示列表项数据，使用 Panel 控件和 TabControl 控件对窗体进行分组等。
- ☑ 注册表操作：C#中操作注册表主要使用 RegistryKey 类来实现。本项目中使用该类的 CreateSubKey() 和 SetValue() 方法修改注册表中的键值，从而实现系统优化的功能。其中，CreateSubKey() 方法用来创建一个新子项或打开一个现有子项以进行写入操作，而 SetValue() 方法用来设置指定的名称/值对。例如，本项目中使用 CreateSubKey() 方法打开 "SYSTEM\\CurrentControlSet\\Control" 注册表项，并使用 SetValue() 方法修改其分支下的 "WaitToKillServiceTimeout" 的值，代码如下：

```
RegistryKey reg;
reg = Registry.CurrentUser;
reg = reg.CreateSubKey("SYSTEM\\CurrentControlSet\\Control");    //如果存在则打开，否则创建
reg.SetValue("WaitToKillServiceTimeout", 1000);                  //修改键值
reg.Close();
```

有关 C#中的多分支语句、窗体控件、注册表操作等知识在《C#从入门到精通（第 7 版）》中有详细的讲解，对这些知识不太熟悉的读者可以参考该书对应的内容。下面将对 Process 进程类以及 WMI 操作技术进行必要介绍，以确保读者可以顺利完成本项目。

3.3.2 使用 Process 类获取进程信息

系统优化清理助手中使用 Process 类获取计算机中所有的进程信息。通过使用 Process 类，可以获取正在运行的进程信息（包括线程集、加载的模块和性能信息等），或者启动新的进程。下面介绍 Process 类的常用属性和方法。

1. 属性

Process 类的常用属性及说明如表 3.1 所示。

表 3.1 Process 类的常用属性及说明

属　　性	说　　明
BasePriority	获取关联进程的基本优先级
ExitCode	获取关联进程终止时指定的值
ExitTime	获取关联进程退出的时间
Handle	返回关联进程的本机句柄
HandleCount	获取由进程打开的句柄数
HasExited	获取指示关联进程是否已终止的值
Id	获取关联进程的唯一标识符
MachineName	获取关联进程正在其上运行的计算机的名称
MainModule	获取关联进程的主模块
MainWindowTitle	获取进程的主窗口标题
Modules	获取已由关联进程加载的模块
PagedMemorySize	获取分页的内存大小
PagedMemorySize64	获取为关联进程分配的分页内存量
PagedSystemMemorySize	获取分页的系统内存大小
PriorityClass	关联进程的总体优先级类别
PrivateMemorySize	获取专用内存大小
ProcessName	获取该进程的名称
StartTime	关联进程启动的时间
VirtualMemorySize	进程的虚拟内存大小
WorkingSet	获取关联进程的物理内存使用情况

例如，系统优化清理助手中使用 Process 类的 ProcessName 属性获取当前的进程名称，代码如下：

```
Process[] MyProcesses = Process.GetProcesses();         //获取所有进程名称数组
string[] Minfo = new string[6];
foreach (Process MyProcess in MyProcesses)              //遍历数组
{
    Minfo[0] = MyProcess.ProcessName;                   //获取进程名
}
```

2. 方法

Process 类的常用方法及说明如表 3.2 所示。

表 3.2　Process 类的常用方法及说明

方　　法	说　　明
GetCurrentProcess()	获取新的 Process 组件，并将其与当前活动的进程关联
GetProcessById()	创建新的 Process 组件，并将其与指定的现有进程资源关联
GetProcesses()	创建新的 Process 组件的数组，并将它们与现有进程资源关联
GetProcessesByName()	创建新的 Process 组件的数组，并将它们与共享指定的进程名称的所有现有进程资源关联
Kill()	立即停止关联的进程
LeaveDebugMode()	使 Process 组件离开允许它与以特殊模式运行的操作系统进程交互的状态
Start()	启动进程资源并将其与 Process 组件关联
Refresh()	放弃有关关联进程的已缓存到该进程组件内的任何信息
WaitForExit()	设置等待关联进程退出的时间，并在该段时间结束前或该进程退出前，阻止当前线程执行

例如，系统优化清理助手中使用 Process 类的 Kill()方法结束选择的进程，代码如下：

```
string ProcessName = listView2.SelectedItems[0].SubItems[2].Text.Trim();
Process[] MyProcess = Process.GetProcessesByName(ProcessName);
MyProcess[0].Kill();
```

3.3.3　WMI 技术应用

WMI（Windows Management Instrumentation）是 Windows 系统中的一种系统管理技术，它允许用户通过编程和脚本语言来管理本地和远程计算机。WMI 基于组件对象模型（COM）技术，是微软的一套软件组件的二进制接口标准。C#中使用 WMI 技术时，需要引入 System.Management 命名空间，其核心是 ManagementObjectSearcher 类，该类主要用于实现有关管理信息的指定查询，其语法格式如下：

```
public ManagementObjectSearcher(string queryString)
```

参数 queryString 表示对象将调用的 WMI 查询。

例如，使用 WMI 技术查询所有的服务信息，代码如下：

```
using System;
using System.Management;
public class Sample
{
    public static void Main(string[] args)
    {
        //创建 ManagementObjectSearcher 对象
        ManagementObjectSearcher s = new ManagementObjectSearcher("SELECT * FROM Win32_Service");
        foreach (ManagementObject service in s.Get())                            //输出所有服务信息
        {
            Console.WriteLine(service.ToString());
        }
    }
}
```

如果想查询计算机的其他信息，只需将 SELECT * FROM Win32_Service 语句中的 Win32_Service 替换为相应的查询模块即可，下面列出常用的查询模块，如表 3.3 所示。

表 3.3　WMI 类中常用的查询模块及说明

模　　块	说　　明
Win32_UserAccount	获取 Windows 用户信息
Win32_Group	获取用户组别信息
Win32_Process	获取当前进程信息
Win32_Service	获取系统服务信息
Win32_SystemDriver	获取系统驱动信息
Win32_Processor	获取中央处理器信息
Win32_BaseBoard	获取主板信息
Win32_BIOS	获取 BIOS 信息
Win32_VideoController	获取显卡信息
Win32_SoundDevice	获取音频设备信息
Win32_PhysicalMemory	获取物理内存信息
Win32_LogicalDisk	获取磁盘信息
Win32_NetworkAdapter	获取网络适配器信息
Win32_NetworkProtocol	获取网络协议信息
Win32_Printer	获取打印与传真信息
Win32_Keyboard	获取键盘信息
Win32_PointingDevice	获取鼠标信息
Win32_SerialPort	获取串口信息
Win32_IDEController	获取 IDE 控制器信息
Win32_FloppyController	获取软驱控制器信息
Win32_USBController	获取 USB 控制器信息
Win32_SCSIController	获取 SCSI 控制器信息
Win32_PCMCIAController	获取 PCMCIA 卡控制器信息
Win32_1394Controller	获取 1394 控制器信息
Win32_PnPEntity	获取即插即用设备信息

> **说明**
>
> 在使用 WMI 获取系统信息时，首先要引入 System.Management，具体步骤是选择"引用"/"添加引用"/".NET"/"System.Management"命令。

3.4　公共类设计

开发 C#项目时，通过合理设计公共类可以减少重复代码的编写，有利于代码的重用及维护。系统优化清理助手项目中创建了 3 个公共类，分别为 Operator 类、Win32 类和 myHook 类。其中，Operator 类是包含实现系统检测、优化及清理等功能方法的操作类，Win32 类主要用来定义项目中用到的系统 API 函数，myHook 类是一个操作钩子函数的类。下面分别对这 3 个类中的主要方法进行讲解。

3.4.1　Operator 类

自定义 InsertInfo()方法，通过 WMI 技术获取与系统相关的所有信息，其中参数 Key 表示待查找信息的关键字。例如，若想获取与中央处理器相关的信息，Key 的值就是 Win32_Processor。代码如下：

```csharp
///<summary>
///获取硬件相关的一些信息
///</summary>
///<param name="Key">要查找的</param>
///<param name="lst">显示信息的 ListView 组件</param>
///<param name="DontInsertNull">标识是否有信息</param>
public void InsertInfo(string Key, ref ListView lst, bool DontInsertNull)
{
    lst.Items.Clear();                                          //清空列表
    //创建 ManagementObjectSearcher 对象，使其查找参数 Key 的内容
    ManagementObjectSearcher searcher = new ManagementObjectSearcher("select * from " + Key);
    try
    {
        foreach (ManagementObject share in searcher.Get())      //遍历 ManagementObjectSearcher 对象查找的内容
        {
            ListViewGroup grp;                                  //创建 ListViewGroup 对象
            try
            {
                //设置组标题
                grp = lst.Groups.Add(share["Name"].ToString(), share["Name"].ToString());
            }
            catch
            {
                grp = lst.Groups.Add(share.ToString(), share.ToString());
            }

            if (share.Properties.Count <= 0)                    //如果没有查找到信息，则弹出提示
            {
                MessageBox.Show("No Information Available", "No Info",
                    MessageBoxButtons.OK, MessageBoxIcon.Information);
                return;
            }
            foreach (PropertyData PC in share.Properties)       //遍历获取到的数据
            {
                ListViewItem item = new ListViewItem(grp);      //将组添加到 ListViewItem 中
                item.BackColor = Color.FromArgb(21, 49, 63);    //设置每行的背景颜色
                item.Text =EngtoCH(PC.Name);                    //设置项目标题
                if (PC.Value != null && PC.Value.ToString() != "")
                {
                    switch (PC.Value.GetType().ToString())      //判断值的类型
                    {
                        case "System.String[]":                 //如果是字符串数组
                            string[] str = (string[])PC.Value;  //记录属性值
                            string str2 = "";                   //定义变量，用来记录数组中存储的所有属性值
                            foreach (string st in str)          //遍历数组
                                str2 += st + " ";               //中间用空格分隔，记录所有值
                            item.SubItems.Add(str2);            //添加到列表项
                            break;
                        case "System.UInt16[]":                 //如果是整型数组
                            ushort[] shortData = (ushort[])PC.Value;
                            string tstr2 = "";
                            foreach (ushort st in shortData)
                                tstr2 += st.ToString() + " ";
                            item.SubItems.Add(tstr2);
                            break;
                        default:
                            item.SubItems.Add(PC.Value.ToString());  //直接添加到列表项中
                            break;
                    }
                }
                else
                {
```

```
                if (!DontInsertNull)
                    item.SubItems.Add("没有信息");        //如果没有信息，则添加"没有信息"的提示
                else
                    continue;
            }
            lst.Items.Add(item);                          //将内容添加到 ListView 控件中
        }
    }
    catch (Exception ex)
    {
        MessageBox.Show(ex.Message, "Error", MessageBoxButtons.OK, MessageBoxIcon.Information);
    }
}
```

自定义 EngtoCH() 方法，将获取的系统相关信息中的英文字符串转换为中文字符串，代码如下：

```
///<summary>
///将英语转换为对应中文
///</summary>
///<param name="str">要转换的英语字符串</param>
///<returns>转换后的中文字符串</returns>
private string EngtoCH(string str)
{
    string strCH = "";                                   //记录转换后的中文字符串
    switch (str)
    {
        case "AddressWidth":
            strCH = "地址宽度";
            break;
        case "Architecture":
            strCH = "结构";
            break;
        case "Availability":
            strCH = "可用";
            break;
        case "Caption":
            strCH = "内部标记";
            break;
        case "CpuStatus":
            strCH = "处理器情况";
            break;
        case "CreationClassName":
            strCH = "创造类名称";
            break;
        case "CurrentClockSpeed":
            strCH = "当前时钟速度";
            break;
        case "CurrentVoltage":
            strCH = "当前电压";
            break;
        case "DataWidth":
            strCH = "数据宽度";
            break;
        case "Description":
            strCH = "描述";
            break;
        case "DeviceID":
            strCH = "版本";
            break;
        case "ExtClock":
            strCH = "外部时钟";
            break;
        case "L2CacheSize":
            strCH = "二级缓存";
            break;
        case "L2CacheSpeed":
            strCH = "二级缓存速度";
            break;
```

```csharp
            case "Level":
                strCH = "级别";
                break;
            case "LoadPercentage":
                strCH = "符合百分比";
                break;
            case "Manufacturer":
                strCH = "制造商";
                break;
            case "MaxClockSpeed":
                strCH = "最大时钟速度";
                break;
            case "Name":
                strCH = "名称";
                break;
            case "PowerManagementSupported":
                strCH = "电源管理支持";
                break;
            case "ProcessorId":
                strCH = "处理器号码";
                break;
            case "ProcessorType":
                strCH = "处理器类型";
                break;
            case "Role":
                strCH = "类型";
                break;
            case "SocketDesignation":
                strCH = "插槽名称";
                break;
            case "Status":
                strCH = "状态";
                break;
            case "StatusInfo":
                strCH = "状态信息";
                break;
            case "Stepping":
                strCH = "分级";
                break;
            case "SystemCreationClassName":
                strCH = "系统创造类名称";
                break;
            case "SystemName":
                strCH = "系统名称";
                break;
            case "UpgradeMethod":
                strCH = "升级方法";
                break;
            case "Version":
                strCH = "型号";
                break;
            case "Family":
                strCH = "家族";
                break;
            case "Revision":
                strCH = "修订版本号";
                break;
            case "PoweredOn":
                strCH = "电源开关";
                break;
            case "Product":
                strCH = "产品";
                break;
        }
        if (strCH == "")                                        //如果中文字符串为空
            strCH = str;                                        //直接显示英语字符串
        return strCH;                                           //返回中文字符串
    }
```

自定义 GetInfo()方法，从注册表中获取 Windows 系统相关的信息，并显示在 ListView 控件中，代码如下：

```
///<summary>
///获取 Windows 信息
///</summary>
///<param name="lv">显示 Windows 信息的 ListView 组件</param>
public void GetInfo(ListView lv)
{
    string[] info = new string[2];                              //定义一个字符串数组，用来存储 Windows 相关的信息
    info[0] = "操作系统";                                        //项名称
    info[1]=Environment.OSVersion.VersionString;                //操作系统版本
    ShowInfo(info,"操作系统",lv);                                //调用自定义方法显示数据
    string strUser = "";
    try
    {
        RegistryKey mykey = Registry.LocalMachine;              //获取注册表中的本地机器项
        mykey = mykey.CreateSubKey("Software\\Microsoft\\Windows NT\\CurrentVersion");
        strUser = (string)mykey.GetValue("RegisteredOrganization");  //获取指定注册表项的值
        mykey.Close();                                          //关闭注册表
    }
    catch
    {}
    info[0] = "注册用户";
    info[1] = strUser;                                          //注册用户
    ShowInfo(info, "注册用户", lv);
    info[0] = "Windows 文件夹";
    info[1] = Environment.GetEnvironmentVariable("WinDir");     //Windows 文件夹
    ShowInfo(info, "Windows 文件夹", lv);
    info[0] = "系统文件夹";
    info[1] = Environment.SystemDirectory.ToString();           //系统文件夹
    ShowInfo(info, "系统文件夹", lv);
    info[0] = "计算机名称";
    info[1] = Environment.MachineName.ToString();               //计算机名称
    ShowInfo(info, "计算机名称", lv);
    info[0] = "本地日期时间";
    info[1] = DateTime.Now.ToString();                          //本地日期时间
    ShowInfo(info, "本地日期时间", lv);
    string strIDate = "";                                       //定义变量，记录系统安装日期
    string strTime = "";                                        //定义变量，记录系统启动时间
    //从 WMI 中查询操作系统相关信息
    ManagementObjectSearcher MySearcher =
        new ManagementObjectSearcher("SELECT * FROM Win32_OperatingSystem");
    foreach (ManagementObject MyObject in MySearcher.Get())     //遍历查询结果
    {
        strIDate += MyObject["InstallDate"].ToString().Substring(0, 8);    //获取系统安装日期
        strTime += MyObject["LastBootUpTime"].ToString().Substring(0, 8);  //获取最后启动时间
    }
    strIDate = strIDate.Insert(4, "-");                         //对日期格式进行处理
    strIDate = strIDate.Insert(7,"-");
    info[0] = "系统安装日期";
    info[1] = strIDate;                                         //系统安装日期
    ShowInfo(info, "系统安装日期", lv);
    strTime = strTime.Insert(4, "-");                           //对时间格式进行处理
    strTime = strTime.Insert(7, "-");
    info[0] = "系统启动时间";
    info[1] = strTime;                                          //系统启动时间
    ShowInfo(info, "系统启动时间", lv);
    Microsoft.VisualBasic.Devices.Computer My = new Microsoft.VisualBasic.Devices.Computer();
    info[0]="物理内存总量(M)";
    info[1] = (My.Info.TotalPhysicalMemory / 1024 / 1024).ToString();   //物理内存总量(M)
    ShowInfo(info, "物理内存总量(M)", lv);
    info[0] = "虚拟内存总量(M)";
    info[1] = (My.Info.TotalVirtualMemory / 1024 / 1024).ToString();    //虚拟内存总量(M)
    ShowInfo(info, "虚拟内存总量(M)", lv);
    info[0] = "可用物理内存总量(M)";
    info[1] =(My.Info.AvailablePhysicalMemory / 1024 / 1024).ToString(); //可用物理内存总量(M)
    ShowInfo(info, "可用物理内存总量(M)", lv);
```

```csharp
        info[0] = "可用虚拟内存总量(M)";
        info[1] = (My.Info.AvailableVirtualMemory / 1024 / 1024).ToString();
        ShowInfo(info, "可用虚拟内存总量(M)", lv);                              //可用虚拟内存总量(M)
        info[0] = "系统驱动器";
        info[1] = Environment.GetEnvironmentVariable("SystemDrive");          //系统驱动器
        ShowInfo(info, "系统驱动器", lv);
        info[0] = "桌面目录";
        info[1] = Environment.GetFolderPath(Environment.SpecialFolder.DesktopDirectory);  //桌面目录
        ShowInfo(info, "桌面目录", lv);
        info[0] = "用户程序组目录";
        info[1] = Environment.GetFolderPath(Environment.SpecialFolder.Programs);  //用户程序组目录
        ShowInfo(info, "用户程序组目录", lv);
        info[0] = "收藏夹目录";
        info[1] = Environment.GetFolderPath(Environment.SpecialFolder.Favorites);  //收藏夹目录
        ShowInfo(info, "收藏夹目录", lv);
        info[0] = "Internet 历史记录";
        info[1] = Environment.GetFolderPath(Environment.SpecialFolder.History);  //Internet 历史记录
        ShowInfo(info, "Internet 历史记录", lv);
        info[0] = "Internet 临时文件";
        info[1] = Environment.GetFolderPath(Environment.SpecialFolder.InternetCache);  //Internet 临时文件
        ShowInfo(info, "Internet 临时文件", lv);
}
```

自定义 GetProcessInfo()方法,以使用 Process 类的相关属性获取系统进程信息,并显示在 ListView 控件中,代码如下:

```csharp
///<summary>
///获取所有进程信息
///</summary>
///<param name="lv">要显示进程信息的 ListView 组件</param>
public void GetProcessInfo(ListView lv)
{
    try
    {
        lv.Items.Clear();                                          //清空 ListView 列表
        Process[] MyProcesses = Process.GetProcesses();            //获取所有进程
        string[] Minfo = new string[6];                            //定义字符串数组,用来存储进程的详细信息
        foreach (Process MyProcess in MyProcesses)                 //遍历所有进程
        {
            Minfo[0] = MyProcess.ProcessName;                      //进程名称
            Minfo[1] = MyProcess.Id.ToString();                    //进程 ID
            Minfo[2] = MyProcess.Threads.Count.ToString();         //线程数
            Minfo[3] = MyProcess.BasePriority.ToString();          //优先级
            Minfo[4] = Convert.ToString(MyProcess.WorkingSet / 1024) + "K";  //物理内存
            Minfo[5] = Convert.ToString(MyProcess.VirtualMemorySize / 1024) + "K";  //虚拟内存
            ListViewItem lvItem = new ListViewItem(Minfo, "process");  //将进程信息数组添加到列表项中
            lv.Items.Add(lvItem);                                  //显示列表
        }
    }
    catch { }
}
```

自定义 GetWindowsInfo()方法,用来获取系统正在运行的所有程序对应的进程信息,并显示在 ListView 控件中,代码如下:

```csharp
///<summary>
///获取正在运行的所有程序信息
///</summary>
///<param name="lv">要显示程序信息的 ListView 组件</param>
public void GetWindowsInfo(ListView lv)
{
    try
    {
        lv.Items.Clear();                                          //清空 ListView 列表
        Process[] MyProcesses = Process.GetProcesses();            //获取所有进程
        string[] Minfo = new string[4];                            //定义字符串数组,存储程序的详细信息
        foreach (Process MyProcess in MyProcesses)                 //遍历所有进程
```

```csharp
                {
                    if (MyProcess.MainWindowTitle.Length > 0)              //判断程序是否具有主窗口标题
                    {
                        Minfo[0] = MyProcess.MainWindowTitle;              //窗口标题
                        Minfo[1] = MyProcess.Id.ToString();                //进程 ID
                        Minfo[2] = MyProcess.ProcessName;                  //进程名称
                        Minfo[3] = MyProcess.StartTime.ToString();         //启动时间
                        ListViewItem lvItem = new ListViewItem(Minfo, "process"); //将程序信息数组添加到列表项中
                        lv.Items.Add(lvItem);                              //显示列表
                    }
                }
            }
            catch { }
}
```

自定义 ClearFolder()方法，实现用 DirectoryInfo 对象的 Delete()方法和 Create()方法清空指定文件夹的功能，代码如下：

```csharp
///<summary>
///清空指定文件夹
///</summary>
///<param name="path">要清空的文件夹路径</param>
private void ClearFolder(string path)
{
    DirectoryInfo dir = new DirectoryInfo(path);           //根据指定路径创建文件夹对象
    if (dir.Exists)                                        //判断文件夹是否存在
    {
        dir.Delete(true);                                  //删除文件夹及其子文件夹
        dir.Create();                                      //重新创建文件夹
    }
}
```

自定义 ClearSystem()方法，通过调用系统 API 函数或者操作注册表实现清理系统垃圾文件的功能，代码如下：

```csharp
///<summary>
///系统垃圾清理
///</summary>
///<param name="handle">窗口句柄，在清空回收站时使用</param>
///<param name="str">要清理的项</param>
public void ClearSystem(IntPtr handle, string str)
{
    string dir = "";                                       //定义一个变量，用来存储要清空的文件夹路径
    RegistryKey currentReg = Registry.CurrentUser;         //获取注册表中的当前用户项
    try
    {
        switch (str)
        {
            case "清空回收站":
                Win32.SHEmptyRecycleBin(handle, 0, 7);     //调用 API 函数清空回收站
                break;
            case "清空 Windows 临时文件夹":
                dir = Environment.GetEnvironmentVariable("WinDir") + "\\Temp"; //获取系统目录下的临时文件夹路径
                ClearFolder(dir);                          //调用方法清空 Windows 临时文件夹
                dir = Environment.GetEnvironmentVariable("TEMP"); //获取环境变量文件夹路径
                ClearFolder(dir);                          //调用方法清空环境变量文件夹
                break;
            case "清空打开的文件记录":
                dir = Environment.GetFolderPath(Environment.SpecialFolder.Recent); //获取最近打开的文件记录存储路径
                ClearFolder(dir);                          //调用方法清空打开的文件记录
                break;
            case "清除运行对话框":
                //获取运行对话框注册表项
                currentReg =
                    currentReg.CreateSubKey("Software\\Microsoft\\Windows\\CurrentVersion\\Explorer\\RunMRU");
                string MyMRU = (String)currentReg.GetValue("MRULIST"); //获取运行对话框的记录
                for (int i = 0; i < MyMRU.Length; i++)     //遍历
```

```
                {
                    currentReg.DeleteValue(MyMRU[i].ToString());    //删除注册表项
                }
                currentReg.SetValue("MRULIst", "");                 //设置运行对话框的记录为空
                break;
            }
        }
        catch
        {
        }
    }
}
```

自定义 CMDOperator()方法，用来在系统 CMD 命令窗口中执行参数传入的命令，代码如下：

```
///<summary>
///以命令窗口形式执行系统操作
///</summary>
///<param name="cmd">字符串，表示要执行的命令</param>
public void CMDOperator(string cmd)
{
    Process myProcess = new Process();                              //创建进程对象
    myProcess.StartInfo.FileName = "cmd.exe";                       //设置打开 cmd 命令窗口
    myProcess.StartInfo.UseShellExecute = false;                    //不使用操作系统 shell 启动进程的值
    myProcess.StartInfo.RedirectStandardInput = true;               //设置可以从标准输入流读取值
    myProcess.StartInfo.RedirectStandardOutput = true;              //设置可以向标准输出流写入值
    myProcess.StartInfo.RedirectStandardError = true;               //设置可以显示输入输出流中出现的错误
    myProcess.StartInfo.CreateNoWindow = true;                      //设置在新窗口中启动进程
    myProcess.Start();                                              //启动进程
    myProcess.StandardInput.WriteLine(cmd);                         //传入要执行的命令
}
```

3.4.2 Win32 类

Win32 类中主要定义了项目中用到的系统 API 函数，其主要功能说明如表 3.4 所示。

表 3.4 Win32 类中定义的系统 API 函数及说明

函　　数	说　　明
ReleaseCapture()	释放被当前线程中某个窗口捕获的光标
SendMessage()	向指定的窗体发送 Windows 消息
ExtractIcon()	从 exe\dll\ico 文件中获取指定索引或 ID 的图标句柄
SHGetFileInfo()	获取文件图标
DestroyIcon()	获取文件夹图标
ExtractIconEx()	从 exe\dll\ico 文件中生成图标句柄数组
SHEmptyRecycleBin()	清空指定驱动器的回收站
GetTempPath()	获取缓存路径
SystemParametersInfo()	查询或设置系统级参数
ExitWindowsEx()	关闭、注销或者重启计算机
ShellExecute()	打开系统的命令窗口

Win32 类实现代码如下：

```
class Win32
{
    public const int SPI_SETDESKWALLPAPER = 20;                     //设置系统桌面背景
    public const uint SHGFI_ICON = 0x100;                           //标准图标
    public const uint SHGFI_LARGEICON = 0x0;                        //大图标
    public const uint SHGFI_SMALLICON = 0x1;                        //小图标
    public const int WM_SYSCOMMAND = 0x0112;                        //该变量表示向 Windows 发送的消息类型
```

```csharp
public const int SC_MOVE = 0xF010;                              //该变量表示发送消息的附加消息
public const int HTCAPTION = 0x0002;                            //该变量表示发送消息的附加消息
//用来释放被当前线程中某个窗口捕获的光标
[DllImport("user32.dll")]
public static extern bool ReleaseCapture();
//向指定的窗体发送 Windows 消息
[DllImport("user32.dll")]
public static extern bool SendMessage(IntPtr hwdn, int wMsg, int mParam, int lParam);
//从 exe\dll\ico 文件中获取指定索引或 ID 的图标句柄
[DllImport("shell32.dll", EntryPoint = "ExtractIcon")]
public static extern int ExtractIcon(IntPtr hInst, string lpFileName, int nIndex);
//获取文件图标的 API 函数
[DllImport("shell32.dll", EntryPoint = "SHGetFileInfo")]
public static extern IntPtr SHGetFileInfo(string pszPath, uint dwFileAttribute, ref SHFILEINFO psfi, uint cbSizeFileInfo, uint Flags);
//获取文件夹图标的 API 函数
[DllImport("User32.dll", EntryPoint = "DestroyIcon")]
public static extern int DestroyIcon(IntPtr hIcon);
//从 exe\dll\ico 文件中生成图标句柄数组
[DllImport("shell32.dll")]
public static extern uint ExtractIconEx(string lpszFile, int nIconIndex, int[] phiconLarge, int[] phiconSmall, uint nIcons);
//清空指定驱动器的回收站
[DllImport("shell32.dll")]
public static extern int SHEmptyRecycleBin(IntPtr hwnd, int pszRootPath, int dwFlags);
//获取缓存路径的 API 函数
[DllImport("kernel32")]
public static extern int GetTempPath(int nBufferLength, ref StringBuilder lpBuffer);
//查询或设置系统级参数
[DllImport("user32.dll", EntryPoint = "SystemParametersInfoA")]
public static extern Int32 SystemParametersInfo(Int32 uAction, Int32 uParam, string lpvparam, Int32 fuwinIni);
//定义系统 API 入口点，用来关闭、注销或者重启计算机
[DllImport("user32.dll", EntryPoint = "ExitWindowsEx", CharSet = CharSet.Ansi)]
public static extern int ExitWindowsEx(int uFlags, int dwReserved);
//打开系统的命令窗口
[DllImport("shell32.dll", EntryPoint = "ShellExecute")]
public static extern int ShellExecute(int hwnd, String lpOperation, String lpFile, String lpParameters, String lpDirectory, int nShowCmd);
//文件信息结构
[StructLayout(LayoutKind.Sequential)]
public struct SHFILEINFO
{
    public IntPtr hIcon;                                        //图标句柄
    public IntPtr iIcon;                                        //系统图标列表的索引
    public uint dwAttributes;                                   //文件属性
    [MarshalAs(UnmanagedType.ByValTStr, SizeConst = 260)]
    public string szDisplayName;                                //文件的路径
    [MarshalAs(UnmanagedType.ByValTStr, SizeConst = 80)]
    public string szTypeName;                                   //文件的类型名
}
}
```

3.4.3 myHook 类

myHook 类主要用来对钩子函数进行操作，钩子函数是 Windows 编程中用于拦截、修改系统消息或其他事件调用的一类函数。例如，键盘钩子可以拦截键盘输入事件，鼠标钩子可以拦截鼠标事件等。本项目中主要定义键盘钩子处理函数，以便在锁定屏幕时拦截键盘相关操作。myHook 类代码如下：

```csharp
class myHook
{
    private IntPtr pKeyboardHook = IntPtr.Zero;                 //键盘钩子句柄
    //钩子委托声明
    public delegate int HookProc(int nCode, Int32 wParam, IntPtr lParam);
    private HookProc KeyboardHookProcedure;                     //键盘钩子委托实例，不能省略变量
```

```csharp
public const int idHook = 13;                                           //底层键盘钩子
//安装钩子
[DllImport("user32.dll", CallingConvention = CallingConvention.StdCall)]
public static extern IntPtr SetWindowsHookEx(int idHook, HookProc lpfn, IntPtr pInstance, int threadID);
//卸载钩子
[DllImport("user32.dll", CallingConvention = CallingConvention.StdCall)]
public static extern bool UnhookWindowsHookEx(IntPtr pHookHandle);
//键盘钩子处理函数
private int KeyboardHookProc(int nCode, Int32 wParam, IntPtr lParam)
{
    KeyMSG m = (KeyMSG)Marshal.PtrToStructure(lParam, typeof(KeyMSG));  //键盘消息处理
    if (pKeyboardHook != IntPtr.Zero)                                   //判断钩子句柄是否为空
    {
        switch (((Keys)m.vkCode))                                       //判断按键
        {
            case Keys.LWin:                                             //键盘左侧的 Win 键
            case Keys.RWin:                                             //键盘右侧的 Win 键
            case Keys.Delete:                                           //Delete 键
            case Keys.Alt:                                              //Alt 键
            case Keys.Escape:                                           //Esc 键
            case Keys.F4:                                               //F4 键
            case Keys.Control:                                          //Ctrl 键
            case Keys.Tab:                                              //Tab 键
                return 1;                                               //不执行任何操作
        }
    }
    return 0;
}
//安装钩子方法
public bool InsertHook()
{
    IntPtr pIn = (IntPtr)4194304;
    if (this.pKeyboardHook == IntPtr.Zero)                              //不存在钩子时
    {
        //创建钩子
        this.KeyboardHookProcedure = new HookProc(KeyboardHookProc);
        //使用 SetWindowsHookEx()函数安装钩子
        this.pKeyboardHook = SetWindowsHookEx(idHook, KeyboardHookProcedure, pIn, 0);
        if (this.pKeyboardHook == IntPtr.Zero)                          //如果安装钩子失败
        {
            this.UnInsertHook();                                        //卸载钩子
            return false;
        }
    }
    return true;
}
//卸载钩子方法
public bool UnInsertHook()
{
    bool result = true;
    if (this.pKeyboardHook != IntPtr.Zero)                              //如果存在钩子
    {
        //使用 UnhookWindowsHookEx()函数卸载钩子
        result = (UnhookWindowsHookEx(this.pKeyboardHook) && result);
        this.pKeyboardHook = IntPtr.Zero;                               //清空指针
    }
    return result;
}
//键盘消息处理结构
[StructLayout(LayoutKind.Sequential)]
public struct KeyMSG
{
    public int vkCode;                                                  //键盘按键
}
}
```

3.5 主窗体设计

3.5.1 主窗体概述

系统优化清理助手的主窗体仿照 360 安全卫士的主窗体实现，该窗体中主要提供常用功能的快捷方式。主窗体运行结果如图 3.2 所示。

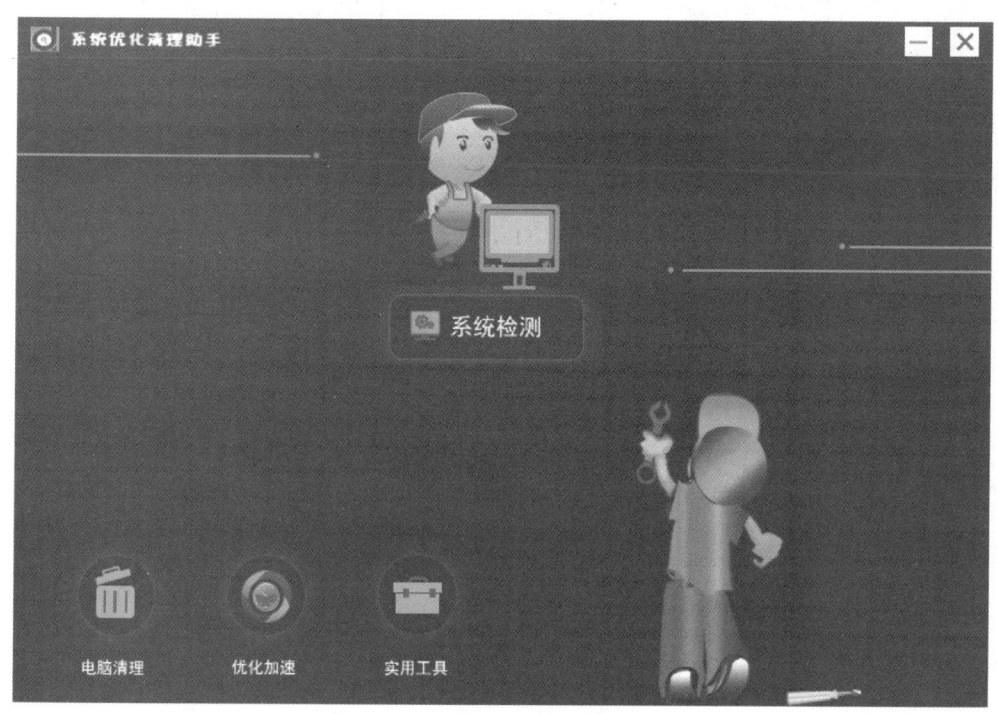

图 3.2 系统优化清理助手主窗体

3.5.2 设计主窗体

主窗体的设计主要包括设计窗体和添加控件，下面分别介绍。

1. 设计窗体

Frm_Main 窗体的属性设置列表如表 3.5 所示。

表 3.5 Frm_Main 窗体的属性值列表

属　　性	值	说　　明
FormBorderStyle	None	将窗体设置为无边框样式，为自定义最小化、关闭按钮做准备
Width	812	设置窗体的宽度
Height	554	设置窗体的高度
StartPosition	CenterScreen	设置窗体首次出现时的位置为屏幕中心
Text	系统优化清理助手	设置窗体的标题

2. 添加控件

向主窗体中添加控件主要分为如下 3 步：

（1）添加容器控件。

（2）向容器控件中添加控件。

（3）向窗体中添加快捷菜单控件和托盘控件。

主窗体 Frm_Main 中用到的所有控件如图 3.3 所示。

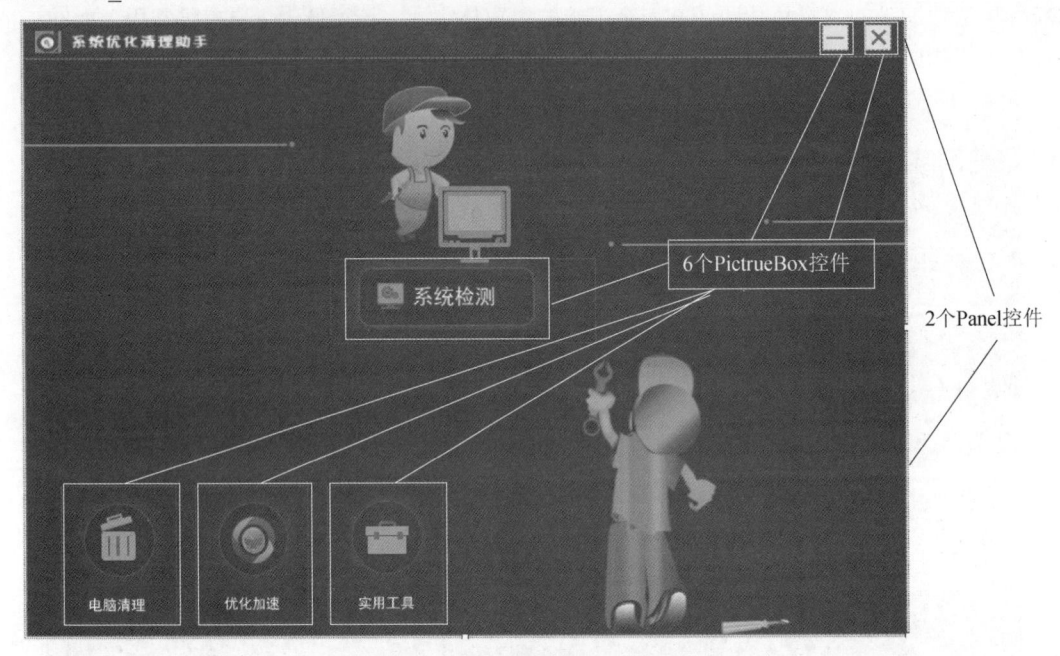

图 3.3　主窗体中用到的控件

1）添加容器控件

表 3.6 列出了 Frm_Main 窗体中用到的容器控件及其对应的属性设置。

表 3.6　Frm_Main 窗体中用到的容器控件及对应属性设置

控件类型	属　　性	值	说　　明
Panel	(Name)	panel1	设置控件的 Name 值，以便代码中调用
	BackgroundImage	Resources 文件夹下的 title.png 图片	设置标题栏容器的背景图片
	BackgroundImageLayout	Stretch	设置标题栏容器的背景图片自动适应
	Dock	Top	设置标题栏容器填充窗体顶部
Panel	(Name)	panel2	设置控件的 Name 值，以便代码中调用
	BackgroundImage	Resources 文件夹下的 back.png 图片	设置主窗口容器的背景图片
	BackgroundImageLayout	Stretch	设置主窗口容器的背景图片自动适应
	Dock	Fill	设置主窗口容器填充窗体

2）向容器控件中添加控件

表 3.7 列出了 panel1 容器控件（标题栏）中用到的控件及其对应的属性设置。

表 3.7　panel1 容器控件中用到的控件及对应属性设置

控件类型	属性	值	说明
PictureBox	(Name)	pictureBox1	设置最小化图片按钮的 Name 值，以便代码中调用
	BackgroundImage	Resources 文件夹下的 min1.png	设置最小化图片按钮要显示的图片
	X	737	设置最小化图片按钮的 X 坐标
PictureBox	Y	4	设置最小化图片按钮的 Y 坐标
	Width	24	设置最小化图片按钮的宽度
	Height	24	设置最小化图片按钮的高度
	Tag	0	用来标识最小化窗体
PictureBox	(Name)	pictureBox2	设置关闭图片按钮的 Name 值，以便代码中调用
	BackgroundImage	Resources 文件夹下的 close1.png	设置关闭图片按钮要显示的图片
	X	776	设置关闭图片按钮的 X 坐标
	Y	4	设置关闭图片按钮的 Y 坐标
	Width	24	设置关闭图片按钮的宽度
	Height	24	设置关闭图片按钮的高度
	Tag	1	用来标识关闭窗体

表 3.8 列出了 panel2 容器控件（主窗口）中用到的控件及其对应的属性设置。

表 3.8　panel2 容器控件中用到的控件及对应属性设置

控件类型	属性	值	说明
PictureBox	(Name)	pbox_System	设置系统检测图片按钮的 Name 值，以便代码中调用
	BackgroundImage	Resources 文件夹下的 system.png	设置系统检测图片按钮要显示的图片
	BackColor	Transparent	设置系统检测图片的背景为透明
	X	284	设置系统检测图片按钮的 X 坐标
	Y	214	设置系统检测图片按钮的 Y 坐标
	Width	245	设置系统检测图片按钮的宽度
	Height	77	设置系统检测图片按钮的高度
PictureBox	(Name)	pbox_Clean	设置电脑清理图片按钮的 Name 值，以便代码中调用
	BackgroundImage	Resources 文件夹下的 clean.png	设置电脑清理图片按钮要显示的图片
	BackColor	Transparent	设置电脑清理图片的背景为透明
	X	32	设置电脑清理图片按钮的 X 坐标
	Y	418	设置电脑清理图片按钮的 Y 坐标
	Width	107	设置电脑清理图片按钮的宽度
	Height	124	设置电脑清理图片按钮的高度
PictureBox	(Name)	pbox_Youhua	设置优化加速图片按钮的 Name 值，以便代码中调用

控件类型	属性	值	说明
PictureBox	BackgroundImage	Resources 文件夹下的 youhua.png	设置优化加速图片按钮要显示的图片
	BackColor	Transparent	设置优化加速图片的背景为透明
	X	156	设置优化加速图片按钮的 X 坐标
	Y	418	设置优化加速图片按钮的 Y 坐标
	Width	107	设置优化加速图片按钮的宽度
	Height	124	设置优化加速图片按钮的高度
PictureBox	(Name)	pbox_STool	设置实用工具图片按钮的 Name 值，以便代码中调用
	BackgroundImage	Resources 文件夹下的 tool.png	设置实用工具图片按钮要显示的图片
	BackColor	Transparent	设置实用工具背景透明
	X	280	设置实用工具图片按钮的 X 坐标
	Y	418	设置实用工具图片按钮的 Y 坐标
	Width	107	设置实用工具图片按钮的宽度
	Height	124	设置实用工具图片按钮的高度

3）向窗体中添加快捷菜单控件和托盘控件

向 Frm_Main 主窗体中添加一个 ContextMenuStrip 控件，(Name)属性设置为 contextMenuStrip1，该控件中包括两个快捷菜单，分别是"显示主界面"和"退出"。快捷菜单的设计效果如图 3.4 所示。

向 Frm_Main 主窗体中添加一个 NotifyIcon 控件，该控件表示系统托盘控件，(Name)属性设置为 notifyIcon1，ContextMenuStrip 属性设置为 contextMenuStrip1，Icon 属性设置为 Resources 文件夹下的"图标 (168).ico"，Text 属性设置为"系统优化清理助手"，Visible 属性设置为 True。

图 3.4　快捷菜单设计效果

3.5.3　窗体标题栏的实现

1．窗体的最小化和关闭

在主窗体的设计界面双击鼠标，触发 Frm_Main 的 Load 事件，该事件处理方法主要用于设置最小化图片按钮和关闭图片按钮所显示的图片，代码如下：

```
private void Frm_Main_Load(object sender, EventArgs e)
{
    pictureBox1.Image = null;                                        //清空 PictuteBox 控件
    pictureBox1.Image = Properties.Resources.min1;                   //显示最小化按钮的图片
    pictureBox1.SizeMode = PictureBoxSizeMode.StretchImage;
    pictureBox2.Image = null;                                        //清空 PictureBox 控件
    pictureBox2.Image = Properties.Resources.close1;                 //显示关闭按钮的图片
    pictureBox2.SizeMode = PictureBoxSizeMode.StretchImage;
}
```

在主窗体 Frm_Main 代码页中定义 ImageSwitch()方法，用来设置最小化图片按钮和关闭图片按钮在不同状态时显示的图片，代码如下：

```
public static PictureBox Tem_PictB = new PictureBox();               //实例化 PictureBox 控件
```

```csharp
public void ImageSwitch(object sender, int n, int ns)
{
    Tem_PictB = (PictureBox)sender;
    switch (n)                                          //获取标识
    {
        case 0:                                         //当前为最小化按钮
            {
                Tem_PictB.Image = null;                 //清空图片
                if (ns == 0)                            //鼠标移入
                    Tem_PictB.Image = Properties.Resources.min2;
                if (ns == 1)                            //鼠标移出
                    Tem_PictB.Image = Properties.Resources.min1;
                break;
            }
        case 1:                                         //关闭按钮
            {
                Tem_PictB.Image = null;
                if (ns == 0)
                    Tem_PictB.Image = Properties.Resources.close2;
                if (ns == 1)
                    Tem_PictB.Image = Properties.Resources.close1;
                break;
            }
    }
}
```

触发关闭图片按钮 pictureBox2 的 MouseEnter 事件, 在该事件处理方法中调用上面定义的 ImageSwitch() 方法, 设置图片按钮在鼠标移入后显示的图片, 代码如下:

```csharp
private void pictureBox2_MouseEnter(object sender, EventArgs e)     //鼠标移入事件
{
    ImageSwitch(sender, Convert.ToInt16(((PictureBox)sender).Tag.ToString()), 0);   //设置鼠标移入后按钮的图片
}
```

触发关闭图片按钮 pictureBox2 的 MouseLeave 事件, 在该事件处理方法中调用上面定义的 ImageSwitch() 方法, 设置图片按钮在鼠标移出后显示的图片, 代码如下:

```csharp
private void pictureBox2_MouseLeave(object sender, EventArgs e)     //鼠标移出事件
{
    ImageSwitch(sender, Convert.ToInt16(((PictureBox)sender).Tag.ToString()), 1);   //设置鼠标移出后按钮的图片
}
```

在主窗体 Frm_Main 代码页中定义 FrmClickMeans() 方法, 用来改变窗体的显示状态, 代码如下:

```csharp
public void FrmClickMeans(Form Frm_Tem, int n)
{
    switch (n)                                          //窗体的操作样式
    {
        case 0:                                         //窗体最小化
            Frm_Tem.WindowState = FormWindowState.Minimized;    //窗体最小化
            break;
        case 1:                                         //关闭窗体
            this.WindowState = FormWindowState.Minimized;       //设置当前窗体最小化
            break;
    }
}
```

触发关闭图片按钮 pictureBox2 的 Click 事件, 在该事件处理方法中调用上面定义的 FrmClickMeans() 方法, 实现最小化或关闭窗体的功能, 代码如下:

```csharp
private void pictureBox2_Click(object sender, EventArgs e)          //单击事件
{
    //设置鼠标单击时按钮的图片
    FrmClickMeans(this, Convert.ToInt16(((PictureBox)sender).Tag.ToString()));
}
```

2. 拖动无边框窗体

在前面设置主窗体属性时，我们将其 FormBorderStyle 属性设置为 None，即主窗体为无边框窗体。无边框窗体默认是无法拖动的，那么该如何实现窗体的拖动呢？可以借助 Windows 操作系统提供的 API 函数 ReleaseCapture()和 SendMessage()实现。其中，ReleaseCapture()函数用来释放被当前线程中某个窗口捕获的光标，SendMessage()用来向指定的窗体发送 Windows 消息，代码如下：

```
public const int WM_SYSCOMMAND = 0x0112;            //该变量表示向 Windows 发送的消息类型
public const int SC_MOVE = 0xF010;                  //该变量表示发送消息的附加消息
public const int HTCAPTION = 0x0002;                //该变量表示发送消息的附加消息
//用来释放被当前线程中某个窗口捕获的光标
[DllImport("user32.dll")]
public static extern bool ReleaseCapture();
//向指定的窗体发送 Windows 消息
[DllImport("user32.dll")]
public static extern bool SendMessage(IntPtr hwdn, int wMsg, int mParam, int lParam);
```

然后触发 Frm_Main 窗体中标题栏容器 panel1 的 MouseDown 事件，在该事件处理方法中调用定义的 ReleaseCapture()函数和 SendMessage()函数实现主窗体拖动的功能，代码如下：

```
private void panel1_MouseDown(object sender, MouseEventArgs e)
{
    Win32.ReleaseCapture();                         //用来释放被当前线程中某个窗口捕获的光标
    //向 Windows 发送拖动窗体的消息
    Win32.SendMessage(this.Handle, Win32.WM_SYSCOMMAND, Win32.SC_MOVE + Win32.HTCAPTION, 0);
}
```

3.5.4 主窗体中的快捷按钮

主窗体中主要有 4 个快捷按钮，分别是"系统检测""电脑清理""优化加速"和"实用工具"。其中，"电脑清理"和"实用工具"在同一个窗体中实现。

触发"系统检测"图片按钮 pbox_System 的 Click 事件，在该事件处理方法中实现打开系统检测窗体的功能，代码如下：

```
private void pbox_System_Click(object sender, EventArgs e)        //系统检测
{
    Frm_SysCheck systemcheck = new Frm_SysCheck();                //创建 Frm_SysCheck 窗体对象
    systemcheck.Show();                                           //显示系统检测窗体
}
```

触发"电脑清理"图片按钮 pbox_Clean 的 Click 事件，在该事件处理方法中实现打开电脑清理窗体的功能，代码如下：

```
private void pbox_Clean_Click(object sender, EventArgs e)         //电脑清理
{
    Frm_SysTool frm = new Frm_SysTool();                          //创建 Frm_SysTool 窗体对象
    frm.ShowDialog();                                             //以对话框形式显示系统清理窗体
}
```

触发"优化加速"图片按钮 pbox_Youhua 的 Click 事件，在该事件处理方法中实现打开优化加速窗体的功能，代码如下：

```
private void pbox_Youhua_Click(object sender, EventArgs e)        //优化加速
{
    Frm_Optimize optimize = new Frm_Optimize();                   //创建 Frm_Optimize 窗体对象
    optimize.Show();                                              //以对话框形式显示系统优化窗体
}
```

触发"实用工具"图片按钮 pbox_STool 的 Click 事件，在该事件处理方法中实现打开实用工具窗体的功能，代码如下：

```csharp
private void pbox_STool_Click(object sender, EventArgs e)      //实用工具
{
    Frm_SysTool frm = new Frm_SysTool();                        //创建 Frm_SysTool 窗体对象
    frm.ShowDialog();                                           //以对话框形式显示实用工具窗体
}
```

3.5.5 系统托盘的实现

大家都用过 360 安全卫士或者音乐类软件（如 QQ 音乐、网易云音乐等），这些软件在单击关闭按钮时，并不会退出进程，而是在任务栏显示一个系统托盘图标。这个系统托盘是如何实现的呢？本章的系统优化清理助手也实现了这一功能，下面进行详细讲解。

触发主窗体 Frm_Main 的 SizeChanged 事件，在该事件处理方法中判断窗体的当前状态，确定是否显示托盘图标，代码如下：

```csharp
private void Frm_Main_SizeChanged(object sender, EventArgs e)
{
    if (this.WindowState == FormWindowState.Normal)             //判断窗体是否为正常状态
        notifyIcon1.Visible = false;                            //隐藏托盘图标
    else if (this.WindowState == FormWindowState.Minimized)     //判断窗体是否为最小化状态
    {
        this.Hide();                                            //隐藏当前窗体
        notifyIcon1.Visible = true;                             //显示托盘图标
    }
}
```

触发 notifyIcon1 控件的 MouseDoubleClick 事件，在该事件处理方法中判断如果窗体当前为最小化，则显示当前窗体，代码如下：

```csharp
private void notifyIcon1_MouseDoubleClick(object sender, MouseEventArgs e)
{
    if (this.WindowState == FormWindowState.Minimized)          //判断窗体是否为最小化状态
    {
        this.Show();                                            //显示当前窗体
        this.WindowState = FormWindowState.Normal;              //还原窗体
    }
}
```

在第 3.5.2 节中设置 notifyIcon1 控件的属性时，将其 ContextMenuStrip 属性设置为 contextMenuStrip1，这表示所设计的快捷菜单是针对托盘的（在托盘上单击鼠标右键，可以弹出该快捷菜单），触发快捷菜单的"显示主界面"菜单的 Click 事件，在该事件处理方法中调用 notifyIcon1 控件的 MouseDoubleClick 事件，代码如下：

```csharp
private void 显示主界面ToolStripMenuItem_Click(object sender, EventArgs e)
{
    notifyIcon1_MouseDoubleClick(null, null);                   //托盘图标快捷菜单
}
```

触发快捷菜单的"退出"菜单的 Click 事件，在该事件处理方法中弹出确认对话框，在用户确认后，可以退出当前软件，代码如下：

```csharp
private void 退出ToolStripMenuItem_Click(object sender, EventArgs e)
{
    //弹出确认退出的对话框
    DialogResult result = MessageBox.Show("确定退出吗？", "退出",
        MessageBoxButtons.OKCancel, MessageBoxIcon.Question);
    if (result == DialogResult.OK)                              //如果用户单击 OK 按钮
        Application.ExitThread();                               //退出当前程序
    else
        this.WindowState = FormWindowState.Minimized;           //设置当前窗体最小化
}
```

3.6 系统检测窗体设计

3.6.1 系统检测窗体概述

单击主窗体的"系统检测"按钮,会打开系统检测窗体,该窗体主要显示系统及硬件相关的信息,其中包括 Windows 信息、打印与传真、CPU 与主板、视频设备、音频设备、存储设备、网络设备、总线与接口以及输入设备等信息。系统检测窗体如图 3.5 所示。

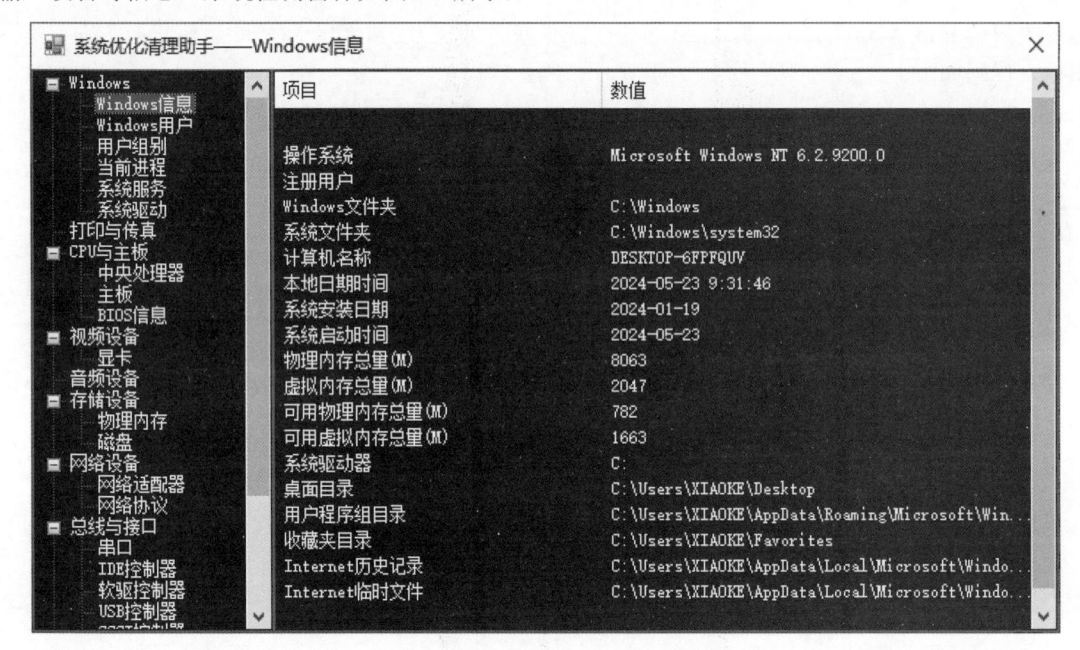

图 3.5 系统检测窗体

3.6.2 设计系统检测窗体

系统检测窗体的设计主要分为两个步骤,分别是设计窗体和添加控件,下面分别介绍。

1. 设计窗体

系统检测窗体是使用 Frm_SysCheck 窗体实现的,该窗体的属性设置如表 3.9 所示。

表 3.9 Frm_SysCheck 窗体的属性值列表

属 性	值	说 明
MaximizeBox	false	设置窗体不可以最大化
MinimizeBox	false	设置窗体不可以最小化
Width	718	设置窗体的宽度
Height	503	设置窗体的高度
StartPosition	CenterScreen	设置窗体首次出现时的位置为屏幕中心
Text	系统检测	设置窗体的标题

2. 添加控件

系统检测窗体中主要用到了两个控件,分别是 TreeView 控件和 ListView 控件,下面分别介绍这两个控件的属性设置。

1)添加 TreeView 控件

首先向窗体中添加一个 TreeView 控件,然后按照表 3.10 对该控件的属性进行设置。

表 3.10 TreeView 控件属性设置

控件类型	属 性	值	说 明
TreeView	(Name)	tvItem	设置控件的 Name 值,以便代码中调用
	BackColor	16, 33, 49	设置树菜单的背景色
	Dock	Left	设置树菜单填充窗体左侧
	ForeColor	White	设置树菜单的字体颜色为白色

2)添加 ListView 控件

向窗体中添加一个 ListView 控件,然后按照表 3.11 对该控件的属性进行设置。

表 3.11 ListView 控件属性设置

控件类型	属 性	值	说 明
ListView	(Name)	lvInfo	设置控件的 Name 值,以便代码中调用
	BackColor	21, 49, 63	设置列表控件的背景色
	Dock	Fill	设置列表控件填充窗体
	ForeColor	White	设置列表控件的字体颜色为白色
	GridLines	True	设置列表中显示网格线条
	View	Details	设置以详细信息方式显示列表项
	Columns		添加两列,分别为"项目"和"数值"

3.6.3 初始化树菜单

切换到 Frm_SysCheck 窗体的设计页,双击该窗体,触发该窗体的 Load 事件,在该事件处理方法中对树菜单进行初始化,代码如下:

```
private void Frm_SysCheck_Load(object sender, EventArgs e)
{
    #region 创建 TreeNode 对象作为父结点
    TreeNode tn1 = new TreeNode("Windows");
    TreeNode tn2 = new TreeNode("CPU 与主板");
    TreeNode tn3 = new TreeNode("视频设备");
    TreeNode tn4 = new TreeNode("音频设备");
    TreeNode tn5 = new TreeNode("存储设备");
    TreeNode tn6 = new TreeNode("网络设备");
    TreeNode tn8 = new TreeNode("总线与接口");
    TreeNode tn9 = new TreeNode("输入设备");
    TreeNode tn10 = new TreeNode("打印与传真");
    #endregion
    #region Windows 父结点的子结点
    tn1.Nodes.Add("Windows 信息");
    tn1.Nodes.Add("Windows 用户");
    tn1.Nodes.Add("用户组别");
    tn1.Nodes.Add("当前进程");
    tn1.Nodes.Add("系统服务");
    tn1.Nodes.Add("系统驱动");
```

```
#endregion
#region CPU 与主板父结点的子结点
tn2.Nodes.Add("中央处理器");
tn2.Nodes.Add("主板");
tn2.Nodes.Add("BIOS 信息");
#endregion
#region 视频设备父结点的子结点
tn3.Nodes.Add("显卡");
#endregion
#region 存储设备父结点的子结点
tn5.Nodes.Add("物理内存");
tn5.Nodes.Add("磁盘");
#endregion
#region 网络设备父结点的子结点
tn6.Nodes.Add("网络适配器");
tn6.Nodes.Add("网络协议");
#endregion
#region 总线与接口父结点的子结点
tn8.Nodes.Add("串口");
tn8.Nodes.Add("IDE 控制器");
tn8.Nodes.Add("软驱控制器");
tn8.Nodes.Add("USB 控制器");
tn8.Nodes.Add("SCSI 控制器");
tn8.Nodes.Add("PCMCIA 卡控制器");
tn8.Nodes.Add("1394 控制器");
tn8.Nodes.Add("即插即用设备");
#endregion
#region 输入设备父结点的子结点
tn9.Nodes.Add("鼠标");
tn9.Nodes.Add("键盘");
#endregion
#region 将创建的父结点添加到树列表中
tvItem.Nodes.Add(tn1);
tvItem.Nodes.Add(tn10);
tvItem.Nodes.Add(tn2);
tvItem.Nodes.Add(tn3);
tvItem.Nodes.Add(tn4);
tvItem.Nodes.Add(tn5);
tvItem.Nodes.Add(tn6);
tvItem.Nodes.Add(tn8);
tvItem.Nodes.Add(tn9);
#endregion
GetInfo("");                                      //默认获取 Windows 信息的相关信息
}
```

上面代码中用到了一个 GetInfo()方法，该方法为自定义的方法，主要用来调用 Operator 公共类中的 InsertInfo()方法根据指定结点获取相应的信息，并显示在 ListView 列表中。GetInfo()方法代码如下：

```
private void GetInfo(string node)
{
    Operator oper = new Operator();               //创建公共操作类的对象
    switch (node)                                 //判断选中的结点名称
    {
        case "Windows 信息":
            oper.GetInfo(lvInfo);
            break;
        case "Windows 用户":
            oper.InsertInfo("Win32_UserAccount", ref lvInfo, true);
            break;
        case "用户组别":
            oper.InsertInfo("Win32_Group", ref lvInfo, true);
            break;
        case "当前进程":
            oper.InsertInfo("Win32_Process", ref lvInfo, true);
            break;
```

```csharp
case "系统服务":
    oper.InsertInfo("Win32_Service", ref lvInfo, true);
    break;
case "系统驱动":
    oper.InsertInfo("Win32_SystemDriver", ref lvInfo, true);
    break;
case "中央处理器":
    oper.InsertInfo("Win32_Processor", ref lvInfo, true);
    break;
case "主板":
    oper.InsertInfo("Win32_BaseBoard", ref lvInfo, true);
    break;
case "BIOS 信息":
    oper.InsertInfo("Win32_BIOS", ref lvInfo, true);
    break;
case "显卡":
    oper.InsertInfo("Win32_VideoController", ref lvInfo, true);
    break;
case "音频设备":
    oper.InsertInfo("Win32_SoundDevice", ref lvInfo, true);
    break;
case "物理内存":
    oper.InsertInfo("Win32_PhysicalMemory", ref lvInfo, true);
    break;
case "磁盘":
    oper.InsertInfo("Win32_LogicalDisk", ref lvInfo, true);
    break;
case "网络适配器":
    oper.InsertInfo("Win32_NetworkAdapter", ref lvInfo, true);
    break;
case "网络协议":
    oper.InsertInfo("Win32_NetworkProtocol", ref lvInfo, true);
    break;
case "打印与传真":
    oper.InsertInfo("Win32_Printer", ref lvInfo, true);
    break;
case "键盘":
    oper.InsertInfo("Win32_Keyboard", ref lvInfo, true);
    break;
case "鼠标":
    oper.InsertInfo("Win32_PointingDevice", ref lvInfo, true);
    break;
case "串口":
    oper.InsertInfo("Win32_SerialPort", ref lvInfo, true);
    break;
case "IDE 控制器":
    oper.InsertInfo("Win32_IDEController", ref lvInfo, true);
    break;
case "软驱控制器":
    oper.InsertInfo("Win32_FloppyController", ref lvInfo, true);
    break;
case "USB 控制器":
    oper.InsertInfo("Win32_USBController", ref lvInfo, true);
    break;
case "SCSI 控制器":
    oper.InsertInfo("Win32_SCSIController", ref lvInfo, true);
    break;
case "PCMCIA 卡控制器":
    oper.InsertInfo("Win32_PCMCIAController", ref lvInfo, true);
```

```
            break;
        case "1394 控制器":
            oper.InsertInfo("Win32_1394Controller", ref lvInfo, true);
            break;
        case "即插即用设备":
            oper.InsertInfo("Win32_PnPEntity", ref lvInfo, true);
            break;
        default:
            oper.GetInfo(lvInfo);                              //默认显示 Windows 信息
            break;
    }
}
```

3.6.4 根据选择项显示其详细信息

触发树控件 tvItem 的 AfterSelect 事件，在该事件处理方法中主要调用自定义的 GetInfo()方法，实现根据选中的树结点显示其详细信息的功能。代码如下：

```
private void tvItem_AfterSelect(object sender, TreeViewEventArgs e)
{
    string strText = tvItem.SelectedNode.Text;          //获取选中结点的文本
    this.Text = "系统优化清理助手——" + strText;        //设置窗体标题
    lvInfo.Items.Clear();                                //清空 ListView 中的信息
    GetInfo(strText);                                    //根据选中的树结点显示相应信息
}
```

3.7 功能集合窗体设计

3.7.1 功能集合窗体概述

系统优化清理助手的功能集合窗体中集合了系统清理、实用工具、任务管理、锁定系统、选项设置以及重启电脑等主要功能，其运行效果如图 3.6 所示。

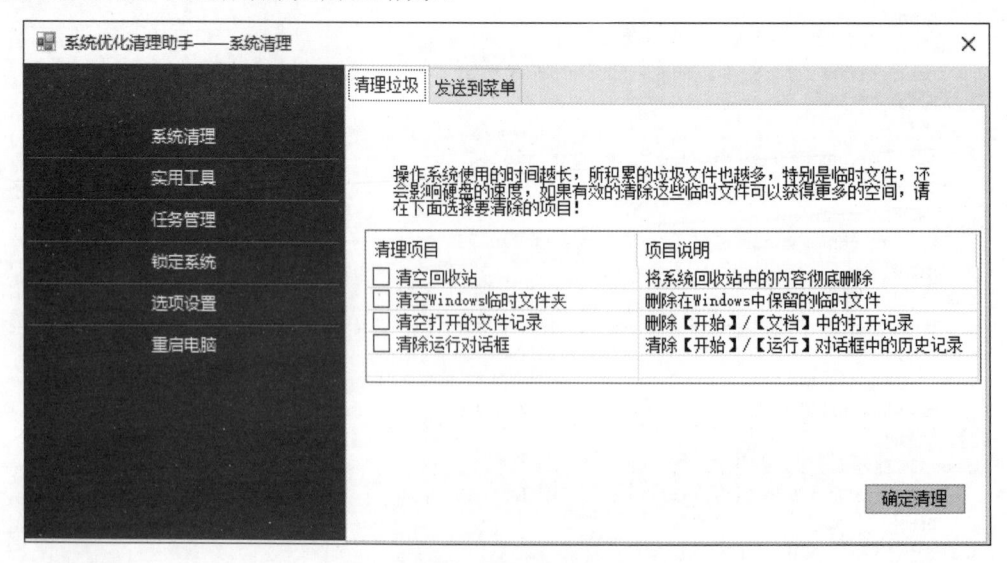

图 3.6 功能集合窗体

3.7.2 功能集合窗体属性设置

功能集合窗体是在 Frm_SysTool 窗体中实现的,该窗体中的属性设置如表 3.12 所示。

表 3.12 Frm_SysTool 窗体的属性值列表

属　性	值	说　明
MaximizeBox	false	设置窗体不可以最大化
MinimizeBox	false	设置窗体不可以最小化
Width	765	设置窗体的宽度
Height	470	设置窗体的高度
StartPosition	CenterScreen	设置窗体首次出现时的位置为屏幕中心
Text	系统优化清理助手	设置窗体的标题

接下来需要在功能集合窗体中添加两个 Panel 容器控件,用来将该窗体分为左右两个部分,添加的两个 Panel 容器控件及其对应的属性设置如表 3.13 所示。

表 3.13 Frm_SysTool 窗体中用到的 Panel 容器控件及对应属性设置

控件类型	属　性	值	说　明
Panel	(Name)	panel1	设置控件的 Name 值,以便代码中调用
	Dock	Left	设置导航工具栏容器填充窗体左侧
Panel	(Name)	panel2	设置控件的 Name 值,以便代码中调用
	Dock	Fill	设置主窗口容器填充窗体

3.7.3 设计导航工具栏

功能集合窗体中的导航工具栏是使用 ToolStrip 控件实现的。在添加该控件时,需要直接从"工具箱"中将其拖放到 panel1 容器控件中。然后将其 Dock 属性设置为 Fill,以便填充整个容器;将其 LayoutStyle 属性设置为 VerticalStackWithOverflow,以便垂直显示该导航工具栏;将其 BackColor 属性设置为"15,45,69",以设置导航工具栏的背景色。接下来对导航工具栏中的控件进行设置。导航工具栏中用到 6 个 Button 和 4 个 Separator,其中 Separator 的属性不用设置,Button 的属性设置如表 3.14 所示。

表 3.14 导航工具栏中 6 个 Button 的属性设置

Button 顺序	属　性	值	说　明
第 1 个	(Name)	tsBtnClean	设置"系统清理"导航工具栏按钮的 Name
	DisplayStyle	Text	设置"系统清理"导航工具栏按钮显示文本
	ForeColor	White	设置"系统清理"导航工具栏按钮的背景色为白色
	Text	系统清理	设置"系统清理"导航工具栏按钮的文本
第 2 个	(Name)	tsBtnTool	设置"实用工具"导航工具栏按钮的 Name
	DisplayStyle	Text	设置"实用工具"导航工具栏按钮显示文本
	ForeColor	White	设置"实用工具"导航工具栏按钮的背景色为白色
	Text	实用工具	设置"实用工具"导航工具栏按钮的文本
第 3 个	(Name)	tsBtnProcess	设置"任务管理"导航工具栏按钮的 Name

Button 顺序	属 性	值	说 明
第 3 个	DisplayStyle	Text	设置"任务管理"导航工具栏按钮显示文本
	ForeColor	White	设置"任务管理"导航工具栏按钮的背景色为白色
	Text	任务管理	设置"任务管理"导航工具栏按钮的文本
第 4 个	(Name)	tsBtnLock	设置"锁定系统"导航工具栏按钮的 Name
	DisplayStyle	Text	设置"锁定系统"导航工具栏按钮显示文本
	ForeColor	White	设置"锁定系统"导航工具栏按钮的背景色为白色
	Text	锁定系统	设置"锁定系统"导航工具栏按钮的文本
第 5 个	(Name)	tsBtnSet	设置"选项设置"导航工具栏按钮的 Name
	DisplayStyle	Text	设置"选项设置"导航工具栏按钮显示文本
	ForeColor	White	设置"选项设置"导航工具栏按钮的背景色为白色
	Text	选项设置	设置"选项设置"导航工具栏按钮的文本
第 6 个	(Name)	tsBtnReset	设置"重启电脑"导航工具栏按钮的 Name
	DisplayStyle	Text	设置"重启电脑"导航工具栏按钮显示文本
	ForeColor	White	设置"重启电脑"导航工具栏按钮的背景色为白色
	Text	重启电脑	设置"重启电脑"导航工具栏按钮的文本

3.7.4 设计系统清理面板

系统清理面板使用 TabControl 控件实现。在添加该控件时,需要直接从"工具箱"中将其拖放到 panel2 容器控件(功能集合窗体的右侧区域)中。然后将其(Name)属性设置为 tbcClear,Visible 属性设置为 false。在 tbcClear 选项卡中的 TabPages 属性中添加一个"清理垃圾"选项卡,该选项卡中添加一个 Label 控件、一个 ListView 控件和一个 Button 控件,它们的属性设置如表 3.15 所示。

表 3.15 系统清理面板中用到的控件的属性设置

控件类型	属 性	值	说 明
Label	(Name)	label6	设置系统清理面板中提示标签的 Name
	X	31	设置提示标签的 X 坐标
	Y	43	设置提示标签的 Y 坐标
	Width	401	设置提示标签的宽度
	Height	36	设置提示标签的高度
	Text	操作系统使用的时间越长,所积累的垃圾文件也越多,特别是临时文件,还会影响硬盘的速度。如果有效地清除这些临时文件可以获得更多的空间,请在下面选择要清除的项目!	设置提示标签显示的文本
ListView	(Name)	listView3	设置清理项目列表的 Name
	CheckBoxes	True	设置清理项目列表项前面显示复选框
	GridLines	True	设置清理项目列表中显示分割线
	X	6	设置清理项目列表的 X 坐标

续表

控件类型	属　性	值	说　　明
ListView	Y	95	设置清理项目列表的 Y 坐标
	Width	455	设置清理项目列表的宽度
	Height	162	设置清理项目列表的高度
	View	Details	设置清理项目列表的显示方式
Button	(Name)	button2	设置"确定清理"按钮的 Name
	X	380	设置"确定清理"按钮的 X 坐标
	Y	270	设置"确定清理"按钮的 Y 坐标
	Width	75	设置"确定清理"按钮的宽度
	Height	23	设置"确定清理"按钮的高度
	Text	确定清理	设置"确定清理"按钮的文本

> **说明**
>
> 设计完系统清理面板后，用户可以将鼠标定位到系统清理面板的右下角，待鼠标变为形状之后，通过拖动鼠标的方式将其缩小（越小越好，用户不用担心缩小的面板在设计界面中的效果，因为每个面板的显示效果都是在代码中控制的），以便不影响后面其他面板的设计。

3.7.5　设计实用工具面板

向功能集合窗体中添加一个 TabControl 控件，(Name)属性设置为 tbcSY，Visible 属性设置为 false。然后在该选项卡面板中添加一个 TabPage，Text 属性设置为"实用工具"，在该选项卡中添加两个 ToolStrip 控件、一个 GroupBox 控件、一个 Label 控件（添加到 GroupBox 控件中）、一个 RichTextBox 控件（添加到 GroupBox 控件中），它们的属性设置如表 3.16 所示。

表 3.16　实用工具面板中用到的控件的属性设置

控件类型	属　性	值	说　　明
ToolStrip	(Name)	toolStrip2	设置工具栏的 Name
	Dock	None	设置 toolStrip2 工具栏不填充整个面板
	LayoutStyle	VerticalStackWithOverflow	垂直显示工具栏
	X	27	设置 toolStrip2 工具栏的 X 坐标
	Y	36	设置 toolStrip2 工具栏的 Y 坐标
ToolStrip	(Name)	toolStrip3	设置工具栏的 Name
	Dock	None	设置 toolStrip3 工具栏不填充整个面板
	LayoutStyle	VerticalStackWithOverflow	垂直显示工具栏
	X	146	设置 toolStrip3 工具栏的 X 坐标
	Y	36	设置 toolStrip3 工具栏的 Y 坐标
GroupBox	(Name)	groupBox1	设置容器的 Name
	BackColor	White	设置容器的背景色为白色

续表

控件类型	属性	值	说 明
GroupBox	X	276	设置容器的 X 坐标
	Y	30	设置容器的 Y 坐标
	Width	167	设置容器的宽度
	Height	205	设置容器的高度
Label	(Name)	label3	设置"说明"标签的 Name
	Font	宋体, 10pt, style=Bold	设置"说明"标签的字体样式
	ForeColor	MediumSlateBlue	设置"说明"标签的字体颜色
	X	67	设置"说明"标签的 X 坐标
	Y	17	设置"说明"标签的 Y 坐标
	Width	37	设置"说明"标签的宽度
	Height	14	设置"说明"标签的高度
	Text	说明	设置"说明"标签显示的文本
RichTextBox	(Name)	richTextBox2	设置说明文本框的 Name
	BorderStyle	None	设置说明文本框无边框
	X	12	设置说明文本框的 X 坐标
	Y	44	设置说明文本框的 Y 坐标
	Width	149	设置说明文本框的宽度
	Height	141	设置说明文本框的高度

3.7.6 设计任务管理面板

向功能集合窗体中添加一个 TabControl 控件，(Name)属性设置为 tbcProcess，Visible 属性设置为 false。然后在该选项卡面板中添加两个 TabPage，Text 属性分别设置为"进程"和"窗口"。下面分别介绍这两个面板的设计过程。

1. "进程"面板设计

向"进程"面板中添加一个 ListView 控件，其属性设置如表 3.17 所示。

表 3.17 "进程"面板中 ListView 控件的属性设置

控件类型	属性	值	说 明
ListView	(Name)	listView1	设置进程列表的 Name，以便代码中调用
	Dock	Fill	设置进程列表填充整个进程面板
	FullRowSelect	True	设置进程列表中选中项时，整行设置选中状态
	MultiSelect	false	设置进程列表不允许多选
	View	Details	设置进程列表的显示方式

对 listView1 控件进行上面的基础属性设置后，为进程列表 listView1 添加 6 列，它们的 Text 属性和 Width 属性设置如表 3.18 所示。

表 3.18　listView1 中 6 个列的属性设置

列　顺　序	属　　性	值
第 1 列	Text	映像名称
	Width	100
第 2 列	Text	进程 ID
	Width	70
第 3 列	Text	线程数
	Width	70
第 4 列	Text	优先级
	Width	60
第 5 列	Text	物理内存
	Width	65
第 6 列	Text	虚拟内存
	Width	85

2. "窗口"面板设计

向"窗口"面板中添加一个 ListView 控件，其属性设置如表 3.19 所示。

表 3.19　"窗口"面板中 ListView 控件的属性设置

控件类型	属　性	值	说　　明
ListView	(Name)	listView2	设置窗口列表的 Name，以便代码中调用
	Dock	Fill	设置窗口列表填充整个进程面板
	FullRowSelect	True	设置窗口列表中选中项时，整行设置选中状态
	MultiSelect	false	设置窗口列表不允许多选
	View	Details	设置窗口列表的显示方式

对 listView2 控件进行上面的基础属性设置后，为窗口列表 listView2 添加 4 列，它们的 Text 属性和 Width 属性设置如表 3.20 所示。

表 3.20　listView2 中 4 个列的属性设置

列　顺　序	属　　性	值
第 1 列	Text	窗口标题
	Width	200
第 2 列	Text	进程 ID
	Width	70
第 3 列	Text	进程名
	Width	70
第 4 列	Text	启动时间
	Width	120

3.7.7 设计选项面板

向功能集合窗体中添加一个 TabControl 控件,(Name)属性设置为 tbcXX,Visible 属性设置为 false。然后在该选项卡面板中添加一个 TabPage 选项卡,Text 属性设置为"选项"。向"选项"面板中添加两个 CheckBox 控件,它们的属性设置如表 3.21 所示。

表 3.21 "选项"面板中用到的控件的属性设置

控件类型	属性	值	说明
CheckBox	(Name)	checkBox1	设置复选框的 Name,以便代码中调用
	X	152	设置复选框的 X 坐标
	Y	85	设置复选框的 Y 坐标
	Width	120	设置复选框的宽度
	Height	16	设置复选框的高度
	Text	禁止光盘自动运行	设置复选框显示的文本
CheckBox	(Name)	checkBox2	设置复选框的 Name,以便代码中调用
	X	152	设置复选框的 X 坐标
	Y	123	设置复选框的 Y 坐标
	Width	132	设置复选框的宽度
	Height	16	设置复选框的高度
	Text	开机自动运行本软件	设置复选框显示的文本

3.8 系统清理功能

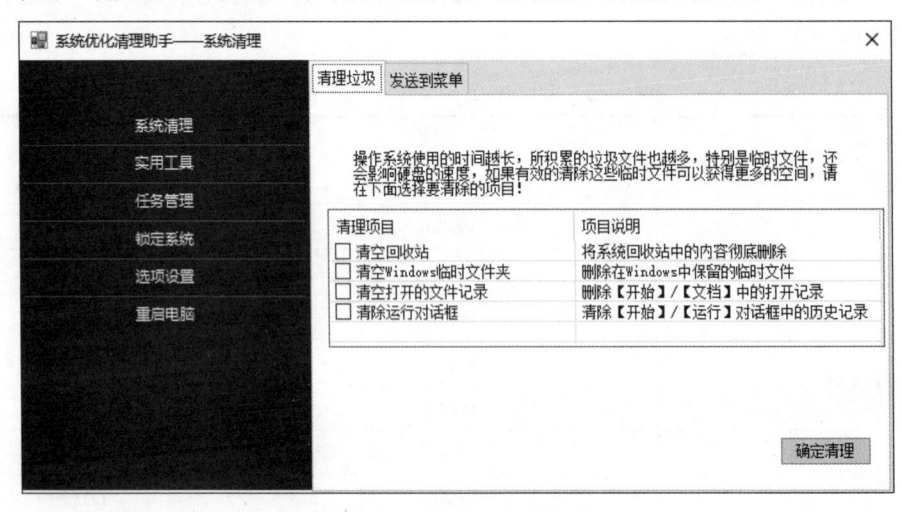

3.8.1 系统清理功能概述

系统清理功能主要是清理系统中的一些临时文件、回收站文件等内容。在该界面中,选中要清理选项前面的复选框,单击"确定清理"按钮,即可清理选中项。系统清理功能效果如图 3.7 所示。

图 3.7 系统清理功能

3.8.2 系统清理功能的实现

在 Frm_SysTool 窗体中，单击导航工具栏中的"系统清理"按钮，触发其 Click 事件，在该事件处理方法中主要设置显示系统清理面板，并隐藏其他几个面板，代码如下：

```
public void tsBtnClean_Click(object sender, EventArgs e)      //系统清理
{
    this.Text = "系统优化清理助手——系统清理";                //设置窗体标题
    tbcClear.Visible = true;                                  //显示垃圾清理选项卡
    tbcClear.Dock = DockStyle.Fill;                           //填充窗体
    tbcSY.Visible = false;                                    //隐藏实用工具选项卡
    tbcXX.Visible = false;                                    //隐藏选项设置选项卡
    tbcProcess.Visible = false;                               //隐藏进程管理选项卡
}
```

在"系统清理"面板中选择完要清理的项后，单击"确定清理"按钮，调用 Operator 公共类中的 ClearSystem()方法实现清理系统垃圾的功能。"确定清理"按钮的 Click 事件代码如下：

```
private void button2_Click(object sender, EventArgs e)        //垃圾清理
{
    for (int i = 0; i < listView3.Items.Count; i++)           //遍历垃圾清理选项列表
    {
        if (listView3.Items[i].Checked == true)               //判断列表项是否选中
        {
            oper.ClearSystem(this.Handle, listView3.Items[i].Text);  //清理相应内容
        }
    }
    MessageBox.Show("系统垃圾清理成功，赶快来体验吧……", "清理成功",
        MessageBoxButtons.OK, MessageBoxIcon.Information);
}
```

3.9 实用工具集合功能

3.9.1 实用工具集合功能概述

实用工具集合功能主要是通过按钮快速调用系统的一些常用工具，例如添加或删除程序、组策略、注册表编辑器以及计算机管理等，其运行效果如图 3.8 所示。

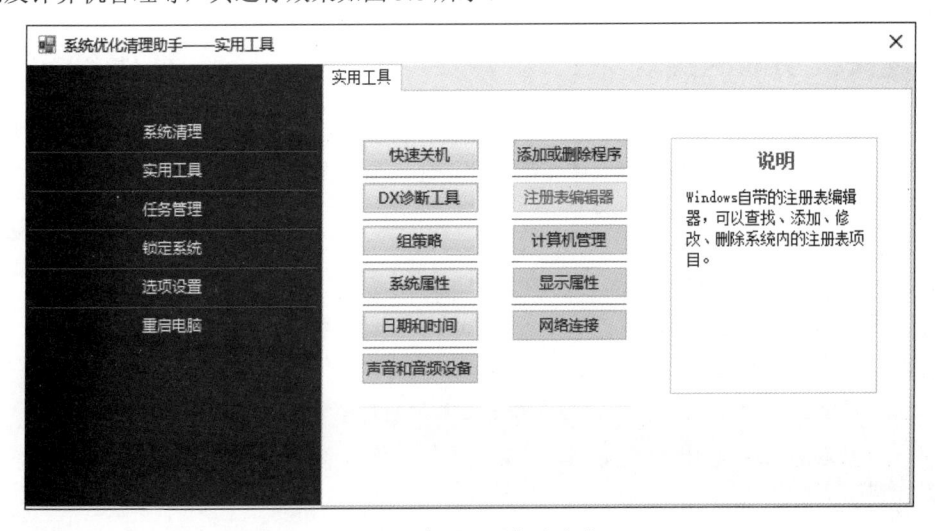

图 3.8 实用工具集合窗体

3.9.2　调用系统常用工具

打开 Frm_SysTool 窗体的设计页，选中导航工具栏中的"实用工具"tsBtnTool 按钮，双击触发其 Click 事件，在该事件处理方法中设置显示实用工具面板，并隐藏其他几个面板。代码如下：

```
public void tsBtnTool_Click(object sender, EventArgs e)          //实用工具
{
    this.Text = "系统优化清理助手——实用工具";                    //设置窗体标题
    tbcSY.Visible = true;                                         //显示实用工具选项卡
    tbcSY.Dock = DockStyle.Fill;                                  //填充窗体
    tbcClear.Visible = false;                                     //隐藏垃圾清理选项卡
    tbcXX.Visible = false;                                        //隐藏选项设置选项卡
    tbcProcess.Visible = false;                                   //隐藏进程管理选项卡
}
```

"实用工具"面板中各个功能按钮的实现方法类似，这里以"DX 诊断工具"按钮为例进行讲解。在 Frm_SysTool 窗体的设计页中选中"实用工具"面板中的"DX 诊断工具"按钮，触发其 MouseMove 事件，该事件表示鼠标移入事件，主要用于实现显示提示文字的功能。代码如下：

```
private void toolStripButton20_MouseMove(object sender, MouseEventArgs e)
{
    richTextBox2.Text = "Windows 自带的 DirectX 游\r 戏支持系统检测工具。";    //设置提示问题
    toolStripButton20.ForeColor = Color.Red;                                   //设置按钮字体为红色
}
```

在 Frm_SysTool 窗体的设计页中选中"实用工具"面板中的"DX 诊断工具"按钮，触发其 MouseLeave 事件，该事件表示鼠标移出事件，主要实现改变按钮文字颜色的功能。代码如下：

```
private void toolStripButton20_MouseLeave(object sender, EventArgs e)
{
    toolStripButton20.ForeColor = Color.Black;                     //设置按钮字体为黑色
}
```

在 Frm_SysTool 窗体的设计页中选中"实用工具"面板中的"DX 诊断工具"按钮，触发其 Click 事件，在该事件处理方法中主要使用 Process 类的 Start()方法实现打开系统 DX 诊断工具的功能。代码如下：

```
private void toolStripButton20_Click(object sender, EventArgs e)
{
    string regeditstr = Environment.SystemDirectory.ToString() + "\\dxdiag.exe";   //记录 DirectX 路径
    Process.Start(regeditstr);                                                      //打开 DirectX
}
```

3.9.3　快速关机功能的实现

在实用工具集合窗体中，单击"快速关机"按钮时，会弹出一个仿 Windows XP 系统的经典关机界面，该界面中主要提供注销、关闭和重新启动计算机的功能，其运行效果如图 3.9 所示。

实现快速关机功能的步骤如下：

打开 Frm_SysTool 窗体的设计页，在"实用工具"面板中选中"快速关机"按钮，双击触发其 Click 事件，在该事件处理方法中编写打开 Frm_Close 快速关机窗体的代码，代码如下：

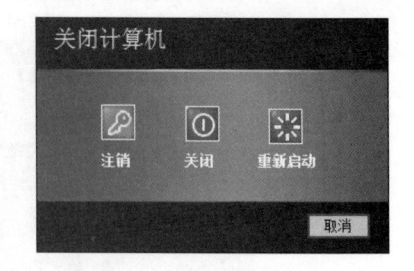

图 3.9　快速关机窗体

```
private void toolStripButton19_Click(object sender, EventArgs e)    //快速关机
{
    Frm_Close closewindows = new Frm_Close();                        //创建关机窗体对象
    closewindows.ShowDialog();                                       //以对话框形式显示关机窗体
}
```

在 Frm_Close 窗体代码页中创建 Operator 公共类的对象，以便调用其中的方法，代码如下：

```
Operator oper = new Operator();                              //公共操作类的对象
```

切换到 Frm_Close 窗体的设计页，选中"取消"按钮，双击触发其 Click 事件，在该事件处理方法中编写关闭当前窗体的代码，代码如下：

```
private void button1_Click(object sender, EventArgs e)
{
    this.Close();                                            //取消按钮，关闭当前窗体
}
```

切换到 Frm_Close 窗体的设计页，选中"注销"按钮，双击触发其 Click 事件，在该事件处理方法中调用 Win32 类中的 ExitWindowsEx()方法实现注销计算机的功能，代码如下：

```
private void button2_Click(object sender, EventArgs e)
{
    Win32.ExitWindowsEx(0, 0);                               //注销计算机
}
```

切换到 Frm_Close 窗体的设计页，选中"关闭"按钮，双击触发其 Click 事件，在该事件处理方法中调用 Operator 类中的 CMDOperator()方法实现关闭计算机的功能，代码如下：

```
private void button3_Click(object sender, EventArgs e)
{
    oper.CMDOperator("shutdown -s -t 0");                    //关闭计算机
}
```

切换到 Frm_Close 窗体的设计页，选中"重新启动"按钮，双击触发其 Click 事件，在该事件处理方法中调用 Operator 类中的 CMDOperator()方法实现重启计算机的功能，代码如下：

```
private void button4_Click(object sender, EventArgs e)
{
    oper.CMDOperator("shutdown -r -t 0");                    //重启计算机
}
```

3.10 锁定系统模块设计

3.10.1 锁定系统模块概述

系统优化清理助手提供了锁定系统功能，当用户单击功能集合窗体左侧导航工具栏中的"锁定系统"按钮时，弹出锁屏设置窗体，如图 3.10 所示。

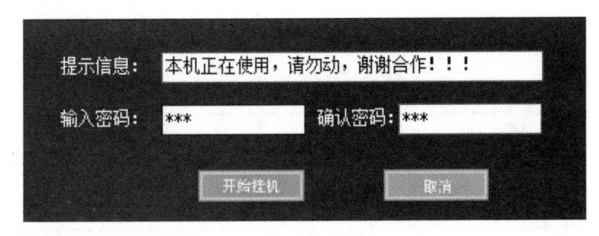

图 3.10 锁屏设置窗体

在锁屏设置窗体中输入提示信息，并输入密码后，单击"开始挂机"按钮，即可显示锁屏窗体，效果如图 3.11 所示。

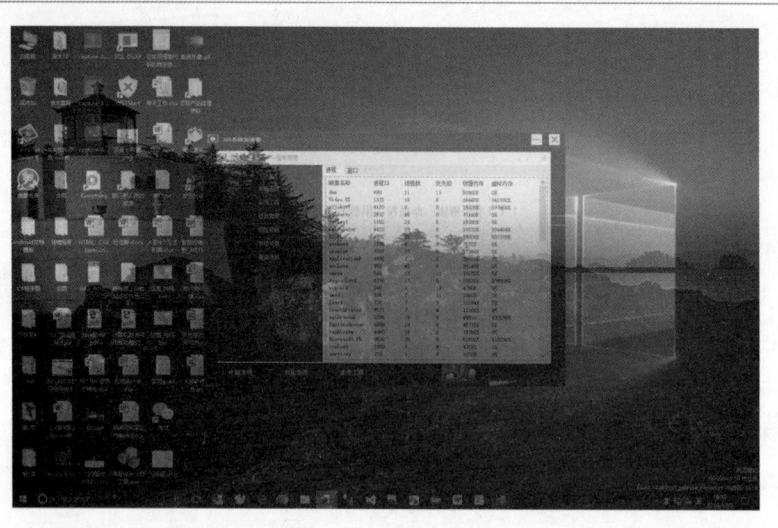

图 3.11 锁屏窗体

在锁屏窗体中单击鼠标，弹出解锁窗体，在该窗体中输入正确的解锁密码，单击"解除锁定"按钮，即可解除系统的锁定。解锁窗体效果如图 3.12 所示。

图 3.12 解锁窗体

3.10.2 设计锁屏设置窗体

锁屏设置窗体的设计主要分为 3 个步骤，分别是设计窗体、添加控件和代码实现，下面分别介绍。

1. 设计窗体

首先创建一个 Frm_Lock 窗体，用来作为锁屏设置窗体，然后按照表 3.22 所示的属性值列表对 Frm_Lock 窗体进行设置。

表 3.22 Frm_Lock 窗体的属性值列表

属　　性	值	说　　明
BackgroundImage	Resources 文件夹下的"挂机功能整体背景.jpg"图片	设置窗体的背景图片
FormBorderStyle	None	将窗体设置为无边框样式，为自定义最小化、关闭按钮做准备
Width	389	设置窗体的宽度
Height	135	设置窗体的高度
StartPosition	CenterScreen	设置窗体首次出现时的位置为居中
Text	系统挂机锁	设置窗体标题文本

2. 添加控件

Frm_Lock 窗体中用到的控件及其对应的属性设置如表 3.23 所示。

表 3.23　Frm_Lock 窗体中用到的控件及对应属性设置

控 件 类 型	属　　性	值	说　　明
Label	(Name)	label1	设置"提示信息"标签的 Name
	BackColor	Transparent	设置"提示信息"标签背景色透明
	ForeColor	White	设置"提示信息"标签文字颜色为白色
	X	24	设置"提示信息"标签的 X 坐标
	Y	25	设置"提示信息"标签的 Y 坐标
	Text	提示信息：	设置"提示信息"标签的文本
Label	(Name)	label2	设置"输入密码"标签的 Name
	BackColor	Transparent	设置"输入密码"标签背景色透明
	ForeColor	White	设置"输入密码"标签文字颜色为白色
	X	24	设置"输入密码"标签的 X 坐标
	Y	60	设置"输入密码"标签的 Y 坐标
	Text	输入密码：	设置"输入密码"标签的文本
Label	(Name)	label3	设置"确认密码"标签的 Name
	BackColor	Transparent	设置"确认密码"标签背景色透明
	ForeColor	White	设置"确认密码"标签文字颜色为白色
	X	200	设置"确认密码"标签的 X 坐标
	Y	60	设置"确认密码"标签的 Y 坐标
	Text	确认密码：	设置"确认密码"标签的文本
TextBox	(Name)	textBox1	设置"提示信息"文本框的 Name
	X	95	设置"提示信息"文本框的 X 坐标
	Y	22	设置"提示信息"文本框的 Y 坐标
	Width	264	设置"提示信息"文本框的宽度
	Height	21	设置"提示信息"文本框的高度
	Text	本机正在使用，请勿动，谢谢合作！！！	设置"提示信息"文本框的文本
TextBox	(Name)	textBox2	设置"输入密码"文本框的 Name
	X	95	设置"输入密码"文本框的 X 坐标
	Y	57	设置"输入密码"文本框的 Y 坐标
	Width	99	设置"输入密码"文本框的宽度
	Height	21	设置"输入密码"文本框的高度
	PasswordChar	*	设置"输入密码"文本框中的文本以"*"显示
TextBox	(Name)	textBox3	设置"确认密码"文本框的 Name
	X	258	设置"确认密码"文本框的 X 坐标
	Y	57	设置"确认密码"文本框的 Y 坐标
	Width	100	设置"确认密码"文本框的宽度
	Height	21	设置"确认密码"文本框的高度
	PasswordChar	*	设置"确认密码"文本框中的文本以"*"显示

续表

控件类型	属性	值	说明
Button	(Name)	button1	设置"开始挂机"按钮的 Name
	BackgroundImage	Resources 文件夹下的"开始挂机.png"图片	设置"开始挂机"按钮的背景图片
	X	119	设置"开始挂机"按钮的 X 坐标
	Y	100	设置"开始挂机"按钮的 Y 坐标
	Width	75	设置"开始挂机"按钮的宽度
	Height	23	设置"开始挂机"按钮的高度
Button	(Name)	button2	设置"取消"按钮的 Name
	BackgroundImage	Resources 文件夹下的"取消.png"图片	设置"取消"按钮的背景图片
	X	247	设置"取消"按钮的 X 坐标
	Y	100	设置"取消"按钮的 Y 坐标
	Width	75	设置"取消"按钮的宽度
	Height	23	设置"取消"按钮的高度

3. 代码实现

打开 Frm_SysTool 窗体的设计页，在导航工具栏中选中"锁定系统"tsBtnLock 按钮，双击触发其 Click 事件，在该事件处理方法中，主要实现打开锁屏设置窗体，代码如下：

```
private void tsBtnLock_Click(object sender, EventArgs e)
{
    Frm_Lock frmLock = new Frm_Lock();           //创建锁屏设置窗体对象
    frmLock.Show();                               //显示窗体
}
```

锁屏设置窗体在实现时，需要打开一个 Frm_LScreen 窗体，即锁屏窗体，因此首先需要创建该窗体，窗体创建完之后，切换到 Frm_LScreen 窗体的代码页，在其中定义公共变量，用来记录锁屏相关的信息，代码如下：

```
public Size size;                    //记录窗体的大小
public int x;                        //记录提示信息显示位置的 X 坐标
public int y;                        //记录提示信息显示位置的 Y 坐标
public string infos;                 //窗体中的提示信息
public string pwd;                   //记录锁屏密码
```

切换到 Frm_Lock 窗体的代码页，在其中创建 Frm_LScreen 窗体的对象，代码如下：

```
Frm_LScreen frmLScreen = new Frm_LScreen();      //创建锁屏窗体对象
```

切换到 Frm_Lock 窗体的设计页，选中"开始挂机"按钮，双击触发其 Click 事件，在该事件处理方法中实现打开锁屏窗体的功能，代码如下：

```
private void button1_Click(object sender, EventArgs e)        // "开始挂机"按钮
{
    if (textBox2.Text.Trim() == "" || textBox3.Text.Trim() == "")   //判断是否输入了密码
    {
        MessageBox.Show("请输入密码！", "系统提示", MessageBoxButtons.OK, MessageBoxIcon.Information);
        return;
    }
    else
    {
        if (textBox2.Text.Trim() == textBox3.Text.Trim())    //判断密码输入是否一致
        {
            frmLScreen.size = this.Size;                     //设置锁屏界面的大小
```

```
                frmLScreen.x = this.Location.X;              //设置锁屏界面中提示信息显示位置的 X 坐标
                frmLScreen.y = this.Location.Y;              //设置锁屏界面中提示信息显示位置的 Y 坐标
                frmLScreen.infos = textBox1.Text.Trim();     //记录锁屏提示信息
                frmLScreen.pwd = textBox2.Text.Trim();       //记录锁屏密码
                this.Hide();                                 //隐藏当前窗体
                Operator.listForms.Add(frmLScreen);          //将锁屏窗体添加到窗体列表中
                frmLScreen.ShowDialog();                     //以对话框形式显示锁屏窗体
            }
            else
            {
                MessageBox.Show("两次输入的密码不一致","系统提示",
                    MessageBoxButtons.OK, MessageBoxIcon.Information);
                return;
            }
        }
}
```

切换到 Frm_Lock 窗体的设计页,选中"取消"按钮,双击触发其 Click 事件,在该事件处理方法中主要实现关闭锁屏设置窗体的功能,代码如下:

```
private void button2_Click(object sender, EventArgs e)
{
    this.Close();                                            //关闭当前窗体
}
```

3.10.3 设计锁屏窗体

在创建的锁屏设置窗体中输入锁屏提示信息及密码后,单击"开始挂机"按钮,可以弹出锁屏窗体,该窗体主要是为了防止其他用户操作系统桌面。锁屏窗体的设计主要分为 3 个步骤,分别是设计窗体、添加控件和代码实现,下面分别介绍。

1. 设计窗体

锁屏窗体使用 Frm_LScreen 窗体来表示,其属性设置如表 3.24 所示。

表 3.24 Frm_LScreen 窗体的属性值列表

属 性	值	说 明
BackgroundImage	Resources 文件夹下的 Lighthouse.jpg 图片文件	设置窗体的背景图片
BackgroundImageLayout	Stretch	设置窗体背景图片自动填充整个窗体
ForeColor	SandyBrown	设置窗体文本的颜色
FormBorderStyle	None	将窗体设置为无边框样式
Width	801	设置窗体的宽度
Height	545	设置窗体的高度
WindowState	Maximized	设置窗体最大化显示

2. 添加控件

Frm_LScreen 窗体中用到一个 Label 控件,其属性设置如表 3.25 所示。

表 3.25 Frm_LScreen 窗体中用到的控件及对应属性设置

控 件 类 型	属 性	值	说 明
Label	(Name)	label1	设置"提示信息"标签的 Name
	BackColor	Transparent	设置"提示信息"标签的背景色透明
	Font	宋体, 20pt, style=Bold	设置"提示信息"标签的字体样式

控件类型	属 性	值	说 明
Label	X	403	设置"提示信息"标签的 X 坐标
	Y	208	设置"提示信息"标签的 Y 坐标
	Text	label1	设置"提示信息"标签的文本

另外，Frm_LScreen 窗体中还用到一个 Timer 组件，该组件的属性都采用默认设置即可。

3. 代码实现

在 Frm_LScreen 窗体的设计页双击鼠标，切换到代码页，在其中首先创建 myHook 类的对象，以便调用其中的方法实现锁屏功能，代码如下：

```
myHook hook = new myHook();                                    //创建钩子类的对象
```

在 Frm_LScreen 窗体的 Load 事件中，设置锁屏提示信息，并调用 myHook 类中的 InsertHook()方法实现锁屏功能，代码如下：

```
private void Frm_LScreen_Load(object sender, EventArgs e)
{
    label1.Location = new Point(x,y-50);                       //设置提示信息的显示位置
    label1.Text = infos;                                       //显示提示信息
    base.Opacity = 0.5;                                        //设置窗体透明度为半透明
    hook.InsertHook();                                         //加载钩子，以便挂机
}
```

当用户在锁屏窗体上移动鼠标时，由于当前处于锁屏状态，因此限制了鼠标指针的活动范围，该功能是在 Frm_LScreen 窗体的 MouseMove 事件中实现的，代码如下：

```
private void Frm_LScreen_MouseMove(object sender, MouseEventArgs e)
{
    Cursor.Clip = new Rectangle(x,y,size.Width ,size.Height);  //设置鼠标指针的边界
}
```

锁屏窗体在实现时，需要打开一个 Frm_UnLock 窗体，即解锁窗体，因此首先需要创建该窗体，并在该窗体中定义公共变量，记录解锁窗体相关的信息，代码如下：

```
public int x;                                                  //记录窗体显示位置的 X 坐标
public int y;                                                  //记录窗体显示位置的 Y 坐标
public string infos;                                           //记录窗体中显示的提示信息文字
public string pwd;                                             //记录锁屏密码
```

切换到 Frm_LScreen 窗体的设计页，触发 Frm_LScreen 窗体的 MouseClick 事件，在该事件处理方法中实现打开解锁窗体，并对解锁窗体进行设置的功能。代码如下：

```
private void Frm_LScreen_MouseClick(object sender, MouseEventArgs e)
{
    Frm_UnLock frmUnlock = new Frm_UnLock();                   //创建解锁窗体对象
    frmUnlock.x = x;                                           //设置窗体的 X 坐标
    frmUnlock.y = y;                                           //设置窗体的 Y 坐标
    frmUnlock.infos = infos;                                   //设置解锁窗体中要显示的提示信息
    frmUnlock.pwd = pwd;                                       //记录锁屏密码
    Operator.listForms.Add(frmUnlock);                         //将解锁窗体添加到窗体列表中
    frmUnlock.ShowDialog();                                    //以对话框形式显示解锁窗体
}
```

切换到 Frm_LScreen 窗体的设计页，选中 timer1 计时器组件，双击触发其 Tick 事件，在该事件处理方法中实现控制系统任务管理器进程和设置鼠标指针边界的功能，代码如下：

```
private void timer1_Tick(object sender, EventArgs e)
{
    Process[] processes = Process.GetProcesses();              //获取运行的所有进程名
    foreach (Process p in processes)                           //遍历所有进程
```

```
    {
        try
        {
            if (p.ProcessName.ToLower().Trim() == "taskmgr")         //判断进程的名字是否为 taskmgr
            {
                p.Kill();                                             //停止进程
                //设置鼠标指针的边界
                Cursor.Clip = new Rectangle(x, y, size.Width, size.Height);
                return;
            }
        }
        catch
        {
            return;
        }
    }
}
```

切换到 Frm_LScreen 窗体的设计页,触发 Frm_LScreen 窗体的 FormClosing 事件,该事件在关闭锁屏窗体时发生,主要实现的功能是解锁屏幕和停止计时器,代码如下:

```
private void Frm_LScreen_FormClosing(object sender, FormClosingEventArgs e)
{
    hook.UnInsertHook();          //卸载钩子,解锁屏幕
    timer1.Stop();                //停止计时器
}
```

3.10.4 设计解锁窗体

在锁屏窗体中单击鼠标,可以弹出解锁窗体。在解锁窗体中输入解锁密码,单击"解除锁定"按钮,如果输入的密码正确,则解除电脑锁定,否则弹出信息。解锁窗体的设计主要分为 3 个步骤,分别是设计窗体、添加控件和代码实现,下面分别介绍。

1. 设计窗体

解锁窗体使用 Frm_UnLock 窗体实现,其属性设置如表 3.26 所示。

表 3.26 Frm_UnLock 窗体的属性值列表

属 性	值	说 明
BackgroundImage	Resources 文件夹下的"解除锁定背景.jpg"图片	设置窗体的背景图片
FormBorderStyle	None	将窗体设置为无边框样式,为自定义最小化、关闭按钮做准备
Width	370	设置窗体的宽度
Height	154	设置窗体的高度
StartPosition	CenterScreen	设置窗体首次出现时的位置为居中
Text	系统挂机锁	设置窗体标题文本

2. 添加控件

Frm_UnLock 窗体中用到的控件及其对应属性设置如表 3.27 所示。

表 3.27 Frm_UnLock 窗体中用到的控件及对应属性设置

控 件 类 型	属 性	值	说 明
Label	(Name)	label1	设置"提示信息"标签的 Name
	BackColor	Transparent	设置"提示信息"标签背景色透明

续表

控件类型	属性	值	说明
Label	ForeColor	White	设置"提示信息"标签文字颜色为白色
	X	35	设置"提示信息"标签的 X 坐标
	Y	22	设置"提示信息"标签的 Y 坐标
	Text	label1	设置"提示信息"标签的文本
Label	(Name)	label2	设置"输入解锁密码"标签的 Name
	BackColor	Transparent	设置"输入解锁密码"标签背景色透明
	ForeColor	White	设置"输入解锁密码"标签文字颜色为白色
	X	12	设置"输入解锁密码"标签的 X 坐标
	Y	62	设置"输入解锁密码"标签的 Y 坐标
	Text	输入解锁密码：	设置"输入解锁密码"标签的文本
TextBox	(Name)	textBox1	设置"输入解锁密码"文本框的 Name
	X	106	设置"输入解锁密码"文本框的 X 坐标
	Y	59	设置"输入解锁密码"文本框的 Y 坐标
	Width	252	设置"输入解锁密码"文本框的宽度
	Height	21	设置"输入解锁密码"文本框的高度
	PasswordChar	*	设置"输入解锁密码"文本框中的文本以"*"显示
Button	(Name)	button1	设置"解除锁定"按钮的 Name
	BackgroundImage	Resources 文件夹下的"开解除锁定.png"图片	设置"取消"按钮的背景图片
	X	73	设置"解除锁定"按钮的 X 坐标
	Y	105	设置"解除锁定"按钮的 Y 坐标
	Width	75	设置"解除锁定"按钮的宽度
	Height	23	设置"解除锁定"按钮的高度
Button	(Name)	button2	设置"取消"按钮的 Name
	BackgroundImage	Resources 文件夹下的"取消.png"图片	设置"取消"按钮的背景图片
	X	198	设置"取消"按钮的 X 坐标
	Y	105	设置"取消"按钮的 Y 坐标
	Width	75	设置"取消"按钮的宽度
	Height	23	设置"取消"按钮的高度

3. 代码实现

打开 Frm_UnLock 窗体的设计页，双击自动触发其 Load 事件，在该事件处理方法中对窗体的显示级别、显示位置和提示信息进行设置，代码如下：

```
private void Frm_UnLock_Load(object sender, EventArgs e)
{
    this.TopMost = true;                        //设置窗体总在最顶层
    this.Location = new Point(x, y);            //设置窗体的显示位置
    label1.Text = infos;                        //设置提示信息
}
```

打开 Frm_UnLock 窗体的设计页，选中"解除锁定"按钮，双击自动触发其 Click 事件。在该事件处理方法中判断解锁密码是否与锁屏密码一致，如果一致，关闭解锁窗体，从而达到解锁系统的目的。代码如下：

```csharp
private void button1_Click(object sender, EventArgs e)
{
    if (textBox1.Text.Trim() == pwd)                      //判断用户输入是否与锁屏密码一致
    {
        foreach (Form item in Operator.listForms)         //遍历窗体列表
        {
            item.Close();                                  //关闭窗体
            item.Dispose();                                //释放窗体占用的资源
        }
        this.Close();                                      //关闭当前窗体
    }
    else
    {
        label1.Text = "输入的解锁密码错误，请重新输入！";
    }
}
```

打开 Frm_UnLock 窗体的设计页，选中"取消"按钮，双击自动触发其 Click 事件，在该事件处理方法中将当前窗体设置为不在顶层显示，然后关闭当前窗体，代码如下：

```csharp
private void button2_Click(object sender, EventArgs e)
{
    this.TopMost = false;                                  //设置窗体不在顶层显示
    this.Close();                                          //关闭当前窗体
}
```

3.11　系统优化窗体设计

3.11.1　系统优化窗体概述

单击主窗体的"优化加速"按钮，即可打开系统优化窗体。通过该窗体可以对操作系统进行优化、备份注册表和还原注册表等操作。如图 3.13 所示。

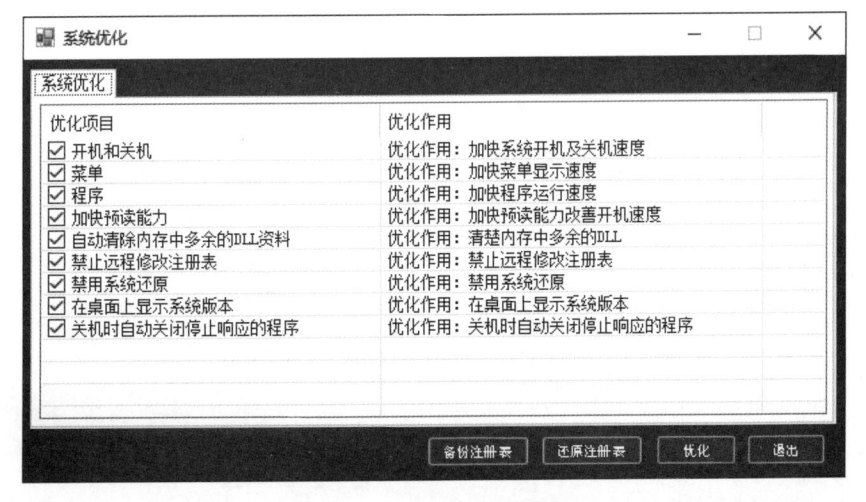

图 3.13　系统优化窗体界面

3.11.2 设计系统优化窗体

系统优化窗体使用 Frm_Optimize 窗体表示。首先设置其 FormBorderStyle 属性为 FixedSingle，MaximizeBox 属性为 false，ShowIcon 属性为 false，Starposition 属性为 CenterScreen，Text 属性为"系统优化"。然后向该窗体中添加如表 3.28 所示的控件。

表 3.28 系统优化窗体中用到的主要控件

控件类型	控件 ID	主要属性设置	用途
TabControl	tabControl1	在 TabPages 属性中添加一个"系统优化"选项卡	选项卡
ListView	listView1	Columns 属性添加 2 个成员，Items 属性添加 9 个成员	优化选项及说明
PictureBox	pictureBox1	通过 Image 属性设置图片	"备份注册表"按钮
	pictureBox2	通过 Image 属性设置图片	"还原注册表"按钮
	pictureBox3	通过 Image 属性设置图片	"优化"按钮
	pictureBox4	通过 Image 属性设置图片	"退出"按钮

3.11.3 实现系统优化功能

在该窗体中选择系统优化选项后，单击"优化"按钮，即可对系统进行优化。系统优化功能主要通过修改注册表中的相应键值实现。这里定义一个 SetRegValue()方法，用于根据不同的优化项目修改注册表中的相应键值，该方法的参数是需要优化的项目名称，代码如下：

```
private void SetRegValue(string str)
{
    RegistryKey reg;                                    //声明一个 RegistryKey 变量
    //使用 switch 语句判断进行优化的项目
    switch (str)
    {
        case"开机和关机":
            reg = Registry.CurrentUser;                 //创建 RegistryKey 实例
            //如果存在 Control 键，则 CreateSubKey 方法不创建而是打开该键
            reg = reg.CreateSubKey("SYSTEM\\CurrentControlSet\\Control");
            //使用 SetValue 方法修改 WaitToKillServiceTimeout 键值为 1000
            reg.SetValue("WaitToKillServiceTimeout", 1000);
            reg.Close();
            break;
        case "菜单":
            reg = Registry.CurrentUser;                 //创建 RegistryKey 实例
            //如果存在 Desktop 键，则打开该键
            reg = reg.CreateSubKey("Control Panel\\Desktop");
            //使用 SetValue 方法修改 MenuShowDelay 键值为 40
            reg.SetValue("MenuShowDelay",40);
            reg.Close();
            break;
        case "程序":
            reg = Registry.LocalMachine;                //创建 RegistryKey 实例
            //如果存在 FileSystem 键，则打开该键
            reg = reg.CreateSubKey("SYSTEM\\CurrentControlSet\\Control\\FileSystem");
            //使用 SetValue 方法修改 ConfigFileAllocSize 键值为 dword:000001f4
            reg.SetValue("ConfigFileAllocSize","dword:000001f4");
            reg.Close();
            break;
        case "加快预读能力":
            reg = Registry.LocalMachine;                //创建 RegistryKey 实例
            //如果存在 PrefetchParameters 键，则打开该键
            reg = reg.CreateSubKey(
                "SYSTEM\\CurrentControlSet\\Control\\Session Manager\\Memory Management\\ PrefetchParameters");
```

```
        //使用 SetValue 方法修改 EnablePrefetcher 键值为 4
        reg.SetValue("EnablePrefetcher",4, RegistryValueKind.DWord);
        reg.Close();
        break;
    case "自动清除内存中多余的 DLL 资料":
        reg = Registry.LocalMachine;                        //创建 RegistryKey 实例
        //如果存在 Explorer 键,则打开该键
        reg = reg.CreateSubKey("SOFTWARE\\Microsoft\\Windows\\CurrentVersion\\Explorer");
        //使用 SetValue 方法修改 AlwaysUnloadDLL 键值为 1
        reg.SetValue("AlwaysUnloadDLL", 1, RegistryValueKind.DWord);
        reg.Close();
        break;
    case "禁止远程修改注册表":
        reg = Registry.LocalMachine;                        //创建 RegistryKey 实例
        //如果存在 winreg 键,则打开该键
        reg = reg.CreateSubKey("SYSTEM\\CurrentControlSet\\Control\\SecurePipeServers\\winreg");
        //使用 SetValue 方法修改 RemoteRegAccess 键值为 1
        reg.SetValue("RemoteRegAccess", 1, RegistryValueKind.DWord);
        reg.Close();
        break;
    case "禁用系统还原":
        reg = Registry.LocalMachine;                        //创建 RegistryKey 实例
        //如果存在 SystemRestore 键,则打开该键
        reg = reg.CreateSubKey("SOFTWARE\\Microsoft\\Windows NT\\CurrentVersion\\SystemRestore");
        //使用 SetValue 方法修改 DisableSR 键值为 1
        reg.SetValue("DisableSR", 1, RegistryValueKind.DWord);
        reg.Close();
        break;
    case "在桌面上显示系统版本":
        reg = Registry.CurrentUser;                         //创建 RegistryKey 实例
        //如果存在 Desktop 键,则打开该键
        reg = reg.CreateSubKey("Control Panel\\Desktop");
        //使用 SetValue 方法修改 PaintDesktopVersion 键值为 1
        reg.SetValue("PaintDesktopVersion",1,RegistryValueKind.DWord);
        reg.Close();
        break;
    case "关机时自动关闭停止响应的程序":
        reg = Registry.CurrentUser;                         //创建 RegistryKey 实例
        //如果存在 Desktop 键,则打开该键
        reg = reg.CreateSubKey("Control Panel\\Desktop");
        //使用 SetValue 方法修改 AutoEndTasks 键值为 1
        reg.SetValue("AutoEndTasks", 1, RegistryValueKind.DWord);
        reg.Close();
        break;
    }
}
```

选择系统需要优化的项目,然后单击"优化"按钮进行系统优化。程序会循环读取 ListView 控件,然后调用 SetRegValue()方法根据 ListView 控件中选择的项目进行优化,代码如下:

```
private void button1_Click(object sender, EventArgs e)
{
    for (int i = 0; i < listView1.Items.Count; i++)          //使用 for 语句循环遍历 ListView 控件
    {
        if (listView1.Items[i].Checked == true)              //如果某一项处于选中状态,则优化此项
        {
            SetRegValue(listView1.Items[i].Text);            //调用 SetRegValue 方法根据选择项进行优化
        }
    }
    if (MessageBox.Show("优化系统成功", "提示", MessageBoxButtons.OK, MessageBoxIcon.Information)
        == DialogResult.OK)
    {
        this.Close();                                        //关闭当前窗体
    }
}
```

3.11.4 备份注册表信息

为了防止系统注册表崩溃，备份注册表就变得尤为重要。在系统优化窗体中单击"备份注册表"按钮即可备份注册表信息，这主要是通过执行 DOS 命令"regedit /e"来实现的，代码如下：

```csharp
private void button3_Click(object sender, EventArgs e)
{
    try
    {
        //创建 myProcess 对象
        System.Diagnostics.Process myProcess = new System.Diagnostics.Process();
        myProcess.StartInfo.FileName = "cmd.exe";                    //启动程序的名字
        myProcess.StartInfo.UseShellExecute = false;                 //是否使用操作系统外壳程序启动进程
        myProcess.StartInfo.RedirectStandardInput = true;            //是否从 StandardInput 流中读取
        myProcess.StartInfo.RedirectStandardOutput = true;           //是否将应用程序的输出写入 StandardOutput 流中
        myProcess.StartInfo.RedirectStandardError = true;            //是否将应用程序的错误写入 StandardError 流中
        myProcess.StartInfo.CreateNoWindow = true;                   //是否在新窗口中启动该程序的进程的值
        myProcess.Start();                                           //启动
        //设置备份数据表的 DOS 命令
        string pp = "regedit /e " + Environment.SystemDirectory.ToString() + "\\backup.reg";
        myProcess.StandardInput.WriteLine(pp);                       //执行备份注册表命令
        MessageBox.Show("注册表备份成功","提示",MessageBoxButtons.OK,MessageBoxIcon.Information);
    }
    catch { }
}
```

3.11.5 还原注册表信息

当系统注册表发生异常，可以选择还原注册表。在系统优化窗体中单击"还原注册表"按钮，即可将系统注册表还原到备份前的状态，这主要是通过执行 DOS 命令"regedit /s"来实现的，代码如下：

```csharp
private void button4_Click(object sender, EventArgs e)
{
    try
    {
        //创建 myProcess 对象
        System.Diagnostics.Process myProcess = new System.Diagnostics.Process();
        myProcess.StartInfo.FileName = "cmd.exe";                    //启动程序的名字
        myProcess.StartInfo.UseShellExecute = false;                 //是否使用操作系统外壳程序启动进程
        myProcess.StartInfo.RedirectStandardInput = true;            //是否从 StandardInput 流中读取
        myProcess.StartInfo.RedirectStandardOutput = true;           //是否将应用程序的输出写入 StandardOutput 流中
        myProcess.StartInfo.RedirectStandardError = true;            //是否将应用程序的错误写入 StandardError 流中
        myProcess.StartInfo.CreateNoWindow = true;                   //是否在新窗口中启动该程序的进程的值
        myProcess.Start();                                           //启动
        //设置还原数据表的 DOS 命令
        string pp = "regedit /s " + Environment.SystemDirectory.ToString() + "\\backup.reg";
        myProcess.StandardInput.WriteLine(pp);                       //执行还原注册表命令
        MessageBox.Show("注册表还原成功","提示", MessageBoxButtons.OK, MessageBoxIcon.Information);
    }
    catch { }
}
```

3.12 项目运行

通过前述步骤，设计并完成了"系统优化清理助手"项目的开发。下面运行该项目，检验一下我们的开发成果。使用 Visual Studio 打开系统优化清理助手项目，单击工具栏中的"启动"按钮或者按 F5 快捷键，即可成功运行该项目。项目主窗体效果如图 3.14 所示，在项目主窗体中，通过单击相应的快捷按钮，即可对系统进行优化清理操作。

图 3.14　系统优化清理助手

　　本章使用 C#中的流程控制、窗体控件等基础知识，并结合注册表技术、WMI 技术、Process 类等开发了一个系统优化清理助手。该软件不仅能够清理系统垃圾，优化系统配置，加快系统启动速度，同时还提供了进程管理、系统信息查看、锁定系统以及快速关机等功能，为用户提供了全面且便捷的系统优化和清理体验。

3.13　源　码　下　载

　　本章详细地讲解了如何编码实现"系统优化清理助手"软件的各个功能。为了方便读者学习，本书提供了完整的项目源码，扫描右侧二维码即可下载。

第 4 章 图片处理工坊

——对话框控件 + Timer 计时器 + 打印技术 + GDI+技术

本章将 C#中的窗体技术与 GDI+绘图技术相结合，开发一个界面友好、功能全面的图片处理工坊软件，可满足广大用户的日常图片处理需求。该工具是一个对图片进行浏览和处理的软件，使用它不仅可以浏览某一目录下的所有图片，还可以对图片进行格式转换、特效处理、亮度及对比度调节等。另外，用户还可以为图片添加水印文字，并能够通过打印机打印喜欢的图片。

项目微视频

本项目的核心功能及实现技术如下：

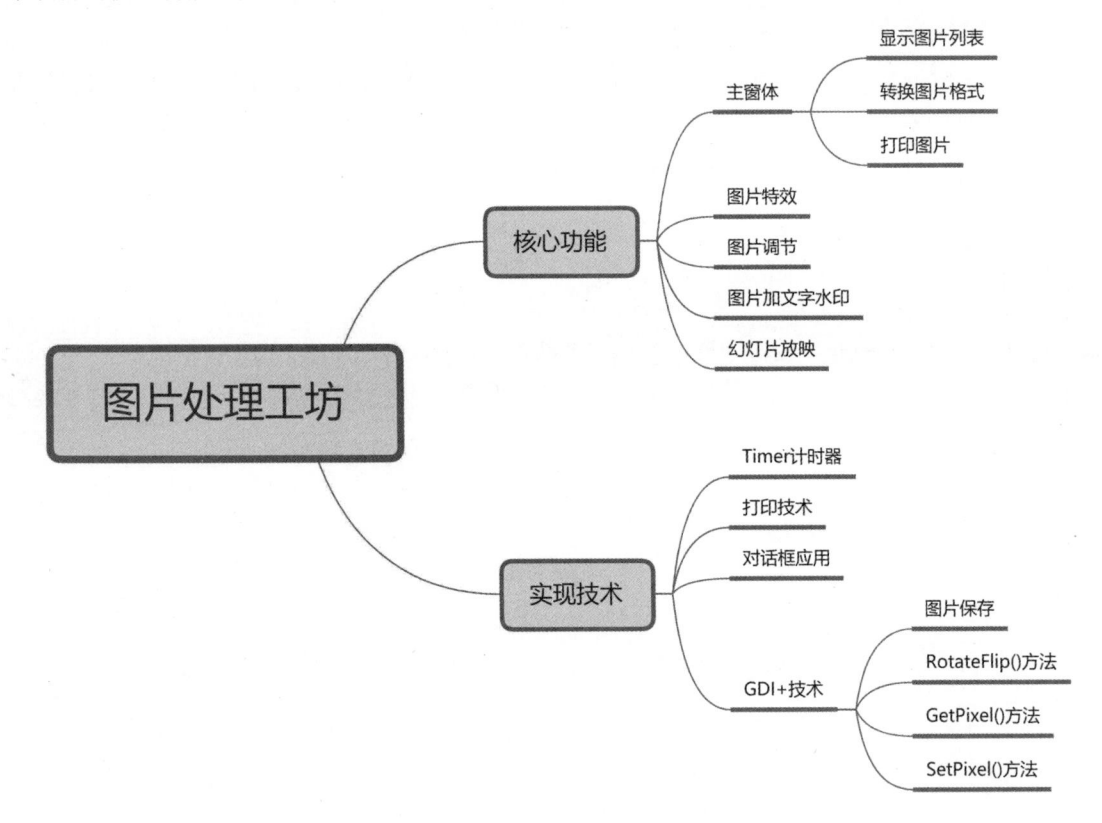

- 图片处理工坊
  - 核心功能
    - 主窗体
      - 显示图片列表
      - 转换图片格式
      - 打印图片
    - 图片特效
    - 图片调节
    - 图片加文字水印
    - 幻灯片放映
  - 实现技术
    - Timer计时器
    - 打印技术
    - 对话框应用
    - GDI+技术
      - 图片保存
      - RotateFlip()方法
      - GetPixel()方法
      - SetPixel()方法

4.1 开发背景

随着数字媒体的普及，图片处理成为日常生活和工作中不可或缺的一部分。无论是美化个人照片，还是进行企业产品展示，高效且易用的图片处理工具都是提升效率和表达创意的关键。传统的图片处理软件往往功能复杂，对于非专业用户而言学习成本较高。因此，设计一款集图片格式转换、特效处理和基本展示功能于一体的图片处理工具显得尤为必要。

本项目的实现目标如下：
- ☑ 设计直观易用的界面，确保用户无须专业技能即可快速上手。
- ☑ 利用 GDI+技术优化图像处理算法，确保处理速度快，响应迅速。
- ☑ 集合图片浏览、编辑、打印及展示功能于一体，满足多样化需求。
- ☑ 提供丰富的图片处理功能，比如格式转换、特效处理、亮度及对比度调节等，增加软件的实用性。
- ☑ 可以方便地为图片添加水印文字，以满足日常使用需求。

4.2 系统设计

4.2.1 开发环境

本项目的开发及运行环境如下：
- ☑ 操作系统：推荐 Windows 10、11 及以上。
- ☑ 开发工具：Visual Studio 2022。
- ☑ 开发语言：C#。

4.2.2 业务流程

在图片处理工坊中，首先判断用户是否打开图片。如果没有打开图片，只能查看主窗体，并对主窗体的状态进行设置，如是否显示工具栏、是否显示状态栏等。如果打开图片，则不仅可以对图片进行查看、打印、格式转换等基本操作，还可以在主窗体中打开其他的窗体，以便进行图片特效处理、图片调节（包括亮度、大小和对比度调节等）、添加文字水印、幻灯片形式播放图片等操作。

本项目的业务流程如图 4.1 所示。

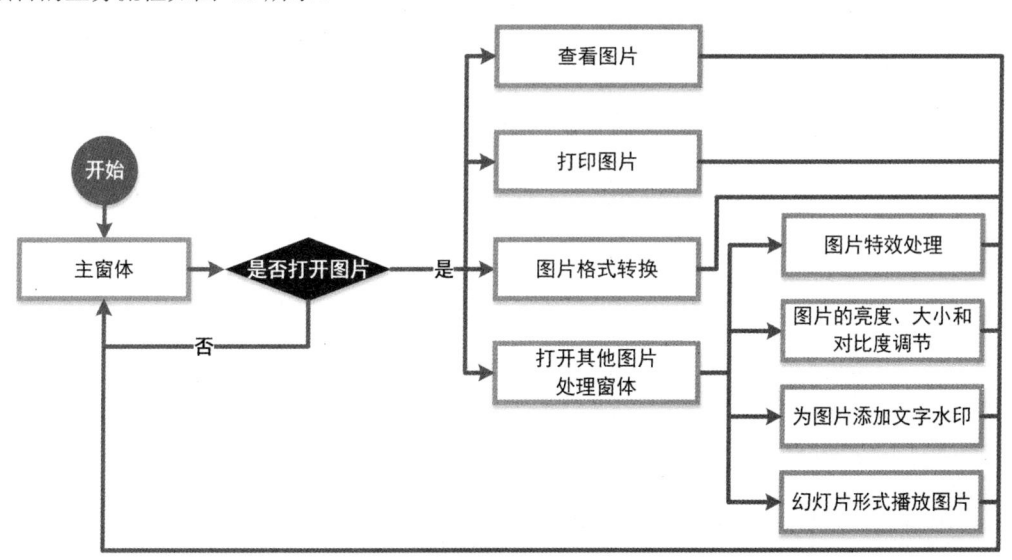

图 4.1 图片处理工坊业务流程

4.2.3 功能结构

本项目的功能结构已经在章首页中给出。作为一个对图片进行处理的应用程序，本项目实现的具体功能如下：

- ☑ 图片展示：打开图片目录、显示图片列表、显示图片等。
- ☑ 打印图片：实现打印选中图片的功能。
- ☑ 转换图片格式：将图片转换成 BMP、GIF、JPG 和 PNG 格式。
- ☑ 图片特效处理：实现图片的浮雕、积木、底片、雾化效果。
- ☑ 图片调节：对图片进行亮度、大小和对比度的调节。
- ☑ 为图片添加文字水印：设置水印文字的字体和颜色、设置添加水印文字的位置。
- ☑ 幻灯片放映：以幻灯片方式浏览指定路径下的图片，并且可以暂停、继续和重新播放。

4.3 技术准备

4.3.1 技术概览

- ☑ Timer 计时器：Timer 计时器在 WinForm 应用中以 Timer 控件来体现，它可以定期引发事件，其时间间隔由 Interval 属性定义，通过它的 Start()方法和 Stop()方法可以启动和停止计时器。例如，本项目中使用 Timer 控件实现图片的幻灯片播放功能，关键代码如下：

```csharp
private void GetPic()                                                           //GetPic()方法用于显示图片
{
    if(i<FSInfo.Length)
    {
        string FileType = FSInfo[i].ToString().Substring(FSInfo[i].ToString().LastIndexOf(".") + 1,
            (FSInfo[i].ToString().Length   FSInfo[i].ToString().LastIndexOf(".") - 1));  //获取文件类型
        FileType = FileType.ToLower();                                          //将类型转换为小写
        //判断是否是指定的几种图片格式
        if (FileType == "jpg" || FileType == "png" || FileType == "bmp" || FileType == "gif" || FileType == "jpeg")
        {
            pictureBox1.Image = Image.FromFile(FilePath + FSInfo[i].ToString());  //循环显示图片
        }
    }
}
private void timer1_Tick(object sender, EventArgs e)                             //在 Tick 事件中调用此方法
{
    GetPic();
    i++;                                                                         //变量自增
}
```

- ☑ 打印技术：C#中提供了一组打印控件，包括 PageSetupDialog、PrintDialog、PrintDocument、PrintPreviewControl 和 PrintPreviewDialog，通过这些控件，可以实现控制打印的文本和数据格式，并进行打印预览、设置、打印等操作。例如，本项目中在打印图片时，使用了 PrintPreviewDialog 控件和 PrintDocument 控件。其中，PrintPreviewDialog 控件用来显示"打印预览"对话框，PrintDocument 控件用来设置要打印的内容。关键代码如下：

```csharp
private void printDocument1_PrintPage(object sender, System.Drawing.Printing.PrintPageEventArgs e)
{
    //获取打印机纸张的宽度和高度
    int printWidth = printDocument1.DefaultPageSettings.PaperSize.Width;
    int printHeight = printDocument1.DefaultPageSettings.PaperSize.Height;
    Single a = printWidth / Convert.ToSingle(PictureWidth);                      //计算图片高度占纸张宽度的比例
    e.Graphics.DrawImage(Image.FromFile(FPath), 0, 0, Convert.ToSingle(PictureWidth) * a,
        Convert.ToSingle (Pictureheight) * a);                                   //使用 DrawImage()方法重新绘制图片
}
private void 打印 ToolStripMenuItem_Click(object sender, EventArgs e)
{
    printPreviewDialog1.Document = printDocument1;
    printPreviewDialog1.ShowDialog();                                            //显示"打印预览"对话框
}
```

☑ GDI+技术：GDI+是.NET中提供的一个对图形图像进行操作的应用程序编程接口（API）。其中，Graphics 类是 GDI+的核心，Graphics 对象表示 GDI+绘图表面，它提供了将对象绘制到显示设备的方法，包括绘制直线、曲线、矩形、圆形、多边形、图像和文本等的方法。例如，本项目中使用 Bitmap 类的 Save()方法对图片格式进行转换，关键代码如下：

```
string picPath = saveFileDialog1.FileName;              //获取保存的路径
Bitmap bt = new Bitmap(FPath);                          //实例化 Bitmap
bt.Save(picPath, ImageFormat.Bmp);                      //保存为 Bmp 格式
```

有关 C#中的 Timer 计时器、打印技术、GDI+技术等知识，在《C#从入门到精通（第 7 版）》中有详细的讲解，对这些知识不太熟悉的读者可以参考该书对应的内容。下面将对对话框控件以及 GDI+中的 RotateFlip()方法、GetPixel()方法和 SetPixel()方法进行必要介绍，以确保读者可以顺利完成本项目。

4.3.2 对话框控件的使用

C#中提供了对话框控件，用来与用户进行交互，主要包括"打开"对话框控件（OpenFileDialog 控件）、"另存为"对话框控件（SaveFileDialog 控件）、"浏览文件夹"对话框控件（FolderBrowserDialog 控件）、"颜色"对话框控件（ColorDialog 控件）和"字体"对话框控件（FontDialog 控件）等，下面分别对这 5 种对话框控件进行介绍。

1. "打开"对话框控件

OpenFileDialog 控件表示一个通用对话框，用户可以使用此对话框来指定一个或多个要打开的文件的文件名。"打开"对话框如图 4.2 所示。

图 4.2 "打开"对话框

OpenFileDialog 控件的常用属性及说明如表 4.1 所示。

表 4.1 OpenFileDialog 控件的常用属性及说明

属　性	说　明
AddExtension	指示如果用户省略扩展名，对话框是否自动在文件名中添加扩展名
DefaultExt	获取或设置默认文件扩展名
FileName	获取或设置一个包含在文件对话框中选定的文件名的字符串
FileNames	获取对话框中所有选定文件的文件名
Filter	获取或设置当前文件名筛选器字符串，该字符串决定对话框的"另存为文件类型"或"文件类型"框中出现的选择内容
InitialDirectory	获取或设置文件对话框显示的初始目录

续表

属 性	说 明
Multiselect	获取或设置一个值,该值指示对话框是否允许选择多个文件
RestoreDirectory	获取或设置一个值,该值指示对话框在关闭前是否还原当前目录

OpenFileDialog 控件的常用方法及说明如表 4.2 所示。

表 4.2 OpenFileDialog 控件常用方法及说明

方 法	说 明
OpenFile	此方法以只读模式打开用户选择的文件
ShowDialog	此方法显示 OpenFileDialog

例如,使用 OpenFileDialog 控件打开一个"打开文件"对话框,该对话框中只能选择图片文件,代码如下:

```
openFileDialog1.InitialDirectory = "C:\\";                                                          //设置初始目录
openFileDialog1.Filter = "bmp 文件(*.bmp)|*.bmp|gif 文件(*.gif)|*.gif|jpg 文件(*.jpg)|*.jpg";       //设置只能选择图片文件
openFileDialog1.ShowDialog();
```

2. "另存为"对话框控件

SaveFileDialog 控件表示一个通用对话框,用户可以使用此对话框来指定一个要将文件"另存为"的文件名。"另存为"对话框如图 4.3 所示。

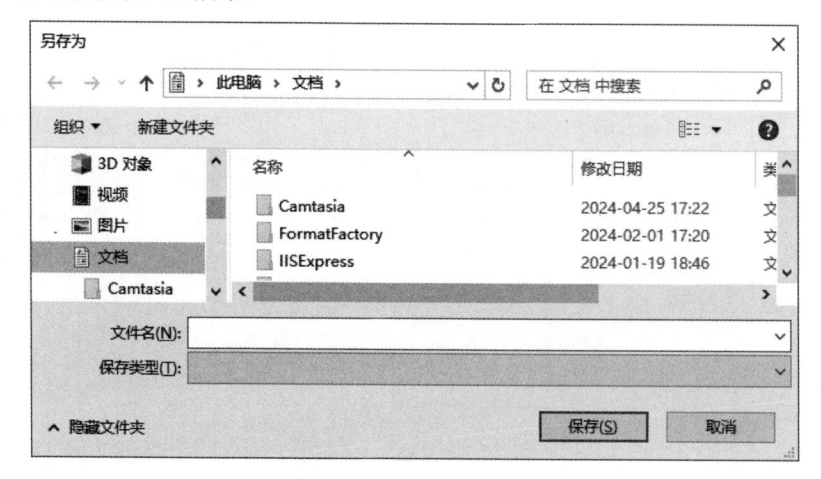

图 4.3 "另存为"对话框

SaveFileDialog 组件的常用属性及说明如表 4.3 所示。

表 4.3 SaveFileDialog 组件的常用属性及说明

属 性	说 明
CreatePrompt	获取或设置一个值,该值指示如果用户指定不存在的文件,对话框是否提示用户允许创建该文件
OverwritePrompt	获取或设置一个值,该值指示如果用户指定的文件名已存在,Save As 对话框是否显示警告
FileName	获取或设置一个包含在文件对话框中选定的文件名的字符串
FileNames	获取对话框中所有选定文件的文件名
Filter	获取或设置当前文件名筛选器字符串,该字符串决定对话框的"另存为文件类型"或"文件类型"框中出现的选择内容

例如，使用 SaveFileDialog 控件来调用一个选择文件路径的对话框窗体，代码如下：

```
saveFileDialog1.ShowDialog();
```

又如，在"另存为"对话框中设置保存文件的类型为 txt，代码如下：

```
saveFileDialog1.Filter = "文本文件（*.txt）|*.txt";
```

再如，获取在"另存为"对话框中设置文件的路径，代码如下：

```
saveFileDialog1.FileName;
```

3. "浏览文件夹"对话框控件

FolderBrowserDialog 控件主要用来提示用户选择文件夹。"浏览文件夹"对话框如图 4.4 所示。

FolderBrowserDialog 控件的常用属性及说明如表 4.4 所示。

图 4.4 "浏览文件夹"对话框

表 4.4 FolderBrowserDialog 控件的常用属性及说明

属性	说明
Description	获取或设置对话框中在树视图控件上显示的说明文本
RootFolder	获取或设置从其开始浏览的根文件夹
SelectedPath	获取或设置用户选定的路径
ShowNewFolderButton	获取或设置一个值，该值指示"新建文件夹"按钮是否显示在文件夹浏览对话框中

例如，设置在弹出的"浏览文件夹"对话框中不显示"新建文件夹"按钮，然后判断是否选择了文件夹，如果已经选择，则将选择的文件夹显示在 TextBox 文本框中，代码如下：

```
folderBrowserDialog1.ShowNewFolderButton = false;
if (folderBrowserDialog1.ShowDialog() == DialogResult.OK)
{
    textBox1.Text = folderBrowserDialog1.SelectedPath;
}
```

4. "颜色"对话框控件

ColorDialog 控件表示一个通用对话框，用来显示可用的颜色，并允许用户自定义颜色。"颜色"对话框如图 4.5 所示。

ColorDialog 控件的常用属性及说明如表 4.5 所示。

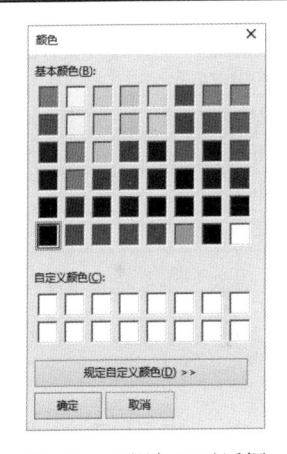

图 4.5 "颜色"对话框

表 4.5 ColorDialog 控件的常用属性及说明

属性	说明
AllowFullOpen	获取或设置一个值，该值指示用户是否可以使用该对话框定义自定义颜色
AnyColor	获取或设置一个值，该值指示对话框是否显示基本颜色集中可用的所有颜色
Color	获取或设置用户选定的颜色
CustomColors	获取或设置对话框中显示的自定义颜色集
FullOpen	获取或设置一个值，该值指示用于创建自定义颜色的控件在对话框打开时是否可见
Options	获取初始化 ColorDialog 的值
ShowHelp	获取或设置一个值，该值指示在颜色对话框中是否显示"帮助"按钮
SolidColorOnly	获取或设置一个值，该值指示对话框是否限制用户只选择纯色

例如，将 label1 控件中的字体颜色设置为在"颜色"对话框中选中的颜色，代码如下：

```
colorDialog1.ShowDialog();
label1.ForeColor = this.colorDialog1.Color;
```

5．"字体"对话框控件

FontDialog 控件用于公开系统上当前安装的字体，开发人员可在 Windows 应用程序中将其用作简单的字体选择解决方案，而不是配置自己的对话框。默认情况下，在"字体"对话框中将显示字体、字形和大小的列表框、删除线和下画线等效果的复选框、脚本（脚本是指给定字体可用的不同字符脚本，如希伯来语或日语等）的下拉列表，以及字体外观等选项。"字体"对话框如图 4.6 所示。

FontDialog 控件的常用属性及说明如表 4.6 所示。

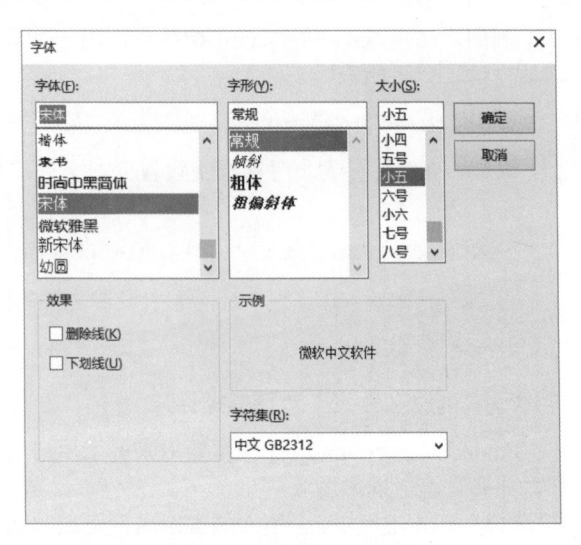

图 4.6 "字体"对话框

表 4.6 FontDialog 控件的常用属性及说明

属　　性	说　　明
AllowVectorFonts	获取或设置一个值，该值指示对话框是否允许选择矢量字体
Color	获取或设置选定字体的颜色
Font	获取或设置选定的字体
MaxSize	获取或设置用户可选择的最大磅值
MinSize	获取或设置用户可选择的最小磅值
Options	获取用来初始化 FontDialog 的值
ShowApply	获取或设置一个值，该值指示对话框是否包含"应用"按钮
ShowColor	获取或设置一个值，该值指示对话框是否显示颜色选择
ShowHelp	获取或设置一个值，该值指示对话框是否显示"帮助"按钮

例如，将 label1 控件的字体设置为"字体"对话框中选择的字体，代码如下：

```
fontDialog1.ShowDialog();
label1.Font = this.fontDialog1.Font;
```

4.3.3　使用 RotateFlip()方法旋转图片

本项目中，在调节图片时用到了 GDI+中 Image 类的 RotateFlip()方法，该方法用于旋转、翻转或者同时旋转和翻转图片，其语法格式如下：

```
public void RotateFlip (RotateFlipType rotateFlipType)
```

参数 rotateFlipType 为 RotateFlipType 成员，指定要应用于该图片的旋转和翻转的类型。

例如，下面代码可以将图片旋转 90°，代码如下：

```
if (Convert.ToInt32(PictureWidth) > Convert.ToInt32(Pictureheight))     //如果宽度大于高度
{
    Bitmap bitmap = (Bitmap)Bitmap.FromFile(FPath);
    bitmap.RotateFlip(RotateFlipType.Rotate90FlipXY);                    //旋转 90°
    PictureBox pb = new PictureBox();
    pb.Image = bitmap;
```

```
Single a = printWidth / Convert.ToSingle(Pictureheight);           //设置比例
e.Graphics.DrawImage(pb.Image, 0, 0, Convert.ToSingle(Pictureheight) * a,  Convert.ToSingle(PictureWidth)*a);
}
```

4.3.4 GetPixel()方法和 SetPixel()方法的使用

本项目中，在实现图片的特效时使用了 Bitmap 类的 GetPixel()方法和 SetPixel()方法。GetPixel()方法主要用来获取 Bitmap 图像中指定像素的颜色，其语法格式如下：

public Color GetPixel (int x,   int y)

- ☑ x：要检索的像素的 X 坐标。
- ☑ y：要检索的像素的 Y 坐标。
- ☑ 返回值：Color 结构，表示指定像素的颜色。

SetPixel()方法主要用来设置 Bitmap 图像中指定像素的颜色，其语法格式如下：

public void SetPixel (int x,   int y, Color color)

- ☑ x：要设置的像素的 X 坐标。
- ☑ y：要设置的像素的 Y 坐标。
- ☑ color：Color 结构，表示要分配给指定像素的颜色。

例如，本项目中实现图片的浮雕效果时，首先使用 GetPixel()方法获取指定像素点的 R、G、B 值，然后再对这几个值进行处理后，使用 SetPixel()方法重新为指定的像素点设置值，代码如下：

```
//使用 for 语句设置像素点的颜色
for (int i = 0; i < myBitmap.Width - 1; i++)
{
    for (int j = 0; j < myBitmap.Height - 1; j++)
    {
        //获取像素点的颜色
        Color Color1 = myBitmap.GetPixel(i, j);
        Color Color2 = myBitmap.GetPixel(i + 1, j + 1);
        //获得各像素点的 R、G、B 值
        int red = Math.Abs(Color1.R - Color2.R + 128);
        int green = Math.Abs(Color1.G - Color2.G + 128);
        int blue = Math.Abs(Color1.B - Color2.B + 128);
        //颜色处理
        if (red > 255) red = 255;
        if (red < 0) red = 0;
        if (green > 255) green = 255;
        if (green < 0) green = 0;
        if (blue > 255) blue = 255;
        if (blue < 0) blue = 0;
        myBitmap.SetPixel(i, j, Color.FromArgb(red, green, blue));
    }
}
```

4.4 主窗体设计

4.4.1 主窗体概述

运行程序，打开图片处理工坊主窗体，如图 4.7 所示。通过主窗体可以遍历被打开文件夹中的图片，并将图片名以导航的形式显示在左侧，而单击某一图片的名称即可在右侧的显示区域显示该图片。

图 4.7 主窗体

4.4.2 设计主窗体

新建一个 Windows 窗体，命名为 frmMain.cs，设置其 MainMenuStrip 属性为 menuStrip1，StartPosition 属性为 CenterScreen，BackColor 属性为 WhiteSmoke，Text 属性为"图片处理工坊 V1.0"。该窗体用到的主要控件如表 4.7 所示。

表 4.7 主窗体用到的控件及说明

控件类型	控件 ID	主要属性设置	用途
MenuStrip	menuStrip1	Items 属性中添加 4 个 MenuItem 项	实现窗体中的菜单栏
StatusStrip	statusStrip1	Items 属性中添加 8 个 StatusLabel 项	实现系统的状态栏
ToolStrip	toolStrip1	Items 属性中添加 7 个 MenuItem 项	实现窗体中的工具栏
ContextMenuStrip	contextMenuStrip1	Items 属性中添加 7 个 MenuItem 项	实现右键菜单
ListBox	listBox1	ContextMenuStrip 属性设置为 contextMenuStrip1	显示图片列表
FolderBrowserDialog	folderBrowserDialog1	无	"浏览文件夹"对话框
	folderBrowserDialog2	无	"浏览文件夹"对话框
SaveFileDialog	saveFileDialog1	无	"保存"对话框
FontDialog	fontDialog1	无	"字体"对话框
PrintPreviewDialog	printPreviewDialog1	无	"打印预览"对话框
PrintDocument	printDocument1	无	设置要打印的内容
Timer	timer1	Enabled 属性设置为 True，Inteval 属性设置为 1000	获取系统时间
PictureBox	pictureBox1	Dock 属性设置为 Fill	显示图片

4.4.3 打开图片目录

在主窗体中单击"打开"按钮或者选择菜单栏中的"文件"/"更改目录"菜单，可以打开选择目录窗体。在其 Click 事件中，首先需要将路径赋值给变量 PPath。然后根据选择的路径实例化 DirectoryInfo 对象，调用其 GetFileSystemInfos()方法获取目录中所有的文件，并根据每个文件的扩展名进行筛选，只显示图片文件。最后将图片文件名绑定到 ListBox 控件中。代码如下：

```
string PPath;
public string sum;
private void toolStripButton1_Click(object sender, EventArgs e)         //工具栏中的"打开"
{
    if (folderBrowserDialog1.ShowDialog() == DialogResult.OK)
    {
        listBox1.Items.Clear();
        PPath = folderBrowserDialog1.SelectedPath;                      //设置选定的路径
        DirectoryInfo DInfo = new DirectoryInfo(PPath);                 //实例化 DirectoryInfo 类对象
        FileSystemInfo[] FSInfo = DInfo.GetFileSystemInfos();           //实例化 FileSystemInfo 类对象
        //实现遍历文件夹操作
        for (int i = 0; i < FSInfo.Length; i++)
        {
            string FileType = FSInfo[i].ToString().Substring(FSInfo[i].ToString().LastIndexOf(".") + 1,
                (FSInfo[i].ToString().Length - FSInfo[i].ToString().LastIndexOf(".") - 1));
            FileType = FileType.ToLower();
            if (FileType == "jpg" || FileType == "png" || FileType == "bmp" || FileType == "gif" || FileType == "jpeg")
            {
                listBox1.Items.Add(FSInfo[i].ToString());
            }
        }
        sum = listBox1.Items.Count.ToString();
    }
}
```

4.4.4 转换图片格式

图片处理工坊中提供了图片格式转换功能，可以将图片转换成 BMP、GIF、JPEG 和 PNG 格式，这主要使用 Bitmap 对象的 Save()方法实现。具体实现时，只需要在 Save()方法中将格式设置为 ImageFormat 枚举值之一即可。例如，将图片转换为 BMP 格式，则需将 Save()方法中的格式设置为 ImageFormat.Bmp，代码如下：

```
private void bMPToolStripMenuItem_Click(object sender, EventArgs e)
{
    //获取文件名
    string fName = FPath.Substring(FPath.LastIndexOf("\\") + 1, (FPath.LastIndexOf(".") – FPath.LastIndexOf("\\") - 1));
    //去掉"\\"
    string Opath = FPath.Remove(FPath.LastIndexOf("\\"));
    string Npath;
    //判断添加的目录是否是磁盘根目录
    if (Opath.Length == 4)
    {
        Npath = Opath;                                                  //如果是磁盘根目录，则文件保存路径为 Opath
    }
    else
    {
        Npath = Opath + "\\";                                           //文件保存路径为 Opath 加上"\\"
    }
    //实例化 Bitmap 对象
    Bitmap bt = new Bitmap(pictureBox1.Image);
    //使用 Save()方法保存图片
```

```
        bt.Save(Npath + fName + ".bmp", ImageFormat.Bmp);
        //实例化 FileInfo 对象
        FileInfo fi = new FileInfo(FPath);
        fi.Delete();                                           //使用 Delete()方法删除文件
        toolStripButton2_Click(sender, e);                     //刷新
    }
```

> **说明**
> 将图片转换为 GIF、JPEG 和 PNG 格式的实现方式与转换为 BMP 格式类似，只需要在 Bitmap 对象的 Save()方法中设置相应 ImageFormat 枚举值即可，即 ImageFormat.Gif、ImageFormat.Jpeg 和 ImageFormat.Png。

4.4.5 打印图片

如果希望将某张图片打印出来，可以在菜单栏中选择"文件"/"打印"菜单，或者直接在右侧的图片名称上单击鼠标右键，然后在弹出的快捷菜单中选择"打印"菜单。

实现图片打印的关键在于如何使大分辨率的图片完整地打印出来，这需要图片能够根据打印纸张的大小进行相应的缩放，避免图片溢出纸张而打印不全。实现时，首先需要获取打印机纸张的宽和高，以及要打印图片的分辨率。然后根据图片的大小和打印机纸张的大小来对图片进行设置，并使用 Graphics 绘图对象的 DrawImage()方法将图片绘制到打印文档上。关键代码如下：

```
private void printDocument1_PrintPage(object sender, System.Drawing.Printing.PrintPageEventArgs e)
{
    //获取打印机纸张的宽度和高度
    int printWidth = printDocument1.DefaultPageSettings.PaperSize.Width;
    int printHeight = printDocument1.DefaultPageSettings.PaperSize.Height;
    //判断图片的宽度是否小于或等于纸张的宽度
    if (Convert.ToInt32(PictureWidth) <= printWidth)
    {
        //如果图片的宽度小于或等于纸张的宽度，则让图片处在纸张的中间
        float x = (printWidth - Convert.ToInt32(PictureWidth)) / 2;
        float y=(printHeight-Convert.ToInt32(Pictureheight))/2;
        //使用 DrawImage()方法重新绘制图片
        e.Graphics.DrawImage(Image.FromFile(FPath), x, y, Convert.ToInt32(PictureWidth),
            Convert.ToInt32 (Pictureheight));
    }
    else
    {
        //判断图片的宽度是否大于高度
        if (Convert.ToInt32(PictureWidth) > Convert.ToInt32(Pictureheight))
        {
            //宽度大于高度，则让图片旋转 90° 垂直显示
            Bitmap bitmap = (Bitmap)Bitmap.FromFile(FPath);
            bitmap.RotateFlip(RotateFlipType.Rotate90FlipXY);
            PictureBox pb = new PictureBox();                  //实例化 PictureBox 对象
            pb.Image = bitmap;                                  //设置 Image 属性
            Single a = printWidth / Convert.ToSingle(Pictureheight); //计算图片高度占纸张宽度的比例
            //使用 DrawImage()方法重新绘制图片
            e.Graphics.DrawImage(pb.Image, 0, 0,
                Convert.ToSingle(Pictureheight) * a,   Convert.ToSingle(PictureWidth)*a);
        }
        else
        {
            Single a = printWidth / Convert.ToSingle(PictureWidth);  //计算图片高度占纸张宽度的比例
            //使用 DrawImage()方法重新绘制图片
            e.Graphics.DrawImage(Image.FromFile(FPath), 0, 0, Convert.ToSingle(PictureWidth) * a,
                Convert.ToSingle (Pictureheight) * a);
        }
    }
}
```

4.5 图片特效窗体设计

4.5.1 图片特效功能概述

在主窗体选择图片后，选择"设置"/"图片特效"菜单即可打开图片特效窗体，该窗体中可以为图片添加"浮雕""积木""底片"和"雾化"效果，如图4.8所示。

4.5.2 设计图片特效窗体

新建一个 Windows 窗体，命名为 frmSpecialEfficacy.cs，设置其 FormBorderStyle 属性为 FixedToolWindow，Text 属性为"图片特效"，MaximizeBox 属性和 MinimizeBox 属性为 false。该窗体用到的主要控件如表 4.8 所示。

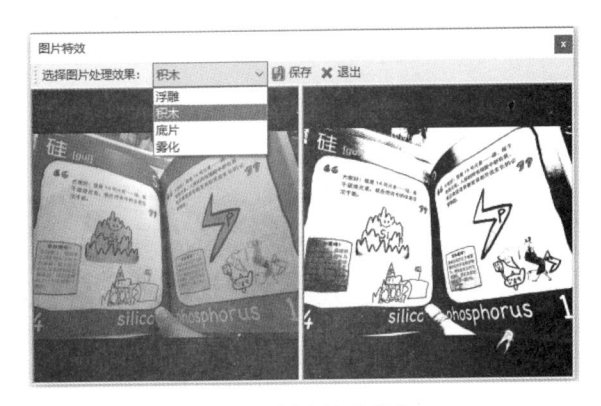

图 4.8 图片特效窗体

表 4.8 图片特效窗体用到的控件及说明

控件类型	控件 ID	主要属性设置	用 途
ToolStrip	toolStrip1	Items 属性中添加 7 个 MenuItem 项	实现窗体中的工具栏
PictureBox	pictureBox1	Dock 属性设置为 Fill	显示图片
	pictureBox2	ContextMenuStrip 属性设置为 contextMenuStrip1	显示图片列表
SaveFileDialog	saveFileDialog1	无	"保存"对话框

4.5.3 "浮雕"效果

浮雕效果是一种特殊的图片处理效果，经过浮雕效果处理的图片会呈现出一种刻画在石碑上的效果，图片中物体的边缘会呈现一种立体感。实现浮雕效果显示图片时，首先通过 Bitmap 对象的 GetPixel() 方法获取各像素点的颜色，然后使用 Color 对象的 R、G、B 属性获得各像素点的 R、G、B 值，并使用这些值减去相邻像素点的元素值再加上 128，最后通过使用 Bitmap 对象的 SetPixel() 方法重新为图片的像素点着色，以使得呈现的图片有阶梯感。代码如下：

```
Bitmap myBitmap;                                          //声明 Bitmap 变量
Image myImage = pictureBox2.Image;                        //声明 Image 变量
myBitmap = new Bitmap(myImage);                           //实例化 myBitmap
//使用 for 语句设置像素点的颜色
for (int i = 0; i < myBitmap.Width - 1; i++)
{
    for (int j = 0; j < myBitmap.Height - 1; j++)
    {
        //获取像素点的颜色
        Color Color1 = myBitmap.GetPixel(i, j);
        Color Color2 = myBitmap.GetPixel(i + 1, j + 1);
        //获得各像素点的 R、G、B 值
        int red = Math.Abs(Color1.R - Color2.R + 128);
        int green = Math.Abs(Color1.G - Color2.G + 128);
        int blue = Math.Abs(Color1.B - Color2.B + 128);
        //颜色处理
```

```
            if (red > 255) red = 255;
            if (red < 0) red = 0;
            if (green > 255) green = 255;
            if (green < 0) green = 0;
            if (blue > 255) blue = 255;
            if (blue < 0) blue = 0;
            myBitmap.SetPixel(i, j, Color.FromArgb(red, green, blue));
        }
}
pictureBox2.Image = myBitmap;                                           //设置 Image 属性
```

4.5.4 "积木"效果

通过对图片的像素点的明暗度进行数值处理，可以实现只以黑白颜色显示图片的积木效果。具体实现时，主要是使用 Color 类的 FromArgb()方法定义一组颜色，然后使用 Bitmap 对象的 SetPixel()方法为图片中的各像素点重新着色。代码如下：

```
Graphics myGraphics = this.CreateGraphics();                            //实例化 Graphics 对象
Bitmap myBitmap1 = new Bitmap(pictureBox2.Image);                       //实例化 Bitmap 对象
//声明变量
int myWidth, myHeight, m, n, iAvg, iPixel;
Color myColor, myNewColor;
RectangleF myRect;
//设置变量值
myWidth = myBitmap1.Width;
myHeight = myBitmap1.Height;
myRect = new RectangleF(0, 0, myWidth, myHeight);
Bitmap bitmap = myBitmap1.Clone(myRect, System.Drawing.Imaging.PixelFormat.DontCare);  //实例化 Bitmap 对象
m = 0;
while (m < myWidth - 1)                                                 //使用 while 语句设置各像素点的颜色
{
    n = 0;
    while (n < myHeight - 1)
    {
        myColor = bitmap.GetPixel(m, n);                                //获取像素点的颜色
        iAvg = (myColor.R + myColor.G + myColor.B) / 3;                 //重新设置像素点的 R、G、B 元素值
        iPixel = 0;
        if (iAvg >= 128)                                                //判断 iAvg 值的范围
            iPixel = 255;                                               //如果大于等于 128 则 iPixel 等于 255
        else
            iPixel = 0;                                                 //iPixel 等于 0
        myNewColor = Color.FromArgb(255, iPixel, iPixel, iPixel);
        bitmap.SetPixel(m, n, myNewColor);                              //重新设置各像素点的颜色
        n = n + 1;
    }
    m = m + 1;
}
myGraphics.Clear(Color.WhiteSmoke);
myGraphics.DrawImage(bitmap, new Rectangle(0, 0, myWidth, myHeight));   //重绘对象
pictureBox2.Image = bitmap;                                             //设置 Image 属性
```

4.5.5 "底片"效果

当选择"底片"效果时，图片会以颜色对比分明的底片样式进行显示。具体实现上，主要通过对图片取反色实现底片效果。首先需要使用 GetPixel()方法获得每一像素点的值，并用 255 减去该值，从而得到反色值，然后使用 SetPixel()方法将取反后的颜色值绘制到像素点。代码如下：

```
int myh = pictureBox2.Image.Height;                                     //获取 pictureBox2 显示的图片的高
int myw = pictureBox2.Image.Width;                                      //获取 pictureBox2 显示的图片的宽
Bitmap bitp = new Bitmap(myw,myh);                                      //实例化 Bitmap 对象
```

```csharp
Bitmap mybitmap = (Bitmap)pictureBox2.Image;      //实例化 Bitmap 对象
Color Mpixel;                                      //声明一个 Color 类型变量
//使用双重循环设置像素点的元素值
for (int mx = 1; mx < myw; mx++)
{
    for (int my = 1; my < myh; my++)
    {
        int r, g, b;                               //声明 3 个整型变量
        Mpixel = mybitmap.GetPixel(mx,my);         //获取像素点的颜色
        r = 255 - Mpixel.R;                        //获取 R 元素值
        g = 255 - Mpixel.G;                        //获取 G 元素值
        b = 255 - Mpixel.B;                        //获取 B 元素值
        bitp.SetPixel(mx,my,Color.FromArgb(r,g,b));//重绘各个像素点
    }
}
pictureBox2.Image = bitp;                          //设置 Image 属性
```

4.5.6 "雾化"效果

当选择"雾化"效果后,图片会显示类似毛玻璃的样式。图片的雾化处理主要是引入随机数,重新计算图片中每个像素点的值,然后使用 SetPixel()方法为图片中的每个像素点重新设置值,从而使图片具有毛玻璃带水雾般的效果。代码如下:

```csharp
int wh = pictureBox2.Image.Height;                 //获取 pictureBox2 显示的图片的高
int ww = pictureBox2.Image.Width;                  //获取 pictureBox2 显示的图片的宽
Bitmap wbitmap = new Bitmap(ww,wh);                //实例化 Bitmap 对象
Bitmap wmybitmap = (Bitmap)pictureBox2.Image;      //实例化 Bitmap 对象
Color wpixel;                                      //声明一个 Color 类型变量
//使用双重循环设置像素点的元素值
for (int wx = 1; wx < ww; wx++)
{
    for (int wy = 1; wy < wh; wy++)
    {
        Random wmyrandom = new Random();           //实例化 Random 对象
        int wk = wmyrandom.Next(123456);           //获取随机数
        int wdx = wx + wk % 19;
        int wdy = wy + wk % 19;
        if (wdx >= ww)
        {
            wdx = ww - 1;                          //设置 wdx 的值
        }
        if (wdy >= wh)
        {
            wdy = wh - 1;                          //设置 wdy 的值
        }
        wpixel = wmybitmap.GetPixel(wdx,wdy);
        wbitmap.SetPixel(wx,wy,wpixel);            //重新绘制像素点
    }
}
pictureBox2.Image = wbitmap;                       //设置 Image 属性
```

4.6 图片调节窗体设计

4.6.1 图片调节功能概述

通过程序中的图片调节功能,可以对图片的亮度、大小和对比度进行相应的调整,选择程序主窗体中的"设置"/"图片调节"菜单可以打开图片调节窗体,如图 4.9 所示。

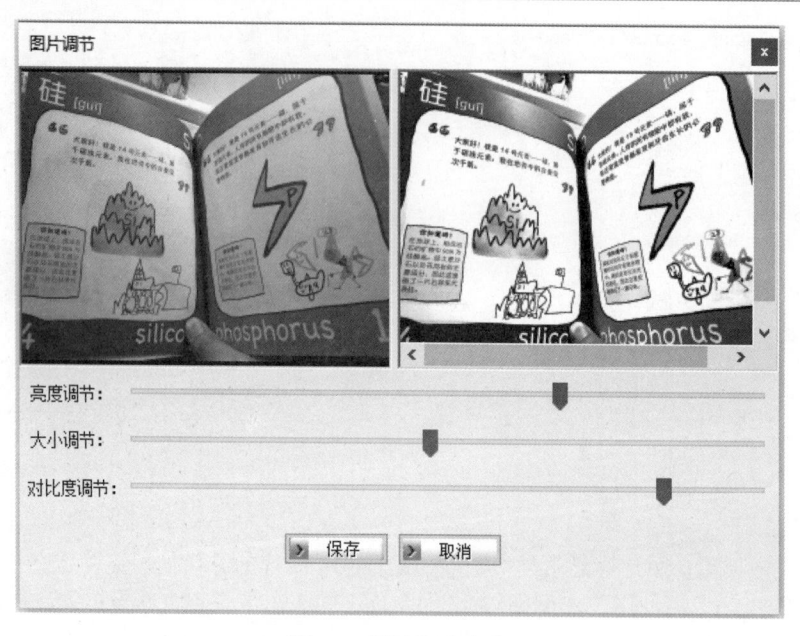

图 4.9 图片调节窗体

4.6.2 设计图片调节窗体

新建一个 Windows 窗体，命名为 frmPicAdjust.cs，设置其 FormBorderStyle 属性为 FixedToolWindow，Text 属性为"图片调节"，MaximizeBox 属性和 MinimizeBox 属性都设置为 false。该窗体用到的主要控件如表 4.9 所示。

表 4.9 图片调节窗体用到的控件及说明

控件类型	控件 ID	主要属性设置	用途
PictrueBox	ptbOldPic	SizeMode 属性设置为 Zoom	显示原始图片
	ptbNewPic	SizeMode 属性设置为 Zoom	显示调节后的图片
TrackBar	trackBar1	Minimum 属性设置为-100，Maximum 属性设置为 100	亮度调节
	trackBar2	Minimum 属性设置为-100，Maximum 属性设置为 100	大小调节
	trackBar3	Minimum 属性设置为-100，Maximum 属性设置为 100	对比度调节
Button	button1	Text 属性设置为"保存"	执行保存调节后的图片操作
	button2	Text 属性设置为"取消"	关闭当前窗体
SaveFileDialog	saveFileDialog1	无	"保存"对话框

4.6.3 调节图片亮度

在程序中创建一个 Bitmap 类型的 KiLighten()方法，用于实现亮度调节功能。该方法中有两个参数，分别表示要处理的图片以及亮度调节值。该方法中，主要通过双重循环遍历图像的每一个像素点，然后为每个像素的 R、G、B 值分别加上亮度调整值 degree。这里注意，需要使用条件语句确保调整后的像素值在 0~255 的合法范围内。如果 degree 小于 0，即减暗图像，使用 Math.Max(0, pix)确保像素值不低于 0；如果 degree 大于 0，即增亮图像，使用 Math.Min(255, pix)确保像素值不超过 255。代码如下：

```csharp
public static Bitmap KiLighten(Bitmap b, int degree)              //亮度调节
{
    if (b == null)                                                //判断图片对象b是否为空
    {
        return null;                                              //如果为空，则返回空值
    }
    //确定最小值和最大值
    if (degree < -255) degree = -255;
    if (degree > 255) degree = 255;
    try
    {
        //确定图片的宽和高
        int width = b.Width;
        int height = b.Height;
        int pix = 0;
        //LockBits 将 Bitmap 锁定到内存中
        BitmapData data = b.LockBits(new Rectangle(0, 0, width, height), ImageLockMode.ReadWrite,
            PixelFormat.Format24bppRgb);
        unsafe
        {
            byte* p = (byte*)data.Scan0;                          //p 指向地址
            int offset = data.Stride - width * 3;
            for (int y = 0; y < height; y++)
            {
                for (int x = 0; x < width; x++)
                {
                    //处理指定位置像素的亮度
                    for (int i = 0; i < 3; i++)
                    {
                        pix = p[i] + degree;
                        if (degree < 0) p[i] = (byte)Math.Max(0, pix);
                        if (degree > 0) p[i] = (byte)Math.Min(255, pix);
                    }
                    p += 3;
                }
                p += offset;
            }
        }
        b.UnlockBits(data);                                       //从内存中解除锁定
        return b;                                                 //返回 Bitmap 对象
    }
    catch
    {
        return null;                                              //返回空值
    }
}
```

在程序中使用 trackBar1 控件控制图片亮度的调节值，所以在 trackBar1 控件的 Scroll 事件中获取 trackBar1 控件的当前值，然后作为参数传递给 KiLighten()方法以调节图片的亮度，代码如下：

```csharp
private void trackBar1_Scroll(object sender, EventArgs e)         //亮度调节
{
    Bitmap b = new Bitmap(ptbOlePic.Image);                       //实例化 Bitmap 对象
    Bitmap bp = KiLighten(b, trackBar1.Value);                    //调用 KiLighten()方法调节亮度
    ptbNewPic.Image = bp;                                         //设置 Image 属性
}
```

4.6.4 调节图片大小

调节图片大小主要是通过 Image 类实现的。首先实例化 Image 类，其参数是要调节大小的图片的路径。然后对 Image 对象的 Width 和 Height 属性重新设置，以达到调节图片大小的效果。代码如下：

```csharp
private void trackBar2_Scroll(object sender, EventArgs e)         //图片大小调节
{
    Single LS=1;                                                  //声明变量 LS 并初始化为 1
```

```csharp
            if (trackBar2.Value < 10)                              //判断 trackBar2 的值是否小于 10
            {
                //如果小于 10 则使 LS 的值等于 trackBar2 的值乘以 0.1
                LS = Convert.ToSingle(trackBar2.Value*0.1);
            }
            if (trackBar2.Value == 10)                             //判断 trackBar2 的值是否等于 10
            {
                LS = 1;                                            //如果等于 10 则 LS=1
            }
            else
            {
                if (trackBar2.Value > 10)                          //判断 trackBar2 的值是否大于 10
                {
                    //如果大于 10 则使 LS 的值等于 trackBar2 的值减 10
                    LS = Convert.ToSingle(trackBar2.Value-10);
                }
            }
            //设置图片新的宽和高
            int pwidth = ig.Width;
            int pheight = ig.Height;
            //分别设置 ptbNewPic 新的宽和高
            ptbNewPic.Width = Convert.ToInt32(pwidth*LS);
            ptbNewPic.Height = Convert.ToInt32(pheight * LS);
}
```

4.6.5 调节图片对比度

创建一个 Bitmap 类型的 KiContrast() 方法，用于调节图片的对比度。该方法中有两个参数，分别表示要处理的图片以及对比度调节值。该方法中，主要使用双重循环遍历图像的每个像素，并获取每个像素的 R、G、B 值，将其转换为 0～1 的浮点数；然后使用对比度公式 ((pixel / 255.0 - 0.5) * contrast + 0.5) * 255 重新计算像素值，并将计算后的像素值转换回 byte 类型并赋值给原像素位置。代码如下：

```csharp
public static Bitmap KiContrast(Bitmap b, int degree)              //对比度调节
{
    if (b == null)                                                 //判断 b 是否为空
    {
        return null;                                               //如果为空则返回空值
    }
    //确定最小值和最大值
    if (degree < -100) degree = -100;
    if (degree > 100) degree = 100;
    try
    {
        double pixel = 0;
        double contrast = (100.0 + degree) / 100.0;
        contrast *= contrast;
        //确定图片的宽和高
        int width = b.Width;
        int height = b.Height;
        //LockBits 控件将 Bitmap 锁定到内存中
        BitmapData data = b.LockBits(new Rectangle(0, 0, width, height),
            ImageLockMode.ReadWrite, PixelFormat.Format24bppRgb);
        unsafe
        {
            byte* p = (byte*)data.Scan0;                           //p 指向地址
            int offset = data.Stride - width * 3;
            for (int y = 0; y < height; y++)
            {
                for (int x = 0; x < width; x++)
                {
                    //处理指定位置像素的对比度
                    for (int i = 0; i < 3; i++)
                    {
                        pixel = ((p[i] / 255.0 - 0.5) * contrast + 0.5) * 255;
                        if (pixel < 0) pixel = 0;
```

```
                    if (pixel > 255) pixel = 255;
                    p[i] = (byte)pixel;
                }
                p += 3;
            }
            p += offset;
        }
    }
    b.UnlockBits(data);                                         //从内存中解除锁定
    return b;                                                   //返回Bitmap对象
}
catch
{
    return null;                                                //返回空值
}
}
```

使用trackBar3控件控制图片的对比度调节，所以在该控件的Scroll事件中获取控件当前的值，然后将此值以及要处理的图片传递给KiContrast()方法，以进行图片对比度的调节，代码如下：

```
private void trackBar3_Scroll(object sender, EventArgs e)       //对比度调节
{
    Bitmap t = new Bitmap(ptbOlePic.Image);                     //实例化Bitmap对象
    //使用KiContrast()方法进行对比度的调节
    Bitmap bp = KiContrast(t,trackBar3.Value);
    ptbNewPic.Image = bp;                                       //重新设置Image属性
}
```

4.6.6 保存调节后的图片

当调节完图片的亮度、大小和对比度后，单击"保存"按钮，可以保存调节后的图片。该功能主要通过Bitmap类的Save()方法实现，代码如下：

```
private void button1_Click(object sender, EventArgs e)
{
    Graphics g = ptbNewPic.CreateGraphics();                    //实例化Graphics对象
    saveFileDialog1.Filter = "BMP|*.bmp|JPEG|*.jpeg|GIF|*.gif|PNG|*.png";  //设置saveFileDialog1控件的Filter属性
    if (saveFileDialog1.ShowDialog() == DialogResult.OK)        //如果选择了保存的路径
    {
        string picPath = saveFileDialog1.FileName;              //获取保存文件的路径
        //获取保存文件的类型
        string picType = picPath.Substring(picPath.LastIndexOf(".") + 1, (picPath.Length - picPath.LastIndexOf(".") - 1));
        switch (picType)                                        //使用switch语句根据不同的类型执行
        {
            //保存为bmp格式图片
            case "bmp":
                Bitmap bt = new Bitmap(ptbNewPic.Image);
                Bitmap mybmp = new Bitmap(bt, ig.Width, ig.Height);
                mybmp.Save(picPath, ImageFormat.Bmp); break;
            //保存为jpeg格式图片
            case "jpeg":
                Bitmap bt1 = new Bitmap(ptbNewPic.Image);
                Bitmap mybmp1 = new Bitmap(bt1, ptbNewPic.Width, ptbNewPic.Height);
                mybmp1.Save(picPath, ImageFormat.Jpeg); break;
            //保存为gif格式图片
            case "gif":
                Bitmap bt2 = new Bitmap(ptbNewPic.Image);
                Bitmap mybmp2 = new Bitmap(bt2, ptbNewPic.Width, ptbNewPic.Height);
                mybmp2.Save(picPath, ImageFormat.Gif); break;
            //保存为png格式图片
            case "png":
                Bitmap bt3 = new Bitmap(ptbNewPic.Image);
                Bitmap mybmp3 = new Bitmap(bt3, ptbNewPic.Width, ptbNewPic.Height);
                mybmp3.Save(picPath, ImageFormat.Png); break;
```

```
        }
    }
}
```

4.7　图片加文字水印窗体设计

4.7.1　图片加文字水印功能概述

给图片加水印是比较常用的功能，本项目中提供了向图片添加文字水印的功能。通过该功能，可以将输入的文字添加到图片的指定位置。另外，用户可以对水印文字的大小、颜色、字体和样式等进行设置。图片加文字水印窗体如图 4.10 所示。

4.7.2　设计图片加文字水印窗体

新建一个 Windows 窗体，命名为 frmWater.cs，设置其 FormBorderStyle 属性为 FixedToolWindow，Text 属性为"图片加文字水印"，MaximizeBox 属性和 MinimizeBox 属性都设置为 false。该窗体用到的主要控件如表 4.10 所示。

图 4.10　图片加文字水印窗体

表 4.10　图片加文字水印窗体用到的控件及说明

控件类型	控件 ID	主要属性设置	用　　途
SplitContainer	splitContainer1	在其中添加 Panel1 和 Panel2 两部分	将窗体分割为上下两部分
PictureBox	pictureBox1	Dock 属性设置为 Fill	显示原始图片及预览加文字水印后的图片
TextBox	statusStrip1	无	输入要添加的水印文字
RadioButton	radioButton1	Checked 属性设置为 True，Text 属性设置为"左上"	设置水印文字的位置为图片的左上角
	radioButton2	Text 属性设置为"左下"	设置水印文字的位置为图片的左下角
	radioButton3	Text 属性设置为"居中"	设置水印文字的位置为图片的居中位置
	radioButton4	Text 属性设置为"右上"	设置水印文字的位置为图片的右上角
	radioButton5	Text 属性设置为"右下"	设置水印文字的位置为图片的右下角
Button	button1	Text 属性设置为"预览"	预览添加文字水印后的效果
	button2	Text 属性设置为"保存"	保存添加文字水印后的图片
	button3	Text 属性设置为"字体设置"	弹出"字体"对话框
SaveFileDialog	saveFileDialog1	无	"保存"对话框
FontDialog	fontDialog1	无	"字体"对话框

4.7.3　添加文字到图片中

在 frmWater 窗体中定义一个 makeWatermark()方法，用来实现为图片添加水印文字的功能。该方法中有

3 个参数，分别表示文字在图片上的 X 坐标、Y 坐标以及显示的文字。代码如下：

```
public Image ig;                                            //声明一个 Image 对象
public string FPath;                                        //声明一个字符串用于保存路径
FontStyle Fstyle = FontStyle.Regular;                       //默认字体样式
float Fsize = 18;                                           //默认字体大小
Color Fcolor = System.Drawing.Color.Yellow;                 //默认字体颜色
FontFamily a = FontFamily.GenericMonospace;
int Fwidth;                                                 //文字宽度
int Fheight;                                                //文字高度
//创建一个 makeWatermark()方法用于将文字写入图片中
public void makeWatermark(int x,int y,string txt)
{
    System.Drawing.Image image = Image.FromFile(FPath);                          //实例化 Image 对象
    System.Drawing.Graphics e = System.Drawing.Graphics.FromImage(image);        //实例化 Graphics 对象
    System.Drawing.Font f = new System.Drawing.Font(a, Fsize,Fstyle);            //实例化 Font 对象
    System.Drawing.Brush b = new System.Drawing.SolidBrush(Fcolor);              //实例化 Brush 对象
    //使用 DrawString()方法将输入的文字绘制到图片上
    e.DrawString(txt, f, b, x, y);
    SizeF XMaxSize = e.MeasureString(txt,f);                //实例化 SizeF 对象
    Fwidth = (int)XMaxSize.Width;                           //获取文字的宽度
    Fheight = (int)XMaxSize.Height;                         //获取文字的高度
    e.Dispose();                                            //释放占用的资源
    pictureBox1.Image = image;                              //设置 Image 属性
}
```

4.7.4 设置水印文字的字体和颜色

用户可以通过"字体"对话框对添加的文字进行字体和颜色等设置，这主要使用 FontDialog 对话框控件实现，代码如下：

```
private void button3_Click(object sender, EventArgs e)
{
    fontDialog1.ShowColor = true;                           //显示选择色彩的功能
    fontDialog1.ShowHelp = false;                           //不显示帮助按钮
    fontDialog1.ShowApply = false;                          //不显示应用按钮
    if (fontDialog1.ShowDialog() == DialogResult.OK)        //判断是否更改了字体的相关设置
    {
        Fstyle = fontDialog1.Font.Style;                    //获取选择的字体样式
        Fcolor = fontDialog1.Color;                         //获取选择的字体颜色
        Fsize = fontDialog1.Font.Size;                      //获取选择的字体大小
        a=fontDialog1.Font.FontFamily;                      //获取 FontFamily
    }
}
```

4.7.5 水印效果预览

添加水印文字并完成相关设置后，单击"预览"按钮，可以预览文字在图片中的效果，这主要通过调用自定义的 makeWatermark()方法实现，代码如下：

```
private void button1_Click_1(object sender, EventArgs e)
{
    pictureBox1.Image = ig;                                 //设置 pictureBox1 控件的 Image 属性
    if (txtChar.Text.Trim() != "")                          //判断是否输入文字
    {
        if (radioButton1.Checked)                           //判断是否将文字添加到图片左上端
        {
            int x = 10, y = 10;                             //设置文字在图片上的坐标
            makeWatermark(x, y, txtChar.Text.Trim());       //调用 makeWatermark()方法将文字绘制到图片上
        }
        if (radioButton2.Checked)                           //判断是否将文字添加到图片左下端
        {
            int x1 = 10, y1 = ig.Height - Fheight;          //设置文字在图片上的坐标
```

```csharp
            makeWatermark(x1, y1, txtChar.Text.Trim());          //调用 makeWatermark()方法将文字绘制到图片上
        }
        if (radioButton3.Checked)                                //判断是否将文字添加到图片中间
        {
            //设置文字在图片上的坐标
            int x2 =(int) (ig.Width -Fwidth)/2;
            int y2 = (int)(ig.Height-Fheight) / 2;
            makeWatermark(x2, y2, txtChar.Text.Trim());          //调用 makeWatermark()方法将文字绘制到图片上
        }
        if (radioButton4.Checked)                                //判断是否将文字添加到图片右上端
        {
            //设置文字在图片上的坐标
            int x3 = ig.Width-Fwidth;
            int y3=10;
            makeWatermark(x3,y3,txtChar.Text.Trim());            //调用 makeWatermark()方法将文字绘制到图片上
        }
        if (radioButton5.Checked)                                //判断是否将文字添加到图片右下端
        {
            //设置文字在图片上的坐标
            int x4 = ig.Width - Fwidth;
            int y4 = ig.Height - Fheight;
            makeWatermark(x4,y4,txtChar.Text.Trim());            //调用 makeWatermark()方法将文字绘制到图片上
        }
    }
}
```

4.7.6 保存写入文字的图片

在 frmWater 窗体中单击"保存"按钮,可以将图片保存到指定的目录中,这主要通过 Bitmap 类的 Save() 方法实现,代码如下:

```csharp
private void button2_Click(object sender, EventArgs e)
{
    saveFileDialog1.Filter = "BMP|*.bmp|JPEG|*.jpeg|GIF|*.gif|PNG|*.png";  //设置 saveFileDialog1 控件的 Filter 属性
    if (saveFileDialog1.ShowDialog() == DialogResult.OK)                   //判断是否选择了保存的路径
    {
        string picPath = saveFileDialog1.FileName;                         //获取文件保存路径
        //获取文件类型
        string picType = picPath.Substring(picPath.LastIndexOf(".") + 1, (picPath.Length - picPath.LastIndexOf(".") - 1));
        //使用 switch 语句根据保存的类型不同而执行不同的代码
        switch (picType)
        {
            //将文件保存为 bmp
            case "bmp":
                Bitmap bt = new Bitmap(pictureBox1.Image);
                Bitmap mybmp = new Bitmap(bt, ig.Width, ig.Height);
                mybmp.Save(picPath, ImageFormat.Bmp); break;
            //将文件保存为 jpeg
            case "jpeg":
                Bitmap bt1 = new Bitmap(pictureBox1.Image);
                Bitmap mybmp1 = new Bitmap(bt1, ig.Width, ig.Height);
                mybmp1.Save(picPath, ImageFormat.Jpeg); break;
            //将文件保存为 gif
            case "gif":
                Bitmap bt2 = new Bitmap(pictureBox1.Image);
                Bitmap mybmp2 = new Bitmap(bt2, ig.Width, ig.Height);
                mybmp2.Save(picPath, ImageFormat.Gif); break;
            //将文件保存为 png
            case "png":
                Bitmap bt3 = new Bitmap(pictureBox1.Image);
                Bitmap mybmp3 = new Bitmap(bt3, ig.Width, ig.Height);
                mybmp3.Save(picPath, ImageFormat.Png); break;
        }
    }
}
```

4.8 幻灯片放映窗体设计

4.8.1 幻灯片放映功能概述

为了能够自动地浏览指定目录下的所有图片，本项目中提供了幻灯片放映的功能，通过该功能可以在固定时间间隔内自动切换目录下的图片。放映窗体如图4.11所示。

图 4.11 幻灯片放映窗体

4.8.2 设计幻灯片放映窗体

新建一个 Windows 窗体，命名为 frmSlide.cs，设置其 FormBorderStyle 属性为 FixedToolWindow，MaximizeBox 属性和 MinimizeBox 属性都设置为 false。该窗体用到的主要控件如表4.11所示。

表 4.11 幻灯片放映窗体用到的控件及说明

控件类型	控件 ID	主要属性设置	说 明
ToolStrip	toolStrip1	添加"暂停""重新播放""退出"3个工具栏按钮	实现窗体中的工具栏
Timer	timer1	Enabled 属性设置为 True，Inteval 属性设置为 2000	控制幻灯片的切换时间
PictureBox	pictureBox1	Dock 属性设置为 Fill	显示播放的幻灯片图片

4.8.3 将图片显示在幻灯片中

在 frmSlide 窗体中定义一个 GetPic()方法，用来将指定的图片显示到 pictureBox1 控件中。这里需要注意的是，在使用 DirectoryInfo 对象的 GetFileSystemInfos()方法遍历文件夹时，会将文件夹中所有的文件遍历出来，包括隐藏文件。因此，在 GetPic()方法中需要对文件对象的类型进行筛选。GetPic()方法实现代码如下：

```
private void GetPic()
{
    if(i<FSInfo.Length)
    {
```

```csharp
//获取文件类型
string FileType = FSInfo[i].ToString().Substring(FSInfo[i].ToString().LastIndexOf(".") + 1,
    (FSInfo[i]. ToString(). Length - FSInfo[i].ToString().LastIndexOf(".") - 1));
FileType = FileType.ToLower();                                  //将类型转换为小写
//判断文件类型是否符合指定的图片文件
if (FileType == "jpg" || FileType == "png" || FileType == "bmp" || FileType == "gif" || FileType == "jpeg")
{
    //将图片显示到pictureBox1控件中
    pictureBox1.Image = Image.FromFile(FilePath + FSInfo[i].ToString());
}
```

frmSlide 窗体加载时，使用 DirectoryInfo 对象的 GetFileSystemInfos()方法遍历指定文件夹，并将该文件夹下的所有文件名（包括路径）存储在一个 FileSystemInfo 类型的数组变量中，代码如下：

```csharp
public string Ppath;                                            //声明Ppath用于保存图片文件夹路径
string FilePath;                                                //声明FilePath用于保存图片文件路径
FileSystemInfo[] FSInfo;
DirectoryInfo DInfo;
int i = 0;
private void frmSlide_Load(object sender, EventArgs e)
{
    this.Text = Ppath;                                          //设置窗体标题
    DInfo = new DirectoryInfo(Ppath);                           //实例化DirectoryInfo对象
    FSInfo = DInfo.GetFileSystemInfos();                        //遍历文件夹
    if (Ppath.Length <=4)                                       //判断是否为磁盘根目录
    {
        FilePath = Ppath;                                       //FilePath的值为磁盘根目录
    }
    else
    {
        FilePath = Ppath + "\\";                                //如果不是根目录则在Ppath后面加上\\
    }
}
```

4.8.4 自动切换图片

触发 Timer 控件的 Tick 事件，该事件中调用 GetPic()方法，实现幻灯片图片切换的效果，代码如下：

```csharp
private void timer1_Tick(object sender, EventArgs e)
{
    GetPic();                                                   //调用GetPic()方法
    i++;                                                        //使变量i加1
}
```

4.8.5 暂停播放幻灯片

单击"暂停"按钮，使用 Timer 控件的 Stop()方法暂停计时器，并且"暂停"按钮上的文字将显示为"继续"。如果希望继续放映，则单击"继续"按钮，调用 Timer 控件的 Start()方法重新开始放映，并且按钮上的文字将显示为"暂停"。代码如下：

```csharp
private void toolStripButton1_Click(object sender, EventArgs e)
{
    if (toolStripButton1.Text == "暂停")                        //如果toolStripButton1的文本为暂停
    {
        toolStripButton1.Text = "继续";                         //则将toolStripButton1的文本修改为继续
        timer1.Stop();                                          //调用Timer控件的Stop()方法停止计时
    }
    else
    {
        toolStripButton1.Text = "暂停";                         //将toolStripButton1的文本修改为暂停
        timer1.Start();                                         //调用Timer控件的Start()方法启动计时
```

```
    }
}
```

4.8.6 重新播放幻灯片

如果希望重新放映所有的图片，单击"重新播放"按钮，将图片索引设置为0，以便从第一张图片开始放映，代码如下：

```
private void toolStripButton2_Click(object sender, EventArgs e)     // "重新播放"按钮
{
    i = 0;                                                          //将变量 i 重新设置为 0
    timer1.Start();                                                 //调用 Timer 控件的 Start()方法启动计时
    toolStripButton1.Text = "暂停";                                 //将 toolStripButton1 的文本修改为暂停
}
```

4.9 项目运行

通过前述步骤，设计并完成了"图片处理工坊"项目的开发。下面运行该项目，检验一下我们的开发成果。使用 Visual Studio 打开图片处理工坊项目，单击工具栏中的"启动"按钮或者按 F5 快捷键，即可成功运行该项目，效果如图 4.12 所示。

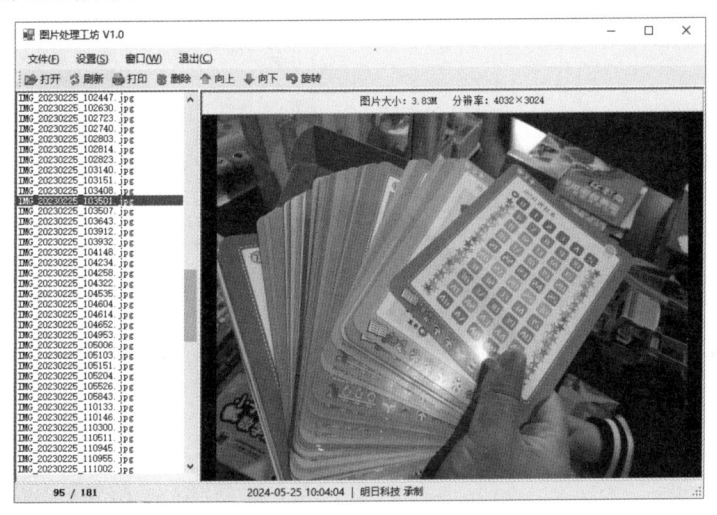

图 4.12 图片处理工坊

本章使用 C#中的对话框控件、Timer 计时器、打印技术、GDI+技术等开发了一个功能全面、操作简便的图片处理工坊软件，其不仅能够帮助用户高效管理、编辑和展示图片，还提供了特效处理、图片调节及添加水印等功能，提升了用户的创作体验和工作效率。

4.10 源码下载

本章详细地讲解了如何编码实现"图片处理工坊"软件的各个功能。为了方便读者学习，本书提供了完整的项目源码，扫描右侧二维码即可下载。

第 5 章

一站式文档管家

——TreeView 树控件 + 文件及文件夹类 + 数据库操作技术 + DriveInfo 类 + 无边框窗体移动技术

本章将使用文件流技术和 SQL Server 数据库开发一个一站式文档管家项目。通过该项目，可以在当前用户下创建不同名称的资料集文件夹，并且可以在资料集文件夹中添加、修改、删除文件或子文件夹，还可以实现文件夹的导入导出操作。这样，用户可以将不同类型的工作文件导入一站式文档管家中进行操作。同时，还可以在一站式文档管家中打开任意类型的文件以进行修改，并可以将修改后的文件导出到其他路径中。另外，一站式文档管家中还提供了快速查找工作文件的功能。

本项目的核心功能及实现技术如下：

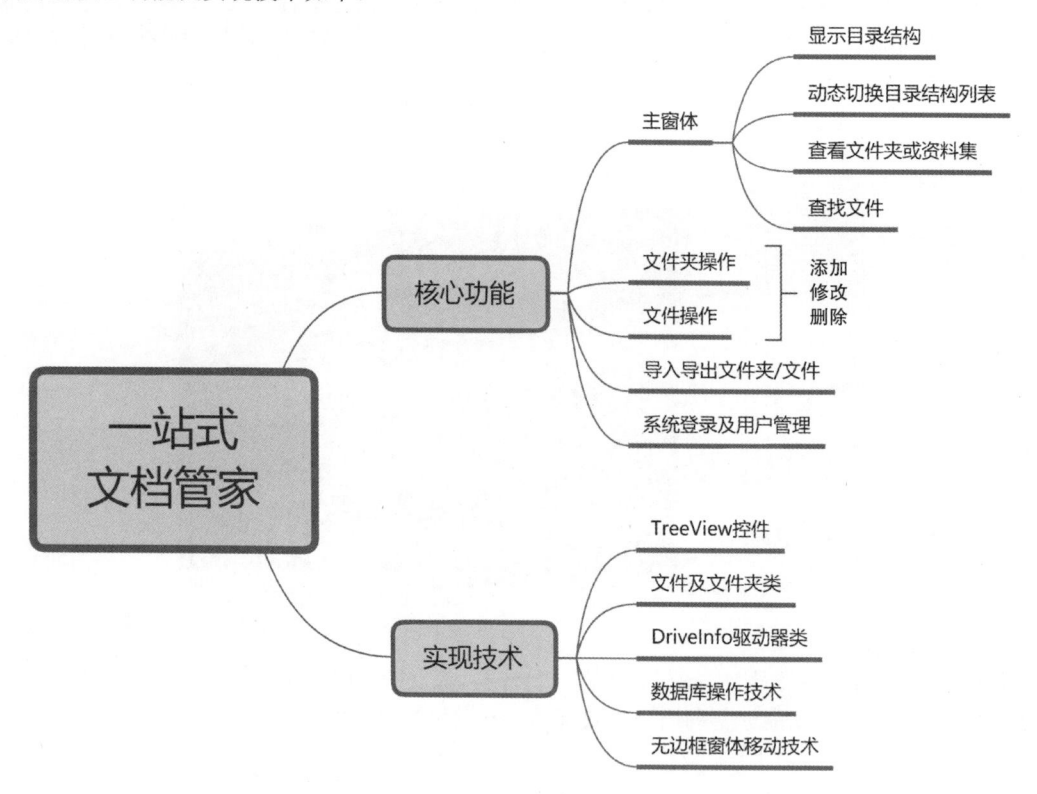

5.1 开发背景

文档管理在企业日常工作中占据十分重要的地位。通常情况下，员工在工作时可能会把所使用的文件随意存放在计算机的某个文件夹中，从而导致同一类的文件存放在不同的文件夹中。这样，在使用文件时就需要花费大量的时间去查找，给工作带来很大的麻烦。为了便于文件及文件夹的管理，本章将开发一个一站式文档管家项目，通过该项目可以对文件及文件夹进行有效的管理。

本项目的实现目标如下：
- ☑ 界面友好，便于人机交互。
- ☑ 每个用户都可以在指定的路径下创建、修改和删除资料集文件。
- ☑ 可以在资料集文件中创建、修改和删除文件夹。
- ☑ 可以将任意路径下的文件复制到指定的文件夹下。
- ☑ 可以将其他路径下的文件夹导入指定的文件夹或资料集中。
- ☑ 可以将一站式文档管家中的文件或文件夹导出到其他路径下。
- ☑ 能够根据名称对指定文件夹下的文件进行查询。

5.2 系统设计

5.2.1 开发环境

本项目的开发及运行环境如下：
- ☑ 操作系统：推荐 Windows 10、11 及以上。
- ☑ 开发工具：Visual Studio 2022。
- ☑ 开发语言：C#。
- ☑ 数据库：SQL Server 2022。

5.2.2 业务流程

一站式文档管家运行时，首先需要进行用户登录，如果用户登录成功，则进入主窗体中，通过该窗体的菜单可以对文件夹（资料集）和文件进行添加、修改和删除等操作，还可以批量导入文件夹，以及导出文件夹和文件；另外，为了保持数据的持久性，本项目中会将创建或者导入的文件、文件夹路径及目录结构写入数据库中，以方便用户实时查看。

本项目的业务流程如图 5.1 所示。

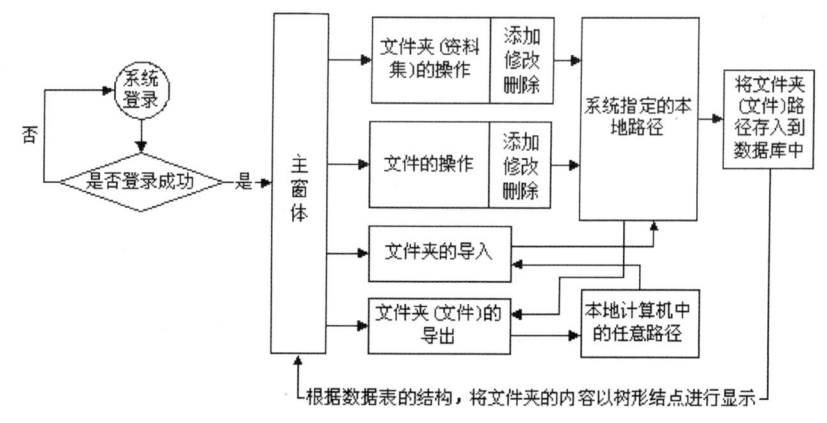

图 5.1 一站式文档管家业务流程

> **说明**
>
> 本章主要讲解一站式文档管家项目中文件夹及文件相关的实现逻辑，对于辅助的功能，如系统登录、用户管理等功能，读者可以参考资源包中的源代码，其分别在 F_Login 窗体和 F_User 窗体中实现。

5.2.3 功能结构

本项目的功能结构已经在章首页中给出。作为一个对文件及文件夹进行管理的应用程序,本项目实现的具体功能如下:

- ☑ 系统登录模块:验证用户身份,进入主窗体。
- ☑ 主窗体模块:提供项目的主要功能菜单,以列表形式显示文件夹及文件,根据名称查找文件。
- ☑ 文件夹操作模块:文件夹及资料集的添加、修改和删除操作。
- ☑ 文件操作模块:文件的添加、修改、删除操作。
- ☑ 导入导出模块:导入文件夹,导出文件或者文件夹。
- ☑ 系统管理模块:用户的添加、修改和删除操作。

5.3 技术准备

5.3.1 技术概览

- ☑ TreeView 树控件:TreeView 控件被称为树控件,它可以为用户显示结点层次结构,每个结点又可以包含子结点,包含子结点的结点叫父结点。本项目中使用 TreeView 控件显示文件夹及文件的目录结构。例如,下面代码用来在文件列表中添加根结点:

```csharp
public void ShowTree(TreeView TV, string Nodename)
{
    TreeNode TNode=new TreeNode();
    if (BaseNode.Trim() != TempNode.Trim())                //判断资料集文件名是否为当前根结点名称
    {
        TV.Nodes.Clear();                                  //清空 TreeView 控件
        TNode = TV.Nodes.Add(Nodename);                    //向 TreeView 控件中添加根结点
        //在数据库中查找当前根结点的信息
        DataSet DSet = dataclass.getDataSet(
                "select NodeID,NodePID,NodeName,NodeType from tb_NodesName where NodeName='"
                + Nodename + "'" + IfSign, "tb_NodesName");
        TNode.Tag = DSet.Tables[0].Rows[0][0];             //获取当前文件的主 ID 号
        TNode.ImageIndex = 0;                              //设置当前结点的图片
        TempNode = BaseNode.Trim();                        //将当前根结点的名称赋给临时变量
        ADD_NullTreeNode(TV, TNode, 0);                    //调用自定义方法 ADD_NullTreeNode()
    }
}
```

- ☑ FileInfo 文件类:FileInfo 类是 C#中提供的一个文件信息类,该类主要提供有关文件的各种操作,如文件的创建、复制、修改、移除、打开及获取文件信息等。例如,下面的代码将 FileInfo 对象的 Exists 属性和 CopyTo()方法结合起来使用,实现了文件的复制功能:

```csharp
FileInfo SFInfo = new FileInfo(Sdir);
bool tbool = true;
if (SFInfo.Exists == false)
{
    MessageBox.Show("没有找到要复制的" + F_Name);
    break;
}
if (FInfo.Exists == true)
{
    if (MessageBox.Show("文件夹下有同名文件,是否替换?","提示",
            MessageBoxButtons.YesNo, MessageBoxIcon.Information)==DialogResult.Yes)
        tbool = true;
```

```
    else
        tbool = false;
}
SFInfo.CopyTo(dir, tbool);
```

- ☑ Directory 文件夹类：Directory 类中是 C#中的一个静态类，其包含了创建、移动、枚举、删除文件夹和子文件夹的静态方法。例如，下面的代码使用 Directory 类的 Exists()方法和 CreateDirectory()方法创建了一个不存在的文件夹：

```
if (Directory.Exists(dir) == true)
{
    MessageBox.Show("该" + F_Name + "已存在，无法创建。");
    break;
}
Directory.CreateDirectory(dir);
```

- ☑ 数据库操作技术：C#中对数据库进行操作时，可以使用 ADO.NET 技术和 LINQ 技术两种方法，本项目中使用 ADO.NET 技术对 SQL Server 数据库进行操作。ADO.NET 中包含了一组向.NET 程序员公开数据访问服务的类，包括 Connection 连接类、Command 命令执行类、DataAdapter 数据桥接类、DataReader 数据读取类、DataSet 数据集类等。例如，本项目中使用 SqlConnection 类来连接 SQL Server 数据库，并使用其 Open()方法打开数据库连接，代码如下：

```
My_con = new SqlConnection(M_str_sqlcon);      //用 SqlConnection 对象与指定的数据库相连接
My_con.Open();                                  //打开数据库连接
```

- ☑ 有关 C#中 TreeView 树控件、文件及文件夹类、数据库操作技术等知识在《C#从入门到精通（第 7 版）》中有详细的讲解，对这些知识不太熟悉的读者可以参考该书对应的内容。下面将对 DriveInfo 类的 GetDrives()方法和无边框窗体移动技术进行必要介绍，以确保读者可以顺利完成本项目。

5.3.2 使用 GetDrives()方法获取本地驱动器

在对文件或文件夹进行导入导出操作时，需要获取当前计算机中文件夹的磁盘路径。在获取文件夹路径前，首先要获取计算机的驱动器名称，这可以使用 DriveInfo 类的 GetDrives()方法来实现。DriveInfo 类提供对有关驱动器信息的访问，其 GetDrives()方法用来检索计算机上所有逻辑驱动器的驱动器名称，代码如下：

```
public static System.IO.DriveInfo[] GetDrives ();
```

该方法的返回值是 DriveInfo 类型的数组，表示计算机上的逻辑驱动器。

例如，本项目中使用 DriveInfo 类的 GetDrives()方法获取本地计算机上的所有驱动器名称，并显示在 ComboBox 下拉列表中，代码如下：

```
public void Drive_Name(ComboBox Cbm)
{
    Cbm.Items.Clear();                                      //清空 ComboBox 控件
    DriveInfo[] myAllDrives = DriveInfo.GetDrives();        //获取本地计算机中驱动器名称
    foreach (DriveInfo myDrive in myAllDrives)              //循环写入每个磁盘的参数
    {
        if (myDrive.IsReady)                                //判断驱动器是否可用
        {
            Cbm.Items.Add(myDrive.Name);                    //添加驱动器名称
        }
    }
}
```

5.3.3 无边框窗体的移动

本项目在设计窗体时，为了更加美观，去除了窗体的外边框，并以图片（panel_Title 控件的背景图像）的形式设置窗体的标题栏。然后通过在窗体控件的鼠标按下和移动事件（MouseDown 和 MouseMove 事件）中获取鼠标坐标位置，并将其设置为无边框窗体的坐标，从而实现无边框窗体的移动功能，关键代码如下：

```csharp
private void panel_Title_MouseDown(object sender, MouseEventArgs e)
{
    FrmAClass.CPoint = new Point(-e.X, -e.Y);        //记录鼠标按下时的坐标
}
private void panel_Title_MouseMove(object sender, MouseEventArgs e)
{
    FrmAClass.FrmMove(this, e);                      //调用自定义方法 FrmMove()，进行窗体的移动
}
```

上述代码中使用了 FrmMove()方法，其主要功能是通过任意控件来实现窗体的移动。其中，参数 Frm 表示要进行移动的窗体对象，如果移动当前窗体，可以直接使用 this 关键字；参数 e 表示对窗体进行移动的控件的 MouseMove 事件中的 MouseEventArgs 参数值。FrmMove()方法实现代码如下：

```csharp
public void FrmMove(Form Frm, MouseEventArgs e)
{
    if (e.Button == MouseButtons.Left)
    {
        Point myPosittion = Control.MousePosition;   //获取当前鼠标的屏幕坐标
        myPosittion.Offset(CPoint.X, CPoint.Y);      //重载当前鼠标的位置
        Frm.DesktopLocation = myPosittion;           //设置当前窗体在屏幕上的位置
    }
}
```

5.4 数据库设计

本项目采用 SQL Server 2022 作为后台数据库，数据库名称为 db_FileMS，其中包含两张数据表，如图 5.2 所示。

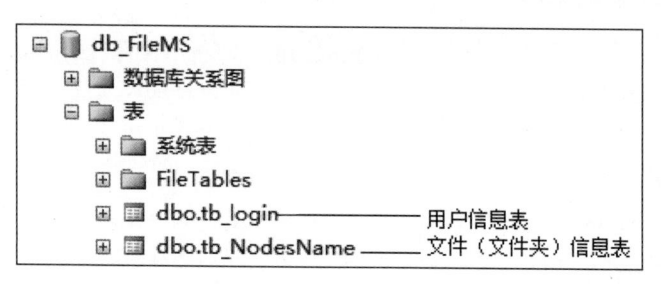

图 5.2　数据表树型结构图

下面分别给出 tb_login（用户信息表）和 tb_NodesName（文件（文件夹）信息表）的数据表结构。

1. tb_login（用户信息表）

tb_login 表用于保存用户的基本信息，该表的结构如表 5.1 所示。

表 5.1　用户信息表

字 段 名	数 据 类 型	长 度	主 键 否	描 述
ID	int	4	是	用户编号
Name	varchar	20	否	用户名称
Pass	varchar	20	否	用户密码

2. tb_NodesName（文件/文件夹信息表）

tb_NodesName 表用于保存在指定路径下已存储的文件或文件夹的名称、路径、类型，以及当前文件或

文件夹所对应的用户编号，该表的结构如表 5.2 所示。

表 5.2 文件/文件夹信息表

字 段 名	数据类型	长 度	主 键 否	描 述
NodeD	int	4	是	主 ID 号
NodePID	int	4	否	辅 ID 号
NodeName	varchar	50	否	文件/文件夹的名称
NodePath	varchar	300	否	文件/文件夹的路径
NodePyte	int	4	否	文件/文件夹的类型
NodeSign	int	4	否	用户编号

5.5 公共类设计

开发 C#项目时，通过合理设计公共类可以减少重复代码的编写，有利于代码的重用及维护。本项目创建了 DataClass 和 FrmAffairClass 两个公共类，存放在 ModuleClass 文件夹中。其中，DataClass 类主要用来访问 SQL Server 数据库并且执行基本的 SQL 语句，FrmAffairClass 类主要实现文件及文件夹的遍历、修改、复制、删除等相关操作。下面分别对这两个公共类进行介绍。

5.5.1 DataClass 类

DataClass.cs 类文件中，在命名空间区域引用 System.Data.SqlClient 命名空间，用来连接数据库和进行有关数据库的操作。主要代码如下：

```csharp
using System;
using System.Collections.Generic;
using System.Text;
using System.Data;
using System.Data.SqlClient;
FileMS.ModuleClass
{
    class DataClass
    {
        #region  自定义变量
        //定义一个静态的 SqlConnection 类型的公共变量 My_con，用于判断数据库是否连接成功
        public static SqlConnection My_con;
        //连接数据库的字符串
        public static string M_str_sqlcon = "Data Source=.;Database=db_FileMS;User id=sa;PWD=";
        #endregion
        //……自定义方法（getcon()、getsqlcom(string SQLstr)等）
    }
}
```

1. getcon()方法

getcon()方法是返回值为 SqlConnection 类型的自定义方法，用来建立数据库连接，其实现代码如下：

```csharp
#region  建立数据库连接
///<summary>
///建立数据库连接
///</summary>
///<returns>返回 SqlConnection 对象</returns>
```

```csharp
public SqlConnection getcon()
{
    //用 SqlConnection 对象与指定的数据库相连接
    My_con = new SqlConnection(M_str_sqlcon);
    My_con.Open();                                          //打开数据库连接
    return My_con;                                          //返回 SqlConnection 对象的信息
}
#endregion
```

2. con_close()方法

con_close()方法是返回值为 int 类型的自定义方法，其主要功能是判断数据库连接是否处于打开状态。如果是，则关闭数据库连接。其实现代码如下：

```csharp
#region  关闭数据库连接
///<summary>
///关闭与数据库的连接
///</summary>
public int con_close()
{
    int n = 0;
    if (My_con.State == ConnectionState.Open)               //判断是否打开与数据库的连接
    {
        My_con.Close();                                     //关闭数据库的连接
        My_con.Dispose();                                   //释放 My_con 变量的所有空间
        n = 0;
    }
    else
        n = 1;
    return n;
}
#endregion
```

3. getDataSet()方法

getDataSet()方法是返回值为 DataSet 类型的自定义方法，用于对指定的数据表进行查询或显示操作。其中，SQLstr 参数用于传递 Select 语句，tableName 参数为要显示或查询的数据表名称。其实现代码如下：

```csharp
#region  获取指定数据表的信息
///<summary>
///获取指定数据表的信息
///</summary>
///<param name="SQLstr ">Select 语句</param>
///<param name="tableName ">表名</param>
///<returns>返回 DataSet 对象</returns>
public DataSet getDataSet(string SQLstr, string tableName)
{
    getcon();                                               //打开与数据库的连接
    //创建一个 SqlDataAdapter 对象，并获取指定数据表的信息
    SqlDataAdapter SQLda = new SqlDataAdapter(SQLstr, My_con);
    DataSet My_DataSet = new DataSet();                     //创建 DataSet 对象
    //通过 SqlDataAdapter 对象的 Fill()方法将数据表信息添加到 DataSet 对象中
    SQLda.Fill(My_DataSet, tableName);
    con_close();                                            //关闭数据库的连接
    return My_DataSet;                                      //返回 DataSet 对象的信息
}
#endregion
```

4. getsqlcom()方法

getsqlcom()方法是无返回值类型的自定义方法，它主要用来执行 SQL 语句，如对数据表进行添加、修改和删除等操作，其实现代码如下：

```
#region  执行 SqlCommand 命令
///<summary>
///执行 SqlCommand
///</summary>
///<param name="SQLstr ">SQL 语句</param>
public void getsqlcom(string SQLstr)
{
    getcon();                                              //打开与数据库的连接
    //创建一个 SqlCommand 对象，用于执行 SQL 语句
    SqlCommand SQLcom = new SqlCommand(SQLstr, My_con);
    SQLcom.ExecuteNonQuery();                              //执行 SQL 语句
    SQLcom.Dispose();                                      //释放所有空间
    con_close();                                           //调用 con_close()方法，关闭与数据库的连接
}
#endregion
```

5.5.2 FrmAffairClass 类

FrmAffairClass.cs 类文件中，首先在命名空间区域引用 System.IO 和 System.Windows.Forms 命名空间。System.IO 命名空间用来引用对文件夹和文件进行相应操作的对象，如 FileInfo 和 DirectoryInfo 对象等；System.Windows.Forms 命名空间用来实现对组件进行遍历操作。主要代码如下：

```
using System;
using System.Collections.Generic;
using System.Text;
using System.Drawing;
using System.Data;
using System.IO;
using System.ComponentModel;
using System.Windows.Forms;
namespace FileMS.ModuleClass
{
    class FrmAffairClass
    {
        #region  公共变量
        public Point CPoint;                               //记录鼠标位置
        public string BaseNode = "";                       //设录文件夹的根结点名称
        public string TempNode = "";                       //临时根结点名称
        public static int UserSign = 0;                    //用户的 ID 号
        public static string IfSign = "";                  //查找当前用户的条件
        public static int Fclass = 0;                      //窗体的类型:1 为复制，2 为删除
        public static string Redact_T = "";                //存储当前选定文件或文件夹的标识
        public static string Redact_N = "";                //存储当前选定文件或文件夹的 ID 号
        public static string Redact_M = "";                //存储当前选定文件或文件夹的名称
        public static string Redact_D = "";                //存储当前选定文件或文件夹的所有路径
        public static ListView ADD_LV = new ListView();    //动态创建一个 ListView 控件
        //对 DataClass 类进行实例化
        ModuleClass.DataClass dataclass = new FileMS.ModuleClass.DataClass();
        #endregion
        //……自定义方法（ADD_TreeNode()、Show_AllFile()、Folder_Handle()、Files_Copy()等）
    }
}
```

1. Data_List()方法

Data_List()方法为无返回值类型的自定义方法，该方法主要用于将 DataSet 数据集中的信息添加到 ListView 控件中。其实现代码如下：

```
#region  向资料集中添加名称
///<summary>
```

```
///向资料集中添加名称
///</summary>
///<param LV="ListView">ListView 控件</param>
///<param DS="DataSet">返回查找的数据集</param>
public void Data_List(ListView LV, DataSet DS)
{
    LV.Items.Clear();                                       //清空所有项的集合
    LV.Columns.Clear();                                     //清空所有列的集合
    LV.GridLines = true;                                    //在各数据之间形成网格线
    LV.View = View.Details;                                 //显示列名称
    LV.FullRowSelect = true;                                //当单击某项时,将其选中
    //设置列标头的名称及大小
    LV.Columns.Add("文件资料集", LV.Parent.Width - 3, HorizontalAlignment.Center);
    //遍历行数据
    for (int i = 0; i < DS.Tables[0].Rows.Count; i++)
    {
        //实例化一个项,并设置该项的名称
        ListViewItem lvi = new ListViewItem(DS.Tables[0].Rows[i][0].ToString());
        lvi.Tag = DS.Tables[0].Rows[i][1];                  //设置当前资料集的 ID 号
        LV.Items.Add(lvi);                                  //添加列信息
    }
}
#endregion
```

2. TreeAndList()方法

TreeAndList()方法为无返回值类型的自定义方法,该方法主要用于实现 ListView 和 TreeView 组件的切换显示,并在 ListView 控件显示时,调用自定义方法 Data_List(),在该组件中添加相应的信息。其实现代码如下:

```
#region  切换文件列表和资料集
///<summary>
///切换文件列表和资料集
///</summary>
///<param LV="ListView">ListView 控件</param>
///<param TV="TreeView">TreeView 控件</param>
///<param TF="bool">用于判断显示指定的控件</param>
public void TreeAndList(ListView LV, TreeView TV, bool TF)
{
    LV.Dock = DockStyle.Fill;                               //使 ListView 控件最大化
    TV.Dock = DockStyle.Fill;                               //使 TreeView 控件最大化
    LV.Visible = TF;                                        //是否显示 ListView 控件
    TV.Visible = !TF;                                       //是否显示 TreeView 控件
    if (TF == true)        //调用自定义方法 Data_List()获取资料集中的名称,并显示在 ListView 控件中
    {
        Data_List(LV, dataclass.getDataSet("select NodeName,NodeID,NodeType from tb_NodesName
            where NodeType=2" + IfSign, "tb_NodesName"));   //调用自定义方法 Data_List()
    }
}
#endregion
```

3. ShowTree()方法

ShowTree()方法为无返回值类型的自定义方法,该方法主要在 tb_NodesName 数据表中查找当前指定结点下的所有子结点信息,并将子结点的名称添加到当前结点下。其实现代码如下:

```
#region   在文件列表中添加根结点
///<summary>
///在文件列表中添加根结点
///</summary>
///<param TV="TreeView">TreeView 控件</param>
///<param Nodename="string">要添加的根结点名称</param>
public void ShowTree(TreeView TV, string Nodename)
{
    TreeNode TNode=new TreeNode();
    if (BaseNode.Trim() != TempNode.Trim())                 //判断资料集文件名是否为当前根结点名称
```

```
        {
            TV.Nodes.Clear();                                           //清空 TreeView 控件
            TNode = TV.Nodes.Add(Nodename);                             //向 TreeView 控件中添加根结点
            //在数据库中查找当前根结点的信息
            DataSet DSet = dataclass.getDataSet("select NodeID,NodePID,NodeName,NodeType from
                    tb_NodesName where NodeName='" + Nodename + "'" + IfSign, "tb_NodesName");
            TNode.Tag = DSet.Tables[0].Rows[0][0];                      //获取当前文件的主 ID 号
            TNode.ImageIndex = 0;                                       //设置当前结点的图标
            TempNode = BaseNode.Trim();                                 //将当前根结点的名称赋给临时变量
            ADD_NullTreeNode(TV, TNode, 0);                             //调用自定义方法 ADD_NullTreeNode()
        }
    }
#endregion
```

4. ADD_NullTreeNode()方法

ADD_NullTreeNode()方法为无返回值类型的自定义方法，该方法主要是在 tb_NodesName 数据表中查找当前结点下是否有子结点，如果有，则在当前结点下添加一个空结点，用于在展开树型结点时，可以看到哪些结点下有子结点，哪些结点下没有子结点。其实现代码如下：

```
#region  在显示结点时，查找是否有子结点
///<summary>
///查找是否有子结点
///</summary>
///<param TV="TreeView">TreeView 控件</param>
///<param ANode="TreeNode">当前结点</param>
///<param n="int">结点类型</param>
public void ADD_NullTreeNode(TreeView TV, TreeNode ANode, int n)
{
    DataSet DSet = new DataSet();                                       //实例化一个 DataSet 对象
    if (n == 0)                                                         //当 n==0 时为根结点
        DSet = dataclass.getDataSet("select NodeID,NodePID,NodeName,NodeType from
                tb_NodesName where NodeName='" + ANode.Text + "'" + IfSign, "tb_NodesName");
    if (n == 1)                                                         //当 n==1 时为子结点
        DSet = dataclass.getDataSet("select NodeID,NodePID,NodeName,NodeType from
                tb_NodesName where NodePID='" + ANode.Tag + "'" + IfSign, "tb_NodesName");
    if (DSet.Tables[0].Rows.Count > 0)                                  //当查找到的行数大于 0 时
    {
        TreeNode SonNode = new TreeNode("");                            //实例化一个空的结点
        ANode.Nodes.Add(SonNode);                                       //添加该结点
    }
    else
    {
        ANode.Nodes.Clear();                                            //清空当前结点下的所有子结点
    }
}
#endregion
```

5. ADD_TreeNode()方法

ADD_TreeNode()方法为无返回值类型的自定义方法，该方法主要在 tb_NodesName 数据表中查找当前结点下的所有子结点信息，然后将子结点名称添加到当前结点下，并将当前子结点的 ID 号存入其 Tag 属性中，便于在新添加的结点下查找子结点。其实现代码如下：

```
#region  添加子结点
///<summary>
///添加子结点
///</summary>
///<param TV="TreeView">TreeView 控件</param>
///<param ANode="TreeNode">当前结点</param>
public void ADD_TreeNode(TreeView TV, TreeNode ANode)
{
    //在数据库中查找当前结点下的所有子结点
    DataSet DSet = dataclass.getDataSet("select NodeID,NodePID,NodeName,NodeType from
            tb_NodesName where NodePID=" + ANode.Tag + IfSign, "tb_NodesName");
```

```csharp
        if (DSet.Tables[0].Rows.Count > 0)                      //当查找的行数大于0时
        {
            ANode.Nodes.Clear();                                //清空当前结点下的所有子结点
            int TypeIn = 0;                                     //定义一个局部变量,用于存放指定数据的辅ID号
            for (int i = 0; i < DSet.Tables[0].Rows.Count; i++) //遍历数据表中的所有数据
            {
                //实例化一个具有当前结点名称的结点
                TreeNode SonNode = new TreeNode(DSet.Tables[0].Rows[i][2].ToString());
                //在该结点的Tag属性中存放当前信息的主ID号
                SonNode.Tag = DSet.Tables[0].Rows[i][0];
                TypeIn = int.Parse(DSet.Tables[0].Rows[i][3].ToString()); //存放当前信息的类型
                if (TypeIn == 0)                                //设置当前结点的图片
                    SonNode.ImageIndex = 2;
                else
                    SonNode.ImageIndex = 0;
                ANode.Nodes.Add(SonNode);                       //添加该结点
                ADD_NullTreeNode(TV, SonNode, 1);               //调用自定义方法ADD_NullTreeNode()
            }
        }
        else
        {
            ANode.Nodes.Clear();                                //清空子结点
        }
    }
#endregion
```

6. Show_AllFile()方法

Show_AllFile()方法为无返回值类型的自定义方法。当参数 p 的值不为 2 时,该方法可通过当前结点的 Tag 属性在 tb_NodesName 数据表中查找当前结点下的所有文件和文件夹,然后将这些文件和文件夹信息动态添加到 ListView 控件中,并将添加的文件或文件夹的 ID 号存入到相应项的 Tag 属性中。当参数 p 的值为 2 时,该方法可打开当前结点所对应的文件。其实现代码如下:

```csharp
#region 显示当前文件夹下的所有文件
///<summary>
///显示当前文件夹下的所有文件
///</summary>
///<param MainID="int">当前项的主ID号</param>
///<param MainName="string">当前项的名称</param>
///<param LV="ListView">ListView控件</param>
///<param p="int">操作类型</param>
public void Show_AllFile(int MainID,string MainName,ListView LV, int p)
{
    DataSet DSet = new DataSet();                               //实例化一个DataSet对象
    string wdir = "";                                           //存储文件的路径
    int ty = -1;                                                //用来存储查找的文件或文件夹的标识
    DSet = dataclass.getDataSet("select NodeID,NodePID,NodePath,NodeType from tb_NodesName
        where NodeID=" + MainID + IfSign, "tb_NodesName");      //查找当前结点的信息
    ty=int.Parse(DSet.Tables[0].Rows[0][3].ToString());         //存储标识,用于判断是文件还是文件夹
    wdir = DSet.Tables[0].Rows[0][2].ToString();                //存储当前结点所对应的路径
    if (ty == 0 && p==2)                                        //当该结点是文件时
    {
        try
        {
            System.Diagnostics.Process.Start(@wdir);            //打开指定路径下的文件
        }
        catch (Exception ex)
        {
            MessageBox.Show("文件无法打开。");
        }
    }
    else                                                        //当前结点是文件夹
    {
        //在数据库中获取当前文件夹的信息
        DSet = dataclass.getDataSet("select NodeID,NodePID,NodeName,NodeType from
            tb_NodesName where NodePID=" + MainID + IfSign, "tb_NodesName");
```

```csharp
            if (DSet.Tables[0].Rows.Count > 0)                    //当数据表的行数大于0时
            {
                LV.Items.Clear();                                  //清空 ListView 控件
                //当前文件夹下的子文件夹和文件添加到 ListView 控件中
                for (int i = 0; i < DSet.Tables[0].Rows.Count; i++)
                {
                    //实例化一个项
                    ListViewItem lvi = new     ListViewItem(DSet.Tables[0].Rows[i][2].ToString());
                    lvi.Tag = int.Parse(DSet.Tables[0].Rows[i][0].ToString());
                    if (int.Parse(DSet.Tables[0].Rows[i][3].ToString()) == 0)  //设置各项的图片
                        lvi.ImageIndex = 2;
                    else
                        lvi.ImageIndex = 0;
                    LV.Items.Add(lvi);                             //添加列信息
                }
            }
        }
    }
}
#endregion
```

7. FolderEdit_form()方法

FolderEdit_form()方法为无返回值类型的自定义方法,该方法的主要功能是通过 sender 参数获取 ListView 和 TreeView 控件中选中项或结点的信息,通过选中项或结点的 Tag 属性值(当前结点在数据库中的 ID 号)在数据库中查找相应的路径,然后动态打开 Frm_Folder 窗体,根据获取的路径对窗体进行相应的操作。如果窗体的返回值是 OK,根据窗体的相关操作对主窗体中的 ListView 和 TreeView 控件的项或结点进行添加、修改和删除操作。其实现代码如下:

```csharp
#region 调用文件夹编辑窗体
///<summary>
///调用文件夹编辑窗体
///</summary>
///<param nob="string">判断操作的是资料集还是文件</param>
///<param sender="object">项名称</param>
///<param mark="int">标识</param>
public void FolderEdit_form(string nob, object sender, int mark)
{
    Redact_T = nob;
    Redact_N = "";
    Redact_M = "";
    Redact_D = "";
    ListViewItem HLVI = new ListViewItem();                    //实例化一个项
    TreeNode HTreeNode = new TreeNode();                       //实例化一个结点
    DataSet DS = new DataSet();                                //实例化一个 DataSet 对象
    if (sender.GetType().Name == "ListView")                   //如果当前控件为 ListView
    {
        if (((ListView)sender).SelectedItems.Count > 0)        //当 ListView 控件有选中项时
        {
            HLVI = ((ListView)sender).SelectedItems[0];        //存储被选中项的信息
            Redact_N = ((ListView)sender).SelectedItems[0].Text;  //存储选中项的名称
            Redact_M = ((ListView)sender).SelectedItems[0].Tag.ToString();  //存储选中项的 ID 号
            DS = dataclass.getDataSet("select NodeID,NodePath from tb_NodesName where NodeID="
                + Redact_M + IfSign, "tb_NodesName");          //在数据库查找该项的信息
            Redact_D = DS.Tables[0].Rows[0][1].ToString();     //存储该项的相应路径
        }
    }
    if (sender.GetType().Name == "TreeView")                   //如果当前控件为 TreeView
    {
        if (((TreeView)sender).SelectedNode != null)           //当 TreeView 控件有选中的结点时
        {
            HTreeNode = ((TreeView)sender).SelectedNode;       //存储该结点的信息
            Redact_N = ((TreeView)sender).SelectedNode.Text;   //存储选中结点的名称
            Redact_M = ((TreeView)sender).SelectedNode.Tag.ToString();  //存储选中结点的 ID 号
            DS = dataclass.getDataSet("select NodeID,NodePath from tb_NodesName where NodeID="
                + Redact_M + IfSign, "tb_NodesName");          //在数据库中查找该结点的信息
            if (DS.Tables[0].Rows.Count == 0)                  //如果没有找到,退出本方法
```

```csharp
            return;
        Redact_D = DS.Tables[0].Rows[0][1].ToString();        //存储该结点的相应路径
    }
}
TransferForm.Frm_Folder FrmFolder = new FileMS.TransferForm.Frm_Folder();    //实例化 Frm_Folder 窗体
FrmSetUp(FrmFolder);                                    //调用自定义方法 FrmSetUp(),对 Frm_Radical 窗体进行设置
FrmFolder.Tag = mark;
if (FrmFolder.ShowDialog() == DialogResult.OK)           //显示窗体
{
    switch (mark)                                        //跟据标识对文件夹(资料集)进行不同操作
    {
        case 0:                                          //文件夹(资料集)的添加
        {
            if (sender.GetType().Name == "ListView")
            {
                ListViewItem lvi = new ListViewItem (ModuleClass.FrmAffairClass.Redact_N);
                lvi.Tag = int.Parse(ModuleClass.FrmAffairClass.Redact_M);
                ((ListView)sender).Items.Add(lvi);       //添加列信息
            }
            if (sender.GetType().Name == "TreeView")
            {
                //实例化一个具有当前结点名称的结点
                TreeNode SonNode = new TreeNode(ModuleClass.FrmAffairClass.Redact_N);
                //在该结点的 Tag 属性中存放当前信息的主 ID 号
                SonNode.Tag = int.Parse(ModuleClass.FrmAffairClass.Redact_M);
                SonNode.ImageIndex = 0;
                HTreeNode.Nodes.Add(SonNode);            //添加该结点
            }
            break;
        }
        case 1:                                          //文件夹(资料集)的修改
        {
            if (sender.GetType().Name == "ListView")
            {
                //修改选中项的名称
                HLVI.Text = ModuleClass.FrmAffairClass.Redact_N;
            }
            if (sender.GetType().Name == "TreeView")
            {
                //修改选中结点的名称
                HTreeNode.Text = ModuleClass.FrmAffairClass.Redact_N;
            }
            break;
        }
        case 2:                                          //文件夹(资料集)的删除
        {
            if (sender.GetType().Name == "ListView")
            {
                HLVI.Remove();                           //移除选中的项
            }
            if (sender.GetType().Name == "TreeView")
            {
                HTreeNode.Remove();                      //移除选中的结点
            }
            break;
        }
    }
}
FrmFolder.Dispose();                                     //释放 FrmFolder 变量的所有资源
}
#endregion
```

8. UpAndDown_Dir()方法

UpAndDown_Dir()方法是返回值为 string 类型的自定义方法,它主要用来获取指定路径的上一级文件夹,并以字符串的形式返回,其实现代码如下:

```csharp
#region    返回上一级文件夹
```

```csharp
///<summary>
///返回上一级文件夹
///</summary>
///<param dir="string">文件夹</param>
///<returns>返回 String 对象</returns>
public string UpAndDown_Dir(string dir)
{
    string Change_dir = "";
    Change_dir = Directory.GetParent(dir).FullName;         //获取指定路径上一级文件夹的完整路径
    return Change_dir;                                       //返回上一级文件夹
}
#endregion
```

9. Folder_Handle()方法

Folder_Handle()方法是返回值为 int 类型的自定义方法，它通过静态全局变量 Redact_T 判断当前操作的是文件还是文件夹，然后通过 FileInfo 类和 Directory 类对文件或文件夹进行添加、修改和删除的操作，并通过自定义方法 Files_Copy()对文件夹进行复制操作。其实现代码如下：

```csharp
#region 文件夹或文件的操作
///<summary>
///文件夹或文件的操作
///</summary>
///<param dir="string">目标文件夹</param>
///<param Sdir="string">原文件夹</param>
///<param NewName="string">修改的文件夹名称</param>
///<param n="int">标识</param>
///<returns>返回 int 对象</returns>
public int Folder_Handle(string dir,string Sdir,string NewName,int n)
{
    string F_Name = "";                    //定义一个字符串变量，用于记录当前操作的是文件夹还是文件
    int t = 0;                             //定义一个整型变量
    if (Redact_T == "T" || Redact_T == "F")  //当符合条件时，当前操作的是文件夹
        F_Name = "文件夹";
    if (Redact_T == "W")                   //当符合条件时，当前操作的是文件
        F_Name = "文件";
    FileInfo FInfo = new FileInfo(dir);    //根据文件的路径，实例化一个 FileInfo 对象
    switch (n)
    {
        case 0:                            //对文件或文件夹进行创建的操作
            {
                if (Redact_T == "T" || Redact_T == "F")  //如果操作的是文件夹
                {
                    if (Directory.Exists(dir) == true)   //当在磁盘中有文件夹时，不进行创建
                    {
                        t = 1;                            //标识，如果t为1表示操作失败
                        MessageBox.Show("该" + F_Name + "已存在，无法创建。");
                        break;
                    }
                    Directory.CreateDirectory(dir);      //创建一个空的文件夹
                    if (Directory.Exists(dir) == false)  //判断文件夹是否创建成功
                        t = 1;                            //标识，如果t为1表示操作失败
                }
                if (Redact_T == "W" || Redact_T == "G")  //如果操作的是文件
                {
                    FileInfo SFInfo = new FileInfo(Sdir); //根据原路径，实例化一个 FileInfo 对象
                    bool tbool = true;                    //定义一个标识，在复制文件时是否替换原来的文件
                    if (SFInfo.Exists == false)           //当原文件不存在时，则退出程序
                    {
                        t = 1;                            //标识，如果t为1表示操作失败
                        MessageBox.Show("没有找到要复制的" + F_Name);
```

```csharp
                            break;
                        }
                        if (FInfo.Exists == true)                    //当目标路径中有要复制的文件
                        {
                            //弹出一个带有"是""否"按钮的对话框,询问操作用户是否替换已有文件
                            if (MessageBox.Show("文件夹下有同名文件,是否替换?","提示",
                                MessageBoxButtons.YesNo, MessageBoxIcon.Information)==DialogResult.Yes)
                                tbool = true;
                            else
                                tbool = false;
                        }
                        try
                        {
                            SFInfo.CopyTo(dir, tbool);               //对文件进行替换操作
                        }
                        catch (Exception ex)
                        {
                            t = 1;                                   //标识,如果t为1表示操作失败
                            MessageBox.Show(F_Name + "复制失败。");
                            break;
                        }
                    }
                    break;
                }
            case 1:                                                  //修改文件或文件夹的名称
                {
                    string NewDir = "";
                    if (Redact_T == "T" || Redact_T == "F")          //如果操作的是文件夹
                    {
                        //获取修改文件夹名后的路径
                        NewDir = UpAndDown_Dir(dir) + "\\" + NewName;
                        if (Directory.Exists(NewDir) == true)        //当修改后的文件夹存在时
                        {
                            t = 1;                                   //标识,如果t为1表示操作失败
                            MessageBox.Show("该" + F_Name + "已存在,无法修改。");
                            break;
                        }
                        if (Directory.Exists(dir))                   //当要修改的文件夹存在时
                        {
                            //将目的文件夹的文件和子文件夹移除到修改后的文件夹中
                            System.IO.Directory.Move(dir, NewDir);
                        }
                        else
                        {
                            MessageBox.Show(F_Name + "不存在,无法修改。");
                            t = 1;                                   //标识,如果t为1表示操作失败
                            break;
                        }
                    }
                    if (Redact_T == "W")                             //如果操作的是文件
                    {
                        if (FInfo.Exists==true)                      //当文件存在时
                        {
                            try
                            {
                                FInfo = new FileInfo(dir);           //根据指定路径,实例化一个FileInfo对象
                                FInfo.MoveTo(UpAndDown_Dir(dir) + "\\" + NewName);  //修改文件名
                            }
                            catch (Exception ex)
                            {
```

```csharp
                    MessageBox.Show(F_Name + "文件名修改失败。");
                    t = 1;                                          //标识，如果t为1表示操作失败
                    break;
                }
            }
            else
            {
                MessageBox.Show(F_Name + "不存在，无法修改。");
                t = 1;                                              //标识，如果t为1表示操作失败
                break;
            }
        }
        break;
    }
    case 2:                                                         //删除文件或文件夹
    {
        if (Redact_T == "T" || Redact_T == "F")                     //如果操作的是文件夹
        {
            if (Directory.Exists(dir) == false)                     //当文件夹不存在时
            {
                t = 1;                                              //标识，如果t为1表示操作失败
                MessageBox.Show(F_Name + "不存在。");
                break;
            }
            Directory.Delete(dir, true);
            if (Directory.Exists(dir) == true)
            {
                t = 1;                                              //标识，如果t为1表示操作失败
                MessageBox.Show(F_Name + "删除失败。");
                break;
            }
        }
        if (Redact_T == "W")
        {
            if (FInfo.Exists == false)
            {
                t = 1;                                              //标识，如果t为1表示操作失败
                MessageBox.Show(F_Name + "不存在。");
                break;
            }
            try
            {
                FInfo.Delete();
            }
            catch (Exception ex)
            {
                t = 1;                                              //标识，如果t为1表示操作失败
                MessageBox.Show(F_Name + "删除失败。");
                break;
            }
        }
        break;
    }
    case 3:                                                         //对文件夹进行复制
    {
        if (Directory.Exists(Sdir) == false)
        {
            t = 1;                                                  //标识，如果t为1表示操作失败
            MessageBox.Show("没有找到要复制的文件夹。");
            break;
        }
        try
        {
            Files_Copy(dir, Sdir);                                  //调用自定义方法Files_Copy()对指定文件夹进行复制
            //将已复制的文件夹下的所有文件及文件夹相关信息添加到数据库中
            if (NewName == "data")
```

```csharp
        {
            //根据指定路径，实例化一个DirectoryInfo对象
            DirectoryInfo di = new DirectoryInfo(dir);
            if (di.Exists)                                      //当路径存在时
            {
                //在tb_NodesName数据表中查找最大的ID号
                DataSet DS = dataclass.getDataSet("select max(NodeID) from tb_NodesName",
                    "tb_NodesName");
                //获取当前tb_NodesName数据表中的最大ID号
                string SName = DS.Tables[0].Rows[0][0].ToString();
                //调用自定义方法Files_List()批量将文件夹的信息存入数据库中
                Files_List(di, int.Parse(Redact_M));
                Redact_M = SName;                               //记录文件夹的ID号
                Redact_N = Files_Name(dir, 1);                  //记录文件夹的名称
            }
        }
    }
    catch (Exception ex)
    {
        t = 1;                                                  //标识，如果t为1表示操作失败
        MessageBox.Show("文件夹复制失败。");
        break;
    }
    break;
}
    return t;                                                   //返回t的值，判断操作成功或是失败
}
#endregion
```

10. Files_List()方法

Files_List()方法是无返回值的自定义递归方法，该方法主要是通过FileSystemInfo类实例化指定的文件夹，然后对文件夹下的所有子文件夹和文件进行遍历，并将遍历的文件或文件夹信息存入tb_NodesName数据表中。当遍历到的文件是文件夹时，用FileSystemInfo类实例化该文件夹，递归调用Files_List()方法，直到遍历完文件夹中的所有子文件夹和文件。其实现代码如下：

```csharp
#region 批量将文件夹的路径存入数据库中
///<summary>
///批量将文件夹的路径存入数据库中
///</summary>
///<param dir="FileSystemInfo">文件夹</param>
///<param NodeID ="int">文件夹的ID号</param>
private void Files_List(FileSystemInfo dir, int NodeID)
{
    int PID = NodeID;                                           //记录文件夹的ID号
    string SubDir = dir.ToString();                             //记录文件夹的路径
    if (!dir.Exists)                                            //先判断所指的文件或文件夹是否存在
    {
        return;
    }
    DirectoryInfo dirD = dir as DirectoryInfo;
    if (dirD == null)                                           //如果文件夹为空时
    {
        dataclass.getsqlcom("insert into tb_NodesName (NodePID,NodeName,NodePath,NodeType,NodeSign) values(" + PID + ",'"
            + dirD.Name.Trim() + "','" + SubDir + "',1," + UserSign
            + ")");
                                                                //向tb_NodesName数据表中添加文件夹的信息
        return;                                                 //退出该方法
    }
    else
    {
        //向tb_NodesName数据表中添加文件夹的信息
        dataclass.getsqlcom(
            "insert into tb_NodesName (NodePID,NodeName,NodePath,NodeType,NodeSign) values("
            + PID + ",'" + dirD.Name.Trim() + "','" + SubDir + "',1," + UserSign + ")");
        DataSet DS = dataclass.getDataSet("select max(NodeID) from tb_NodesName", "tb_NodesName");
```

```
            //获取 tb_NodesName 数据表中的最大 ID 号
            PID = int.Parse(DS.Tables[0].Rows[0][0].ToString());        //记录最大 ID 号
        }
        SubDir = SubDir + "\\";                                         //在当前文件夹的路径后添加"\"
        FileSystemInfo[] files = dirD.GetFileSystemInfos();             //获取文件夹中所有文件和文件夹
        //对单个 FileSystemInfo 进行判断，如果是文件夹则进行递归操作
        foreach (FileSystemInfo FSys in files)
        {
            FileInfo file = FSys as FileInfo;
            if (file != null)                                           //如果是文件
            {
                //向 tb_NodesName 数据表中添加文件的信息
                dataclass.getsqlcom(
                    "insert into tb_NodesName (NodePID,NodeName,NodePath,NodeType,NodeSign) values("
                    + PID + ",'" + file.Name.Trim() + "','" + SubDir + file.Name + "',0," + UserSign + ")");
            }
            else
            {
                DirectoryInfo DD = new DirectoryInfo(SubDir + FSys.ToString());
                Files_List(DD, PID);                                    //进行 Files_List()方法的递归调用
            }
        }
    }
#endregion
```

11. Files_Name()方法

Files_Name()方法是返回值为 string 类型的自定义方法，该方法主要通过参数 n 来判断当前要获取的是文件夹名还是文件名，然后用字符串的 Substring()方法在字符串路径中截取文件夹名或文件名。其实现代码如下：

```
#region  获取文件或文件夹的名称
///<summary>
///获取文件或文件夹的名称
///</summary>
///<param dir="string">文件夹</param>
///<param n="int">标识</param>
///<returns>返回 string 对象</returns>
public string Files_Name(string dir, int n)
{
    string DF_Name = "";
    if (n == 0)                                                         //当 n 为 0 时，获取文件的名称
    {
        //在文件路径中截取文件的名称
        string F_N = dir.Substring(dir.LastIndexOf("\\") + 1, dir.LastIndexOf(".") - dir.LastIndexOf("\\") - 1);
        string F_E = dir.Substring(dir.LastIndexOf(".") + 1, dir.Length - dir.LastIndexOf(".") - 1);
        DF_Name = F_N + "." + F_E;                                      //在文件路径中截取文件的扩展名
    }
    if (n > 0)                                                          //当 n 不为 0 时，获取文件夹的名称
    {
        //在文件夹的路径中截取文件夹的名称
        DF_Name = dir.Substring(dir.LastIndexOf("\\") + 1, dir.Length - dir.LastIndexOf("\\") - 1);
    }
    return DF_Name;                                                     //返回文件或文件夹的名称
}
#endregion
```

12. DFiles_CleanUp()方法

DFiles_CleanUp()方法是无返回值的自定义方法，在对文件夹进行修改和删除后，可以通过该方法在指定数据表修改文件夹下的所有文件和文件夹的路径。其实现代码如下：

```
#region  修改或删除文件夹后在数据库中整理子文件夹和子文件的文件夹
///<summary>
///修改或删除文件夹后在数据库中整理子文件夹和子文件的文件夹
///</summary>
```

```
///<param Olddir="string">原文件夹</param>
///<param NewName="string">修改后的文件夹</param>
///<param n="int">标识</param>
public void DFiles_CleanUp(string Olddir, string Newdir, int n)
{
    string DFsql = "";                                              //定义一个字符串变量，用来记录 SQL 语句
    string DF_Name = Files_Name(Newdir, n);                          //获取要修改的文件夹的名称
    switch (n)
    {
        case 1:                                                      //修改数据库中的信息
        {
            //修改当前文件夹的名称
            dataclass.getsqlcom("update tb_NodesName set NodeName='" + DF_Name
                    + "' where NodePath = '" + Olddir + "'");
            //批量修改当前文件夹及子文件夹或文件的路径
            DFsql = "update tb_NodesName set NodePath=(select REPLACE(NodePath,'" +
                    Olddir + "','" + Newdir + "')) where len(NodePath)=len('" + Olddir + "') or substring(NodePath,len('" +
                    Olddir + "')+1,1)='\\'";
            break;
        }
        case 2:                                                      //删除数据库中的信息
        {
            //用自定义方法 Files_Name()获取要删除的文件夹的名称
            DF_Name = Files_Name(Olddir, n);
            //批量删除当前文件夹及子文件夹或文件在数据库中的所有信息
            DFsql = "delete tb_NodesName where (len(NodePath)=len('" + Olddir
                    + "') or substring(NodePath,len('" + Olddir + "')+1,1)='\\') and (substring(NodePath,0,len('"
                    + Olddir + "')+1)='" + Olddir + "')";
            break;
        }
    }
    if (n > 0)
        dataclass.getsqlcom(DFsql);                                  //执行 SQL 语句
}
#endregion
```

13. FileEdit_form()方法

FileEdit_form()方法是无返回值的自定义方法，该方法的主要功能是获取 TreeView 控件中被选中的结点信息，以及该结点的所在路径，然后动态打开 Frm_File 窗体，当对窗体操作完后，如果窗体的返回值是 OK，根据窗体的相关操作对主窗体中的 TreeView 控件的结点进行添加、修改、删除的操作。其实现代码如下：

```
#region    调用文件编辑窗体
///<summary>
///调用文件夹编辑窗体
///</summary>
///<param nob="string">判断操作的资料集或文件</param>
///<param sender="object">项名称</param>
///<param mark="int">标识</param>
public void FileEdit_form(string nob, object sender, int mark)
{
    Redact_T = nob;                                                  //记录当前操作的标识
    Redact_N = "";
    Redact_M = "";
    Redact_D = "";
    TreeNode HTreeNode = new TreeNode();                             //实例化一个 TreeView 控件的结点
    DataSet DS = new DataSet();                                      //实例化一个 DataSet 对象，用于存储查询后的数据表信息
    if (((TreeView)sender).SelectedNode != null)                     //当 TreeView 控件有选中的结点时
    {
        HTreeNode = ((TreeView)sender).SelectedNode;                 //存储已选中结点的信息
        Redact_N = ((TreeView)sender).SelectedNode.Text;             //记录选中结点的名称
        Redact_M = ((TreeView)sender).SelectedNode.Tag.ToString();   //记录选中结点的 ID 号
        //在 tb_NodesName 数据表中查询当前选中的结点的信息
        DS = dataclass.getDataSet("select NodeID,NodePath,NodeType from tb_NodesName where NodeID = "
                + Redact_M + IfSign, "tb_NodesName");
        if (DS.Tables[0].Rows.Count == 0)                            //如果没有找到，退出该方法
            return;
```

```
                Redact_D = DS.Tables[0].Rows[0][1].ToString();        //获取该结点的所在路径
                int nt = int.Parse(DS.Tables[0].Rows[0][2].ToString()); //获取该结点的类型
                if (nt != 0 && mark > 0)                               //当该结点不是文件类型,并且是修改或删除的操作,退出该方法
                    return;
            }
            TransferForm.Frm_File FrmFile =new FileMS.TransferForm.Frm_File();  //实例化 Frm_Folder 窗体
            FrmSetUp(FrmFile);                                         //调用自定义方法 FrmSetUp(),对 Frm_Radical 窗体进行设置
            FrmFile.Tag = mark;
            if (FrmFile.ShowDialog() == DialogResult.OK)               //显示窗体
            {
                switch (mark)
                {
                    case 0:
                        {
                            TreeNode SonNode = new TreeNode("");       //实例化一个具有当前结点名称的结点
                            for (int i = 0; i < ADD_LV.Items.Count; i++)
                            {
                                SonNode = new TreeNode(ADD_LV.Items[i].Text);  //实例化一个具有当前结点名称的结点
                                //在该结点的 Tag 属性中存放当前信息的主 ID 号
                                SonNode.Tag = int.Parse(ADD_LV.Items[i].Tag.ToString());
                                SonNode.ImageIndex = 2;
                                HTreeNode.Nodes.Add(SonNode);          //添加该结点
                            }
                            break;
                        }
                    case 1:                                            //修改当前选中的结点的名称
                        {
                            HTreeNode.Text = ModuleClass.FrmAffairClass.Redact_N;
                            break;
                        }
                    case 2:                                            //删除当前选中的结点
                        {
                            HTreeNode.Remove();                        //移除当前结点
                            break;
                        }
                }
            }
            FrmFile.Dispose();                                         //释放 FrmFile 窗体的所有资源
        }
        #endregion
```

14. GuideEdit_form()方法

GuideEdit_form()方法是无返回值的自定义方法,该方法的主要功能是获取 TreeView 控件中被选中的结点信息及该结点的所在路径,然后动态打开 Frm_InOut 窗体,当对窗体操作完后,如果窗体的返回值是 OK,根据窗体的相关操作对主窗体中的 TreeView 控件的结点进行添加操作。其实现代码如下:

```
#region   调用导入导出编辑窗体
///<summary>
///调用导入导出编辑窗体
///</summary>
///<param nob="string">判断是导入或导出窗体</param>
///<param sender="object">项名称</param>
///<param mark="int">标识</param>
public void GuideEdit_form(string nob, object sender, int mark)
{
    Redact_T = nob;
    Redact_N = "";
    Redact_M = "";
    Redact_D = "";
    TreeNode HTreeNode = new TreeNode();                               //实例化一个结点
    DataSet DS = new DataSet();
    if (((TreeView)sender).SelectedNode != null)                       //当 TreeView 控件有选中的结点时
    {
        HTreeNode = ((TreeView)sender).SelectedNode;                   //存储选中结点的信息
        Redact_N = ((TreeView)sender).SelectedNode.Text;               //记录选中结点的名称
        Redact_M = ((TreeView)sender).SelectedNode.Tag.ToString();     //记录选中结点的 ID 号
```

```csharp
//在 tb_NodesName 数据表中查询选中结点的信息
DS = dataclass.getDataSet("select NodeID,NodePath,NodeType from tb_NodesName where NodeID="
    + Redact_M + IfSign, "tb_NodesName");
if (DS.Tables[0].Rows.Count == 0)                    //当没有找到选中结点的信息时，退出方法
    return;
Redact_D = DS.Tables[0].Rows[0][1].ToString();       //记录被选中结点的路径
int nt = int.Parse(DS.Tables[0].Rows[0][2].ToString()); //记录被选中结点的类型
//如果选中结点是文件，并且当前操作是导入文件夹或导出文件夹，退出该方法
if (nt == 0 && mark != 2)
    return;
//如果选中的结点是文件夹，并且当前操作是导出文件，退出该方法
if (nt > 0 && mark == 2)
    return;
}
//实例化 Frm_Folder 窗体
TransferForm.Frm_InOut FrmInOut = new FileMS.TransferForm.Frm_InOut();
FrmSetUp(FrmInOut);                     //调用自定义方法 FrmSetUp()，对 Frm_Radical 窗体进行设置
FrmInOut.Tag = mark;                    //用 F_InOut 窗体的 Tag 属性记录操作类型
if (FrmInOut.ShowDialog() == DialogResult.OK)       //显示窗体
{
    if (mark == 0)                      //如果当前操作为导入文件操作
    {
        //实例化一个具有当前结点名称的结点
        TreeNode SonNode = new TreeNode(ModuleClass.FrmAffairClass.Redact_N);
        //在该结点的 Tag 属性中存放当前信息的主 ID 号
        SonNode.Tag = int.Parse(ModuleClass.FrmAffairClass.Redact_M);
        SonNode.ImageIndex = 0;         //设置添加结点的图标
        HTreeNode.Nodes.Add(SonNode);   //添加该结点
        SonNode.Nodes.Add(new TreeNode(""));    //在该结点下添加空结点
    }
}
FrmInOut.Dispose();                     //释放 F_InOut 窗体的所有资源
}
#endregion
```

15. Find_File()方法

Find_File()方法是无返回值的自定义方法，该方法的主要功能是通过静态全局变量 Redact_M 或是 BaseNode，获取当前要查找结点的路径，然后通过该路径在数据表中进行模糊查询，将查询的结果动态添加到 ListView 控件中显示。其实现代码如下：

```csharp
#region  调用导入导出编辑窗体
///<summary>
///调用导入导出编辑窗体
///</summary>
///<param DLV="ListView">显示查找的文件</param>
///<param FName="string">查找的文件名</param>
public void Find_File(ListView DLV,string FName)
{
    string dir = "";                            //自定义一个变量
    DataSet DS = new DataSet();                 //实例化一个 DataSet 对象
    if (FName == "")                            //查询的文件名为空时
    {
        MessageBox.Show("查找文件名不能为空。");
        return;
    }
    if (BaseNode != "")                         //如果没有选中任何结点
        DS = dataclass.getDataSet(
            "select NodeID,NodePath,NodeType from tb_NodesName where NodeName='" + BaseNode
            + "'" + IfSign + " and NodeType=2", "tb_NodesName");
    else
        DS = dataclass.getDataSet("select NodeID,NodePath,NodeType from tb_NodesName where NodeID="
            + int.Parse(Redact_M) + "" + IfSign, "tb_NodesName");
    if (DS.Tables[0].Rows.Count == 0)           //如果在数据库中没有找到当前结点
    {
```

```
            MessageBox.Show("无法对文件进行查找。");
            return;
        }
        if (DS.Tables[0].Rows[0][2].ToString() == "0")              //如果选中的结点为文件
        {
            MessageBox.Show("不可以对单个文件进行查找。");
            return;
        }
        dir = DS.Tables[0].Rows[0][1].ToString();                    //获取当前选中结点的路径
        //在指定的范围内查找符合条件的文件
        DS = dataclass.getDataSet("select NodeID,NodeName from (select * from tb_NodesName where NodePath like '"
            + dir + "%'" + IfSign + ") a where NodeName like '%" + FName + "%' and NodeType=0", "tb_NodesName");
        if (DS.Tables[0].Rows.Count == 0)                            //如果没有找到符合条件的文件
        {
            MessageBox.Show("没有查到相关文件。");
            return;
        }
        DLV.Items.Clear();                                           //清空 ListView 控件
        for (int i = 0; i < DS.Tables[0].Rows.Count; i++)
        {
            ListViewItem lvi = new ListViewItem(DS.Tables[0].Rows[i][1].ToString());  //实例化一个项
            //用当前结点的 Tag 属性记录添加文件夹的 ID 号
            lvi.Tag = int.Parse(DS.Tables[0].Rows[i][0].ToString());
            lvi.ImageIndex = 2;                                      //设置各项的图片
            DLV.Items.Add(lvi);                                      //添加列信息
        }
    }
#endregion
```

16. Files_Copy()方法

Files_Copy()方法是无返回值的自定义递归方法。该方法的主要功能是通过原文件夹的路径，利用 DirectoryInfo 类在目的路径下创建一个与原文件夹同名的文件夹，然后判断原文件夹是否为空，如果不为空，用 FileSystemInfo 类获取该文件夹下的所有子文件夹和文件，并依次判断 FileSystemInfo 类集合中是否有文件。如果有，则将文件复制到目的路径中；如果没有，则重新调用 Files_Copy()方法。直到遍历完要复制的文件夹。其实现代码如下：

```
#region  文件夹的复制
///<summary>
///文件夹的复制
///</summary>
///<param Ddir="string">要复制的目的路径</param>
///<param Sdir="string">要复制的原路径</param>
private void Files_Copy(string Ddir,string Sdir)
{
    DirectoryInfo dir = new DirectoryInfo(Sdir);
    string SbuDir = Ddir;
    try
    {
        if (!dir.Exists)                                             //判断所指的文件或文件夹是否存在
        {
            return;
        }
        DirectoryInfo dirD = dir as DirectoryInfo;                   //如果给定参数不是文件夹，则退出
        string UpDir = UpAndDown_Dir(Ddir);
        if (dirD == null)                                            //判断文件夹是否为空
        {
            Directory.CreateDirectory(UpDir + "\\" + dirD.Name);     //如果为空，创建文件夹并退出
            return;
        }
```

```
            else
            {
                Directory.CreateDirectory(UpDir + "\\" + dirD.Name);
            }
            SbuDir = UpDir + "\\" + dirD.Name + "\\";
            FileSystemInfo[] files = dirD.GetFileSystemInfos();           //获取文件夹中所有的文件和文件夹
            //对单个 FileSystemInfo 进行判断，如果是文件夹，则进行递归操作
            foreach (FileSystemInfo FSys in files)
            {
                FileInfo file = FSys as FileInfo;
                if (file != null)                                          //如果是文件的话，进行文件的复制操作
                {
                    //获取文件所在的原始路径
                    FileInfo SFInfo = new FileInfo(file.DirectoryName + "\\" + file.Name);
                    SFInfo.CopyTo(SbuDir + "\\" + file.Name, true);        //将文件复制到指定路径中
                }
                else
                {
                    string pp = FSys.Name;                                 //获取当前搜索到的文件夹名称
                    //如果是文件，则进行递归调用
                    Files_Copy(SbuDir + FSys.ToString(), Sdir + "\\" + FSys.ToString());
                }
            }
        }
        catch (Exception ex)
        {
            MessageBox.Show("文件复制失败。");
            return;
        }
    }
    #endregion
```

5.6 主窗体设计

5.6.1 主窗体概述

主窗体主要用于显示指定目录中的资料集文件夹，双击资料集文件夹可在 TreeView 控件中显示其子文件夹和文件，并且可以在指定的结点下进行文件（文件夹）的添加、修改、删除、导入、导出以及打开操作。主窗体的运行效果如图 5.3 所示。

5.6.2 设计主窗体

新建一个 Windows 窗体，命名为 F_FileMain.cs，可显示资料集中的所有文件和文件夹，以及操作窗体的调用。该窗体用到的主要控件及属性设置如表 5.3 所示。

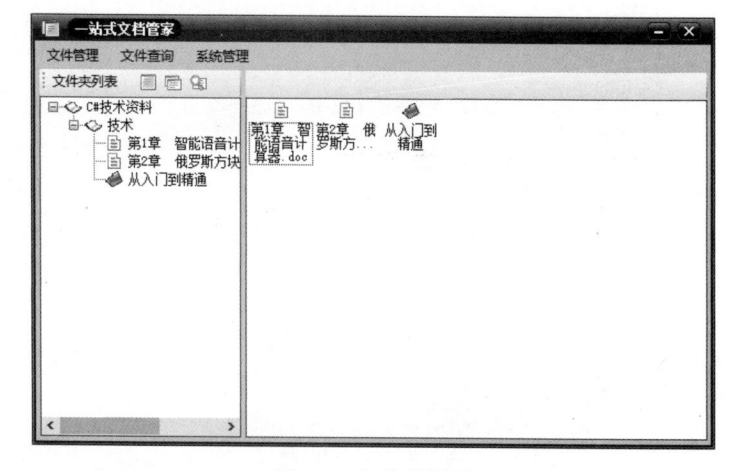

图 5.3 主窗体界面

表 5.3 主窗体主要用到的控件

控件类型	控件名称	主要属性设置	用途
Panel	panel_Title	BackGroundImage 设为指定的图片	窗体标题栏
		Dock 属性设为 Top	
	panel_Back	BackGroundImage 设为指定的图片	窗体的背景
		Dock 属性设为 Fill	
	panel_Find	BackGroundImage 设为指定的图片	放置查找信息的容器
MenuStrip	menuStrip1	在 Items 属性中设置下拉列表项	主窗体的下拉列表
SplitContainer	splitContainer1	默认设置	窗体分割的容器
ToolStrip	toolStrip_Left	在 Items 属性中设置按钮项	切换及查询按钮
ListView	listView_List	BorderStyle 属性设为 FixedSingle	显示资料集列表
	listView_All	BorderStyle 属性设为 FixedSingle	显示文件和文件夹
		Dock 属性设为 Fill	
TreeView	treeView_File	BorderStyle 属性设为 FixedSingle	显示文件夹列表
		ImageList 属性设为 image_List	在各结点的前面显示图标
ContextMenuStrip	contextMenuStrip_Tree	在 Items 属性中设置下拉项	文件夹列表的快捷方式
ImageList	image_List	Images 属性添加图标	存储文件或文件夹的图标

> **说明**
> 将 menuStrip1 和 contextMenuStrip_Tree 控件的添加、修改、删除命令项的 Tag 属性分别设为 0、1、2，将导入目录、导出目录、导出文件的 Tag 属性分别设为 0、1、2。这样，可以通过 Tag 属性值在一个窗体中执行多个操作。

5.6.3 主窗体的显示

在 Frm_FileMain 窗体的 Load 事件中，首先动态调用登录窗体，当登录窗体的返回值为 OK 时（登录成功），调用主窗体中资料集按钮的单击事件，显示资料集的信息。Frm_FileMain 窗体的 Load 事件关键代码如下：

```
private void Frm_FileMain_Load(object sender, EventArgs e)
{
    Frm_Login FrmLogin = new Frm_Login();              //实例化 Frm_Login 窗体
    FrmAClass.FrmSetUp(FrmLogin);                      //调用自定义方法 FrmSetUp()，对 Frm_Login 窗体进行设置
    if (FrmLogin.ShowDialog() == DialogResult.OK)      //显示窗体
        toolS_List_Click(sender, e);                   //调用 toolS_List 按钮的单击事件，显示资料集列表
}
```

5.6.4 设置主窗体标题栏

为了使主窗体更加美观，用 panel 控件制作了一个窗体标题栏，这样就必须在窗体显示时，去掉窗体的边框。可以在窗体的 Shown 事件中调用自定义方法 FrmSetUp()，去除窗体的边框，并使窗体居中显示。Frm_FileMain 窗体的 Shown 事件关键代码如下：

```
private void Frm_FileMain_Shown(object sender, EventArgs e)
{
    FrmAClass.FrmSetUp(this);                          //调用自定义方法 FrmSetUp()，对当前窗体进行设置
}
```

5.6.5 动态切换资料集列表和文件夹列表

为了在主窗体中动态切换资料集列表和文件夹列表，设置了两个切换按钮，分别是▣（toolS_List）按钮和▣（toolS_File）按钮。这两个按钮调用的是同一个自定义方法，下面以 toolS_File 按钮为例说明其具体操作。toolS_File 按钮的 Click 事件关键代码如下：

```csharp
private void toolS_File_Click(object sender, EventArgs e)
{
    //当 TreeAndList()方法的第 3 个参数值为 true 时，显示的是资料集列表
    FrmAClass.TreeAndList(listView_List, treeView_File, false);      //显示文件夹列表
    tool_text.Text = "文件夹列表      ";
}
```

5.6.6 查看文件夹或资料集

当双击资料集列表的一个选项时，将根据该选项的值，在文件夹列表框中添加相应的文件夹，并显示文件夹列表框。listView_List 控件的 DoubleClick 事件关键代码如下：

```csharp
private void listView_List_DoubleClick(object sender, EventArgs e)
{
    if (listView_List.SelectedItems != null)                         //当有选中项时，执行操作
    {
        //用静态全局变量 BaseNode，记录当前资料集的名称
        FileMS.ModuleClass.FrmAffairClass.BaseNode = listView_List.SelectedItems[0].SubItems[0].Text.Trim();
        //在文件夹列表中添加根结点
        FrmAClass.ShowTree(treeView_File, FileMS.ModuleClass.FrmAffairClass.BaseNode);
        toolS_File_Click(sender, e);                                 //显示文件夹列表
    }
}
```

在用鼠标（右键或左键）单击 treeView_File 控件的结点时，通过调用自定义方法 Show_AllFile()在 listView_All 控件中显示当前结点下的所有子文件夹和文件，并记录当前结点的名称和 ID 号，便于对结点进行添加、修改、删除和查询等操作。treeView_File 控件的 NodeMouseClick 事件关键代码如下：

```csharp
private void treeView_File_NodeMouseClick(object sender, TreeNodeMouseClickEventArgs e)
{
    if (e.Button == MouseButtons.Right)                              //当用鼠标右键单击结点时
    {
        //将鼠标右键单击的结点设为选中结点
        ((TreeView)sender).SelectedNode = ((TreeView)sender).GetNodeAt(e.X, e.Y);
    }
    e.Node.SelectedImageIndex = e.Node.ImageIndex;                   //设置选中结点的图标
    //在 listView_All 控件中显示当前结点下的所有子文件夹和文件
    FrmAClass.Show_AllFile(int.Parse(e.Node.Tag.ToString()), e.Node.Text, listView_All, 0);
    FileMS.ModuleClass.FrmAffairClass.Redact_N = e.Node.Text;        //记录当前结点的名称
    FileMS.ModuleClass.FrmAffairClass.Redact_M = e.Node.Tag.ToString();  //记录当前结点的 ID 号
    FileMS.ModuleClass.FrmAffairClass.BaseNode = "";
}
```

在 treeView_File 控件的结点上双击鼠标时，如果当前结点是文件夹，则展开当前结点，显示子文件夹和文件；如果当前结点是文件，则打开该文件。treeView_File 控件的 NodeMouseDoubleClick 事件关键代码如下：

```csharp
private void treeView_File_NodeMouseDoubleClick(object sender, TreeNodeMouseClickEventArgs e)
{
    FrmAClass.Show_AllFile(int.Parse(e.Node.Tag.ToString()), e.Node.Text, listView_All,2);
}
```

在 treeView_File 控件中展开结点时，在该结点的下面添加相应的子结点，也就是显示当前文件夹下的子文件夹和文件。treeView_File 控件的 AfterExpand 事件关键代码如下：

```
private void treeView_File_AfterExpand(object sender, TreeViewEventArgs e)
{
    FrmAClass.ADD_TreeNode(treeView_File, e.Node);      //添加子结点
    e.Node.ImageIndex = 1;                               //设置当前结点的图标
}
```

5.6.7 查找文件功能的实现

要想在文件夹列表中进行文件查询，可以单击 🔍（toolS_Find）按钮显示查询对话框。toolS_Find 按钮的 Click 事件关键代码如下：

```
private void toolS_Find_Click(object sender, EventArgs e)
{
    if (tool_text.Text == "文件夹列表")                   //当文件夹列表显示时，才可以进行查询
        panel_Find.Visible = !panel_Find.Visible;        //动态设置 panel_Find 控件是否显示
}
```

在查询对话框中输入要查询的文件名后，单击"查询"按钮便可以在指定文件夹下进行查找。"查询"按钮的 Click 事件代码如下：

```
private void panel_F_Click(object sender, EventArgs e)
{
    FrmAClass.Find_File(listView_All, textBox_FName.Text.Trim());    //查找文件
}
```

5.7 文件夹操作窗体设计

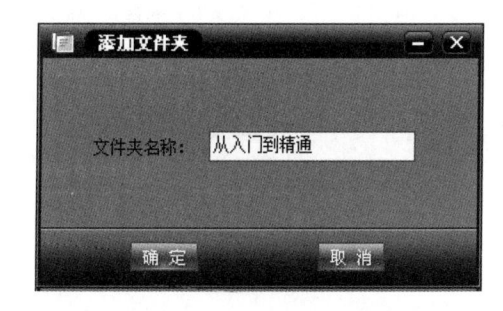

5.7.1 文件夹操作窗体概述

文件夹操作窗体用于对主窗体中的文件夹进行添加、修改和删除操作，该窗体的标题栏根据不同的操作进行相应的改变。文件夹操作窗体的运行效果如图 5.4 所示。

5.7.2 设计文件夹操作窗体

在创建的 TransferForm 文件夹中新建一个 Windows 窗体，命名为 F_Folder.cs，用于实现文件夹添加、修改、删除功能，该窗体主要用到的控件及属性设置如表 5.4 所示。

图 5.4 文件夹操作窗体

表 5.4 文件夹操作窗体主要用到的控件及属性设置

控 件 类 型	控件 ID	主要属性设置	用　　途
Panel	panel_Title	BackGroundImage 设为指定的图片	窗体标题栏
	panel_All	BackGroundImage 设为指定的图片	窗体的背景
	panel_OK	BackGroundImage 设为指定的图片	确定按钮
Label	label_Name	Text 属性设为"文件夹名称："	文本框的说明文字
TextBox	textBox_Name	Visible 属性设为 false	输入添加和修改值的文本框

5.7.3 初始化文件夹操作窗体

在 Frm_Folder 窗体的 Load 事件中,首先获取背景图片在程序中的路径,然后根据全局变量 Redact_T 和 Tag 属性的值组合成图片名称,动态设置 panel_Title 控件的背景图片,最后根据 Tag 属性值对窗体中控件的显示状态进行设置。Frm_Folder 窗体的 Load 事件关键代码如下:

```csharp
private void Frm_Folder_Load(object sender, EventArgs e)
{
    string photoDir = "";                                           //存储图片的路径
    //返回可执行文件的上一级文件夹
    lmadir = FrmAClass.UpAndDown_Dir(System.AppDomain.CurrentDomain.BaseDirectory);
    lmadir = FrmAClass.UpAndDown_Dir(lmadir);                       //返回指定文件夹的上一级文件夹
    lmadir = FrmAClass.UpAndDown_Dir(lmadir);                       //返回指定文件夹的上一级文件夹
    photoDir = lmadir;                                              //存储可执行文件的上三级文件夹
    FrmAClass.Clarity(panel_All.Controls);                          //调用自定义方法,使 Label 控件透明
    //将指定路径下的图片设为背景图片
    panel_Title.BackgroundImage = Image.FromFile(photoDir + "\\Image\\" +
        ModuleClass.FrmAffairClass.Redact_T + this.Tag.ToString() + ".JPG");
    if (ModuleClass.FrmAffairClass.Redact_T == "F")                 //如果当前操作的是文件夹
        lmadir = ModuleClass.FrmAffairClass.Redact_D;               //获取当前文件夹的目录
    if (ModuleClass.FrmAffairClass.Redact_T == "T")                 //如果当前操作的是资料集
        L_Name = "资料集";
    else
        L_Name = "文件夹";
    switch (int.Parse(this.Tag.ToString()))
    {
        case 0:                                                     //文件夹和资料集的添加操作
            {
                label_Name.Text = L_Name + "名称:";
                textBox_Name.Visible = true;
                textBox_Name.Clear();
                break;
            }
        case 1:                                                     //文件夹和资料集的修改操作
            {
                label_Name.Text = L_Name + "名称:";
                textBox_Name.Visible = true;
                textBox_Name.Text = ModuleClass.FrmAffairClass.Redact_N;
                break;
            }
        case 2:                                                     //文件夹和资料集的删除操作
            {
                label_Name.Text = L_Name + "包含多个子文件夹及文件,\n 是否还要删除。";
                textBox_Name.Visible = false;
                break;
            }
    }
}
```

5.7.4 实现文件夹的添加、修改和删除功能

当用户在 textBox_Name 控件中输入完要添加或修改的文件夹名称后,单击"确定"按钮,程序会首先添加或者修改指定的文件夹,然后在数据库中执行插入或者修改数据操作;如果用户是执行了删除文件夹操作,单击"确定"按钮时,程序只需要在数据库中将相应的文件夹路径删除即可。"确定"按钮的 Click 事件代码如下:

```csharp
private void panel_OK_Click(object sender, EventArgs e)
{
    string Bsql = "";                                               //存储 SQL 语句
    string dir = "";                                                //存储创建或修改后的文件夹路径
    int PID = 0;                                                    //记录当前文件夹的 ID 号
```

```
int nType = 0;                                              //记录当前文件夹的类型
if (ModuleClass.FrmAffairClass.Redact_T == "T")
    nType = 2;                                              //当前为资料集
if (ModuleClass.FrmAffairClass.Redact_T == "F")
    nType = 1;                                              //当前为文件夹
Odir = ModuleClass.FrmAffairClass.Redact_D;                 //获取当前文件夹的路径
int n = 0;
//如果当前是添加或修改操作
if (int.Parse(this.Tag.ToString())==0 || int.Parse(this.Tag.ToString())==1)
{
    if (textBox_Name.Text == "")                            //当文本框为空时
    {
        MessageBox.Show(L_Name + "名称不能为空。");
        return;
    }
}
switch (int.Parse(this.Tag.ToString()))
{
    case 0:                                                 //文件夹或资料集的添加操作
        {
            if (ModuleClass.FrmAffairClass.Redact_T == "T") //如果当前操作的是资料集
            {
                //获取资料集的指定路径
                Odir = Imadir + "\\Files\\" + textBox_Name.Text.Trim();
                PID = 0;                                    //设置资料集的辅 ID 号
            }
            if (ModuleClass.FrmAffairClass.Redact_T == "F") //如果当前操作的是文件夹
            {
                Odir = Imadir + "\\" + textBox_Name.Text.Trim();  //获取文件夹的所在路径
                //获取创建文件夹父级的 ID 号
                PID = int.Parse(ModuleClass.FrmAffairClass.Redact_M);
            }
            //存储添加操作的 SQL 语句
            Bsql = "insert into tb_NodesName (NodePID,NodeName,NodePath,NodeType,
                NodeSign) values(" + PID + ",'" + textBox_Name.Text + "','" + Odir + "'," + nType + "," +
                ModuleClass.FrmAffairClass.UserSign + ")";
            break;
        }
    case 1:                                                 //文件夹或资料集的修改操作
        {
            //设置修改后的文件夹路径
            dir = FrmAClass.UpAndDown_Dir(ModuleClass.FrmAffairClass.Redact_D) + "\\" +
                textBox_Name.Text.Trim();
            Odir = ModuleClass.FrmAffairClass.Redact_D;     //获取原文件夹的路径
            //存储修改操作的 SQL 语句
            Bsql = "update tb_NodesName set NodeName='" + textBox_Name.Text +
                "',NodePath='" + dir + "' where NodeID='" + ModuleClass.FrmAffairClass.Redact_M + "'";
            break;
        }
    case 2:                                                 //文件夹或资料集的删除操作
        {
            dir = ModuleClass.FrmAffairClass.Redact_D;      //获取要删除文件夹的路径
            Odir = dir;
            Bsql = "delete tb_NodesName where NodeID=" + ModuleClass.
                FrmAffairClass.Redact_M;                    //存储删除操作的 SQL 语句
            break;
        }
}
//调用自定义方法 Folder_Handle(), 对文件夹进行相应的操作
n = FrmAClass.Folder_Handle(Odir,"", textBox_Name.Text.Trim(), int.Parse(this.Tag.ToString()));
if (n == 1)                                                 //当返回值为 1 时，操作失败
{
    DialogResult = DialogResult.Cancel;                     //将当前窗体的对话框返回值设为 Cancel
}
else
{
    dataclass.getsqlcom(Bsql);                              //执行 SQL 语句
    if (int.Parse(this.Tag.ToString()) > 0 && n == 0)       //如果执行的是修改和删除操作
    {
```

```csharp
            //修改当前操作文件夹所关联的其他文件夹或文件的路径
            FrmAClass.DFiles_CleanUp(Odir, dir, int.Parse(this.Tag.ToString()));
        }
        if (int.Parse(this.Tag.ToString()) == 0)                //如果执行的是添加操作
        {
            //查找待添加文件夹的 ID 号
            DataSet DS = dataclass.getDataSet("select max(NodeID) from tb_NodesName","tb_NodesName");
            //存储待添加文件夹的 ID 号
            ModuleClass.FrmAffairClass.Redact_M = DS.Tables[0].Rows[0][0].ToString();
            //存储待添加文件夹的名称
            ModuleClass.FrmAffairClass.Redact_N = textBox_Name.Text.Trim();
        }
        if (int.Parse(this.Tag.ToString()) == 1)                //如果执行的是修改操作
            //存储修改后的文件夹的名称
            ModuleClass.FrmAffairClass.Redact_N = textBox_Name.Text.Trim();
        DialogResult = DialogResult.OK;                         //将当前窗体的对话框返回值设为 OK
    }
    Close();                                                    //退出当前窗体
}
```

5.8 文件操作窗体设计

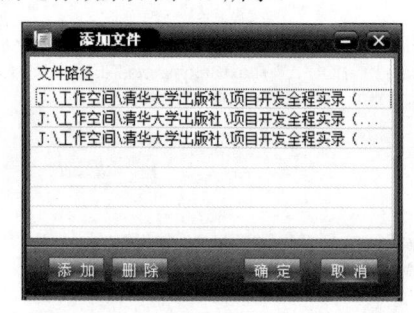

5.8.1 文件操作窗体概述

文件操作窗体用于对主窗体中的文件进行修改、删除和批量添加的操作，该窗体的标题栏根据不同的操作进行相应的改变。文件操作窗体的运行效果如图 5.5 所示。

图 5.5 文件操作窗体

5.8.2 设计文件操作窗体

在创建的 TransferForm 文件夹中新建一个 Windows 窗体，命名为 F_File.cs，用于实现文件的添加、修改、删除功能，该窗体主要用到的控件及属性设置如表 5.5 所示。

表 5.5 文件操作窗体主要用到的控件及属性设置

控件类型	控件 ID	主要属性设置	用途
Panel	panel_Title	BackGroundImage 设为指定的图片	窗体标题栏
	panel_All	BackGroundImage 设为指定的图片	窗体的背景
	panel_OK	BackGroundImage 设为指定的图片	确定按钮
Label	label_Name	Text 属性设为 "文件名称："	文本框的说明文字
TextBox	textBox_Name	Visible 属性设为 false	输入添加和修改值的文本框
ListView	listView_Dir	默认设置	用于记录添加的文件路径
OpenFileDialog	openFileDialog1	默认设置	用于获取文件路径

5.8.3 初始化文件操作窗体

在 F_File 窗体的 Load 事件中，首先获取背景图片在程序中的路径。然后根据全局变量 Redact_T 和 Tag 属性的值组合成图片名称，动态设置 panel_Title 控件的背景图片。最后根据 Tag 属性值对窗体中的控件的显示状态进行设置。F_File 窗体的 Load 事件关键代码如下：

```csharp
private void F_File_Load(object sender, EventArgs e)
{
    bool show_bool = true;                                  //定义一个 bool 型的变量
    if (int.Parse(this.Tag.ToString())==0)                  //如果当前操作为添加操作
        show_bool = true;
    else
        show_bool = false;
    string photoDir = "";                                   //定义一个字符串变量
    //获取可执行文件的上一级文件夹
    Imadir = FrmAClass.UpAndDown_Dir(System.AppDomain.CurrentDomain.BaseDirectory);
    Imadir = FrmAClass.UpAndDown_Dir(Imadir);               //获取指定文件夹的上一级文件夹
    Imadir = FrmAClass.UpAndDown_Dir(Imadir);               //获取指定文件夹的上一级文件夹
    photoDir = Imadir;
    listView_Dir.Visible = show_bool;                       //设置该控件是显示状态
    panel_ADD.Visible = show_bool;                          //设置该控件是显示状态
    textBox_Name.Visible = !show_bool;                      //设置该控件是显示状态
    label_Name.Visible = !show_bool;                        //设置该控件是显示状态
    //设置该控件的背景图片
    panel_Title.BackgroundImage = Image.FromFile(photoDir + "\\Image\\" + ModuleClass.FrmAffairClass.Redact_T
        + this.Tag.ToString() + ".JPG");
    switch (int.Parse(this.Tag.ToString()))
    {
        case 0:                                             //文件的添加操作
        {
            listView_Dir.Items.Clear();                     //清空所有项的集合
            listView_Dir.Columns.Clear();                   //清空所有列的集合
            listView_Dir.GridLines = true;                  //在各数据之间形成网格线
            listView_Dir.View = View.Details;               //显示列名称
            listView_Dir.FullRowSelect = true;              //在单击某项时，对其进行选中
            //设置列标头的名称及大小
            listView_Dir.Columns.Add("文件路径", listView_Dir.Width - 5, HorizontalAlignment.Center);
            break;
        }
        case 1:                                             //文件的修改操作
        {
            label_Name.Text = "文件名称: ";
            //显示要修改文件的名称
            textBox_Name.Text = FileMS.ModuleClass.FrmAffairClass.Redact_N;
            break;
        }
        case 2:                                             //文件的删除操作
        {
            textBox_Name.Visible = show_bool;               //设置该控件的显示状态
            label_Name.Text = "是否删除 " + FileMS.ModuleClass.FrmAffairClass.Redact_N + " 文件?";
            break;
        }
    }
    FrmAClass.Clarity(panel_All.Controls);                  //使 Label 控件透明
}
```

5.8.4 实现添加文件列表

当用户要添加文件时，单击"添加"按钮，将弹出"打开"对话框，在该对话框中选择要添加的文件，单击"打开"按钮，将文件的路径添加到 listView_Dir 控件中。"添加"按钮的 Click 事件关键代码如下：

```csharp
private void panel_ADD_Click(object sender, EventArgs e)
{
    if (openFileDialog1.ShowDialog() == DialogResult.OK)             //如果选择了文件
    {
        string Fdir = openFileDialog1.FileName;                       //获取选择文件的路径
        //查找 listView_Dir 控件中是否已有该文件
        for (int i = 0; i < listView_Dir.Items.Count; i++)
        {
            if (Fdir == listView_Dir.Items[i].Text)                   //如果有，退出本次操作
            {
                MessageBox.Show("该文件已存在，无法添加。");
                return;
            }
        }
        ListViewItem lvi = new ListViewItem(Fdir);                    //实例化一个项
        listView_Dir.Items.Add(lvi);                                  //添加列信息
    }
}
```

5.8.5 实现文件的添加、修改和删除功能

当用户设置完文件的添加、修改、删除操作后，单击"确定"按钮，程序将根据窗体的 Tag 属性值进行相应的操作，并根据操作结果修改数据库。"确定"按钮的 Click 事件关键代码如下：

```csharp
private void panel_OK_Click(object sender, EventArgs e)
{
    string sdir = "";                                                 //原文件夹
    string ddir = "";                                                 //目的文件夹
    int m = int.Parse(this.Tag.ToString());                           //当前操作的标识
    int n = -1;                                                       //是否修改成功
    int PID = int.Parse(FileMS.ModuleClass.FrmAffairClass.Redact_M);  //操作结点的 ID 号
    switch (m)
    {
        case 0:                                                       //文件的添加操作
            {
                if (listView_Dir.Items.Count > 0)                     //当要复制的文件不为空时
                {
                    //清空所有项的集合
                    FileMS.ModuleClass.FrmAffairClass.ADD_LV.Items.Clear();
                    //清空所有列的集合
                    FileMS.ModuleClass.FrmAffairClass.ADD_LV.Columns.Clear();
                    //在各数据之间形成网格线
                    FileMS.ModuleClass.FrmAffairClass.ADD_LV.GridLines = true;
                    //显示列名称
                    FileMS.ModuleClass.FrmAffairClass.ADD_LV.View = View.Details;
                    FileMS.ModuleClass.FrmAffairClass.ADD_LV.Columns.Add("文件名", 80,
                        HorizontalAlignment.Center);                  //设置列标头的名称及大小
                    //循环添加文件
                    for (int i = 0; i < listView_Dir.Items.Count; i++)
                    {
                        sdir = listView_Dir.Items[i].Text;            //获取待添加文件的路径
                        ddir = FileMS.ModuleClass.FrmAffairClass.Redact_D + "\\" + FrmAClass.
                            Files_Name(sdir, m);                      //设置目标文件的路径
                        //调用自定义方法 Folder_Handle(), 进行文件的复制
                        n = FrmAClass.Folder_Handle(ddir, sdir, "", m);
                        if (n == 1)                                   //当文件复制操作失败时
                            MessageBox.Show(FrmAClass.Files_Name(sdir, m)
                                + " 文件无法进行复制，将进行其他文件的复制操作");
                        else
                        {
                            //记录文件信息添加数据库的 SQL 语句
                            sdir = "insert into tb_NodesName (NodePID,NodeName,NodePath,
                                NodeType,NodeSign) values(" + PID + ",'" + FrmAClass.Files_Name(sdir, m) + "',
                                '" + ddir + "'," + m + "," + ModuleClass.FrmAffairClass.UserSign + ")";
```

```csharp
                    dataclass.getsqlcom(sdir);                          //执行 SQL 语句
                    //查找已添加文件的 ID 号
                    DataSet DS = dataclass.getDataSet(
                        "select max(NodeID) from tb_NodesName", "tb_NodesName");
                    //将复制成功的文件名和 ID 号添加到全局静态类 ADD_LV 中
                    ListViewItem lvi = new ListViewItem(FrmAClass.Files_Name(ddir, m));
                    //记录当前文件在数据表中的 ID 号
                    lvi.Tag = int.Parse(DS.Tables[0].Rows[0][0].ToString());
                    FileMS.ModuleClass.FrmAffairClass.ADD_LV.Items.Add(lvi);    //添加列信息
                }
                DialogResult = DialogResult.OK;                         //将当前窗体的对话框返回值设为 OK
            }
        }
        else
        {
            MessageBox.Show("添加的文件不能为空。");
        }
        break;
    }
    case 1:                                                             //文件的修改操作
    {
        ddir = ModuleClass.FrmAffairClass.Redact_D;                     //获取原文件的路径
        //获取修改后文件的路径
        sdir = FrmAClass.UpAndDown_Dir(ModuleClass.FrmAffairClass.Redact_D) +
            "\\" + textBox_Name.Text.Trim();
        //设置修改文件的 SQL 语句
        sdir = "update tb_NodesName set NodeName='" + textBox_Name.Text + "',
            NodePath='" + sdir + "' where NodeID=" + ModuleClass.FrmAffairClass.Redact_M + "'";
        break;
    }
    case 2:                                                             //文件的删除操作
    {
        ddir = ModuleClass.FrmAffairClass.Redact_D;                     //获取待删除文件的路径
        //设置删除文件的 SQL 语句
        sdir = "delete tb_NodesName where NodeID=" + ModuleClass.FrmAffairClass.Redact_M;
        break;
    }
}
if (m > 0)                                                              //如果当前操作为修改或删除文件
{
    //调用自定义方法 Folder_Handle(), 对文件进行操作
    n = FrmAClass.Folder_Handle(ddir, "", textBox_Name.Text.Trim(), m);
    if (n == 1)                                                         //如果操作失败
    {
        DialogResult = DialogResult.Cancel;                             //将当前窗体的对话框返回值设为 Cancel
    }
    else
    {
        dataclass.getsqlcom(sdir);                                      //执行 SQL 语句
        if (m == 1)                                                     //如果是修改操作，记录修改后的文件名称
            ModuleClass.FrmAffairClass.Redact_N = textBox_Name.Text;
        DialogResult = DialogResult.OK;                                 //将当前窗体的对话框返回值设为 OK
    }
}
Close();
}
```

5.9 导入导出窗体设计

5.9.1 导入导出窗体概述

导入导出窗体的主要功能是对主窗体选中的文件夹（文件）进行导出操作，或向该文件夹下导入指定

目录的文件夹（文件），并在操作完成后对数据库中的信息进行批量修改。导入导出窗体运行效果如图 5.6 所示。

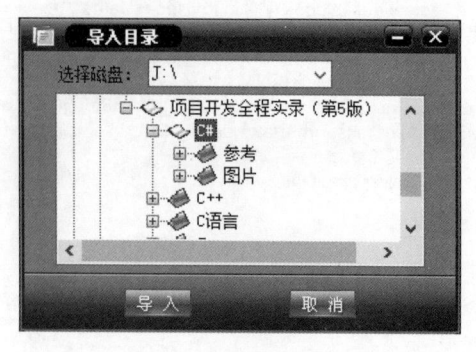

图 5.6　导入导出窗体

5.9.2　设计导入导出窗体

在创建的 TransferForm 文件夹中新建一个 Windows 窗体，命名为 F_InOut.cs，用于实现文件夹（文件）的导入导出功能，该窗体用到的主要控件及属性设置如表 5.6 所示。

表 5.6　导入导出窗体主要用到的控件及属性设置

控件类型	控件名称	主要属性设置	用途
Panel	panel_Title	BackGroundImage 设为指定的图片	窗体标题栏
	panel_All	BackGroundImage 设为指定的图片	窗体的背景
	panel_Guide	BackGroundImage 设为指定的图片	导入按钮
Label	label_Disk	Text 属性设为 "选择磁盘："	文本框的说明文字
ComboBox	comboBox_Disk	默认设置	用于记录添加的文件路径
ImageList	imageList_Tree	在 Images 属性中添加图标	存储结点图标
TreeView	treeView_Forder	PathSeparator 属性设为 "\\"	设置路径字符串分隔符
		ImageList 属性设为 imageList_Tree	设置结点的图标

5.9.3　初始化导入导出窗体

在 F_InOut 窗体的 Load 事件中，首先获取背景图片在程序中的路径，然后根据全局变量 Redact_T 和 Tag 属性的值组合成图片名称，动态设置 panel_Title 控件的背景图片，根据 Tag 属性值设置窗体中按钮的背景图片。最后根据自定义方法 Drive_Name()向 comboBox_Disk 控件中添加本地计算机的驱动器名称。F_InOut 窗体的 Load 事件关键代码如下：

```
private void F_InOut_Load(object sender, EventArgs e)
{
    //获取可执行文件的上一级文件夹
    Imadir = FrmAClass.UpAndDown_Dir(System.AppDomain.CurrentDomain.BaseDirectory);
    Imadir = FrmAClass.UpAndDown_Dir(Imadir);            //获取指定文件夹的上一级文件夹
    Imadir = FrmAClass.UpAndDown_Dir(Imadir);            //获取指定文件夹的上一级文件夹
    //设置作为标题栏控件的背景图片
    panel_Title.BackgroundImage = Image.FromFile(Imadir + "\\Image\\" +
        ModuleClass.FrmAffairClass.Redact_T + this.Tag.ToString() + ".JPG");
    m = int.Parse(this.Tag.ToString());                  //存储当前的操作状态
    int Gu = 0;                                          //记录按钮的图片号
    if ((m + 3) > 3)
        Gu = 4;
```

```
        else
            Gu = 3;
        panel_Guide.BackgroundImage = Image.FromFile(Imadir + "\\Image\\" +             //设置按钮的背景图片
            ModuleClass.FrmAffairClass.Redact_T + Gu.ToString() + ".JPG");
        FrmAClass.Drive_Name(comboBox_Disk);                                             //调用 Drive_Name()方法获取本地驱动器名称
}
```

5.9.4 显示指定目录下的文件夹

当 comboBox_Disk 控件的 Text 值改变时，调用自定义方法 SubForders()获取根目录中的所有文件夹名称，并显示在 treeView_Forder 控件中，comboBox_Disk 控件的 TextChanged 事件关键代码如下：

```
private void comboBox_Disk_TextChanged(object sender, EventArgs e)
{
    //调用自定义方法 SubForders()显示指定目录下的文件夹
    FrmAClass.SubForders(((ComboBox)sender).Text, treeView_Forder, new TreeNode(""));
}
```

5.9.5 实现文件/文件夹的导入导出功能

在 treeView_Forder 控件中选中要导入或导出的结点后，单击按钮可完成文件夹（文件）的导入导出操作，关键代码如下：

```
private void panel_Guide_Click(object sender, EventArgs e)
{
    if (comboBox_Disk.Text.Trim() == "")                                    //当导入导出文件夹为空时
    {
        MessageBox.Show("文件夹不能为空。");
        return;
    }
    if (dir_Ok == "")                                                       //当该变量为空时
        dir_Ok = comboBox_Disk.Text;                                        //文件夹为根文件夹
    switch (m)
    {
        case 0:                                                             //导入文件夹操作
            {
                //调用自定义方法 Folder_Handle()进行导入导出操作，当第 3 个参数为"Data"时，对数据库进行操作
                FrmAClass.Folder_Handle(ModuleClass.FrmAffairClass.Redact_D + "\\" +
                    FrmAClass.Files_Name(dir_Ok, 1), dir_Ok, "data", 3);
                break;
            }
        case 1:                                                             //导出文件夹操作
            {
                FrmAClass.Folder_Handle(dir_Ok + "\\" + FrmAClass.Files_Name(ModuleClass.
                    FrmAffairClass.Redact_D, 1), ModuleClass.FrmAffairClass.Redact_D, "", 3);
                break;
            }
        case 2:                                                             //导出文件操作
            {
                FrmAClass.Folder_Handle(dir_Ok + FrmAClass.Files_Name(ModuleClass.
                    FrmAffairClass.Redact_D, 0), ModuleClass.FrmAffairClass.Redact_D, "", 0);
                break;
            }
    }
    DialogResult = DialogResult.OK;                                         //将当前窗体的对话框返回值设为 OK
}
```

5.10 项目运行

通过前述步骤，设计并完成了"一站式文档管家"项目的开发。下面运行该项目，检验一下我们的开发成果。使用 Visual Studio 打开一站式文档管家项目，单击工具栏中的"启动"按钮或者按 F5 快捷键，即可成功运行该项目。项目运行后首先显示系统登录窗体，输入正确的用户名和密码后，单击"确定"按钮，即可进入项目主窗体，效果如图 5.7 所示。在项目主窗体中，即可通过菜单对文件夹或者文件等进行添加、修改、删除、导入与导出等管理操作。

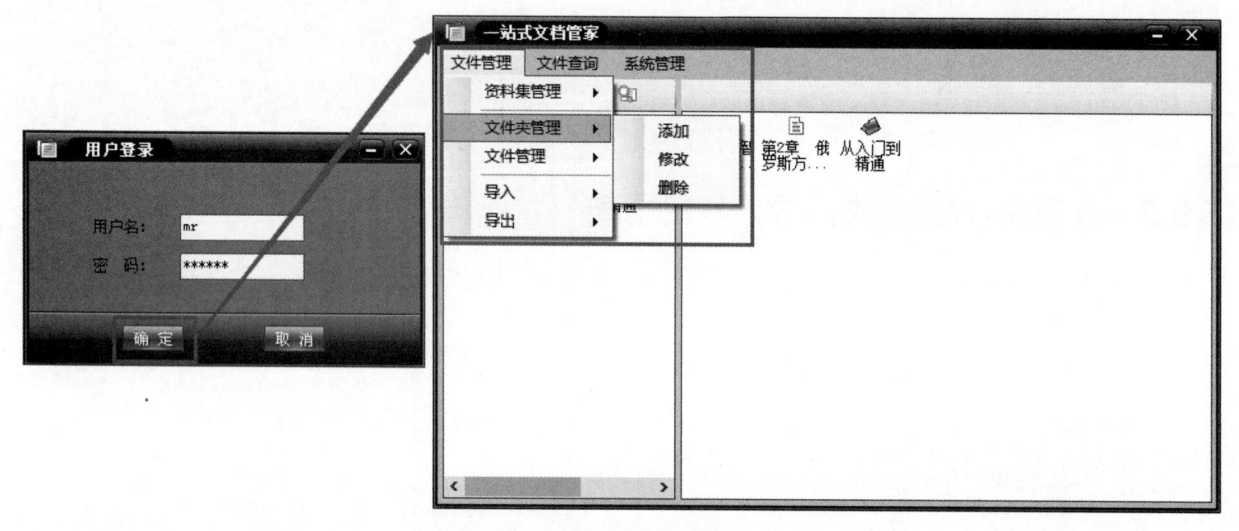

图 5.7 一站式文档管家

本章主要使用 C#实现了一个集文件/文件夹存储、分类、检索与管理功能于一体的一站式文档管家项目，其中包括使用 Directory 和 FileInfo 类来遍历、添加、修改、删除文件夹及文件，并且借助数据库操作技术将创建的文件夹及文件等信息存入数据库中，以便实现数据的持久化存储。另外，为了使界面美观，本项目中用到了 C#窗体技术中的 TreeView 树控件和无边框窗体设计技术。

5.11 源码下载

本章详细地讲解了如何编码实现"一站式文档管家"项目的主要功能。为了方便读者学习，本书提供了完整的项目源码，扫描右侧二维码即可下载。

第 6 章 飞鹰多线程下载器

——委托 + 异常处理 + 文件流 + 多线程 + 网络编程 + 断点续传技术

在日常的工作和生活中，人们经常需要下载一些应用软件或其他文件资料，有效使用下载软件显得尤为重要。本章将使用 C#开发一个仿迅雷的飞鹰多线程下载器，其不仅提供多线程下载的功能，还可以实现断点续传，使用户可以方便快捷地获得网络资源。

本项目的核心功能及实现技术如下：

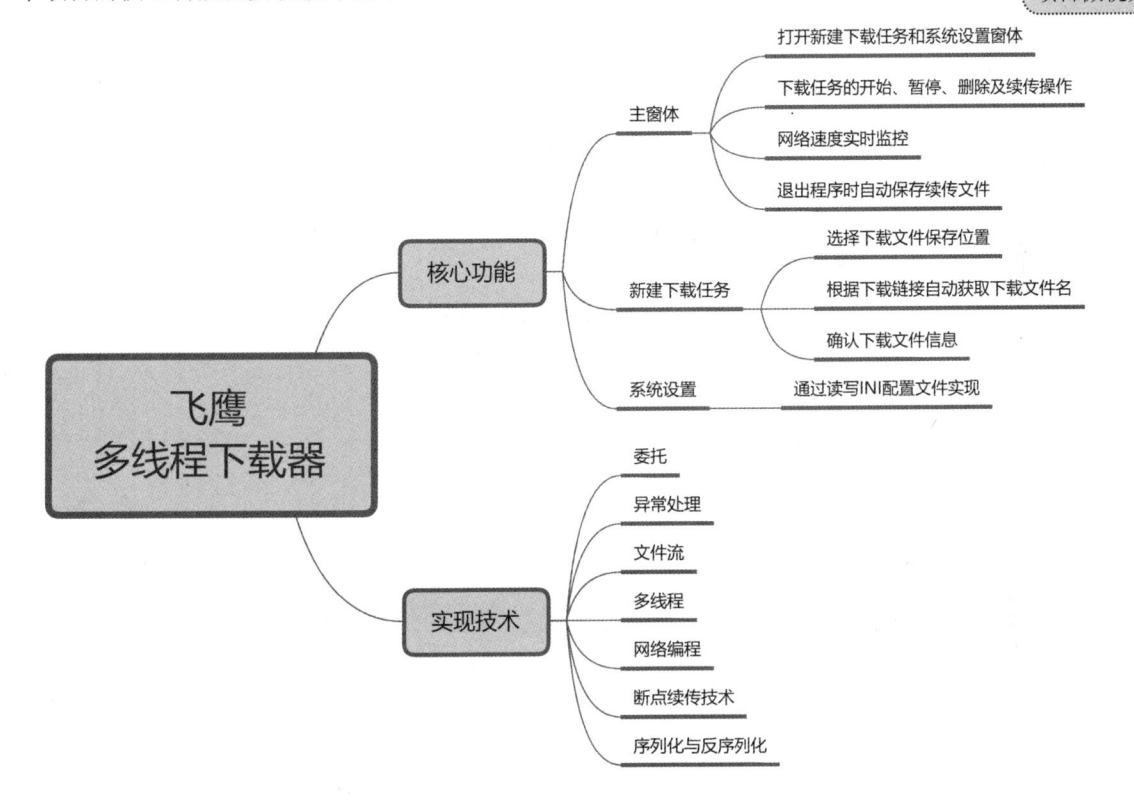

- 飞鹰多线程下载器
  - 核心功能
    - 主窗体
      - 打开新建下载任务和系统设置窗体
      - 下载任务的开始、暂停、删除及续传操作
      - 网络速度实时监控
      - 退出程序时自动保存续传文件
    - 新建下载任务
      - 选择下载文件保存位置
      - 根据下载链接自动获取下载文件名
      - 确认下载文件信息
    - 系统设置
      - 通过读写INI配置文件实现
  - 实现技术
    - 委托
    - 异常处理
    - 文件流
    - 多线程
    - 网络编程
    - 断点续传技术
    - 序列化与反序列化

6.1 开发背景

在当前的互联网环境下，用户十分重视文件的下载速度，尤其是对于大型文件（如高清视频、大型软件安装包等）。传统的单线程下载方式往往受限于服务器带宽或客户端网络条件，导致下载速度慢且易受网络波动影响，而采用多线程技术进行文件下载，可以有效解决这一问题，提高下载效率。C#作为一种流行的编程语言，有着强大的.NET 框架支持和丰富的类库资源，非常适合开发高性能的多线程应用程序。

本项目的实现目标如下：

☑ 基于 C#的 Thread 类实现多线程下载，每个线程负责下载文件的一个或多个部分，通过合理分配任务提高下载效率。

- ☑ 能够通过断点续传机制继续之前的下载进度。
- ☑ 使用 WinForm 技术开发用户交互界面，展示实时下载状态，并允许用户暂停、恢复或取消下载任务。
- ☑ 利用 HttpClient 或其他网络库发送 HTTP/HTTPS 请求，实现高效的文件分块请求与数据拼接。
- ☑ 可以根据网络状况和系统资源手动选择下载线程个数，避免过多线程导致的资源竞争和性能下降。
- ☑ 良好的错误处理机制，对下载过程中遇到的问题进行记录，并向用户提供友好的错误提示。

6.2 系统设计

6.2.1 开发环境

本项目的开发及运行环境如下：
- ☑ 操作系统：推荐 Windows 10、11 及以上。
- ☑ 开发工具：Visual Studio 2022。
- ☑ 开发语言：C#。

6.2.2 业务流程

飞鹰多线程下载器运行时，首先进入主窗体中。该窗体中加载时，会默认判断是否有需要下载或者续传的文件。如果有需要下载的文件，则对下载文件进行分析，并判断是否正在下载，根据判断结果，用户可以对其进行暂停、删除和继续操作；如果有续传的文件，则加载续传的配置文件，开始通过断点续传方式继续文件的下载，这时用户同样可以对其进行暂停、删除和继续操作。另外，在强制退出程序时，系统会默认保存续传配置文件。

本项目的业务流程如图 6.1 所示。

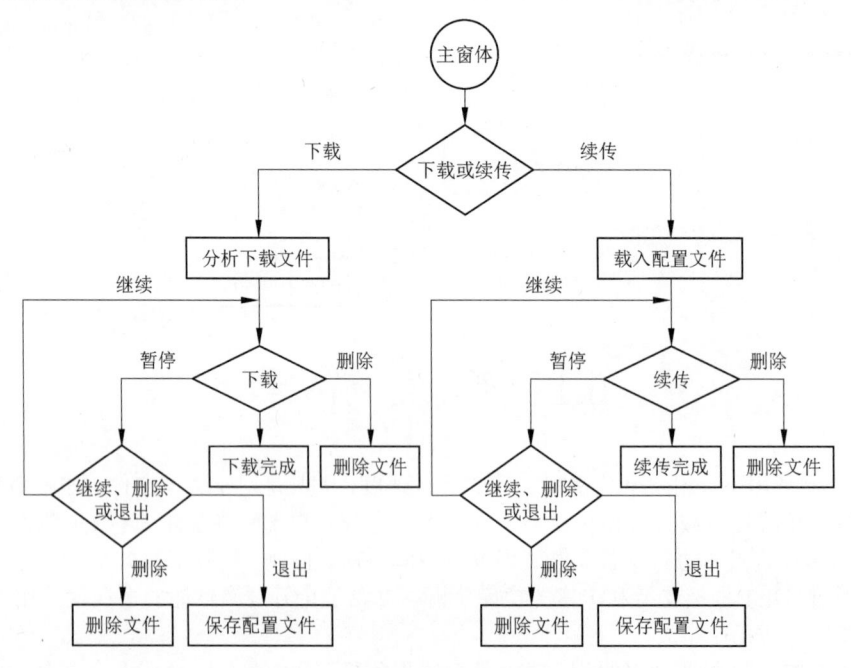

图 6.1 飞鹰多线程下载器业务流程

6.2.3 功能结构

本项目的功能结构已经在章首页中给出。作为一个高性能的多线程下载工具，本项目实现的具体功能如下：

- ☑ 主窗体模块：显示下载任务状态，对下载任务执行开始、暂停、删除及续传操作，实时显示网络上传、下载速度，打开新建下载任务窗体和系统设置窗体，退出时保存未下载完的续传文件。
- ☑ 新建下载任务模块：包括显示默认下载路径、选择下载文件保存位置、根据下载链接自动获取下载文件名、确认下载文件信息等功能。
- ☑ 系统设置模块：通过 INI 文件的读取和写入，实现常规设置、下载设置、消息提醒等功能。

6.3 技术准备

6.3.1 技术概览

- ☑ 委托：委托是一种引用方法的类型，用于封装方法的引用。一旦为委托分配了方法，委托将与该方法具有完全相同的行为。另外，.NET 中为了简化委托方法的定义，提出了匿名方法的概念。匿名方法允许一个与委托关联的代码被内联地写入使用委托的位置，这可以使得代码更加紧凑和直观，其语法格式如下：

```
delegate([参数列表])
{
    [代码块]
}
```

- ☑ 异常处理：异常处理用于处理应用程序中可能产生的错误或其他可能导致程序执行中断的异常情况。通过异常处理机制可以有效、快速地构建各种用来处理异常情况的程序代码。在 C#程序中，编程人员可以使用异常处理语句处理异常，主要的异常处理语句有 throw 语句、try…catch 语句和 try…catch…finally 语句。例如，本项目中在获取网络下载资源时，使用 try…catch 语句处理找不到下载文件时的异常，关键代码如下：

```
try
{
    //创建 HttpWebRequest 对象
    HttpWebRequest hwr = (HttpWebRequest)HttpWebRequest.Create(downloadUrl);
    //根据 HttpWebRequest 对象得到 HttpWebResponse 对象
    HttpWebResponse hwp = (HttpWebResponse)hwr.GetResponse();
    //得到下载文件的长度
    filelong = hwp.ContentLength;
    b_thread = GetBool(downloadUrl);
}
catch (WebException we)
{
    //向上一层抛出异常
    throw new WebException("未能找到文件下载服务器或下载文件，请添入正确下载地址！");
}
```

- ☑ 文件流：C#中有许多类型的流，但在处理文件输入/输出（I/O）时，最常用的类型为 FileStream 类，它提供了读取和写入文件的方式。FileStream 类公开以文件为主的 Stream，它表示在磁盘或网络路径上指向文件的流。一个 FileStream 类的实例实际上代表一个磁盘文件，通过其 Seek()方法可以对文件进行随机访问，而通过其 Write()方法可以实现数据的写入操作。例如，本项目在使用多线程下载文件时，下载完成后需要将下载的资源进行组合，从而生成最后的下载文件，这里就使用了

FileStream 流对象，关键代码如下：

```csharp
private void GetFile()
{
    FileStream fs = new FileStream(fileNameAndPath, FileMode.Create);    //创建文件流对象
    byte[] buffer = new byte[2000];                                       //创建缓冲区对象
    for (int i = 0; i < xiancheng; i++)                                   //遍历文件内容
    {
        FileStream fs2 = new FileStream                                   //创建文件流对象
            (string.Format(filepath + @"\" + filename + i.ToString()), FileMode.Open);
        int i2;                                                           //记数器
        while ((i2 = fs2.Read(buffer, 0, buffer.Length)) > 0)
            fs.Write(buffer, 0, i2);                                      //写入数据
        fs2.Close();                                                      //关闭流对象
    }
    fs.Close();                                                           //关闭流对象
}
```

☑ **多线程**：线程是操作系统分配处理器时间的基本单元，在一个进程中可以有多个线程同时执行代码，每个线程都维护异常处理程序、调度优先级和一组系统，用于在调度该线程前保存线程上下文的结构。C#使用 Thread 类对线程进行创建、暂停、恢复、休眠、终止及设置优先权等操作，该类位于 System.Threading 命名空间下。例如，本项目在使用多线程下载网络资源时，会判断待下载的资源是否支持多线程，因此需在 Thread 类的构造函数中确认待下载的网络资源是否能够正常响应，如果能正常响应，则开启线程，并将其添加到线程集合中，代码如下：

```csharp
Thread th = new Thread(                                                   //创建线程对象
    delegate()                                                            //匿名方法
    {
        try
        {
            //使用下载地址创建 HttpWebRequest 对象
            HttpWebRequest hwr = (HttpWebRequest)HttpWebRequest.Create(url);
            hwr.Timeout = 3000;                                           //设置超时时间为 3 秒
            //获取网络资源响应
            HttpWebResponse hwp = (HttpWebResponse)hwr.GetResponse();
            hwr.Abort();                                                  //取消响应
        }
        catch
        {
            count++;                                                      //临时变量值加 1
        }
    });
th.Name = i.ToString();                                                   //设置线程名称
th.IsBackground = true;                                                   //设置线程后台运行
th.Start();                                                               //开始线程
lth.Add(th);                                                              //将当前线程添加到线程集合中
```

☑ **网络编程**：本项目在下载网络资源时用到了网络编程中的 HttpWebRequest 类和 HttpWebResponse 类，它们都位于 System.Net 命名空间下。其中，HttpWebRequest 类对 HTTP 协议进行了完整封装，它允许开发者构造和发送 HTTP 请求，其专门用于处理 HTTP 请求；HttpWebResponse 类用于接收并处理来自服务器的 HTTP 响应，当使用 HttpWebRequest.GetResponse()方法发送请求后，将返回一个 HttpWebResponse 对象，该对象包含了服务器响应的所有细节。具体实现方法如下：首先使用 HttpWebRequest 类的 Create()方法创建 HttpWebRequest 请求对象，然后调用 HttpWebRequest 对象的 GetResponse()方法得到 HttpWebResponse 响应对象，并通过 HttpWebResponse 对象的 ContentLength 属性获取待下载资源的大小，代码如下：

```csharp
HttpWebRequest hwr = (HttpWebRequest)HttpWebRequest.Create(downloadUrl);  //创建 HttpWebRequest 对象
HttpWebResponse hwp = (HttpWebResponse)hwr.GetResponse();                 //创建 HttpWebResponse 对象
long filelong = hwp.ContentLength;                                        //得到下载文件的大小
```

接着使用 HttpWebResponse 响应对象的 GetResponseStream()方法获取下载数据的流对象，并通过流对

象的 Read()方法从流中读取下载资源。最后使用 FileStream 文件流对象的 Write()方法将读取到的资源写入文件中，从而实现下载文件的功能。关键代码如下：

```
Stream ss = hwp.GetResponseStream();                                //得到用于下载数据的流对象
byte[] buffer = new byte[10240];                                     //设置文件下载的缓冲区
FileStream fs = new FileStream(                                      //创建流对象存放当前每个线程下载的数据
    string.Format(filepath + @"\" + filename + System.Threading.Thread.CurrentThread.Name),
    FileMode.Create);
int i = 0;                                                           //记数器
while ((i = ss.Read(buffer, 0, buffer.Length)) > 0)                  //开始将下载的数据放入缓冲中
{
    fs.Write(buffer, 0, i);                                          //将缓冲中的数据写到本地文件中
}
```

有关 C#中的委托、异常处理、文件流、多线程、Socket 网络编程等知识在《C#从入门到精通（第 7 版）》中有详细的讲解，对这些知识不太熟悉的读者可以参考该书对应的内容。下面将对断点续传技术及其用到的序列化与反序列化技术进行必要介绍，以确保读者可以顺利完成本项目。

6.3.2 断点续传技术

断点续传是指在下载文件的过程中，记录每个线程下载的资源量，当文件正在下载，而用户却关闭了应用程序时，自动将文件下载量的记录保存到 cfg 配置文件中。用户如果要继续下载文件，可以手动选择配置文件，继续上一次的下载。下面讲解如何保存和读取续传信息。

1．保存续传信息

当飞鹰多线程下载器被关闭后，续传信息会自动保存到 cfg 文件中，本程序主要使用 C#中的序列化技术实现将续传信息保存到 cfg 文件中的功能，代码如下：

```
public void SaveState()
{
    BinaryFormatter bf = new BinaryFormatter();                      //创建二进制格式对象
    MemoryStream ms = new MemoryStream();                            //新建内存流对象
    bf.Serialize(ms, lli);                                           //将续传信息序列化到内存流中
    ms.Seek(0, SeekOrigin.Begin);                                    //将内存流中指针位置置零
    byte[] bt = ms.GetBuffer();                                      //从内存流中得到字节数组
    FileStream fs = new FileStream(fileNameAndPath + ".cfg", FileMode.Create);  //创建文件流对象
    fs.Write(bt, 0, bt.Length);                                      //向文件流中写入数据
    fs.Close();                                                      //关闭流对象
}
```

> **说明**
> 被序列化的对象，在定义对象的类型时，需要对类型使用[Serializable]属性（Attribute）标记。

2．读取续传信息

当用户想要断点续传某文件时，可以手动选择 cfg 配置文件，继续上一次的下载。那么如何读取 cfg 配置文件中的续传信息呢？这时需要使用 C#中的反序列化技术将 cfg 配置文件中的内容转换为内存数据，从而实现读取续传信息的功能。主要代码如下：

```
Stream sm = new FileStream(@"cfg 文件的位置", FileMode.Open);        //得到流对象
BinaryFormatter bf = new BinaryFormatter();                          //创建二进制格式对象
List<Locations> lli = (List<Locations>)bf.Deserialize(sm);           //得到续传文件的信息
```

6.3.3 序列化与反序列化

第 6.3.2 节在讲解断点续传技术时，提到了序列化和反序列化的概念，本节将对它们进行讲解。

C#中的序列化和反序列化是处理对象状态的重要机制，它们主要用于将对象转换为可以存储或传输的格式，以及将这些格式还原回原始对象。

1. 序列化（Serialization）

序列化是将对象实例的状态信息转换为可以存储或传输的格式（如字节流、XML 字符串或 JSON 文本）的过程，这使得对象可以被持久化保存到磁盘文件、数据库、网络流或其他媒介中。

在 C#中，要使一个类可以被序列化，通常需要标记类或其成员属性为[Serializable]特性。例如，本项目中定义记录续传信息的 Locations 类时，使用了[Serializable]进行标记，关键代码如下：

```
[Serializable]
public class Locations
{
}
```

要序列化数据，则需要使用相应数据格式的类。例如，对于二进制序列化，可以使用 BinaryFormatter 类；对于 XML 序列化，则可以使用 XmlSerializer 或 DataContractSerializer；对于 JSON 序列化，则通常使用 JsonSerializer。例如，本项目中使用 BinaryFormatter 类的 Serialize()方法对二进制数据进行序列化，关键代码如下：

```
BinaryFormatter bf = new BinaryFormatter();        //创建二进制格式对象
MemoryStream ms = new MemoryStream();              //新建内存流对象
bf.Serialize(ms, lli);                             //将续传信息序列化到内存流中
```

2. 反序列化（Deserialization）

反序列化是序列化过程的逆操作，即将序列化后的数据格式转换回原本的对象实例，这使得保存或传输的数据能够恢复为应用程序可以直接使用的对象形式。反序列化是基于序列化时使用的相同格式规则进行的，确保数据的准确还原。例如，本项目中使用 BinaryFormatter 类的 Deserialize()方法对序列化的二进制数据进行反序列化，关键代码如下：

```
BinaryFormatter bf = new BinaryFormatter();                        //创建二进制格式对象
List<Locations> lli = (List<Locations>)bf.Deserialize(sm);         //得到续传文件的信息
```

6.4 项目配置文件设计

在开发飞鹰多线程下载器时，将系统设置相关的值放到了一个 INI 配置文件中，主要包括软件是否开机启动、系统启动时是否自动开始未完成任务、默认的下载路径、网速限制、是否在下载任务完成后自动关机、是否定时关机、是否在下载完成时显示提示、是否在下载完成时播放提示音以及是否继续未完成下载任务等。在设置"是否"相关的值时，1 表示是，0 表示否。例如，将 Start 设置为 1，则表示开机自动启动软件；将 Start 设置为 0，表示开机不自动启动软件。INI 配置文件中各个字段的说明如图 6.2 所示。

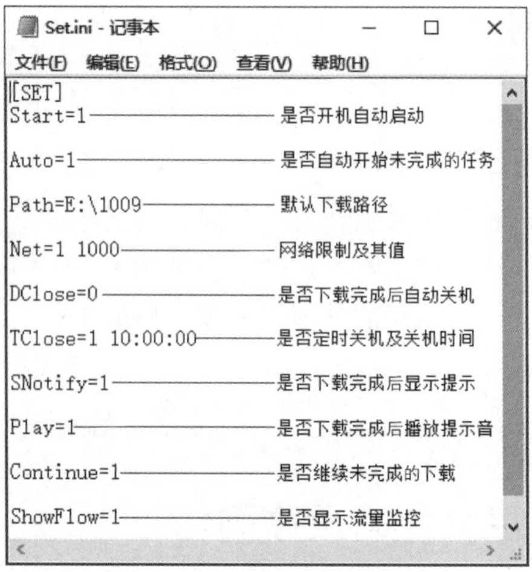

图 6.2　INI 配置文件说明

6.5 公共类设计

开发 C#项目时，通过合理设计公共类可以减少重复代码的编写，有利于代码的重用及维护。本项目创建了一个类库项目和 3 个公共类。其中，Locations 类库项目主要用来存放记录续传信息的 Locations 类，该类库是一个通用的项目，可以生成独立的 dll 文件，以便用在同类型的其他项目中。3 个公共类分别是 Set 系统设置类、DownLoad 文件下载类和 Resume 断点续传类，它们存放在主项目的 ModuleClass 文件夹中，下面分别对它们进行介绍。

6.5.1 Locations 记录续传信息类

飞鹰多线程下载器项目中创建了一个 Locations 类库项目，该项目中自定义了一个 Locations 类，它是一个实体类，主要用来保存续传信息的状态。该类使用[Serializable]进行标记，以便对其进行序列化操作。Locations 实体类的实现代码如下：

```csharp
[Serializable]
public class Locations
{
    ///<summary>
    ///构造方法
    ///</summary>
    ///<param name="i">记录数据的开始位置</param>
    ///<param name="i2">记录数据的结束位置</param>
    public Locations(int i, int i2)                                              //构造方法
    {
        start = i;
        end = i2;
    }
    ///<summary>
    ///构造方法
    ///</summary>
    ///<param name="i">记录数据的开始位置</param>
    ///<param name="i2">记录数据的结束位置</param>
    ///<param name="url">记录数据下载的地址</param>
    ///<param name="filename">记录下载文件的名称</param>
    ///<param name="filesize">记录下载文件的总大小</param>
    ///<param name="ls">引用一个新的续传点</param>
    public Locations(int i, int i2, string url,string filename,long filesize,Locations ls)  //构造方法
    {
        start = i;
        end = i2;
        this.url = url;
        this.filename = filename;
        this.ls = ls;
        this.filesize = filesize;
    }
    private int start;                          //记录数据的开始位置
    private int end;                            //记录数据的结束位置
    private string url;                         //记录数据的下载地址
    private string filename;                    //记录下载文件的名称
    private Locations ls;                       //引用一个新的续传点
    private long filesize;                      //记录下载文件的总大小
    public long Filesize                        //记录下载文件的总大小
    {
        get { return filesize; }
        set { filesize = value; }
    }
    public Locations Ls                         //引用一个新的续传点
    {
```

```
        get { return ls; }
        set { ls = value; }
    }
    public string Filename                                              //记录下载文件的名称
    {
        get { return filename; }
        set { filename = value; }
    }
    public string Url                                                   //记录数据的下载地址
    {
        get { return url; }
        set { url = value; }
    }
    public int End                                                      //记录数据的结束位置
    {
        get { return end; }
        set { end = value; }
    }
    public int Start                                                    //记录数据的开始位置
    {
        get { return start; }
        set { start = value; }
    }
}
```

6.5.2 Set 系统设置类

Set 类是系统设置类，该类中主要定义系统设置相关的字段和方法。在该类中，首先定义系统设置相关的变量，然后定义一个 strPath 变量，用来记录 INI 配置文件的路径，代码如下：

```
public static string Start;                                             //是否开机自动启动
public static string Auto;                                              //是否自动开始未完成的任务
public static string Path;                                              //默认下载路径
public static string Net;                                               //网络限制下载速度
public static string NetValue;                                          //网速限制值
public static string DClose;                                            //是否下载完成后自动关机
public static string TClose;                                            //是否定时关机
public static string TCloseValue;                                       //定时关机时间
public static string SNotify;                                           //是否下载完成后显示提示
public static string Play;                                              //是否下载完成后播放提示音
public static string Continue;                                          //当有未完成的下载时是否显示继续提示
public static string ShowFlow;                                          //是否显示流量监控
public static string strNode= "SET";                                    //INI 文件中要读取的结点
public static string strPath = Application.StartupPath + "\\Set.ini";   //INI 配置文件路径
```

读写 INI 文件和实现关机功能，需要借助 Windows 系统的 API 函数实现，因此在 Set 类中引入相关的 API 函数，代码如下：

```
[DllImport("kernel32")]                                                 //读取 INI 文件
public static extern int GetPrivateProfileString(string section, string key, string def, StringBuilder retVal, int size, string filePath);
[DllImport("kernel32")]                                                 //向 INI 文件中写入数据
public static extern long WritePrivateProfileString(string mpAppName,string mpKeyName,string mpDefault,
    string mpFileName);
[DllImport("user32.dll", ExactSpelling = true, SetLastError = true)]    //定时关机
public static extern bool ExitWindowsEx(int uFlags, int dwReserved);
//关闭、重启系统（拥有所有权限）
[DllImport("ntdll.dll", ExactSpelling = true, SetLastError = true)]
public static extern bool RtlAdjustPrivilege(int htok, bool disall,bool newst, ref int len);
```

说明

声明 API 函数时，需要添加 System.Runtime.InteropServices 命名空间。

定义 GetIniFileString()方法，通过调用系统 API 函数 GetPrivateProfileString()实现读取 INI 文件中指定结

点内容的功能，代码如下：

```csharp
///<summary>
///从 INI 文件中读取指定结点的内容
///</summary>
///<param name="section">INI 结点</param>
///<param name="key">结点下的项</param>
///<param name="def">没有找到内容时返回的默认值</param>
///<param name="filePath">要读取的 INI 文件</param>
///<returns>读取的结点内容</returns>
public static string GetIniFileString(string section, string key, string def, string filePath)
{
    StringBuilder temp = new StringBuilder(1024);
    GetPrivateProfileString(section, key, def, temp, 1024, filePath);
    return temp.ToString();
}
```

定义 AutoRun()方法，通过操作注册表实现开机自动运行飞鹰多线程下载器软件的功能，代码如下：

```csharp
///<summary>
///开机自动运行程序
///</summary>
///<param name="auto">是否自动运行</param>
public void AutoRun(string auto)
{
    string strName = Application.ExecutablePath;                              //记录可执行文件路径
    if (!System.IO.File.Exists(strName))                                      //判断文件是否存在
        return;
    string strnewName = strName.Substring(strName.LastIndexOf("\\") + 1);    //获取文件名
    RegistryKey RKey = Registry.LocalMachine.OpenSubKey(
        "SOFTWARE\\Microsoft\\Windows\\CurrentVersion\\Run", true);          //打开开机自动运行的注册表项
    if (RKey == null)
        RKey = Registry.LocalMachine.CreateSubKey("SOFTWARE\\Microsoft\\Windows\\CurrentVersion\\Run");
    if (auto == "0")                                                          //不运行
        RKey.DeleteValue(strnewName, false);
    else
        RKey.SetValue(strnewName, strName);                                   //自动运行
}
```

> **说明**
>
> 对注册表进行操作时，需要添加 Microsoft.Win32 命名空间。

定义 Shutdown()方法，通过调用系统 API 函数 RtlAdjustPrivilege()和 ExitWindowsEx()实现关闭计算机的功能，代码如下：

```csharp
private const int EWX_SHUTDOWN = 0x00000001;                                  //关闭参数
private const int SE_SHUTDOWN_PRIVILEGE = 0X13;                               //关机特权
public void Shutdown()                                                        //关机
{
    int i = 0;
    //提权，否则权限不足，无法执行
    RtlAdjustPrivilege(SE_SHUTDOWN_PRIVILEGE, true, false, ref i);            //获得关机特权
    ExitWindowsEx(EWX_SHUTDOWN, 0);                                           //关闭计算机
}
```

定义 GetConfig()方法，通过调用自定义的 GetIniFileString()方法实现获取 INI 文件中各字段值的功能，代码如下：

```csharp
public void GetConfig()
{
    Start = GetIniFileString(strNode, "Start", "", strPath);                  //是否开机自动启动
    Auto = GetIniFileString(strNode, "Auto", "", strPath);                    //是否自动开始未完成任务
    Path = GetIniFileString(strNode, "Path", "", strPath);                    //默认下载路径
    string netTemp = GetIniFileString(strNode, "Net", "", strPath);           //网络限制
```

```csharp
Net = netTemp.Split(' ')[0];                                              //是否进行网络限制
NetValue = netTemp.Split(' ')[1];                                         //网络限制的值
DClose = GetIniFileString(strNode, "DClose", "", strPath);                //是否下载完成后自动关机
string closeTemp = GetIniFileString(strNode, "TClose", "", strPath);      //定时关机
TClose = closeTemp.Split(' ')[0];                                         //是否定时关机
TCloseValue = closeTemp.Split(' ')[1];                                    //定时关机事件
SNotify = GetIniFileString(strNode, "SNotify", "", strPath);              //是否下载完成后显示提示
Play = GetIniFileString(strNode, "Play", "", strPath);                    //是否下载完成后播放提示音
Continue = GetIniFileString(strNode, "Continue", "", strPath);            //当有未完成的下载时是否显示继续提示
ShowFlow = GetIniFileString(strNode, "ShowFlow", "", strPath);            //是否显示流量监控
}
```

定义一个 GetSpace()方法，主要使用 DriveInfo 对象的 TotalFreeSpace()方法获取指定驱动器的剩余空间，并将其转换为以 GB 为单位的值，代码如下：

```csharp
public string GetSpace(string path)
{
    System.IO.DriveInfo[] drive = System.IO.DriveInfo.GetDrives();        //获取所有驱动器
    int i;
    for (i = 0; i < drive.Length; i++)                                    //遍历驱动器
    {
        if (path == drive[i].Name)                                        //判断遍历到的项是否与下拉列表项相同
        {
            break;                                                        //跳出循环
        }
    }
    return (drive[i].TotalFreeSpace / 1024 / 1024 / 1024.0).ToString("0.00") + "G";  //显示剩余空间
}
```

6.5.3 DownLoad 文件下载类

DownLoad 类是文件下载类，该类中主要定义文件下载相关的方法，下面对该类中的主要方法进行介绍。

定义 StartLoad()方法，通过 HttpWebRequest 类和 HttpWebResponse 类的相关方法获取下载资源，并将其添加到下载任务列表中。StartLoad()方法代码如下：

```csharp
///<summary>
///开始下载网络资源
///</summary>
public void StartLoad()
{
    long filelong = 0;
    try
    {
        //创建 HttpWebRequest 对象
        HttpWebRequest hwr = (HttpWebRequest)HttpWebRequest.Create(downloadUrl);
        //根据 HttpWebRequest 对象得到 HttpWebResponse 对象
        HttpWebResponse hwp = (HttpWebResponse)hwr.GetResponse();
        //得到下载文件的长度
        filelong = hwp.ContentLength;
        b_thread = GetBool(downloadUrl);
    }
    catch (WebException we)
    {
        //向上一层抛出异常
        throw new WebException("未能找到文件下载服务器或下载文件，请添入正确下载地址！");
    }
    catch (Exception ex)
    {
        throw new Exception(ex.Message);
    }
    filesize = filelong;                                                  //filesize 得到文件长度值
    int meitiao = (int)filelong / xiancheng;                              //开始计算每条线程要下载多少字节
    int yitiao = (int)filelong % xiancheng;                               //每条线程分配字节后，余出的字节
    Locations ll = new Locations(0, 0);                                   //新建一个续传信息对象
    lbo = new List<bool>();                                               //初始化布尔集合
```

```csharp
        for (int i = 0; i < xiancheng; i++)                     //开始为每条线程分配下载区间
        {
            ll.Start = i != 0 ? ll.End + 1 : ll.End;             //分配下载区间
            ll.End = i == xiancheng - 1 ?                        //分配下载区间
                ll.End + meitiao + yitiao : ll.End + meitiao;
            System.Threading.Thread th =                         //为每一条线程分配下载区间
                new System.Threading.Thread(GetData);
            th.Name = i.ToString();                              //线程的名称为下载区间排序的索引
            th.IsBackground = true;                              //线程为后台线程
            th.Start(ll);                //线程开始,并为线程执行的方法传递参数,参数为当前线程下载的区间
            lli.Add(new Locations(ll.Start, ll.End, downloadUrl, filename, filesize,
                new Locations(ll.Start, ll.End)));               //续传状态列表添加新的续传区间
            ll = new Locations(ll.Start, ll.End);                //得到新的区间对象
            G_thread_Collection.Add(th);
            lbo.Add(false);                                      //设置每条线程的完成状态为 false
        }
        hebinfile();                                             //合并文件线程开始启动
    }
```

定义 GetData()方法,通过 HttpWebResponse 对象的 GetResponseStream()方法得到要下载的网络资源,然后使用多线程下载相应的网络资源。GetData()方法代码如下:

```csharp
///<summary>
///下载网络资源方法
///</summary>
///<param name="l">下载资源区间</param>
public void GetData(object l)
{
    //得到续传信息对象(也就是文件下载或续传的开始点与结束点)
    Locations ll = (Locations)l;
    if (!lb_thread) are.WaitOne(); else are.Set();
    //根据下载地址,创建 HttpWebRequest 对象
    HttpWebRequest hwr = (HttpWebRequest)HttpWebRequest.Create(downloadUrl);
    hwr.Timeout = 200000;                                        //设置下载请求超时为 200 秒
    //设置当前线程续传或下载任务的开始点与结束点
    hwr.AddRange(ll.Start, ll.End);
    //得到 HttpWebResponse 对象
    HttpWebResponse hwp = (HttpWebResponse)hwr.GetResponse();
    //根据 HttpWebResponse 对象的 GetResponseStream()方法得到用于下载数据的网络流对象
    Stream ss = hwp.GetResponseStream();
    new Set().GetConfig();                                       //设置文件下载的缓冲区
    byte[] buffer = new byte[Convert.ToInt32(Set.NetValue) * 8];
    //新建文件流对象,用于存放当前线程下载的文件
    FileStream fs = new FileStream(
        string.Format(filepath + @"\" + filename +
        System.Threading.Thread.CurrentThread.Name), FileMode.Create);
    try
    {
        int i;                                                   //用于计数,每次下载有效字节数
        //当前线程的索引
        int nns = Convert.ToInt32(System.Threading.Thread.CurrentThread.Name);
        //将下载的数据放入缓冲中
        while ((i = ss.Read(buffer, 0, buffer.Length)) > 0)
        {
            fs.Write(buffer, 0, i);                              //将缓冲中的数据写到本地文件中
            lli[nns].Start += i;                                 //计算当前下载位置,用于续传
            while (stop)                                         //单击暂停按钮后,使线程暂时挂起
            {
                System.Threading.Thread.Sleep(100);              //线程挂起
            }
            if (stop2)                                           //单击删除按钮后,使下载过程强行停止
            {
                break;
            }
            Thread.Sleep(10);
        }
        fs.Close();                                              //关闭文件流对象
        ss.Close();                                              //关闭网络流对象
```

```csharp
        //记录当前线程的下载状态为已经完成
        lbo[Convert.ToInt32(System.Threading.Thread.CurrentThread.Name)] = true;
    }
    catch (Exception ex)
    {
        writelog(ex.Message);                                   //如果出现异常,将异常信息写入错误日志
        SaveState();                                            //保存断点续传状态
    }
    finally
    {
        fs.Close();                                             //关闭文件流对象
        ss.Close();                                             //关闭网络流对象
        if (!b_thread) are.Set(); else are.Set();
    }
}
```

定义 SaveState() 方法,借助文件流保存任务的续传状态,代码如下:

```csharp
///<summary>
///保存续传状态方法
///</summary>
public void SaveState()
{
    BinaryFormatter bf = new BinaryFormatter();                 //实例化二进制格式对象
    MemoryStream ms = new MemoryStream();                       //新建内存流对象
    bf.Serialize(ms, lli);                                      //将续传信息序列化到内存流中
    ms.Seek(0, SeekOrigin.Begin);                               //将内存流中指针位置置零
    byte[] bt = ms.GetBuffer();                                 //从内存流中得到字节数组
    FileStream fs = new FileStream                              //创建文件流对象
        (fileNameAndPath + ".cfg", FileMode.Create);
    fs.Write(bt, 0, bt.Length);                                 //向文件流中写入数据(字节数组)
    fs.Close();                                                 //关闭流对象
}
```

定义 hebinfile() 方法,通过多线程技术实时监控待下载的任务是否已经完成,其实现代码如下:

```csharp
///<summary>
///监控文件是否完成下载的方法
///</summary>
public void hebinfile()
{
    //在新线程中执行
    System.Threading.Thread th2 = new System.Threading.Thread(
        //使用匿名方法
        delegate()
        {
            //每隔一秒,检测是否所有线程都完成了下载任务
            while (true)
            {
                if (!lbo.Contains(false))                       //如果所有线程都完成了下载任务
                {
                    GetFile();                                  //开始合并文件
                    break;                                      //停止检测线程
                }
                else
                {
                    if (this.stop2)
                    {
                        DeleteFile();                           //删除缓存文件
                    }
                }
                Thread.Sleep(1000);                             //线程挂起1秒
            }
        });
    th2.IsBackground = true;                                    //此线程是后台线程
```

```
        th2.Start();                                              //线程开始
}
```

6.5.4　Resume 断点续传类

Resume 类是断点续传类，该类中定义的下载相关方法与 DownLoad 类相似，不再赘述。这里主要讲解该类中的 Begin()方法，该方法为自定义的无返回值类型方法，主要用来实现使用断点续传方式下载文件的功能。该方法中有两个参数：第一个参数为 Stream 类型，表示文件流对象；第二个参数为 string 类型，表示续传文件的文件名。Begin()方法代码如下：

```
///<summary>
///续传开始的第一个方法
///</summary>
///<param name="sm">文件流对象</param>
///<param name="filenames">续传文件的文件名</param>
public void Begin(Stream sm, string filenames)
{
        BinaryFormatter bf = new BinaryFormatter();               //实例化二进制格式对象
        lli = (List<Locations>)bf.Deserialize(sm);                //反序列化，得到续传信息
        dtbegin = DateTime.Now;                                   //设置开始续传的时间，用于显示给用户
        if (lli.Count > 0)
        {
                filesize = lli[lli.Count - 1].Filesize;           //得到文件的总大小
        }
        xiancheng = lli.Count;                                    //判断续传时需要多少线程
        string s = filenames;                                     //得到续传文件名称
        //得到续传完成后，下载到本地文件的文件路径及名称
        fileNameAndPath = s.Substring(0, s.Length - 4);
        filename = fileNameAndPath.Substring(fileNameAndPath.LastIndexOf(@"\") + 1,
                fileNameAndPath.Length - (fileNameAndPath.LastIndexOf(@"\") + 1));    //得到文件名称
        new Set().GetConfig();
        filepath = Set.Path;                                      //得到文件路径
        for (int i = 0; i < lli.Count; i++)                       //为每条线程分配续传任务
        {
                lbo.Add(false);                                   //设置续传的文件为未完成
                Thread th = new Thread(GetData);                  //建立线程，处理每条续传
                th.Name = i.ToString();                           //设置线程的名称
                th.IsBackground = true;                           //将线程属性设置为后台线程
                th.Start(lli[i]);                                 //线程开始
        }
        b_thread = GetBool(lli[0].Url);
        hebinfile();                                              //合并文件线程开始启动
        sm.Close();                                               //关闭文件流对象
}
```

> **说明**
> 实现断点续传下载网络资源时，首先需要将.cfg 续传文件中的二进制数据反序列化为内存流数据，这时需要用到 BinaryFormatter 类，该类可以使用二进制格式将对象进行序列化和反序列化操作。

6.6　主窗体设计

6.6.1　主窗体概述

飞鹰多线程下载器的主窗体实现了对下载任务的基本操作。该窗体中，可以打开新建下载任务窗体，也可以对正在下载或续传的任务进行管理（如暂停、开始或删除下载任务），还可以实时显示文件下载速度等。

另外，通过该窗体还可以打开系统设置窗体。主窗体的运行效果如图 6.3 所示。

图 6.3 主窗体的运行结果

6.6.2 设计主窗体

新建一个 Windows 窗体，命名为 Frm_Main，设置其 FormBorderStyle 属性为 None，StarPosition 属性为 CenterScreen，Text 属性为"飞鹰多线程下载器"。该窗体用到的主要控件及说明如表 6.1 所示。

表 6.1 主窗体用到的控件及说明

控件类型	控件 ID	主要属性设置	说　　明
ListView	lv_state	在 columns 集合中添加 7 个新成员，成员的 Text 属性分别为"文件名""文件大小""下载进度""下载完成量""已用时间""文件类型""创建时间"	显示文件下载状态
PictureBox	pbox_new	Images 属性中添加 pbox_new2.png	新建下载任务
	pbox_start	Images 属性中添加 pbox_start2.png	开始下载任务
	pbox_pause	Images 属性中添加 pbox_pause2.png	暂停下载任务
	pbox_delete	Images 属性中添加 pbox_delete2.png	删除下载任务
	pbox_continue	Images 属性中添加 pbox_continue2.png	续传下载任务
	pbox_set	Images 属性中添加 pbox_set.png	系统设置
	pbox_close	Images 属性中添加 pbox_close.png	退出程序
OpenFileDialog	openFileDialog1	无	选择续传文件
Label	label1	Text 属性设置为[0 KB/s]	显示上传速度
	label2	Text 属性设置为[0 KB/s]	显示下载速度
ContextMenuStrip	contextMenuStrip1	添加一个"退出"快捷菜单	系统托盘快捷菜单
NotifyIcon	notifyIcon1	ContextMenuStrip 属性设置为 contextMenuStrip1，Icon 属性设置为 mingri.ico	系统托盘
Timer	timer1	Enabled 属性设置为 True，Interval 属性设置 1000	实时显示网络流量及定时关机

6.6.3 初始化控件及下载任务状态

Frm_Main 窗体加载时，首先默认显示下载任务状态；然后初始化菜单及提示信息，并启动 Thread 线程定时重绘 ListView 控件，以便设置 ListView 控件的样式；最后通过判断系统设置的字段值，确定是否显示流量监控和是否自动开始未完成的下载任务。Frm_Main 窗体的 Load 事件代码如下：

```csharp
private void Frm_Main_Load(object sender, EventArgs e)
{
    set.GetConfig();                                            //获取配置信息
    Thread th = new Thread(new ThreadStart(BeginDisplay));      //线程用于显示任务状态
    th.IsBackground = true;                                     //设置线程为后台线程
    th.Start();                                                 //线程开始
    SetToolTip();                                               //设置提示组件
    InitialListViewMenu();                                      //初始化 ListView 控件菜单
    Thread th2 = new Thread(new ThreadStart(DisplayListView));  //线程用于重绘 ListView 控件
    th2.IsBackground = true;                                    //设置线程为后台线程
    th2.Start();                                                //开始执行线程
    if (Set.ShowFlow == "1")                                    //是否显示流量监控
    {
        pictureBox1.Visible = pictureBox2.Visible = label1.Visible = label2.Visible = true;
    }
    if (Set.Auto == "1")                                        //是否自动开始未完成任务
    {
        DirectoryInfo dir = new DirectoryInfo(Set.Path);        //指定路径
        if (dir.Exists)
        {
            FileInfo[] files = dir.GetFiles();                  //获取所有文件列表
            foreach (FileInfo file in files)
            {
                if (file.Extension == ".cfg")                   //判断是否有未下载完的文件
                {
                    //得到续传文件的流对象
                    Stream sm = file.Open(FileMode.Open, FileAccess.ReadWrite);
                    string s = file.Name;                       //得到续传文件的文件名
                    Resume jcc = new Resume();                  //实例化处理续传文件下载的类的实例
                    jcc.Begin(sm, s);                           //正式开始处理续传信息
                    jc.Add(jcc);                                //将续传对象加入到续传处理队列
                }
            }
        }
    }
}
```

上面的代码中用到了 BeginDisplay()、SetToolTip()、InitialListViewMenu()和 DisplayListView()等自定义方法，下面分别对它们进行介绍。

BeginDisplay()方法用来显示窗体下载或续传文件的状态，其实现代码如下：

```csharp
private void BeginDisplay()
{
    //字符串集合 1，用于对 listview1 控件中数据项进行对比
    List<string[]> ls1 = new List<string[]>();
    //字符串集合 2，用于对 listview1 控件中数据项进行对比
    List<string[]> ls2 = new List<string[]>();
    //使用 While 循环，重复检查下载或续传文件的状态
    while (true)
    {
        //检测是否有异常
        try
        {
            if (dl.Count > 0)                                   //如果下载队列中有数据，则向下执行
            {
                //下载队列和续传队列的数量的和
                for (int j = 0; j < dl.Count + jc.Count; j++)
```

```csharp
        {
            //在窗体主线程的 listview1 控件中添加新的空数据项
            this.Invoke(
                (MethodInvoker)delegate ()
                {
                    if (lv_state.Items.Count < dl.Count + jc.Count)
                    {
                        lv_state.Items.Add(new ListViewItem(
                            new string[] {string.Empty,string.Empty,string.Empty,
                            string.Empty ,string.Empty,string.Empty,string.Empty}));
                    }
                });
        }
        for (int i = 0; i < dl.Count; i++)                          //遍历下载列表
        {
            //检查下载列表中每一个下载进程的状态,如果为 true 继续执行
            if (dl[i].state == true)
            {
                //如果下载列表中下载进程的状态为已经完成
                if (dl[i].complete)
                {
                    if (Set.Play == "1")                            //自动播放提示音
                    {
                        SoundPlayer player = new SoundPlayer("msg.wav");
                        player.Play();
                    }
                    if (Set.SNotify == "1")                         //下载完成显示提示
                    {
                        MessageBox.Show("任务下载完成! ");
                    }
                    //将已经完成的下载进程从下载队列中删除
                    dl.RemoveAt(i);
                    //将已经完成的下载进程从 listview1 控件中删除
                    this.Invoke(
                        (MethodInvoker)delegate ()
                        {
                            lv_state.Items.RemoveAt(i);
                        });
                    ls1.Clear();                                    //清空字符串集合 1
                    ls2.Clear();                                    //清空字符串集合 2
                    break;                                          //跳出此次循环
                }
                //进入主窗体线程,开始对 listview1 控件进行操作
                this.Invoke(
                    (MethodInvoker)delegate ()
                    {
                        if (ls1.Count < dl.Count)                   //添加新的空数据项
                        {
                            ls1.Add(
                                new string[] {string.Empty,string.Empty,string.Empty,
                                string.Empty, string.Empty,string.Empty,string.Empty});
                        }
                        ls1[i] = (dl[i].showmessage());             //得到新的下载状态信息
                        if (ls2.Count < ls1.Count)                  //添加新的空数据项
                        {
                            ls2.Add(
                                new string[] {string.Empty,string.Empty,string.Empty,
                                string.Empty,string.Empty,string.Empty,string.Empty});
                        }
                        //只更新新的数据项,不会导致 listview1 控件闪烁
                        for (int j = 0; j < 7; j++)
                        {
                            if (ls1[i][j] != ls2[i][j])
                            {
                                ls2[i][j] = ls1[i][j];
                                ListViewItem lvi = lv_state.Items[i];
                                lvi.SubItems[j] = new ListViewItem.ListViewSubItem(lvi, ls1[i][j]);
                            }
                        }
```

```csharp
            });
        }
        else
        {
            dl[i].state = true;                    //将下载进程的状态设置为 true
            dl[i].StartLoad();                     //执行下载进程中的开始下载方法
        }
    }
    //续传
    //如果续传队列中有数据，则向下执行
    if (jc.Count > 0)
    {
        //下载队列和续传队列的数量的和
        for (int j = 0; j < jc.Count + dl.Count; j++)
        {
            //在窗体主线程的 listview1 控件中添加新的空数据项
            this.Invoke(
                (MethodInvoker)delegate ()
                {
                    if (lv_state.Items.Count < jc.Count + dl.Count)
                    {
                        lv_state.Items.Add(new ListViewItem(
                            new string[] {string.Empty,string.Empty,string.Empty,
                            string.Empty ,string.Empty,string.Empty,string.Empty}));
                    }
                });
        }
        //遍历续传队列
        for (int i = 0; i < jc.Count; i++)
        {
            //如果续传队列中进程的状态为 true，则向下执行
            if (jc[i].state == true)
            {
                //如果续传列表中续传进程的状态为已经完成
                if (jc[i].complete)
                {
                    if (Set.Play == "1")                //自动播放提示音
                    {
                        SoundPlayer player = new SoundPlayer("msg.wav");
                        player.Play();
                    }
                    if (Set.SNotify == "1")             //下载完成显示提示
                    {
                        MessageBox.Show("任务下载完成！");
                    }
                    //将已经完成的续传进程从续传队列中删除
                    jc.RemoveAt(i);
                    //将已经完成的续传进程从 listview1 控件中删除
                    this.Invoke(
                        (MethodInvoker)delegate ()
                        {
                            lv_state.Items.RemoveAt(i);
                        });
                    ls1.Clear();                        //清空字符串集合 1
                    ls2.Clear();                        //清空字符串集合 2
                    break;
                }
                //进入主窗体线程，开始对 listview1 控件进行操作
                this.Invoke(
                    (MethodInvoker)delegate ()
                    {
                        try
                        {
                            //添加新的空数据项
                            if (ls1.Count < jc.Count + dl.Count)
                            {
                                ls1.Add(new string[] {string.Empty,string.Empty,
                                string.Empty,string.Empty, string.Empty,string.Empty,string.Empty});
```

```csharp
                                            }
                                            //得到新的续传状态信息
                                            ls1[dl.Count + i] = (jc[i].showmessage());
                                            //添加新的空数据项
                                            if (ls2.Count < ls1.Count + dl.Count)
                                            {
                                                ls2.Add(new string[] {string.Empty,string.Empty,
                                                    string.Empty,string.Empty ,string.Empty,string.Empty,string.Empty});
                                            }
                                            //只更新新的数据项，不会导致 listview1 控件闪烁
                                            for (int j = 0; j < 7; j++)
                                            {
                                                if (ls1[i + dl.Count][j] != ls2[i + dl.Count][j])
                                                {
                                                    ls2[i + dl.Count][j] = ls1[i + dl.Count][j];
                                                    ListViewItem lvi = lv_state.Items[i + dl.Count];
                                                    lvi.SubItems[j] = new ListViewItem.ListViewSubItem(lvi, ls1[i + dl.Count][j]);
                                                }
                                            }
                                        }
                                        catch (Exception ex)
                                        {
                                            writelog(ex.Message);              //将出现的异常写入日志文件
                                        }
                                    });
                                }
                                else
                                {
                                    jc[i].state = true;                        //将续传进程的状态设置为 true
                                }
                            }
                        }
                    }
                    catch (WebException ex)
                    {
                        //将出现的异常写入日志文件
                        if (ex.Message == "未能找到文件下载服务器或下载文件，请输入正确下载地址！")
                        {
                            writelog(ex.Message);                              //将异常写入日志
                            if (dl.Count > 0)                                  //判断是否存在下载进程
                                dl.RemoveAt(dl.Count - 1);                     //移除下载进程
                            MessageBox.Show(ex.Message, "出错！");
                        }
                    }
                    catch (Exception ex2)
                    {
                        writelog(ex2.Message);                                 //将出现的异常写入日志文件
                        if (dl.Count > 0)                                      //判断是否存在下载进程
                            dl.RemoveAt(dl.Count - 1);                         //移除下载进程
                        MessageBox.Show(ex2.Message, "出错！");
                    }
                    System.Threading.Thread.Sleep(1000);                       //每隔 1 秒钟重复检查一次
                }
            }
```

SetToolTip()方法用来定义工具栏中按钮的提示文本，其实现代码如下：

```csharp
private void SetToolTip()
{
    ToolTip ttnew = new ToolTip();                   //创建 ToolTip 对象
    ttnew.InitialDelay = 10;                         //设置延迟为 10 毫秒
    ttnew.SetToolTip(pbox_new, "新建");              //为控件添加提示信息
    ToolTip ttbegin = new ToolTip();                 //创建 ToolTip 对象
    ttbegin.InitialDelay = 10;                       //设置延迟为 10 毫秒
    ttbegin.SetToolTip(pbox_start, "开始");          //为控件添加提示信息
    ToolTip ttpause = new ToolTip();                 //创建 ToolTip 对象
    ttpause.InitialDelay = 10;                       //设置延迟为 10 毫秒
    ttpause.SetToolTip(pbox_pause, "暂停");          //为控件添加提示信息
    ToolTip ttdel = new ToolTip();                   //创建 ToolTip 对象
```

```csharp
        ttdel.InitialDelay = 10;                              //设置延迟为10毫秒
        ttdel.SetToolTip(pbox_delete, "删除");                //为控件添加提示信息
        ToolTip ttopen = new ToolTip();                       //创建ToolTip对象
        ttopen.InitialDelay = 10;                             //设置延迟为10毫秒
        ttopen.SetToolTip(pbox_continue, "续传");             //为控件添加提示信息
        ToolTip ttset = new ToolTip();                        //创建ToolTip对象
        ttset.InitialDelay = 10;                              //设置延迟为10毫秒
        ttset.SetToolTip(pbox_set, "设置");                   //为控件添加提示信息
        ToolTip ttclose = new ToolTip();                      //创建ToolTip对象
        ttclose.InitialDelay = 10;                            //设置延迟为10毫秒
        ttclose.SetToolTip(pbox_close, "关闭");               //为控件添加提示信息
    }
```

InitialListViewMenu()方法主要用来初始化 ListView 控件的快捷菜单，其实现代码如下：

```csharp
    private void InitialListViewMenu()
    {
        MenuItem mi = new MenuItem("开始");                    //定义菜单的开始项
        mi.Click += new EventHandler(mi_Click);                //为菜单的开始项添加事件
        MenuItem mi2 = new MenuItem("暂停");                   //定义菜单的暂停项
        mi2.Click += new EventHandler(mi2_Click);              //为菜单的暂停项添加事件
        MenuItem mi3 = new MenuItem("删除");                   //定义菜单的删除项
        mi3.Click += new EventHandler(mi3_Click);              //为菜单的删除项添加事件
        lv_state.ContextMenu =    new ContextMenu(new MenuItem[] { mi, mi2, mi3 });  //为ListView控件添加菜单
    }
```

DisplayListView()方法用来定时重绘 ListView 控件，使 ListView 中的列表项以蓝白相间的形式显示。DisplayListView()方法实现代码如下：

```csharp
    private void DisplayListView()
    {
        while (true)
        {
            this.Invoke(
                (MethodInvoker)delegate                        //定义匿名方法
                {
                    if (lv_state.Items.Count < 28)             //lv_state发生改变则执行下面内容
                    {
                        for (int j = 0; j < 28 - lv_state.Items.Count; j++)  //遍历列表项
                        {
                            //初始化 lv_state 的状态
                            lv_state.Items.Add(new ListViewItem(new string[] {
                                string.Empty,string.Empty,string.Empty,string.Empty,
                                string.Empty,string.Empty,string.Empty,string.Empty}));
                        }
                    }
                    for (int i = 0; i < lv_state.Items.Count; i++)   //遍历列表项
                    {
                        if (i % 2 == 0)                        //如果是偶数行
                        {
                            lv_state.Items[i].BackColor = Color.FromArgb(225, 238, 255);//背景设为浅蓝色
                        }
                        else
                        {
                            lv_state.Items[i].BackColor = Color.White;  //背景设为白色
                        }
                    }
                });
            Thread.Sleep(1000);                                //线程挂起1秒钟
        }
    }
```

6.6.4 打开新建下载任务窗体

在 Frm_Main 窗体的工具栏中单击"新建"图标，创建 Frm_New 窗体对象，并将其 Owner 属性设置为

当前窗体，然后使用 Show()方法显示 Frm_New 新建下载任务窗体。"新建"图标的 Click 事件代码如下：

```csharp
private void pictureBox1_Click(object sender, EventArgs e)
{
    Frm_New ls = new Frm_New();                    //实例化下载页面对象
    ls.Owner = this;                               //下载页面的 Owner 属性为本窗体
    ls.Show();                                     //显示下载页面
}
```

6.6.5 开始、暂停、删除及续传操作

在 Frm_Main 窗体的 ListView 列表中选中下载任务，单击工具栏中的"开始"图标，即可调用 start()方法开始选中的任务。start()方法为自定义的无返回值类型方法，主要用来开始下载任务，其代码如下：

```csharp
void start()
{
    if (RowProcess != -1)                                          //判断 lv_state 是否选中行
    {
        if (lv_state.Items[RowProcess].Text != string.Empty)       //判断选中行是否为有效行
        {
            if (RowProcess + 1 > dl.Count)
            {
                jc[RowProcess - dl.Count > 0 ?                     //设置任务的状态为开始
                    RowProcess - dl.Count : 0].stop = false;
            }
            else
            {
                dl[RowProcess].stop = false;                       //设置任务的状态为开始
            }
        }
    }
}
```

在 Frm_Main 窗体的 ListView 列表中选中下载任务，单击工具栏中的"暂停"图标，即可暂停选中的下载任务，这主要是在自定义的 pause()方法中实现的，代码如下：

```csharp
void pause()
{
    if (RowProcess != -1)                                          //判断 lv_state 是否选中行
    {
        if (lv_state.Items[RowProcess].Text != string.Empty)       //判断选中行是否为有效行
        {
            if (RowProcess + 1 > dl.Count)
            {
                jc[RowProcess - dl.Count > 0 ?                     //设置任务的状态为暂停
                    RowProcess - dl.Count : 0].stop = true;
            }
            else
            {
                dl[RowProcess].stop = true;                        //设置任务的状态为暂停
            }
        }
    }
}
```

在 Frm_Main 窗体的 ListView 列表中选中下载任务，单击工具栏中的"删除"图标，即可删除选中的下载任务，这主要是在自定义的 delete()方法中实现的，代码如下：

```csharp
void delete()
{
    if (RowProcess != -1)                                          //判断 lv_state 是否选中行
    {
        if (lv_state.Items[RowProcess].Text != string.Empty)       //判断选中行是否为有效行
```

```csharp
        {
            if (RowProcess + 1 > dl.Count)
            {
                jc[RowProcess - dl.Count > 0 ?
                    RowProcess - dl.Count : 0].stop = false;         //设置任务的状态为暂停
                jc[RowProcess - dl.Count > 0 ?
                    RowProcess - dl.Count : 0].stop2 = true;         //设置任务的状态为删除
            }
            else
            {
                dl[RowProcess].stop = false;                          //设置任务的状态为暂停
                dl[RowProcess].stop2 = true;                          //设置任务的状态为删除
            }
        }
    }
}
```

在 Frm_Main 窗体中单击工具栏中的"续传"图标，打开"打开"对话框，在该对话框中选择要续传的.cfg 格式文件，单击"打开"按钮，即可调用 Resume 类中的 Begin()方法处理续传信息。"续传"图标的 Click 事件代码如下：

```csharp
private void pictureBox5_Click(object sender, EventArgs e)
{
    openFileDialog1.FileName = string.Empty;                          //重置续传文件的名称
    openFileDialog1.Filter = string.Format("cfg 文件|*.cfg");          //续传文件类型筛选
    DialogResult dr = openFileDialog1.ShowDialog();                   //打开文件浏览，选择续传文件
    if (dr == DialogResult.OK)                                         //判断是否单击确定按钮
    {
        Stream sm = openFileDialog1.OpenFile();                       //得到续传文件的流对象
        string s = openFileDialog1.FileName;                          //得到续传文件的文件名
        Resume jcc = new Resume();                                    //创建处理续传文件下载的类的实例
        jcc.Begin(sm, s);                                             //开始处理续传信息
        jc.Add(jcc);                                                  //将续传对象加入到续传处理队列
    }
}
```

6.6.6 网络速度实时监控

在 Frm_Main 窗体中自定义 ShowSpeed()方法，用来显示当前的网络下载和上传速度。该方法中，首先遍历网卡列表，并获取接收和发送的字节数；然后通过逻辑运算获取本次接收和发送的字节数，并显示在相应的 Label 控件中。ShowSpeed()方法代码如下：

```csharp
private List<NetworkInterface> netList;                               //存储网卡列表
private long receivedBytes;                                           //记录上一次总接收字节数
private long sentBytes;                                               //记录上一次总发送字节数
///<summary>
///显示当前网络下载和上传速度
///</summary>
private void ShowSpeed()
{
    long totalReceivedbytes = 0;                                      //记录本次总接收字节数
    long totalSentbytes = 0;                                          //记录本次总发送字节数
    foreach (NetworkInterface net in netList)                         //遍历网卡列表
    {
        IPv4InterfaceStatistics interfaceStats = net.GetIPv4Statistics(); //获取 IPv4 统计信息
        totalReceivedbytes += interfaceStats.BytesReceived;           //获取接收字节数，并累计
        totalSentbytes += interfaceStats.BytesSent;                   //获取发送字节数，并累计
    }
    long recivedSpeed = totalReceivedbytes - receivedBytes;           //计算本次接收字节数（本次-上次）
    long sentSpeed = totalSentbytes - sentBytes;                      //计算本次发送字节数（本次-上次）
    //如果上一次接收和发送值为 0，将下载和上传速度设置为 0
    if (receivedBytes == 0 && sentBytes == 0)
    {
        recivedSpeed = 0;
        sentSpeed = 0;
```

```
    }
    label1.Text = "[" + recivedSpeed / 1024 + " KB/s]";              //显示下载速度
    label2.Text = "[" + sentSpeed / 1024 + " KB/s]";                 //显示上传速度
    receivedBytes = totalReceivedbytes;                              //记录上一次总接收字节数
    sentBytes = totalSentbytes;                                      //记录上一次总发送字节数
}
```

网络速度实时监控效果如图 6.4 所示。其中，556 KB/s 为下载的速度，19 KB/s 为上传的速度。

图 6.4　网络速度实时监控效果

6.6.7　打开系统设置窗体

在 Frm_Main 窗体的工具栏中单击"设置"图标，创建 Frm_Set 窗体对象，并使用 ShowDialog()方法显示 Frm_Set 系统设置窗体。"设置"图标的 Click 事件代码如下：

```
private void pbox_set_Click(object sender, EventArgs e)
{
    Frm_Set set = new Frm_Set();                                    //创建设置窗体对象
    set.ShowDialog();                                               //显示设置窗体
}
```

6.6.8　退出程序时自动保存续传文件

在 Frm_Main 窗体中单击标题栏中的"关闭"图标，可以退出当前程序，这主要是通过调用 exit()方法实现的。exit()方法为自定义的无返回值类型方法，主要用来实现退出应用程序并自动保存续传信息的功能，其代码如下：

```
private void exit()
{
    if (Set.Continue == "1")
    {
        if (dl.Count > 0 || jc.Count > 0)                           //下载或续传队列有任务，则继续执行
        {
            DialogResult dr = MessageBox.Show("当前有未完成的下载,请确认继续下载(是)，还是关闭应用程序(否)!",
                "提示", MessageBoxButtons.YesNo);                    //是否关闭应用程序
            if (dr == DialogResult.Yes)                             //单击确认按钮则向下执行
            {
                if (dl.Count > 0)                                   //如果下载队列中有下载进程
                {
                    //遍历下载队列中所有下载进程，并操作下载进程保存续传数据信息
                    for (int i = 0; i < dl.Count; i++)
                    {
                        dl[i].stop = true;                          //暂停下载进程的下载动作
                        System.Threading.Thread.Sleep(3000);        //线程挂起 3 秒钟
                        dl[i].SaveState();                          //保存下载数据的续传信息
                        dl[i].AbortThread();
                    }
                }
                if (jc.Count > 0)                                   //如果续传队列中有续传进程
                {
                    //遍历续传队列中所有续传进程，并操作续传进程保存续传数据信息
                    for (int j = 0; j < jc.Count; j++)
                    {
                        jc[j].stop = true;                          //暂停续传进程的下载动作
                        System.Threading.Thread.Sleep(3000);        //线程挂起 3 秒钟
                        jc[j].SaveState();                          //保存续传数据的续传信息
                        jc[j].AbortThread();
                    }
                }
                Environment.Exit(0);                                //强制退出应用程序
            }
        }
        else
```

```
        {
            Close();                                    //退出应用程序
        }
    }
    else
    {
        Close();                                        //退出应用程序
    }
}
```

如果下载任务没有完成，退出程序时自动保存续传文件，保存的续传文件效果如图 6.5 所示。

图 6.5　保存的续传文件效果（扩展名为.cfg）

6.7　新建下载任务窗体设计

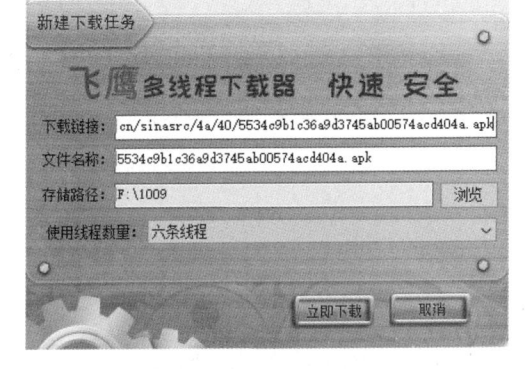

6.7.1　新建下载任务窗体概述

新建下载任务窗体主要用来向飞鹰多线程下载器主窗体中添加新的下载任务。在该窗体中，首先输入要下载网络资源的地址，这时会自动生成要下载的文件名称。然后手动选择文件存储路径及下载网络资源所使用的线程数量。最后单击"立即下载"按钮，即可向主窗体添加新的下载任务。新建下载任务窗体的运行结果如图 6.6 所示。

6.7.2　设计新建下载任务窗体

新建下载任务窗体使用 Frm_New 表示，设置其 FormBorderStyle 属性为 None，StarPosition 属性为 CenterScreen，Text 属性为"新建下载任务"。该窗体用到的主要控件及说明如表 6.2 所示。

图 6.6　新建下载任务窗体

表 6.2　新建下载任务窗体用到的控件及说明

控件类型	控件 ID	主要属性设置	说　　明
TextBox	tb_url	无	下载链接地址
	tb_filename	BackColor 属性设置为"Control"	下载文件名称
	tb_savepath	无	下载文件保存路径
PictureBox	pbox_true	Image 属性中添加 pbox_begin.png	立即下载
	pbox_cancel	Image 属性中添加 pbox_cancel.png	取消
Button	btn_browse	Text 属性设置为"浏览"	浏览文件夹
ComboBox	cbox_count	在 Items 属性集合中添加如下字符串："单线程""两条线程""三条线程""四条线程""五条线程""六条线程""七条线程""八条线程""九条线程""十条线程""十一条线程""十二条线程"	选择线程数量
FolderBrowserDialog	folderBrowserDialog1	无	浏览文件夹

6.7.3 显示默认下载路径

Frm_New 窗体加载时，首先设置默认下载线程数量，然后通过使用 Set 类中的静态变量 Path 获取默认的下载路径，并显示在"存储路径"文本框中。Frm_New 窗体的 Load 事件代码如下：

```csharp
private void Frm_New_Load(object sender, EventArgs e)
{
    cbox_count.SelectedIndex = 5;              //默认选择使用六条线程下载
    tb_savepath.Text = Set.Path;               //显示默认路径
    bs2 = Owner as Frm_Main;                   //得到主窗体的实例的引用
}
```

6.7.4 选择下载文件保存位置

在新建下载任务窗体中单击"浏览"按钮时，使用 FolderBrowserDialog 控件显示"浏览文件夹"对话框，然后使用 DialogResult 对象获取该对话框中的返回值，如果返回 OK，则显示并记录选择的路径。"浏览"按钮的 Click 事件代码如下：

```csharp
private void btn_browse_Click(object sender, EventArgs e)
{
    DialogResult dr = folderBrowserDialog1.ShowDialog();    //选择下载文件保存到的文件夹
    if (dr == DialogResult.OK)                              //如果选定了文件夹，则执行下面代码
    {
        tb_savepath.Text = folderBrowserDialog1.SelectedPath;   //显示下载路径
        bs2.filepath = tb_savepath.Text;                        //得到下载路径
        Set.WritePrivateProfileString(Set.strNode, "Path", tb_savepath.Text, Set.strPath);
    }
}
```

6.7.5 自动获取下载文件名

在新建下载任务窗体中输入下载链接后，程序会自动获取下载链接中的文件名称，并显示在"文件名称"文本框中，如图 6.7 所示。

图 6.7 自动获取下载文件名

当用户在"下载链接"文本框中输入下载地址后，触发该文本框的 TextChanged 事件，该事件中通过截取字符串操作自动从下载链接中获取下载文件的名称，显示在"文件名称"文本框中，代码如下：

```csharp
private void tb_url_TextChanged(object sender, EventArgs e)
{
    string strUrl = tb_url.Text;                            //记录下载链接
    if (strUrl.IndexOf("/") > 0)
        tb_filename.Text = strUrl.Substring(strUrl.LastIndexOf("/") + 1);   //自动获取下载文件名
}
```

6.7.6 确认下载文件信息

在新建下载任务窗体中输入下载链接和文件名称，并选择了存储路径和线程数量后，单击"立即下载"按钮，使用 Frm_Main 主窗体中定义的全局变量记录用户的输入和选择，并创建一个新的下载对象，显示在主窗体的下载列表中，最后关闭当前窗体。"立即下载"按钮的 Click 事件代码如下：

```csharp
private void pictureBox1_Click(object sender, EventArgs e)
{
```

```csharp
if (String.IsNullOrEmpty(tb_url.Text) || String.IsNullOrEmpty(tb_filename.Text))
{
    MessageBox.Show("请输入下载地址及路径！");
}
else
{
    if (!System.IO.Directory.Exists(tb_savepath.Text))            //判断路径是否存在
    {
        try
        {
            System.IO.Directory.CreateDirectory(tb_savepath.Text); //创建路径
        }
        catch
        {
            MessageBox.Show("默认磁盘不存在，请重新选择保存路径");
            btn_browse_Click(sender, e);                           //触发浏览按钮事件
        }
    }
    bs2.downloadUrl = tb_url.Text;                                 //设置下载地址
    //设置文件名称
    bs2.filename = bs2.downloadUrl.Substring(bs2.downloadUrl.LastIndexOf("/") + 1,
      bs2.downloadUrl.Length - (bs2.downloadUrl.LastIndexOf("/") + 1));
    tb_filename.Text = bs2.filename;
    bs2.xiancheng = cbox_count.SelectedIndex + 1;                  //设置下载文件时使用的线程数量
    //设置文件全路径
    if (tb_savepath.Text.EndsWith("\\"))
        bs2.fileNameAndPath = tb_savepath.Text + bs2.filename;
    else
        bs2.fileNameAndPath = tb_savepath.Text + @"\" + bs2.filename;
    if (tb_savepath.Text != string.Empty)                          //如果文件保存路径不等于空字符串
    {
        Set.WritePrivateProfileString(Set.strNode, "Path", tb_savepath.Text, Set.strPath);
        DownLoad dll = new DownLoad(bs2.filename,                  //创建下载类型的实例
            tb_savepath.Text, bs2.downloadUrl, bs2.fileNameAndPath, bs2.xiancheng);
        bs2.dl.Add(dll);                                           //将下载类型的实例放入下载列表
        this.Close();                                              //关闭当前窗体
    }
    else
    {
        //如果没有设置文件保存的路径，则提示选择文件保存路径
        MessageBox.Show("请选择下载文件保存的位置");
    }
}
```

6.8 系统设置窗体设计

6.8.1 系统设置窗体概述

系统设置窗体主要有 3 个选项卡，分别是"常规设置""下载设置"和"消息提醒"。其中，"常规设置"选项卡主要用来设置软件是否开机启动，以及启动时是否自动开始未完成的任务，如图 6.8 所示。

"下载设置"选项卡主要用来设置下载路径、网速限制、下载完成后是否自动关机以及是否定时关机等选项，如图 6.9 所示。

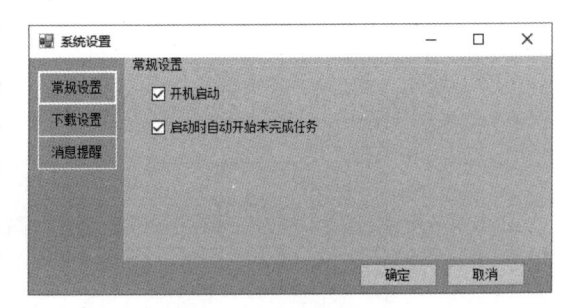

图 6.8　常规设置界面

"消息提醒"选项卡主要用来设置任务下载完成后是否显示提示窗口、是否播放提示音、有未完成任务时是否显示继续下载提示,以及是否在主窗体中显示流量监控等选项,如图 6.10 所示。

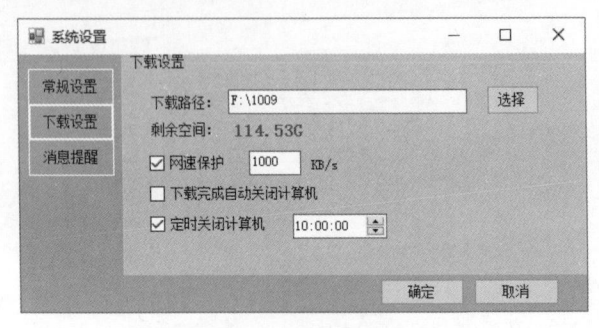

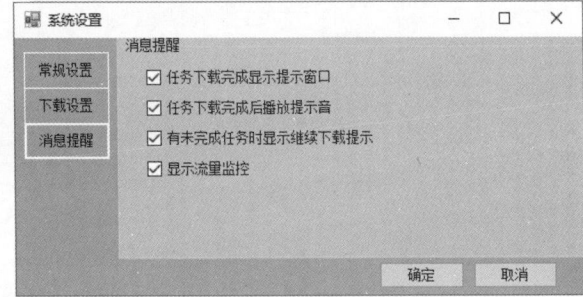

图 6.9 下载设置界面   图 6.10 消息提醒界面

6.8.2 设计系统设置窗体

系统设置窗体使用 Frm_Set 表示,其 Text 属性设置为"系统设置"。该窗体用到的主要控件及说明如表 6.3 所示。

表 6.3 系统设置窗体用到的控件及说明

控件类型	控件 ID	主要属性设置	说明
Button	btnSet	FlatStyle 属性设置为 Flat,Text 属性设置为"常规设置"	常规设置按钮
	btnDownload	FlatStyle 属性设置为 Flat,Text 属性设置为"下载设置"	下载设置按钮
	btnNotify	FlatStyle 属性设置为 Flat,Text 属性设置为"消息提醒"	消息提醒按钮
	btnSelect	Text 属性设置为"选择"	选择下载路径按钮
	btnOK	Text 属性设置为"确定"	确定按钮(保存设置)
	btnCancel	Text 属性设置为"取消"	取消按钮(关闭窗体)
GroupBox	gboxSet	Text 属性设置为"常规设置"	常规设置容器
	gboxDownload	Text 属性设置为"下载设置"	下载设置容器
	gboxNotify	Text 属性设置为"消息提醒"	消息提醒容器
Label	lblSpace	Font 属性设置为"宋体, 11pt, style=Bold",ForeColor 属性设置为 Teal	显示剩余空间
TextBox	txtPath	无	设置下载路径
	txtNet	无	设置网速
DateTimePicker	dtpickerTime	Format 属性设置为 Time,ShowUpDown 属性设置为 True	选择定时关机事件
CheckBox	cboxStart	Text 属性设置为"开机启动"	是否开机启动
	cboxAuto	Text 属性设置为"启动时自动开始未完成任务"	是否在启动时自动开始未完成的任务
	cboxNet	Text 属性设置为"网速保护"	是否启用网速保护
	cboxDClose	Text 属性设置为"下载完成自动关闭计算机"	是否下载完成后自动关闭计算机
	cboxTClose	Text 属性设置为"定时关闭计算机"	是否定时关闭计算机

续表

控件类型	控件 ID	主要属性设置	说 明
CheckBox	cboxSNotify	Text 属性设置为 "任务下载完成显示提示窗口"	是否任务下载完成后显示提示窗口
	cboxPlay	Text 属性设置为 "任务下载完成后播放提示音"	是否任务下载完成后播放提示音
	cboxContinue	Text 属性设置为 "有未完成任务时显示继续下载提示"	是否当有未完成任务时显示继续下载提示
	cboxShowFlow	Text 属性设置为 "显示流量监控"	是否显示流量监控

6.8.3 显示用户的默认设置

系统设置窗体加载时，会自动从 INI 配置文件中获取默认设置的值，并根据这些默认值设置相应控件的状态或者值。例如，在 INI 配置文件中将 Start 和 Auto 都设置为 1，如图 6.11 所示，则"常规设置"界面的两个复选框都会处于选中状态，如图 6.12 所示。

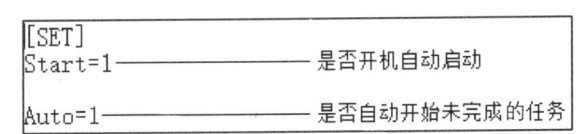

图 6.11　INI 配置文件中的值　　　　　　图 6.12　显示用户默认设置

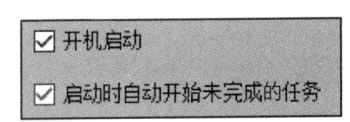

实现该功能时，首先将 INI 配置文件中设置的选项值读取出来，并根据读取到的选项值确定各个选项复选框的选中状态，同时在"下载路径"文本框中显示读取的下载路径，在"剩余空间"标签中显示下载路径所在磁盘的剩余空间。系统设置窗体的 Load 加载事件代码如下：

```
private void Frm_Set_Load(object sender, EventArgs e)
{
    set.GetConfig();                                    //获取设置信息
    if (Set.Start == "1")                               //判断是否开机自动启动
        cboxStart.Checked = true;
    else
        cboxStart.Checked = false;
    if (Set.Auto == "1")                                //判断是否自动开始未完成的任务
        cboxAuto.Checked = true;
    else
        cboxAuto.Checked = false;
    txtPath.Text = Set.Path;                            //获取默认下载路径
    //显示默认下载路径的剩余空间
    lblSpace.Text = set.GetSpace(txtPath.Text.Substring(0, txtPath.Text.IndexOf("\\") + 1));
    if (Set.Net == "1")                                 //判断网速限制
        cboxNet.Checked = true;
    else
        cboxNet.Checked = false;
    txtNet.Text = Set.NetValue;                         //获取网速限制值
    if (Set.DClose == "1")                              //判断是否下载完成后自动关机
        cboxDClose.Checked = true;
    else
        cboxDClose.Checked = false;
    if (Set.TClose == "1")                              //判断是否定时关机
        cboxTClose.Checked = true;
    else
        cboxTClose.Checked = false;
    dtpickerTime.Text = Set.TCloseValue;                //获取定时关机时间
    if (Set.SNotify == "1")                             //判断是否下载完成后显示提示
        cboxSNotify.Checked = true;
    else
```

```csharp
        cboxSNotify.Checked = false;
    if (Set.Play == "1")                                        //判断是否下载完成后播放提示音
        cboxPlay.Checked = true;
    else
        cboxPlay.Checked = false;
    if (Set.Continue == "1")                                    //判断是否当有未完成的下载时显示继续提示
        cboxContinue.Checked = true;
    else
        cboxContinue.Checked = false;
    if (Set.ShowFlow == "1")                                    //判断是否显示流量监控
        cboxShowFlow.Checked = true;
    else
        cboxShowFlow.Checked = false;
    btnSet_Click(sender, e);                                    //显示常规设置选项卡
}
```

6.8.4 切换设置界面

切换设置界面功能主要是通过系统设置窗体中左侧的"常规设置""下载设置"和"消息提醒"这3个按钮实现的。当用户单击系统设置窗体左侧的这3个按钮时，会切换到对应的设置界面，并通过设置相应容器的 Dock 属性使其填充整个窗体的区域，代码如下：

```csharp
private void btnSet_Click(object sender, EventArgs e)           //常规设置
{
    gboxSet.Visible = true;                                     //显示常规设置容器
    gboxSet.Dock = DockStyle.Fill;                              //设置常规设置容器填充窗体
    gboxDownload.Visible = gboxNotify.Visible = false;          //隐藏下载设置和消息提醒容器
}
private void btnDownload_Click(object sender, EventArgs e)      //下载设置
{
    gboxDownload.Visible = true;                                //显示下载设置容器
    gboxDownload.Dock = DockStyle.Fill;                         //设置下载设置容器填充窗体
    gboxSet.Visible = gboxNotify.Visible = false;               //隐藏常规设置和消息提醒容器
}
private void btnNotify_Click(object sender, EventArgs e)        //消息提醒
{
    gboxNotify.Visible = true;                                  //显示消息提醒容器
    gboxNotify.Dock = DockStyle.Fill;                           //设置消息提醒容器填充窗体
    gboxDownload.Visible = gboxSet.Visible = false;             //隐藏常规设置和下载设置容器
}
```

6.8.5 保存用户设置

当用户在系统设置窗体中设置各个选项后，单击"确定"按钮，程序会根据各个控件的状态记录相应的选项值，然后调用 Set 类的 WritePrivateProfileString()方法将记录的选项值写入 INI 配置文件中的相应结点中。"确定"按钮的 Click 事件代码如下：

```csharp
private void btnOK_Click(object sender, EventArgs e)
{
    //定义变量，用来存储 INI 配置文件中的相应值
    string start,auto,path,net, dclose,tclose, snotify,play,contin, showflow;
    if (cboxStart.Checked)                                      //记录是否开机自动启动
        start = "1";                                            //开机自动启动
    else
        start = "0";                                            //开机不自动启动
    set.AutoRun(Set.Start);                                     //设置开机启动
    //记录是否自动开始未完成的任务
```

```csharp
if (cboxAuto.Checked)
    auto = "1";                                          //自动开始未完成的任务
else
    auto = "0";                                          //不自动开始未完成的任务
//记录默认下载路径
if (txtPath.Text !="")
    path = txtPath.Text;
else
    path = "C:\\";                                       //默认路径
if (cboxNet.Checked)
{
    if (txtNet.Text == "")                               //判断是否设置了限制网速
    {
        MessageBox.Show("请输入限制网速！");
        return;
    }
    else
        net = 1 + " " + txtNet.Text.Trim();              //记录限制的网速
}
else
    net = "0 256";                                       //记录默认网速
//记录是否下载完成后自动关机
if (cboxDClose.Checked)
    dclose = "1";                                        //下载完成后自动关机
else
    dclose = "0";                                        //下载完成后不自动关机
//记录是否定时关机
if (cboxTClose.Checked)                                  //判断是否选中定时关机复选框
{
    if (dtpickerTime.Text == "")                         //判断是否设置了关机时间
    {
        MessageBox.Show("请设置时间！");                   //弹出信息提示
        return;
    }

    else
        tclose = 1 + " " + dtpickerTime.Text;            //记录选择的时间
}
else
    tclose = "0 00:00:00";                               //初始化定时关机时间
//记录是否下载完成后显示提示
if (cboxSNotify.Checked)                                 //判断是否选择了下载完成提示复选框
    snotify = "1";                                       //显示提示
else
    snotify = "0";                                       //显示不提示
//记录是否下载完成后播放提示音
if (cboxPlay.Checked)
    play = "1";                                          //播放提示音
else
    play = "0";                                          //不播放提示音
//记录是否当有未完成的下载时显示继续提示
if (cboxContinue.Checked)
    contin = "1";                                        //显示继续提示
else
    contin = "0";                                        //不显示继续提示
//记录是否显示流量监控
if (cboxShowFlow.Checked)
    showflow = "1";                                      //显示流量监控
else
    showflow = "0";                                      //不显示流量监控
//写入是否开机自动启动
Set.WritePrivateProfileString(Set.strNode, "Start", start, Set.strPath);
//写入是否自动开始未完成的任务
```

```
    Set.WritePrivateProfileString(Set.strNode, "Auto", auto, Set.strPath);
    //写入默认下载路径
    Set.WritePrivateProfileString(Set.strNode, "Path", path, Set.strPath);
    //写入网速限制
    Set.WritePrivateProfileString(Set.strNode, "Net", net, Set.strPath);
    //写入是否下载完成后自动关机
    Set.WritePrivateProfileString(Set.strNode, "DClose", dclose, Set.strPath);
    //写入是否定时关机
    Set.WritePrivateProfileString(Set.strNode, "TClose", tclose, Set.strPath);
    //写入是否下载完成后显示提示
    Set.WritePrivateProfileString(Set.strNode, "SNotify", snotify, Set.strPath);
    //写入是否下载完成后播放提示音
    Set.WritePrivateProfileString(Set.strNode, "Play", play, Set.strPath);
    //写入是否当有未完成的下载时显示继续提示
    Set.WritePrivateProfileString(Set.strNode, "Continue", contin, Set.strPath);
    //写入是否显示流量监控
    Set.WritePrivateProfileString(Set.strNode, "ShowFlow", showflow, Set.strPath);
    MessageBox.Show("设置保存成功！");
    Close();                                                    //关闭当前窗体
}
```

6.9 项目运行

通过前述步骤，设计并完成了飞鹰多线程下载器项目的开发。下面运行该项目，检验一下我们的开发成果。使用 Visual Studio 打开飞鹰多线程下载器项目，单击工具栏中的"启动"按钮或者按 F5 快捷键，即可成功运行该项目。项目初始运行时，下载列表为空，可以单击主窗体工具栏中的"新建"按钮，在弹出的"新建下载任务"窗体中设置要下载的文件，如图 6.13 所示。设置完成后，单击"立即下载"按钮，即可返回主窗体，并显示下载列表，如图 6.14 所示。

图 6.13 初始运行及新建下载任务

本章通过飞鹰多线程下载器项目带领读者详细学习了 Windows 桌面项目的完整开发流程，该项目主要使用了C#中常用的网络编程技术、多线程技术、文件流技术、断点续传技术等。通过本章的学习，读者将对C#中网络编程和多线程等技术在实际开发中的应用有深刻的认识。

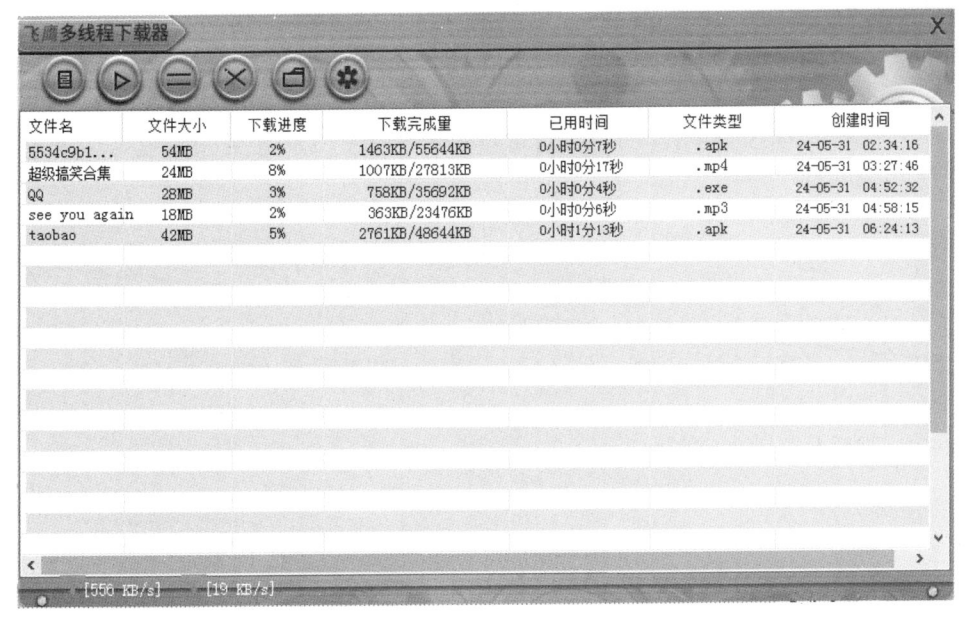

图6.14　显示下载列表

6.10　源码下载

本章详细地讲解了如何编码实现"飞鹰多线程下载器"软件的各个功能。为了方便读者学习，本书提供了完整的项目源码，扫描右侧二维码即可下载。

第 7 章 卓识决策分析系统

——ADO.NET + 游标 + 存储过程 + 透视表/统计表 + GDI+技术 + 自定义用户控件

本章使用 C#开发了一个卓识决策分析系统，该系统对数据的统计分析有两种方式，透视表方式和统计表方式。选择以透视表方式进行统计时，可以对透视表的行、列、页的字段名进行筛选；选择以统计表方式进行统计时，既可以按任意数据字段进行统计，也可以将日期字段拆分，以年、月、日进行统计。另外，统计后的结果能够以数据表（包括透视表和统计表）和图表两种形式进行显示。

本项目的核心功能及实现技术如下：

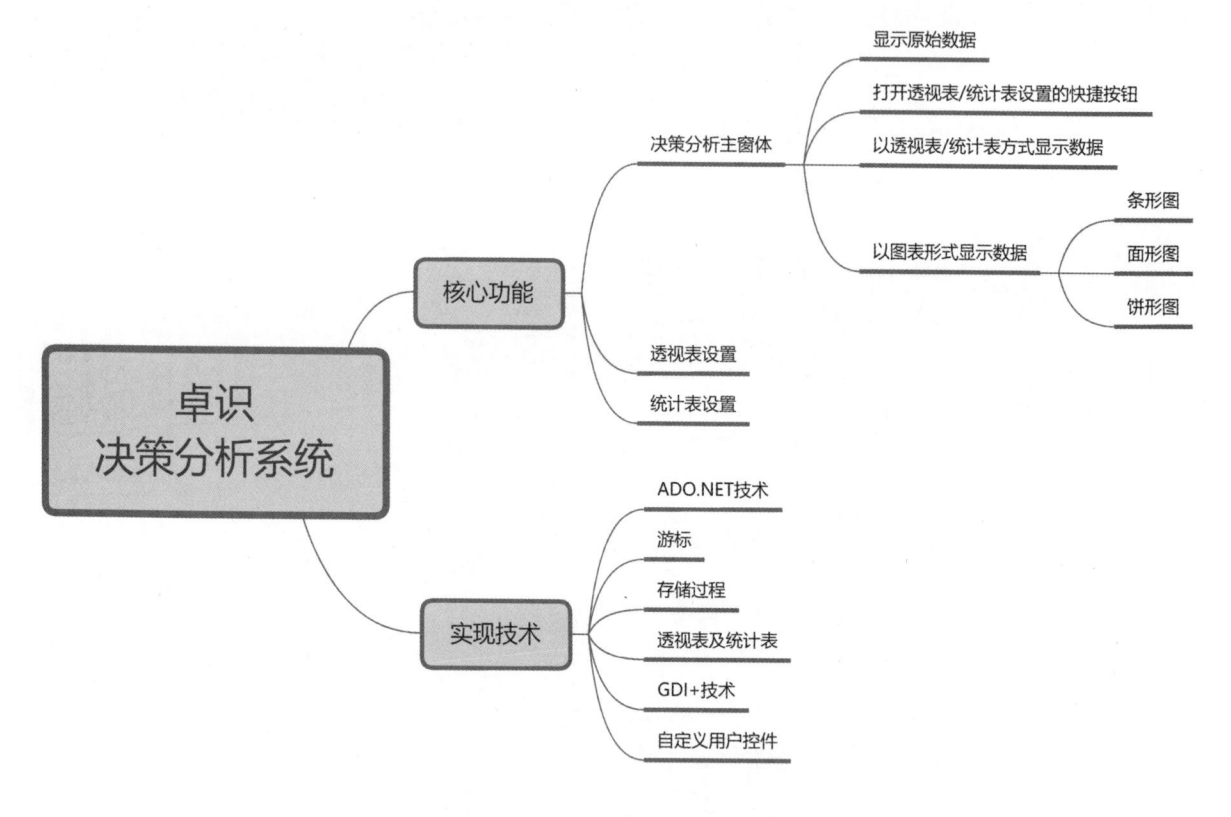

7.1 开发背景

随着企业数据量的不断增长，对数据进行及时分析并根据分析结果进行相应决策，成为越来越多企业的日常工作需求。传统的数据分析方法往往依赖于人工处理，效率低下且容易出错。因此，开发一个高效、灵活的决策分析系统成为企业迫切的需求。本章使用 C#、SQL Server 数据库、GDI+等关键技术开发了卓识决策分析系统，该系统能够按一定的特性将数据转换成透视表或统计表进行分析，还能够将统计结果以图表的形式进行显示，使决策者更直观地查看分析结果，做出对应的决策。

本项目的实现目标如下：

- ☑ 能够快速处理和分析大量数据，提供实时的数据分析结果。
- ☑ 支持多种数据分析方法和图表类型，满足不同用户的分析需求。
- ☑ 具备良好的可扩展性，能够方便地添加新的功能和优化现有功能。
- ☑ 提供简洁、明了的用户界面和操作流程。

7.2 系统设计

7.2.1 开发环境

本项目的开发及运行环境如下：

- ☑ 操作系统：推荐 Windows 10、11 及以上。
- ☑ 开发工具：Visual Studio 2022。
- ☑ 开发语言：C#。
- ☑ 数据库：SQL Server 2022。

7.2.2 业务流程

卓识决策分析系统运行时，首先打开主窗体，该窗体显示要统计的原始数据。用户可以单击"统计类型"按钮以选择"透视表"方式或"统计表"方式对原始数据进行统计分析，并在主窗体中显示最终生成的透视表或者统计表。同时，用户还可以将生成的透视表或者统计表以条形图、面形图、饼形图等形式显示，以便于用户更直观地查看统计结果。

本项目的业务流程如图 7.1 所示。

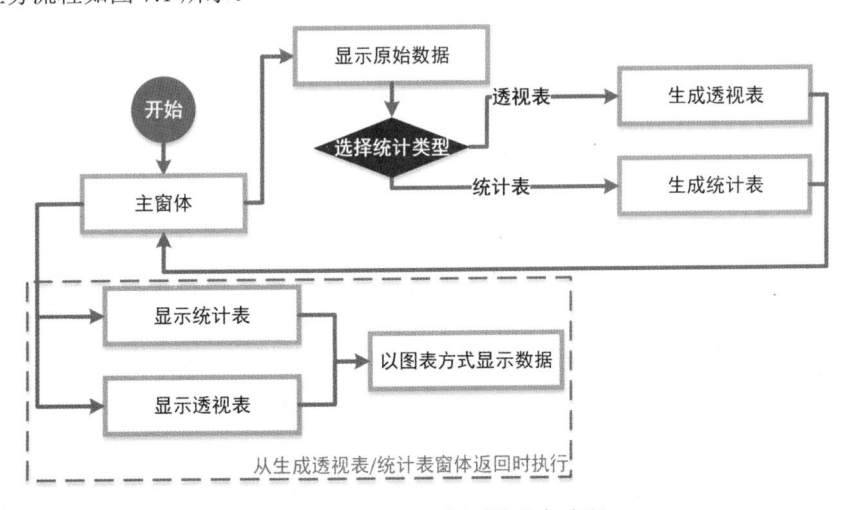

图 7.1 卓识决策分析系统业务流程

7.2.3 功能结构

本项目的功能结构已经在章首页中给出。作为一个根据数据进行决策分析的应用程序，本项目实现的具体功能如下：
- ☑ 将数据以透视表的形式显示。
- ☑ 生成透视表时可以自由选择行、列、页的字段。
- ☑ 将数据以统计表的形式显示。
- ☑ 可以按任意数据字段对数据进行统计。
- ☑ 可以将日期字段进行拆分，按年、月进行统计。
- ☑ 可以用图表（条形图、面形图、饼形图）显示统计结果。
- ☑ 可以对图表样式进行设置，如图表标题、字体、颜色、类型、标识等。

7.3 技术准备

7.3.1 技术概览

- ☑ ADO.NET 技术：ADO.NET 中包含了一组向.NET 程序员公开数据访问服务的类，包括 Connection 连接类、Command 命令执行类、DataAdapter 数据桥接类、DataReader 数据读取类、DataSet 数据集类等。例如，本项目中使用 SqlCommand 对象的 ExecuteReader()方法执行 SQL 语句，并将结果存储到 SqlDataReader 对象中，代码如下：

```
SqlCommand My_com = My_con.CreateCommand();          //创建一个 SqlCommand 对象，用于执行 SQL 语句
My_com.CommandText = SQLstr;                         //获取指定的 SQL 语句
SqlDataReader My_read = My_com.ExecuteReader();      //执行 SQL 语名句，生成一个 SqlDataReader 对象
```

- ☑ 游标：游标是数据库中的一种扩展机制，用于对由 SELECT 语句返回的结果集中的某一行或部分行进行单独处理，它提供了一种对从表中检索出的数据进行操作的灵活手段。使用游标前需要先使用 declare cursor 语句进行声明，然后使用 open 关键字打开游标，使用 fetch 语句读取游标中的数据。例如，下面的代码用来使用 fetch 语句读取 cursor_emp 游标中的数据：

```
declare cursor_emp cursor for                        /*声明游标*/
    select 编号,姓名,性别,所属部门,入司时间 from tb_employee
    where 入司时间 >'2024-01-01'                     /*定义游标结果集*/
open cursor_emp                                      /*打开游标*/
fetch next from cursor_emp                           /*执行读取操作*/
while @@fetch_status = 0                             /*判断是否还可以继续读取数据*/
    begin
      fetch next from cursor_emp
    end
      close cursor_emp                               /*关闭游标*/
      deallocate cursor_emp                          /*释放游标*/
```

- ☑ 存储过程：存储过程是一组为了完成特定功能的 SQL 语句集，它存储在数据库中，一次编译后永久有效，用户通过指定存储过程的名字并给出参数（如果该存储过程带有参数）来执行它。在 SQL 中，使用 create procedure 语句创建存储过程，而执行存储过程需要使用 execute 语句。例如，本项目在实现透视表分析数据时，使用 C#代码动态创建了一个名称为 Pro_DynamicRendering 的存储过程，关键代码如下：

```
string Memory = "";
Memory = "CREATE PROCEDURE Pro_DynamicRendering";
Memory = Memory + '\n';
Memory = Memory + "@SelectSen as varchar(5000),      --实现透视表依据的 SQL 语句";
Memory = Memory + '\n';
Memory = Memory + "@PageFieldByColumn as varchar(100), --页字段依据的列名";
Memory = Memory + '\n';
Memory = Memory + "@PageFieldValue as varchar(1000), --用来控制透视表页字段的数据";
```

```
Memory = Memory + '\n';
Memory = Memory + "@RowFieldByColumn as varchar(100), --行字段依据的列名";
Memory = Memory + '\n';
Memory = Memory + "@RowFieldValue as varchar(1000), --用来控制透视表行字段的数据";
Memory = Memory + '\n';
Memory = Memory + "@ColumnFieldByColumn as varchar(100), --列字段依据的列名";
Memory = Memory + '\n';
Memory = Memory + "@ColumnFieldValue as varchar(1000), --用来控制透视表列字段的数据";
Memory = Memory + '\n';
Memory = Memory + "@DataFieldByColumn as varchar(100), --数据字段依据的列名";
Memory = Memory + '\n';
Memory = Memory + "@DataFieldOperateMethod as varchar(20) --对数据字段的统计方式";
Memory = Memory + '\n';
Memory = Memory + "AS";
Memory = Memory + '\n';
Memory = Memory + "DECLARE    @SqlStr as varchar(5000),@Str as varchar(8000),@ColName as varchar(1000),";
Memory = Memory + '\n';
Memory = Memory + "@ColumnName as varchar(1000), @PageFieldData as varchar(1000), ";
Memory = Memory + '\n';
//省略部分代码
Memory = Memory + "EXEC(@Str)";
```

- ☑ GDI+技术：GDI+是.NET 中提供的一个图形图像操作的应用程序编程接口（API），其中 Graphics 类是 GDI+的核心。Graphics 对象表示 GDI+绘图表面，提供了将对象绘制到显示设备的方法，包括绘制直线、曲线、矩形、圆形、多边形、图像和文本等的方法。例如，本项目在实现图表的绘制时，就使用了 Graphics 对象的相应方法，示例代码如下：

```
Graphics TitG = this.CreateGraphics();                    //创建 Graphics 类对象
float UnitSp = (float)(XUnit * 0.2);                      //设置矩形与纵线的间隔
float A1 = 0;                                             //记录矩形左上角的 X 坐标
float A2 = 0;                                             //记录矩形左上角的 Y 坐标
float A3 = 0;                                             //记录矩形的宽度
float A4 = 0;                                             //记录矩形的高度
mybrush = new SolidBrush(WearColor[i - WearColor.Length]); //设置画刷
//省略部分代码
g.FillRectangle(mybrush, A1, A2, A3, A4);                 //显示柱状效果
```

有关 C#中的 ADO.NET 技术、GDI+技术等知识在《C#从入门到精通（第 7 版）》中有详细的讲解，对这些知识不太熟悉的读者可以参考该书对应的内容；有关数据库中游标和存储过程的使用，在《SQL Server 从入门到精通（第 5 版）》中有详细的讲解，对这些知识不太熟悉的读者可以参考该书对应的内容。下面将对透视表/统计表及自定义用户控件技术进行必要介绍，以确保读者可以顺利完成本项目。

7.3.2 透视表的使用

透视表实际上就是一个三维数据表格（Multi-dimension table），让数据沿 3 个不同的坐标轴排列，当试图研究不同数据之间的关系时，透视表使用起来非常方便。通过它可以从不同角度对数据进行分析，从而为决策者提供统计信息作为参考。

Excel 的透视表功能可以完成对数据的筛选、排序和分类汇总等工作。下面以 Excel 的透视表为例对其进行简单的说明。在 Excel 中，根据图 7.2 所示的数据表可以生成如图 7.3 所示的透视表。

一个透视表中主要包含 5 个部分，分别如下：

- ☑ 页字段：用来设置透视表当前页显示的数据范围。
- ☑ 行字段：用来设置透视表显示的数据行。
- ☑ 列字段：用来设置透视表显示的数据列。
- ☑ 数据字段：用来设置透视表中用于统计的数据。
- ☑ 下拉式字段选择数据：用来控制透视表当前页显示的数据范围、行范围与列范围。

这里需要说明的是，通过前 4 个部分可以制作一个完整的透视表，第 5 部分主要用于对已完成的透视表

进行数据的设置。这里可以通过对页字段、行字段、列字段或数据字段中的数据进行设置，从而控制透视表的显示范围。例如，在图 7.3 中单击与行字段对应的下拉式字段时，会将行字段中的数据以非重复的形式显示在一个对话框中，在该对话框中选择相应的数据后，即可对透视表中数据的显示范围进行设置，如图 7.4 所示。

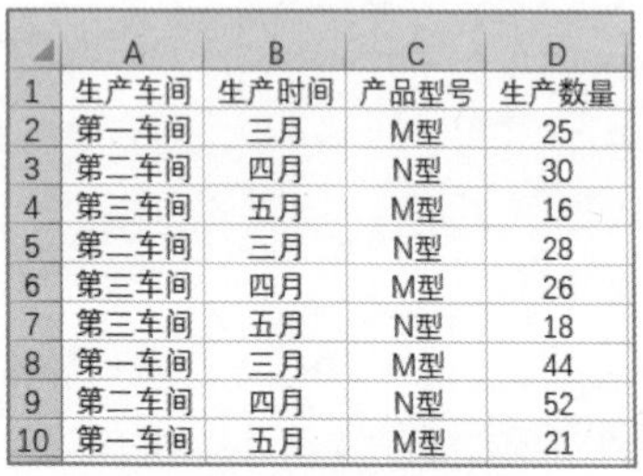

图 7.2　Excel 中的数据表　　　　图 7.3　Excel 中的透视表效果 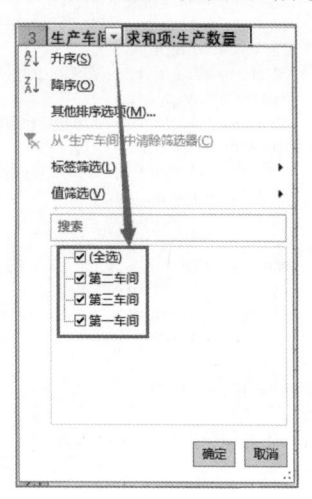　　　　图 7.4　设置行字段的数据

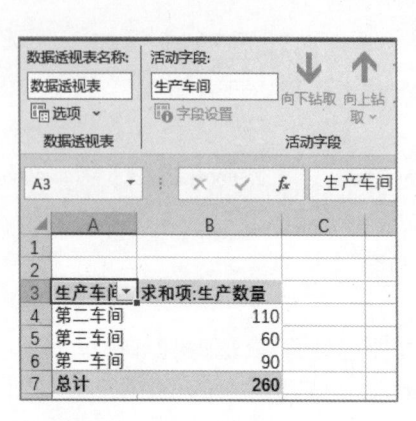

7.3.3　统计表的使用

统计表是由纵横交叉线条所绘制的表格来表现统计资料的一种形式，它的主要作用如下：
- ☑ 用数量说明研究对象之间的相互关系。
- ☑ 用数量把研究对象的变化规律显著地表示出来。
- ☑ 用数量把研究对象之间的差别显著地表示出来。

统计表的形式繁简不一，通常按项目的多少，分为单式统计表和复式统计表两种。只对某一个项目数据进行统计的表格，叫作单式统计表，也叫作简单统计表。统计表的项目在两个或两个以上的，叫作复式统计表。

本项目所生成的统计表实际上是按指定的字段名对数据进行纵向或横向求和，它有两个关键字段，一个是统计字段，一个是数据字段。下面将数据表 tb_AppearTab 中的数据转换成统计表。

首先，显示 tb_AppearTab 表中的所有数据，SQL 语句如下：

select Give_ID as 编号,Give_Date as 生产月份,Give_Plant as 生产车间,Give_Group as 生产组,Give_Model as 生产型号,Give_Count as 生产数量,convert(char(10),DData ,121) as 生产日期 from tb_AppearTab

执行结果如图 7.5 所示。

然后，根据 tb_AppearTab 表中的 Give_Plant 和 Give_Count 字段生成统计表，SQL 语句如下：

select Give_Plant as 生产车间,sum(Give_Count) as 生产数量求和　from　tb_AppearTab　group by Give_Plant

执行结果如图 7.6 所示。

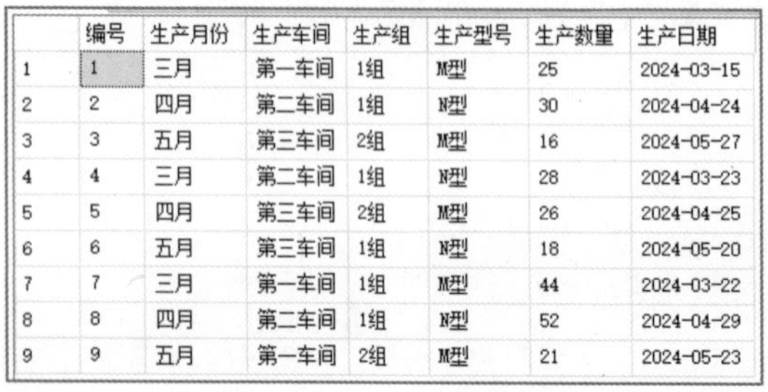

图 7.5　tb_AppearTab 表的所有数据　　　　图 7.6　为 tb_AppearTab 表生成的统计表

7.3.4 自定义用户控件

C#中的自定义用户控件允许开发人员创建可重用且符合特定需求的用户界面元素，其可以扩展原有的标准控件，也可以根据自己的需求设计一个全新的控件。在 C#中自定义用户控件时，需要继承自 UserControl 类。下面详细讲解如何自定义一个用户控件。

1. 创建自定义用户控件

创建自定义用户控件的步骤如下：

（1）在 Visual Studio 的"解决方案资源管理器"中选中 Windows 窗体项目，单击右键，选择"添加"→"用户控件（Windows 窗体）"命令，如图 7.7 所示。

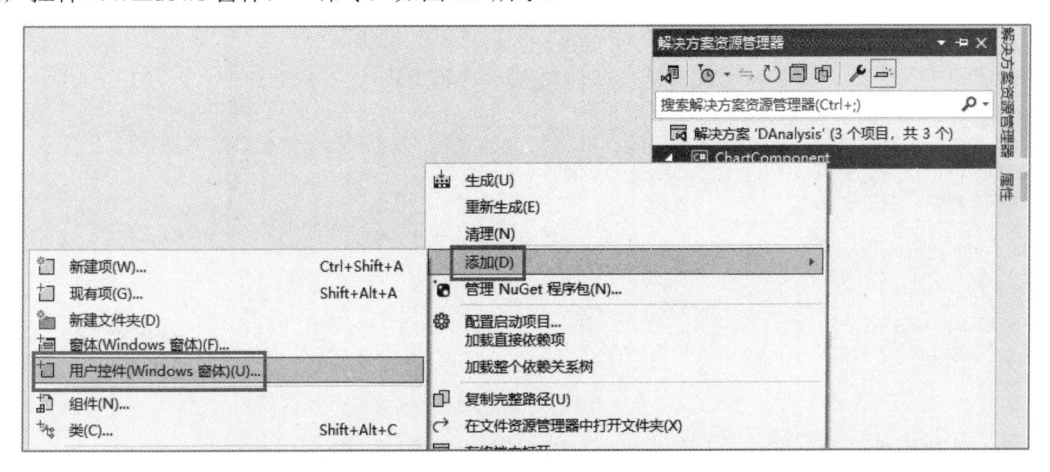

图 7.7 选择"添加"→"用户控件（Windows 窗体）"命令

（2）在弹出的"添加新项"对话框中，其自动选中"用户控件（Windows 窗体）"模板，在对话框下方的"名称"文本框中输入自定义用户控件的名称，单击"添加"按钮，即可创建一个自定义的用户控件，如图 7.8 所示。

图 7.8 "添加新项"对话框

2. 为用户控件添加属性

创建完用户控件后，需要为用户控件添加属性。在添加用户控件的属性时，可以使用 BrowsableAttribute 类的 Browsable()方法来控制当前添加的属性是否显示在"属性"对话框中，可以使用 DescriptionAttribute 类的 Description 属性设置当前属性的说明性文字，可以使用 CategoryAttribute 类的 Category 属性设置分类的别名。下面对用户控件的属性设置进行详细的说明。

在控件的"代码编辑"窗口中找到如下代码：

```csharp
public partial class ChartPanel : UserControl
{
    public ChartPanel()                                    //ChartPanel 为控件的名称
    {
        InitializeComponent();
    }
}
```

在 ChartPanel 类中添加自定义属性（在上面代码 ChartPanel()构造函数的后面），示例代码如下：

```csharp
private string PSumYAxis = "";
//在"属性"窗口中显示 SumYAxis 属性
[Browsable(true), Category("图表属性设置"), Description("设置统计的数据字段")]
public string SumYAxis
{
    get { return PSumYAxis; }
    set
    {
        PSumYAxis = value;
        //当属性值改变时，在这里进行相应的操作
    }
}
```

自定义控件的属性分为两种：一种是 C#自带类型的属性，例如 string、int、bool、Color、Font、DateSet 等，它们的创建方法与上面示例代码中 SumYAxis 属性的创建方法相同，只要将上面属性的 string 类型改为所需的类型即可；另一种是具有下拉列表框的属性，该列表框中的值是开发者自定义的。例如，在 ChartPanel()构造函数代码的前面定义一个枚举类型，用于设置下拉列表的值，代码如下：

```csharp
public enum CharMode
{
    Bar = 0,            //条形
    Mark = 1,           //面形
    Line = 2,           //线形
    Area = 3,           //饼形
    none = 4,           //空
}
```

然后在该枚举类型的下面设置一个具有 CharMode 值的下拉列表属性，示例代码如下：

```csharp
private CharMode PChartStyle = CharMode.Bar;
//在"属性"窗口中显示 ChartStyle 属性
[Browsable(true), Category("图表属性设置"), Description("图表的类型")]
public CharMode ChartStyle
{
    get
    {
        return PChartStyle;
    }
    set
    {
        PChartStyle = value;
        if (this.ChartStyle == CharMode.Bar)
        {
            //如果当前属性选择的是 Bar（条形图），在这里写入相应的操作
```

```
        }
        if (this.ChartStyle == CharMode.Mark)
        {                                          //如果当前属性选择的是 Mark（面形图），在这里写入相应的操作

        }
        if (this.ChartStyle== CharMode.Line)
        {                                          //如果当前属性选择的是 Line（线形图），在这里写入相应的操作

        }
        if (this.ChartStyle == CharMode.Area)
        {                                          //如果当前属性选择的是 Area（饼形图），在这里写入相应的操作

        }
    }
```

> **说明**
> 用户控件中除了能够定义属性之外，也可以定义方法，或者触发现有控件的事件。

3. 在项目中引用自定义的用户控件

用户控件设置完成后，在 Visual Studio 中编译用户控件所在的项目。如果要在当前项目中使用，则自定义的用户控件会自动显示在"控件"窗口中；如果在其他项目中使用，则需要通过"添加引用"的方式，将用户控件所在项目的 dll 文件添加到相应的项目中，以便进行使用。

7.4 数据库设计

本项目采用 SQL Server 2022 作为后台数据库，数据库名称为 db_Distribution，其中包含一张数据表，名称为 tb_AppearTab，主要用来存储待分析的数据，其结构如表 7.1 所示。

表 7.1 tb_AppearTab 表结构

字 段 名	数 据 类 型	长 度	主 键 否	描 述
Give_ID	int	4	是	编号
Give_Date	varchar	10	否	生产月份
Give_Plant	varchar	14	否	生产车间
Give_Group	varchar	10	否	生产组
Give_Model	varchar	10	否	生产型号
Give_Count	int	4	否	生产数量
DData	datetime	8	否	生产日期

7.5 公共类设计

开发 C#项目时，通过合理设计公共类可以减少重复代码的编写，有利于代码的重用及维护。本项目创建了 DataClass 和 FrmClass 两个公共类，存放在 ModuleClass 文件夹中。其中，DataClass 类主要用来访问 SQL Server 数据库并执行基本的数据库操作，FrmClass 类主要用来实现窗体及图表相关的操作。下面分别对这两个公共类进行介绍。

7.5.1 DataClass 类

DataClass 类中，在命名空间区域引用 System.Data 和 System.Data.SqlClient 命名空间，用来连接数据库和进行有关数据库的操作。主要代码如下：

```
using System.Data;                          //添加 DataSet 对象的命名空间
using System.Data.SqlClient;                //添加 SqlConnection 对象的命名空间
```

自定义 getcon()方法，用于创建一个 SqlConnection 数据库连接对象，并使用其 Open()方法打开数据库连接。代码如下：

```
public SqlConnection getcon()
{
    My_con = new SqlConnection(M_str_sqlcon);   //用 SqlConnection 对象与指定的数据库相连接
    My_con.Open();                              //打开数据库连接
    return My_con;                              //返回 SqlConnection 对象的信息
}
```

自定义 con_close()方法，通过 SqlConnection 数据库连接对象的 Close()方法关闭数据库连接。代码如下：

```
public int con_close()
{
    int n = 0;
    if (My_con.State == ConnectionState.Open)   //判断是否打开与数据库的连接
    {
        My_con.Close();                         //关闭数据库的连接
        My_con.Dispose();                       //释放 My_con 变量的所有空间
        n = 0;
    }
    else
        n = 1;
    return n;
}
```

自定义 getcom()方法，通过 SqlCommand 对象的 ExecuteReader()方法执行 SQL 语句，并将结果存储到 SqlDataReader 对象中。代码如下：

```
public void getcom(string SQLstr)
{
    getcon();                                           //打开与数据库的连接
    SqlCommand My_com = My_con.CreateCommand();         //创建一个 SqlCommand 对象，用于执行 SQL 语句
    My_com.CommandText = SQLstr;                        //获取指定的 SQL 语句
    SqlDataReader My_read = My_com.ExecuteReader();     //执行 SQL 语名句，生成一个 SqlDataReader 对象
}
```

自定义 getDataSet()方法，通过 SqlDataAdapter 对象执行任意 SQL 语句，并使用其 Fill()方法填充 DataSet 数据集。代码如下：

```
public DataSet getDataSet(string SQLstr, string tableName)
{
    getcon();                                           //打开与数据库的连接
    //创建一个 SqlDataAdapter 对象，并获取指定数据表的信息
    SqlDataAdapter SQLda = new SqlDataAdapter(SQLstr, My_con);
    DataSet My_DataSet = new DataSet();                 //创建 DataSet 对象
    if (tableName == "")                                //执行非数据表的 SQL 语句
        SQLda.Fill(My_DataSet);
    else                                                //执行数据表的 SQL 语句
        //通过 SqlDataAdapter 对象的 Fill()方法，将数据表信息添加到 DataSet 对象中
        SQLda.Fill(My_DataSet, tableName);
    con_close();                                        //关闭数据库的连接
    return My_DataSet;                                  //返回 DataSet 对象的信息
}
```

自定义 RenderingMemory()方法，通过 C#动态执行 SQL 语句，以便在数据库中创建一个生成透视表的存储过程。代码如下：

```csharp
public string RenderingMemory()
{
    string Memory = "";
    Memory = "CREATE PROCEDURE Pro_DynamicRendering";
    Memory = Memory + '\n';
    Memory = Memory + "@SelectSen as varchar(5000), --实现透视表依据的SQL语句";
    Memory = Memory + '\n';
    Memory = Memory + "@PageFieldByColumn as varchar(100), --页字段依据的列名";
    Memory = Memory + '\n';
    Memory = Memory + "@PageFieldValue as varchar(1000), --用来控制透视表页字段的数据";
    Memory = Memory + '\n';
    Memory = Memory + "@RowFieldByColumn as varchar(100), --行字段依据的列名";
    Memory = Memory + '\n';
    Memory = Memory + "@RowFieldValue as varchar(1000), --用来控制透视表行字段的数据";
    Memory = Memory + '\n';
    Memory = Memory + "@ColumnFieldByColumn as varchar(100), --列字段依据的列名";
    Memory = Memory + '\n';
    Memory = Memory + "@ColumnFieldValue as varchar(1000), --控制透视表列字段的数据";
    Memory = Memory + '\n';
    Memory = Memory + "@DataFieldByColumn as varchar(100), --数据字段依据的列名";
    Memory = Memory + '\n';
    Memory = Memory + "@DataFieldOperateMethod as varchar(20) --对数据字段的统计方式";
    Memory = Memory + '\n';
    Memory = Memory + "AS";
    Memory = Memory + '\n';
    Memory = Memory + "DECLARE    @SqlStr as varchar(5000),@Str as varchar(8000),@ColName as varchar(1000),";
    Memory = Memory + '\n';
    Memory = Memory + "@ColumnName as varchar(1000), @PageFieldData as varchar(1000), ";
    Memory = Memory + '\n';
    Memory = Memory + "@RowFieldData as varchar(1000), @ColumnFieldData as varchar(1000),";
    Memory = Memory + '\n';
    Memory = Memory + "@StrOne as varchar(500),@Temp as varchar(2000),@TemTab as varchar(3000)";
    Memory = Memory + '\n';
    Memory = Memory + "if(@PageFieldValue='')   --将页字段的信息生成SQL条件语句";
    Memory = Memory + '\n';
    Memory = Memory + "set @PageFieldData='('+@SelectSen+') as LB_Luna'";
    Memory = Memory + '\n';
    Memory = Memory + "else";
    Memory = Memory + '\n';
    Memory = Memory + "begin";
    Memory = Memory + '\n';
    Memory = Memory + "SET @Temp=@PageFieldValue";
    Memory = Memory + '\n';
    Memory = Memory + "SET @TemTab=''";
    Memory = Memory + '\n';
    Memory = Memory + "while (0=0) ";
    Memory = Memory + '\n';
    Memory = Memory + "begin";
    Memory = Memory + '\n';
    Memory = Memory + "--在添加的多字段中获取第一个字段名";
    Memory = Memory + '\n';
    Memory = Memory + "SET @StrOne = substring(@Temp,1,CHARINDEX(',',@Temp)-1) ";
    Memory = Memory + '\n';
    Memory = Memory + "SET @TemTab=@TemTab+@PageFieldByColumn +'='+''''+@StrOne+''''";
    Memory = Memory + '\n';
    Memory = Memory + "SET @Temp=substring(@Temp,CHARINDEX(',',@Temp)+1,1000 )";
    Memory = Memory + '\n';
    Memory = Memory + "if isnull(@Temp,'') <>''   ";
    Memory = Memory + '\n';
    Memory = Memory + "SET @TemTab=@TemTab+' or '";
    Memory = Memory + '\n';
    Memory = Memory + "else";
    Memory = Memory + '\n';
    Memory = Memory + "break";
    Memory = Memory + '\n';
    Memory = Memory + "end";
    Memory = Memory + '\n';
    Memory = Memory + "set @PageFieldData='(select * from '+'('+@SelectSen+') as LB_Luna where '+@TemTab+')'";
```

```
Memory = Memory + '\n';
Memory = Memory + "end";
Memory = Memory + '\n';
Memory = Memory + "if(@RowFieldValue='')   --将行字段的信息生成SQL条件语句";
Memory = Memory + '\n';
Memory = Memory + "set @RowFieldData=''";
Memory = Memory + '\n';
Memory = Memory + "else";
Memory = Memory + '\n';
Memory = Memory + "begin";
Memory = Memory + '\n';
Memory = Memory + "SET @Temp=@RowFieldValue";
Memory = Memory + '\n';
Memory = Memory + "SET @TemTab=''";
Memory = Memory + '\n';
Memory = Memory + "while (0=0) ";
Memory = Memory + '\n';
Memory = Memory + "begin";
Memory = Memory + '\n';
Memory = Memory + "--在添加的多字段中获取第一个字段名";
Memory = Memory + '\n';
Memory = Memory + "SET @StrOne = substring(@Temp,1,CHARINDEX(',',@Temp)-1)";
Memory = Memory + '\n';
Memory = Memory + "SET @TemTab=@TemTab+''''+@StrOne+''''";
Memory = Memory + '\n';
Memory = Memory + "SET @Temp=substring(@Temp,CHARINDEX(',',@Temp)+1,1000 )";
Memory = Memory + '\n';
Memory = Memory + "if isnull(@Temp,'') <> ''   ";
Memory = Memory + '\n';
Memory = Memory + "SET @TemTab=@TemTab+','";
Memory = Memory + '\n';
Memory = Memory + "else";
Memory = Memory + '\n';
Memory = Memory + "break";
Memory = Memory + '\n';
Memory = Memory + "end";
Memory = Memory + '\n';
Memory = Memory + "set @RowFieldData='where PageFieldData.'+@RowFieldByColumn+' in('+@TemTab+')'";
Memory = Memory + '\n';
Memory = Memory + "end";
Memory = Memory + '\n';
Memory = Memory + "if(@ColumnFieldValue='')   --将列字段的信息生成SQL条件语句";
Memory = Memory + '\n';
Memory = Memory + "set @ColumnFieldData=''";
Memory = Memory + '\n';
Memory = Memory + "else";
Memory = Memory + '\n';
Memory = Memory + "begin";
Memory = Memory + '\n';
Memory = Memory + "SET @Temp=@ColumnFieldValue";
Memory = Memory + '\n';
Memory = Memory + "SET @TemTab=''";
Memory = Memory + '\n';
Memory = Memory + "while (0=0) ";
Memory = Memory + '\n';
Memory = Memory + "begin";
Memory = Memory + '\n';
Memory = Memory + "--在添加的多字段中获取第一个字段名";
Memory = Memory + '\n';
Memory = Memory + "SET @StrOne = substring(@Temp,1,CHARINDEX(',',@Temp)-1)";
Memory = Memory + '\n';
Memory = Memory + "SET @TemTab=@TemTab+''''+@StrOne+''''";
Memory = Memory + '\n';
Memory = Memory + "SET @Temp=substring(@Temp,CHARINDEX(',',@Temp)+1,1000 )";
Memory = Memory + '\n';
Memory = Memory + "if isnull(@Temp,'') <> ''   ";
Memory = Memory + '\n';
Memory = Memory + "SET @TemTab=@TemTab+','";
Memory = Memory + '\n';
```

```
Memory = Memory + "else";
Memory = Memory + '\n';
Memory = Memory + "break";
Memory = Memory + '\n';
Memory = Memory + "end";
Memory = Memory + '\n';
Memory = Memory + "set @ColumnFieldData=' where '+@ColumnFieldByColumn+' in   ('+@TemTab+')'";
Memory = Memory + '\n';
Memory = Memory + "end";
Memory = Memory + '\n';
Memory = Memory + "EXECUTE ('DECLARE Cursor_Cost   CURSOR FOR SELECT DISTINCT '
    + @Column FieldByColumn ";
Memory = Memory + '\n';
Memory = Memory + "+ ' from ' + '('+@SelectSen+') as LB_Luna '+ @ColumnFieldData + ' for read only') --定义游标";
Memory = Memory + '\n';
Memory = Memory
    + "SET @Str='select '+@RowFieldByColumn+'=case grouping('+@RowFieldByColumn+') when 1 then '+'"
    +'汇总'+'"'+' else '+@RowFieldByColumn+' end,'";
Memory = Memory + '\n';
Memory = Memory + "OPEN Cursor_Cost   --打开游标";
Memory = Memory + '\n';
Memory = Memory + "while (0=0)";
Memory = Memory + '\n';
Memory = Memory + "BEGIN --遍历游标";
Memory = Memory + '\n';
Memory = Memory + "FETCH NEXT FROM Cursor_Cost INTO @ColumnName --通过游标获取列头信息";
Memory = Memory + '\n';
Memory = Memory + "if (@@fetch_status<>0)";
Memory = Memory + '\n';
Memory = Memory + "break";
Memory = Memory + '\n';
Memory = Memory + "SET @Str = @Str + @DataFieldOperateMethod + '(CASE ' + @ColumnFieldByColumn";
Memory = Memory + '\n';
Memory = Memory + "+' WHEN '" + @ColumnName + "' THEN ' + @DataFieldByColumn + ' ELSE 0 END)";
Memory = Memory + '\n';
Memory = Memory + "AS [' + @ColumnName + '], ' --循环追加 SQL 语句";
Memory = Memory + '\n';
Memory = Memory + "END";
Memory = Memory + '\n';
Memory = Memory + "if(@PageFieldValue<>'')   --判断页字段的信息是否为空";
Memory = Memory + '\n';
Memory = Memory + "set @SqlStr=@PageFieldData";
Memory = Memory + '\n';
Memory = Memory + "else";
Memory = Memory + '\n';
Memory = Memory + "set @SqlStr=@SelectSen";
Memory = Memory + '\n';
Memory = Memory + "SET @Str = @Str + @DataFieldOperateMethod + '(' + @DataFieldByColumn + ') AS [汇总] from";
Memory = Memory + '\n';
Memory = Memory + "' +'('+@SqlStr+')'+ ' as PageFieldData ' + @RowFieldData";
Memory = Memory + '\n';
Memory = Memory + "+ ' group by PageFieldData.' + @RowFieldByColumn --定义 SQL 语句尾";
Memory = Memory + '\n';
Memory = Memory + "SET @Str=@Str+' with rollup'   ";
Memory = Memory + '\n';
Memory = Memory + "CLOSE Cursor_Cost";
Memory = Memory + '\n';
Memory = Memory + "DEALLOCATE Cursor_Cost";
Memory = Memory + '\n';
Memory = Memory + "EXEC(@Str)";
return Memory;
}
```

自定义一个 DROP_Pro() 方法，主要用于判断数据库中是否已经存在名称为 Pro_DynamicRendering 的生成透视表存储过程，如果存在，则删除它。代码如下：

```csharp
public string DROP_Pro()
{
    string Memory = "";                                                    //存储生成的 SQL 语句
    if (MyDLL.DataType == "2022")
    {
        Memory = "IF EXISTS (SELECT name FROM sys.objects WHERE name = 'Pro_DynamicRendering' AND type = 'P')
                DROP PROCEDURE Pro_DynamicRendering";                       //查找存储过程名，如果有则删除它
    }
    return Memory;
}
```

7.5.2 FrmClass 类

FrmClass 类主要用来实现窗体及图表相关的操作，所以首先在命名空间区域引用 System.Windows.Forms 和 System.Drawing 命名空间，然后定义公共变量。主要代码如下：

```csharp
using System;
using System.Data;
using System.Drawing;                                                       //添加字体和颜色的命名空间
using System.Windows.Forms;

namespace Rendering.ModuleClass
{
    class FrmClass
    {
        #region 公共变量
        public static string TabName = "";                                  //数据表名
        public static string TabSelect = "";                                //SQL 语句
        public static string TabType = "";                                  //数据表的类型
        ModuleClass.DataClass DClass = new DataClass();                     //实例化 DataClass 类
        public static int filterSign = 0;
        public static string[] RowField;
        public static string[] ColumnField;
        //生成表格时，用于记录字段信息
        public static string C1 = "";
        public static string V1 = "";
        public static string C2 = "";
        public static string V2 = "";
        public static string C3 = "";
        public static string V3 = "";
        public static string C4 = "";
        public static string C5 = "";
        public static int[] YMD;                                            //记录日期字段的索引值
        public static string AxisX = "";                                    //记录统计字段
        public static string AxisY = "";                                    //记录统计的数据字段
        //省略部分代码
    }
}
```

自定义一个 DataFormat() 方法，主要用来判断 DataSet 对象的数据表中是否存在日期字段，如果存在，使用 SQL 语句将日期进行格式化，并返回新生成的 SQL 语句。代码如下：

```csharp
public string DataFormat(DataSet DSet, string SqlStr)
{
    string temSql = SqlStr;
    Type TColumn;                                                           //定义一个类型变量
    for (int i = 0; i < DSet.Tables[0].Columns.Count; i++)                  //遍历 DataSet 对象中的列
    {
        TColumn = DSet.Tables[0].Columns[i].DataType;                       //获取当前列的类型
```

```
                if (TColumn.ToString() == "System.DateTime")
                {
                    for (int j = 0; j < DSet.Tables[0].Rows.Count - 1; j++)     //对数据行进行遍历
                    {
                        if (DSet.Tables[0].Rows[j][i].ToString().Length > 10)   //如果当前日期的长度大于10
                        {
                            //用指定的 SQL 语句替换日期字段的名称
                            temSql = LookupSubStr(temSql, DSet.Tables[0].Columns[i].Caption);
                            break;
                        }
                    }
                }
            }
            return temSql;
        }
```

自定义 LookupSubStr() 方法，在原有的 SQL 语句中查找日期字段名，并用指定的 SQL 语句替换，这里的 SQL 语句用于对日期字段格式化。代码如下：

```
public string LookupSubStr(string Str, string SubStr)
{
    string temStr = "";
    string temfield = "";
    int n = 0;                                                  //字符串前逗号的位置
    int Subindex = Str.IndexOf(SubStr, 0, Str.Length);          //查找子字符串的位置
    int f = 0;
    if (Subindex != -1)                                         //如果查找到子字符串
    {
        temStr = Str.Substring(0, Subindex);                    //记录日期字段名前面的 SQL 语句
        n = temStr.LastIndexOf(",");                            //在 SQL 语句中查找最后一个逗号
        if (n == -1)                                            //如果没有找到
            //表示日期字段名的前面没有其他字段名，记录 Select 的最后位置
            n = 5;
        temStr = Str.Substring(Subindex - (Subindex - n) + 1, Subindex - n);  //获取日期字段的名称
        f = temStr.LastIndexOf(" as ");                         //在名称中找到别名的关键字 as
        if (f == -1)                                            //如果没有别名
        {
            temfield = Str.Substring(Subindex, SubStr.Length);  //获取日期字段的名称
            //生成格式化 SQL 语句
            temStr = Str.Replace(temfield, " convert(char(10)," + temfield + ",121) as " + temfield + " ");
        }
        Else                                                    //如果有别名
        {
            temfield = Str.Substring(n + 1, f + 1);             //获取日期字段的名称
            temStr = Str.Replace(temfield, " convert(char(10)," + temfield + ",121) ");
        }
    }
    return temStr;
}
```

自定义 ProInitialize() 方法，根据指定的索引号在 ComboBox 控件的文本框中显示默认值。代码如下：

```
public void ProInitialize(ComboBox Cbox, int Sign)
{
    Cbox.SelectedIndex = Sign;                                  //设置当前选中的索引号
}
```

自定义一个 RemoveComboBox() 方法，用来从 ComboBox 控件中移除指定的项。代码如下：

```
public void RemoveComboBox(string DelStr1,string DelStr2, ComboBox DcomBox)
{
    if (DelStr1!="")                                            //如果移除的信息不为空
        for (int i = 0; i < DcomBox.Items.Count; i++)           //遍历 DcomBox
        {
            if (DcomBox.Items[i].ToString() == DelStr1)         //如果与当前要移除的信息相同
                DcomBox.Items.RemoveAt(i);                      //移除该项
        }
    if (DelStr2!="")                                            //如果移除的信息不为空
        for (int i = 0; i < DcomBox.Items.Count; i++)           //遍历 DcomBox
```

```csharp
            {
                if (DcomBox.Items[i].ToString() == DelStr2)       //如果与当前要移除的信息相同
                    DcomBox.Items.RemoveAt(i);                    //移除该项
            }
        }
    }
}
```

自定义 FieldStyle() 方法，在 DataSet 对象中获取指定表中的数值型或日期型字段，并将相应的字段名添加到指定的 ComboBox 控件中。代码如下：

```csharp
public void FieldStyle(DataSet DSet, ComboBox comBox, int Sign)
{
    comBox.Items.Clear();
    Type TColumn;                                                 //定义一个类型变量
    if (Sign == 2)                                                //获取字符型和日期型字段
    {
        YMD = new int[DSet.Tables[0].Columns.Count];              //定义一个数组
        for (int i = 0; i < YMD.Length; i++)                      //初始化数组
        {
            YMD[i] = YMD.Length + 2;
        }
    }
    int ymdSign = 0;
    int ymdi = 0;
    for (int i = 0; i < DSet.Tables[0].Columns.Count; i++)        //遍历 DataSet 对象中的列
    {
        TColumn = DSet.Tables[0].Columns[i].DataType;             //获取当前列的类型
        if (Sign == 0 || Sign == 2)                               //如果标识为 0 或 2，表示获取的是字符串和日期的字段
        {
            //如果字段的类型是字符型或日期
            if (TColumn.ToString() == "System.String" || TColumn.ToString() == "System.DateTime")
            {
                //添加符合条件的列标题名
                comBox.Items.Add(DSet.Tables[0].Columns[i].Caption);
                //如果是日期型
                if (Sign == 2 && TColumn.ToString() == "System.DateTime")
                {
                    YMD[ymdi] = ymdSign;                          //记录日期字段的位置
                    ymdi = ymdi + 1;
                }
                ymdSign = ymdSign + 1;
            }
        }
        //表示获取的是数字型的字段（整型、单精度型、双精度型、货币型、实数型）
        if (Sign == 1)
        {
            if (TColumn.ToString() == "System.Int32" || TColumn.ToString() == "System.Double"
                || TColumn.ToString() == "System.Decimal" || TColumn.ToString() == "System.Single")
                comBox.Items.Add(DSet.Tables[0].Columns[i].Caption);
        }
    }
}
```

自定义 SaveDataGridView() 方法，主要用来保存生成透视表的行字段和列字段。代码如下：

```csharp
public void SaveDataGridView(DataGridView DGridView)
{
    V1 = ""; V2 = ""; V3 = "";
    RowField = new string[DGridView.RowCount - 2];
    for (int i = 0; i < DGridView.RowCount - 2; i++)
    {
        RowField[i] = DGridView[0, i].Value.ToString().Trim();    //记录行字段
    }
    ColumnField = new string[DGridView.Columns.Count - 2];
    for (int i = 1; i < DGridView.Columns.Count - 1; i++)
    {
        ColumnField[i-1] = DGridView.Columns[i].HeaderText.Trim(); //记录列字段
    }
```

}

自定义 Data_List()方法，该方法有两种重载形式，用来将透视表的行、列、页字段名添加到指定的 ListView 控件中。代码如下：

```csharp
//显示行、列中的字段
public void Data_List(ListView LV, int n)
{
    LV.Items.Clear();                                               //清空所有项的集合
    LV.Columns.Clear();                                             //清空所有列的集合
    LV.View = View.Details;                                         //显示列名称
    LV.FullRowSelect = true;                                        //在单击某项时，对其进行选中
    LV.CheckBoxes = true;
    ListViewItem lvi = new ListViewItem();
    string Titname = "";
    filterSign = n;
    if (n == 0)
    {
        Titname = "透视表的行标题";
        //设置列标题的名称及大小
        LV.Columns.Add(Titname, LV.Parent.Width - 3, HorizontalAlignment.Center);
        //添加指定列的信息
        for (int i = 0; i < RowField.Length; i++)
        {
            lvi = new ListViewItem(RowField[i]);                    //实例化一个列表项
            lvi.Tag = i;
            LV.Items.Add(lvi);                                      //添加列信息
            LV.Items[i].Checked = true;
        }
    }
    if (n == 1)
    {
        Titname = "透视表的列标题";
        //设置列标题的名称及大小
        LV.Columns.Add(Titname, LV.Parent.Width - 3, HorizontalAlignment.Center);
        //添加指定列的信息
        for (int i = 0; i < ColumnField.Length; i++)
        {
            lvi = new ListViewItem(ColumnField[i]);                 //实例化一个列表项
            lvi.Tag = i;
            LV.Items.Add(lvi);                                      //添加列信息
            LV.Items[i].Checked = true;
        }
    }
}

//显示页中的字段
public void Data_List(ListView LV, string PageN, int n)
{
    LV.Items.Clear();                                               //清空所有项的集合
    LV.Columns.Clear();                                             //清空所有列的集合
    LV.View = View.Details;                                         //显示列名称
    LV.FullRowSelect = true;                                        //在单击某项时，对其进行选中
    LV.CheckBoxes = true;
    string Titname = "";
    ListViewItem lvi = new ListViewItem();
    DataSet TitDSet = new DataSet();
    filterSign = n;
    if (n == 2 && PageN != "")
    {
        Titname = "透视表的页标题";
        LV.Columns.Add(Titname, LV.Parent.Width - 3, HorizontalAlignment.Center);   //设置列标头的名称及大小
        TitDSet = DClass.getDataSet("select Distinct MR_Luna." + PageN.Trim()
            + " from (" + ModuleClass.DataClass.OldSQL + ") as MR_Luna", "");
        for (int i = 0; i < TitDSet.Tables[0].Rows.Count; i++)
```

```
            {
                lvi = new ListViewItem(TitDSet.Tables[0].Rows[i][0].ToString());    //实例化一个列表项
                lvi.Tag = i;
                LV.Items.Add(lvi);                                                  //添加列信息
                LV.Items[i].Checked = true;
            }
        }
    }
#endregion
```

自定义 GetChartProperty()方法，该方法有 4 种重载形式，作用是根据标识对自定义图表控件的标题、字体、颜色及其他一些属性进行设置。代码如下：

```
#region   设置图表控件的属性
//设置图表控件的标题文本
public void GetChartProperty(ChartComponent.ChartPanel ChartP, string TitleText, int Csign)
{
    switch (Csign)
    {
        case 0:
            {
                ChartP.TitleName = TitleText;
                break;
            }
    }
}

//设置图表控件的标题文本样式
public void GetChartProperty(ChartComponent.ChartPanel ChartP, Font TFont, int Csign)
{
    switch (Csign)
    {
        case 1:
            {
                ChartP.TitleFont = TFont;
                break;
            }
    }
}

//设置图表控件的标题文本颜色
public void GetChartProperty(ChartComponent.ChartPanel ChartP, Color TColor, int Csign)
{
    switch (Csign)
    {
        case 2:
            {
                ChartP.TitleColor = TColor;
                break;
            }
    }
}

//设置图表控件的其他属性
public void GetChartProperty(ChartComponent.ChartPanel ChartP, int CValue, int Csign)
{
    switch (Csign)
    {
        case 3:
            {
                ChartP.Chartmark = Convert.ToBoolean(CValue);
                break;
            }
        case 4:
            {
                ChartP.LabelSay = Convert.ToBoolean(CValue);
                break;
            }
```

```
            case 5:
                {
                    ChartP.ChartWearColor = Convert.ToBoolean(CValue);
                    break;
                }
            case 6:
                {
                    if (CValue == 0)
                        ChartP.RowWeave = ChartComponent.ChartPanel.CharRowWeaveStyle.Side;
                    else
                        ChartP.RowWeave = ChartComponent.ChartPanel.CharRowWeaveStyle.Stavked;
                    break;
                }
            case 7:
                {
                    switch (CValue)
                    {
                        case 0:
                            {
                                ChartP.ChartStyle = ChartComponent.ChartPanel.CharMode.Bar;
                                break;
                            }
                        case 1:
                            {
                                ChartP.ChartStyle = ChartComponent.ChartPanel.CharMode.Line;
                                break;
                            }
                        case 2:
                            {
                                ChartP.ChartStyle = ChartComponent.ChartPanel.CharMode.Mark;
                                break;
                            }
                        case 3:
                            {
                                ChartP.ChartStyle = ChartComponent.ChartPanel.CharMode.Area;
                                break;
                            }
                    }
                    break;
                }
        }
}
#endregion
```

7.6 决策分析主窗体设计

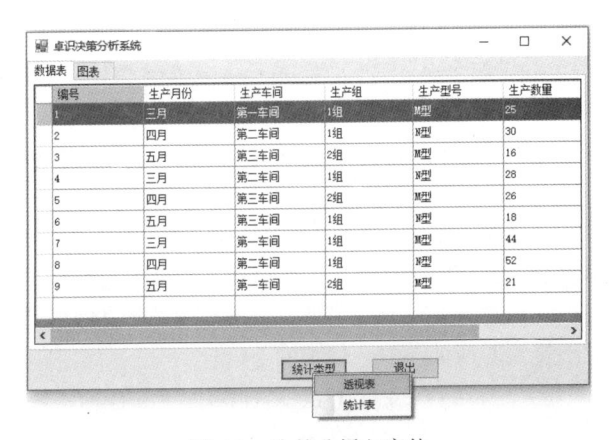

7.6.1 决策分析主窗体概述

决策分析主窗体用来显示待统计分析的数据，并可根据用户的设置以透视表、统计表和图表的形式显示数据，效果如图 7.9 所示。

7.6.2 设计决策分析主窗体

新建一个 Windows 窗体，命名为 Frm_Stat，设置其 StartPosition 属性为 CenterScreen，Text 属性为"卓识决策分析系统"，该窗体用到的主要控件如表 7.2 所示。

图 7.9 决策分析主窗体

表 7.2 决策分析主窗体中用到的主要控件

控件类型	控件 ID	主要属性设置	用途
Button	button_Type	Anchor 属性设置为 Top, Right	选择统计类型
	button_Property	默认	设置图表属性
	button_Build	默认	生成透视表或者统计表
	button_Close	默认	退出
DataGridView	dataGridView1	Dock 属性设置为 Fill；ReadOnly 属性设置为 True；SelectionMode 属性设置为 FullRowSelect	显示数据记录
TabControl	tabControl_Stat	Dock 属性设置为 Fill	设计"数据表"和"图表"两个选项卡
ChartPanel	chartPanel1	XYColor 属性设置为 Black；TitleStyle 属性设置为 TopCenter；TitleColor 属性设置为 Black；ShowData 属性设置为 True；RowWeave 属性设置为 Stavked	显示图表
ContextMenuStrip	cMSStyle	默认	弹出统计类型菜单
ColorDialog	colorDialog1	默认	设置颜色对话框
FontDialog	fontDialog1	默认	设置字体对话框

7.6.3 初始化数据

决策分析主窗体第一次显示时，会触发窗体的 Shown 事件。该事件中，程序首先调用公共类的方法将所有数据显示在 DataGridView 控件中，然后在数据库中对已存在的存储过程进行初始化（删除）。代码如下：

```
private void Frm_Stat_Shown(object sender, EventArgs e)
{
    ModuleClass.DataClass.M_str_sqlcon = MyDLL.DataCom;              //获取接口中连接数据库的字符串
    MyDLL.DataSele = FClass.DataFormat(MyDLL.DataSets, MyDLL.DataSele);   //对日期字段进行格式化
    dataGridView1.DataSource = MyDLL.DataSets.Tables[0];             //显示数据信息
    ModuleClass.DataClass.OldSQL = MyDLL.DataSele;                   //记录 SQL 语句
    FClass.ProInitialize(comboBox_Label, 1);                         //设置 ComboBox 控件的默认值
    FClass.ProInitialize(comboBox_Tagboard, 0);
    FClass.ProInitialize(comboBox_Whereat, 0);
    FClass.ProInitialize(comboBox_Lattice, 0);
    FClass.ProInitialize(ComboBox_ChartStyle, 0);
    DClass.getDataSet(DClass.DROP_Pro(), "");                        //创建生成透视表存储过程的 SQL 语句
    DClass.getDataSet(DClass.RenderingMemory(),"");                  //删除生成统计表存储过程的 SQL 语句
    listView1.View = View.Details;                                   //显示列名称
    //设置列标头的名称及大小
    listView1.Columns.Add("", listView1.Parent.Width - 3, HorizontalAlignment.Center);
    chartPanel1.ShowData = false;                                    //设置图表控件，只显示一个表格
}
```

7.6.4 打开生成透视表窗体

在决策分析窗体中单击"统计类型"按钮，在弹出的快捷菜单中单击"透视表"项，将以对话框形式打开生成透视表窗体。如果生成透视表窗体的返回值为 OK，则在当前窗体中显示透视表筛选面板，并对相应控件的值进行初始化。另外，将当前窗体的 Tag 属性设置为 1，并执行"确定"按钮的 Click 事件，以便生成透视表对应的图表。代码如下：

```
private void TSMClarity_Click(object sender, EventArgs e)
{
    Frm_Appear frmAppear = new Frm_Appear();                         //实例化 Frm_Appear 窗体
```

```csharp
if (frmAppear.ShowDialog() == DialogResult.OK)          //如果生成透视表窗体返回的是 OK 值
{
    this.Tag = 1;                                       //将 Tag 属性设为 1，表示当前生成的是透视表
    panel_Sele.Visible = true;                          //显示透视表的筛选面板
    if (frmAppear.Tag.ToString() == "1")                //如果为 1
        checkBox_Page.Text = "页" + ModuleClass.FrmClass.C1;   //表示对页进行了设置
    else
        checkBox_Page.Text = "页";                      //没有对透视表的页进行设置
    button_Build_Click(sender, e);                      //显示生成后的数据
    FClass.SaveDataGridView (dataGridView1);            //保存数据表中的数据
    listView1.Items.Clear();                            //清空所有项的集合
    listView1.Columns.Clear();                          //清空所有列的集合
    listView1.View = View.Details;                      //显示列名称
    //设置列标题的名称及大小
    listView1.Columns.Add("", listView1.Parent.Width - 3, HorizontalAlignment.Center);
}
```

上面代码中在返回决策分析主窗体时，会自动执行"确定"按钮的 Click 事件，即 button_Build_Click (sender, e)。该事件中，主要根据窗体的 Tag 属性，调用自定义的 ChartCreate()方法生成透视表或者统计表对应的图表。代码如下：

```csharp
private void button_Build_Click(object sender, EventArgs e)
{
    dataGridView1.DataSource = null;
    switch (Convert.ToInt32(this.Tag.ToString()))
    {
        case 1:
            {
                FClass.filterField(listView1);
                ProDSet = DClass.getDataSet("Exec Pro_DynamicRendering " + "'" + ModuleClass.DataClass.OldSQL
                    + "','" + ModuleClass.FrmClass.C1 + "','" + ModuleClass.FrmClass.V1 + "','"
                    + ModuleClass.FrmClass.C2 + "','" + ModuleClass.FrmClass.V2 + "','"
                    + ModuleClass.FrmClass.C3 + "','" + ModuleClass.FrmClass.V3 + "','"
                    + ModuleClass.FrmClass.C4 + "','" + ModuleClass.FrmClass.C5 + "'", "");
                ChartCreate();
                break;
            }
        case 2:
            {
                ProDSet = DClass.getDataSet(ModuleClass.FrmClass.C1, "");
                ChartCreate();
                break;
            }
    }
    dataGridView1.DataSource = ProDSet.Tables[0];
}
```

上面代码中用到了 ChartCreate()方法，其作用是根据用户设置的 SumAxes、SumXAxis 和 DataSource 属性，将透视表与统计表的数据以图表形式进行显示。代码如下：

```csharp
private void ChartCreate()
{
    if (ProDSet.Tables[0].Rows.Count > 0)
    {
        chartPanel1.ShowData = true;                    //图表控件可以显示数据
        switch (Convert.ToInt32(this.Tag.ToString()))
        {
            case 1:                                     //透视表
                {
                    //进行统计汇总的轴
                    chartPanel1.SumAxes = ChartComponent.ChartPanel.AxesStyle.XY;
                    chartPanel1.SumXAxis = ModuleClass.FrmClass.AxisX;   //设置统计字段
                    chartPanel1.DataSource = ProDSet;                    //读取数据
                    break;
                }
            case 2:                                     //统计表
```

```
                {
                    chartPanel1.SumXAxis = ModuleClass.FrmClass.AxisX;
                    chartPanel1.SumYAxis = ModuleClass.FrmClass.AxisY;
                    chartPanel1.DataSource = ProDSet;
                    break;
                }
            }
            ChartAttribute();                                           //设置图表控件的属性
        }
        else
            chartPanel1.ShowData = false;                               //图表控件只显示表格
}
```

7.6.5　打开生成统计表窗体

在决策分析窗体中单击"统计类型"按钮,在弹出的快捷菜单中单击"统计表"项,将以对话框形式打开生成统计表窗体。如果生成统计表窗体的返回值为OK,则将当前窗体的Tag属性设置为2,并执行"确定"按钮的Click事件,以便生成统计表对应的图表。打开生成统计表窗体的主要代码如下:

```
private void TSMStat_Click(object sender, EventArgs e)
{
    panel_Sele.Visible = false;                           //不显示透视表筛选面板
    Frm_Statistics frmStatistics = new Frm_Statistics();  //实例化 Frm_Statistics
    if (frmStatistics.ShowDialog() == DialogResult.OK)    //如果窗体的返回值是 OK
    {
        this.Tag = 2;
        button_Build_Click(sender, e);
    }
}
```

7.7　生成透视表窗体设计

7.7.1　生成透视表窗体概述

在决策分析主窗体中,如果要将数据生成透视表,需要单击"统计类型"按钮,在弹出的快捷菜单中单击"透视表"项,打开生成透视表窗体,如图7.10所示,该窗体中可以对生成透视表的相关字段进行设置。

7.7.2　设计生成透视表窗体

生成透视表窗体使用 Frm_Appear 表示,设置其 FormBorderStyle 属性为 SizableToolWindow,StartPosition 属性为 CenterScreen,Text 属性为"生成透视表",该窗体用到的主要控件如表7.3所示。

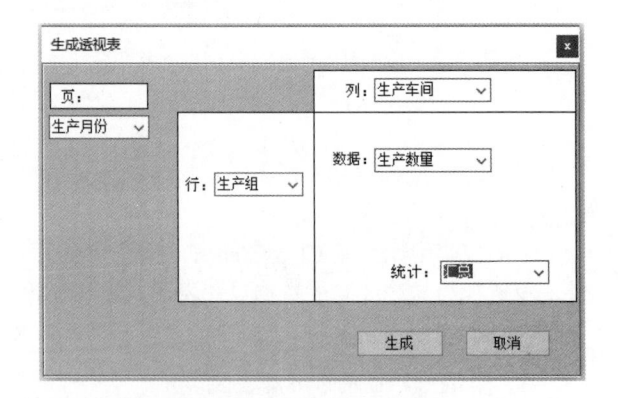

图7.10　生成透视表窗体

表7.3　生成透视表窗体中用到的主要控件

控件类型	控件ID	主要属性设置	用途
Button	button_Cancel	默认	关闭当前窗体
	button_OK	默认	执行生成透视表的操作
ComboBox	comboBox_Page	默认	选择页

续表

控件类型	控件 ID	主要属性设置	用途
ComboBox	comboBox_Row	默认	选择行
	comboBox_Arrange	默认	选择列
	comboBox_Data	默认	选择数据
	comboBox_Stat	默认	选择统计类型
Panel	panel1	默认1	容纳窗体上的其他控件

7.7.3 初始化窗体

在显示生成透视表窗体时，首先要对页、行、列和数据列表进行初始化，即将数据表中的字符型和日期型字段的名称添加到页、行、列下拉列表中（图 7.10 所示窗体中的下拉列表框），将数值型字段添加到数据下拉列表中。代码如下：

```
private void Frm_Appear_Shown(object sender, EventArgs e)
{
    CBos = new ComboBox();                                      //实例化一个 ComboBox 控件
    this.comboBox_Page.Items.Clear();                           //清空当前控件
    this.comboBox_Arrange.Items.Clear();                        //清空当前控件
    this.comboBox_Row.Items.Clear();                            //清空当前控件
    this.comboBox_Data.Items.Clear();                           //清空当前控件
    FClass.FieldStyle(MyDLL.DataSets, CBos, 0);                 //将 DataSets 中的信息存储到 CBos 中
    FClass.CopyComboBox(CBos, comboBox_Page);                   //将 CBos 中的信息存储到 comboBox_Page 中
    FClass.CopyComboBox(CBos, comboBox_Arrange);                //将 CBos 中的信息存储到 comboBox_Arrange 中
    FClass.CopyComboBox(CBos, comboBox_Row);                    //将 CBos 中的信息存储到 comboBox_Row 中
    FClass.FieldStyle(MyDLL.DataSets, comboBox_Data, 1);        //获取表中的数值型字段
}
```

7.7.4 删除重复字段

在对行、列、页、数据下拉列表中的信息进行初始化之后，就可以在下拉列表中选择相应的字段。但在选择行、列字段时，其值不能相同，所以必须在一个列表框中选择字段后，在另一个列表框中删除该字段，这主要通过调用 FClass 对象中的 RemoveComboBox()方法实现。代码如下：

```
private void comboBox_Row_TextChanged(object sender, EventArgs e)
{
    FClass.CopyComboBox(CBos, comboBox_Arrange);                //将列表框中的信息设为完整状态
    //移除已被选中的字段
    FClass.RemoveComboBox(comboBox_Row.Text, comboBox_Page.Text, comboBox_Arrange);
}
```

7.7.5 生成透视表

设置完生成透视表的字段后，单击"生成"按钮，将设置好的信息返回给决策分析主窗体，生成透视表。代码如下：

```
private void button_OK_Click(object sender, EventArgs e)
{
    if (comboBox_Row.Text == "" || comboBox_Arrange.Text == "" || comboBox_Data.Text == "" ||
        comboBox_Stat.Text == "")
                                                                //行、列、数据和统计列表都不能为空
        MessageBox.Show("请选择制作透视表的字段");
    else
    {
        ModuleClass.FrmClass.C1 = comboBox_Page.Text.Trim();    //获取页字段名
        ModuleClass.FrmClass.V1 = "";                           //页的筛选信息
```

```
            ModuleClass.FrmClass.C2 = comboBox_Row.Text.Trim();           //获取行字段名
            ModuleClass.FrmClass.AxisX = comboBox_Row.Text.Trim();
            ModuleClass.FrmClass.V2 = "";
            ModuleClass.FrmClass.C3 = comboBox_Arrange.Text.Trim();       //获取列字段名
            ModuleClass.FrmClass.V3 = "";
            ModuleClass.FrmClass.C4 = comboBox_Data.Text.Trim();          //获取统计类型
            this.DialogResult = DialogResult.OK;
            if (comboBox_Page.Text != "")
                this.Tag = 1;
            else
                this.Tag = 0;
        }
}
```

生成的透视表会自动在决策分析主窗体中显示，效果如图 7.11 所示。

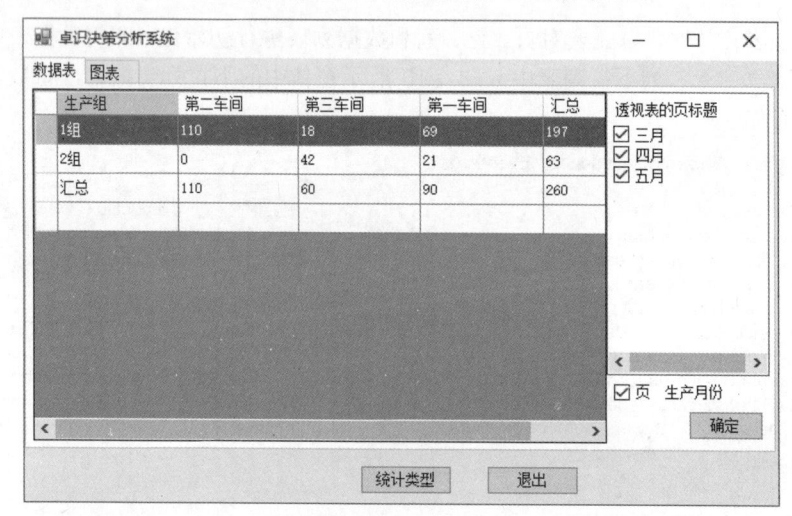

图 7.11　生成的透视表

7.8　生成统计表窗体设计

7.8.1　生成统计表窗体概述

在决策分析主窗体中，如果要将数据生成统计表，需要单击"统计类型"按钮，在弹出的快捷菜单中单击"统计表"项，打开"生成统计表"窗体，如图 7.12 所示，该窗体中可以对生成统计表的相关字段进行设置。

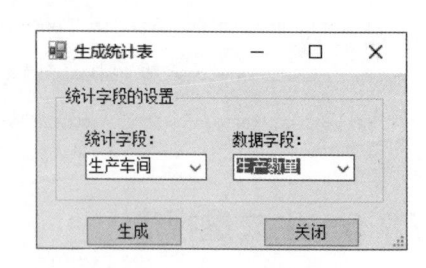

图 7.12　生成统计表窗体

7.8.2　设计生成统计表窗体

新建一个 Windows 窗体，命名为 Frm_Statistics，设置其 StartPosition 属性为 CenterScreen，Text 属性为"生成统计表"，该窗体用到的主要控件如表 7.4 所示。

表 7.4　生成统计表窗体中用到的主要控件

控件类型	控件 ID	主要属性设置	用　　途
Button	button_Cancel	默认	关闭当前窗体
	button_OK	默认	生成报表数据

续表

控件类型	控件 ID	主要属性设置	用途
ComboBox	comboBox_Data	默认	选择数据字段
	comboBox_Stat	默认	选择统计字段
	comboBox_Month	Enabled 属性设置为 false	选择月份
	comboBox_Year	Enabled 属性设置为 false	选择年份
RadioButton	radioButton_Year	默认	表示按年份统计
	radioButton_Month	默认	表示按月份统计
GroupBox	groupBox_Data	Visible 属性设置为 false	划分按时期统计区域
	groupBox_Stat	默认	划分统计字段设置区域

7.8.3 绑定数据到列表

在显示生成统计表的窗体时，首先要对统计字段和数据字段进行初始化，也就是将数据表中的字符型和日期型字段的名称添加到统计字段列表中，将数值型字段添加到数据字段列表中。代码如下：

```
private void Frm_Statistics_Shown(object sender, EventArgs e)
{
    //将表中的日期型和字符型字段添加到 comboBox_Stat 控件中
    FClass.FieldStyle(MyDLL.DataSets, comboBox_Stat, 2);
    //将表中的数值型字段添加到 comboBox_Data 控件中
    FClass.FieldStyle(MyDLL.DataSets, comboBox_Data, 1);
    //下面的设置用于隐藏"统计日期"栏
    button_OK.Top = groupBox_Stat.Top + groupBox_Stat.Height + 10;      //设置按钮的位置
    button_Cancel.Top = groupBox_Stat.Top + groupBox_Stat.Height + 10;
    this.Height = button_OK.Top + button_OK.Height + 40;                //设置窗体的高度
}
```

7.8.4 选择生产日期字段

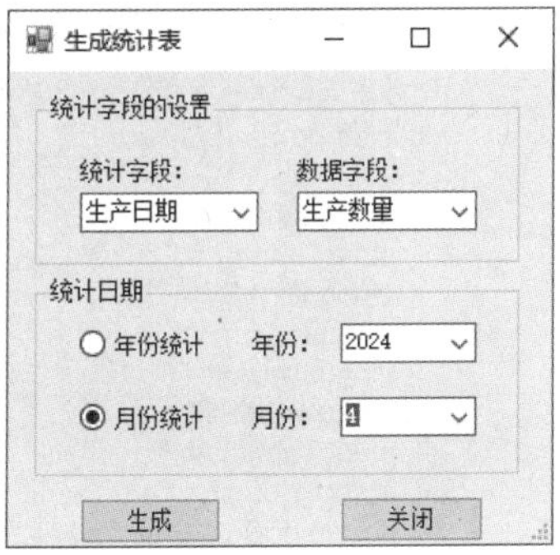

在生成统计表的窗体中，如果统计字段列表中选择的是"生产日期"，则在生成统计表窗体的下面会自动出现"统计日期"组，用户可以按照年份和月份来对数据进行统计，如图 7.13 所示。该功能是在统计字段下拉列表的 TextChanged 事件中实现的，代码如下：

图 7.13 选择生产日期字段

```
private void comboBox_Stat_TextChanged(object sender, EventArgs e)
{
    bool DateShow = false;
    //遍历 YMD 数组
    for (int i = 0; i < ModuleClass.FrmClass.YMD.Length; i++)
    {
        //判断该项是否为日期型字段
        if (ModuleClass.FrmClass.YMD[i]
            == comboBox_Stat.SelectedIndex)
        {
            DateShow = true;
            break;
        }
    }
    if (DateShow)                                            //如果是日期型字段
    {
        groupBox_Data.Visible = DateShow;                    //显示"统计日期"栏
        button_OK.Top = groupBox_Data.Top + groupBox_Data.Height + 10;  //设置按钮的位置
        button_Cancel.Top = groupBox_Data.Top + groupBox_Data.Height + 10;
        //查询数据中的年份
        DataSet Dset = DClass.getDataSet("select distinct year(LB_Luna."
```

```
            + comboBox_Stat.Text.Trim() + ") as '年份' from (" + MyDLL.DataSele + ") as LB_Luna", "");
        comboBox_Year.Items.Clear();                                    //清空年份下拉列表
        for (int i = 0; i < Dset.Tables[0].Rows.Count; i++)             //添加年份
        {
            comboBox_Year.Items.Add(Dset.Tables[0].Rows[i][0]);
        }
    }
    else
    {
        groupBox_Data.Visible = DateShow;                               //隐藏"统计日期"栏
        button_OK.Top = groupBox_Stat.Top + groupBox_Stat.Height + 10;  //设置按钮的位置
        button_Cancel.Top = groupBox_Stat.Top + groupBox_Stat.Height + 10;
    }
    this.Height = button_OK.Top + button_OK.Height + 40;                //设置窗体的高度
}
```

7.8.5 生成统计表

生成统计表信息设置完成后,单击窗体中的"生成"按钮,即可生成统计表相应的 SQL 语句并返回给主窗体,以便在主窗体中生成统计表。代码如下:

```
private void button_OK_Click(object sender, EventArgs e)
{
    string temSql=StatSQL();                                //生成统计表的 SQL 语句
    if (temSql.Length > 0)                                  //如果有生成的语句
    {
        this.DialogResult = DialogResult.OK;                //将该窗体的返回值设为 OK
        ModuleClass.FrmClass.C1 = temSql;                   //记录 SQL 语句
        this.Close();                                       //关闭当前窗体
    }
}
```

上面代码中用到了 StatSQL()方法,该方法为自定义的、返回值为 string 类型的方法,主要用来根据设置的相关字段,组合生成统计表的 SQL 语句。代码如下:

```
//组合生成统计表的 SQL 语句
public string StatSQL()
{
    string temSQL = "";
    string StatStr = "";                                    //统计字段
    string DataStr = "";                                    //数据字段
    string logic = "";                                      //关系
    string whereif = "";                                    //条件关键字 where
    string yearif = "";                                     //年份条件
    string monthif = "";                                    //月份条件
    string groupif = "";                                    //Group by 条件
    if (comboBox_Stat.Text != "" && comboBox_Data.Text != "")  //当统计字段和数据字段都有值时
    {
        if (groupBox_Data.Visible && (radioButton_Year.Checked == true
            || radioButton_Month.Checked == true))          //如果是日期字段,并设置了年月
        {
            if (radioButton_Month.Checked == true)          //如果设置了月份
            {
                if (comboBox_Year.Text == "")               //如果年份为空
                {
                    MessageBox.Show("如果要对各月份进行统计,请选择月份所在年限。");
                    return "";
                }
                if (comboBox_Month.Text == "")              //如果月份为空
                {
                    StatStr = " month(LB_Luna." + comboBox_Stat.Text.Trim() + ") as "
                        + "'" + comboBox_Stat. Text. Trim() + "(月份)" + "' ";
                    yearif = " (year(LB_Luna." + comboBox_Stat.Text.Trim() + ")=" + comboBox_Year.Text.Trim() + ") ";
                    groupif = " group by " + " month(LB_Luna." + comboBox_Stat.Text.Trim() + ") ";
                    ModuleClass.FrmClass.AxisX = comboBox_Stat.Text.Trim() + "(月份)";
                }
```

```
                else
                {
                    StatStr = " day(LB_Luna." + comboBox_Stat.Text.Trim() + ") as " + "'"
                        + comboBox_Stat.Text. Trim() + "(日)" + "' ";
                    yearif = " (year(LB_Luna." + comboBox_Stat.Text.Trim() + ")=" + comboBox_Year.Text.Trim() + ") ";
                    logic = " and ";
                    monthif = " (month(LB_Luna." + comboBox_Stat.Text.Trim() + ")="
                        + comboBox_Month.Text. Trim() + ") ";
                    groupif = " group by " + " day(LB_Luna." + comboBox_Stat.Text.Trim() + ") ";
                    ModuleClass.FrmClass.AxisX = comboBox_Stat.Text.Trim() + "(日)";
                }
                whereif = " where ";
            }
            if (radioButton_Year.Checked == true)              //如果设置了年份
            {
                StatStr = " year(LB_Luna." + comboBox_Stat.Text.Trim() + ") as "
                    + "'" + comboBox_Stat.Text. Trim() + "(年份)" + "' ";
                groupif = " group by " + " year(LB_Luna." + comboBox_Stat.Text.Trim() + ") ";
                ModuleClass.FrmClass.AxisX = comboBox_Stat.Text.Trim() + "(年份)";
            }
        }
        else
        {
            StatStr = "LB_Luna." + comboBox_Stat.Text.Trim();
            groupif = " group by " + "LB_Luna." + comboBox_Stat.Text.Trim();
            ModuleClass.FrmClass.AxisX = comboBox_Stat.Text.Trim();
        }
        DataStr = " sum(LB_Luna." + comboBox_Data.Text.Trim() + ") as " +
            comboBox_Data.Text.Trim() + "求和";
        ModuleClass.FrmClass.AxisY = comboBox_Data.Text.Trim() + "求和";
        temSQL = "select " + StatStr + "," + DataStr + " from (" + MyDLL.DataSele
            + ") as LB_Luna "
            + whereif + yearif + logic + monthif + groupif;
    }
    else
        MessageBox.Show("请选择生成统计表的相关字段。");
    return temSQL;
}
```

生成的统计表会自动在决策分析主窗体中显示，效果如图 7.14 所示。

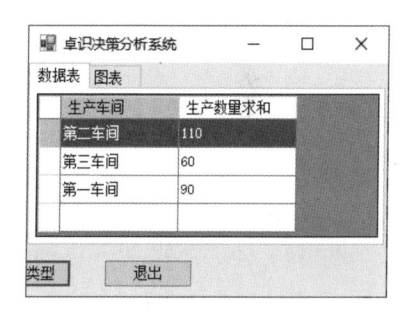

图 7.14　生成的统计表

7.9　图表模块设计

图表模块在决策分析主窗体中实现，其能够以条形图、面形图和饼形图三种形式显示数据。另外，用户可以对图表的标题、标题字体、标题颜色、是否显示标注、是否显示标签框、是否随机颜色、图表组合样式、图表类型等进行设置。图表模块的运行结果如图 7.15 所示。

7.9.1　绘制条形图

通过条形图可以直观地显示出各数据之间的大小关系。在本项目中，条形图的显示分为 3 种，一是单列数据的显示，二是单列多数据的左右组合显示，三是单列多数据的上下组合显示，它们的运行结果分别如图 7.16、图 7.17 和图 7.18 所示。

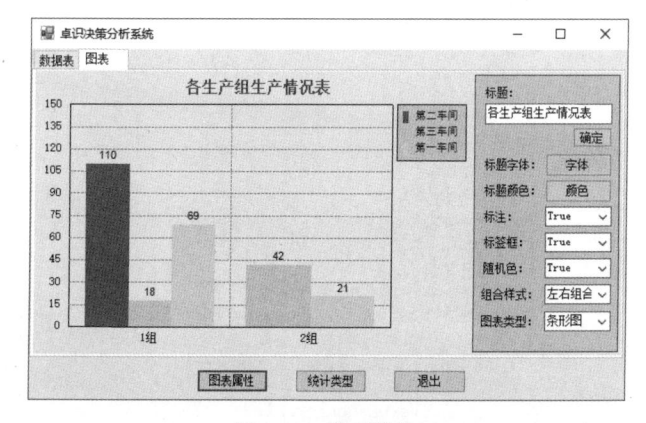

图 7.15　图表模块

图 7.16 单列数据

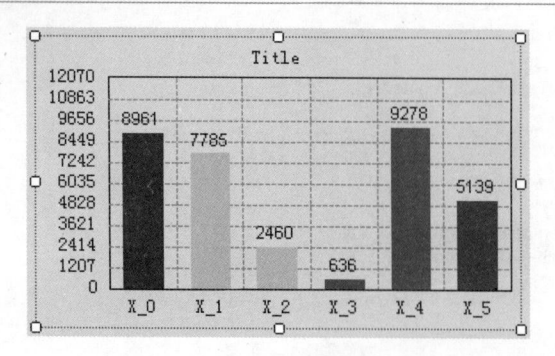

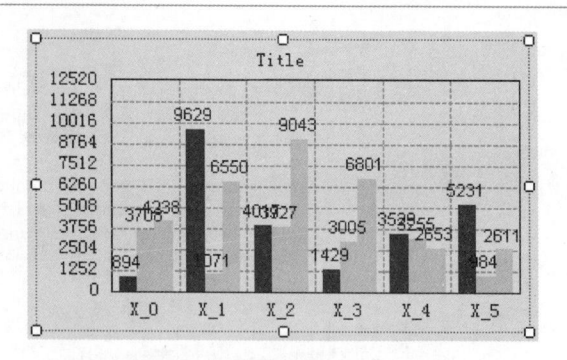

图 7.17 单列多数据（左右组合）

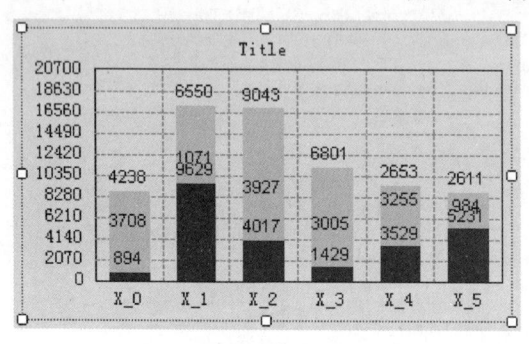

图 7.18 单列多数据（上下组合）

具体实现时，将 ChartPanel 自定义控件的"图表属性设置"分类中的 ChartStyle 属性设置为 Bar 即可，这需要调用自定义方法 ProtractBar()实现。该方法可根据与数据库连接的 DataSource 属性及用户设置的 PageList、RowList、RowWeave 属性，调用 GDI+技术中 Graphics 对象的 FillRectangle()方法绘制指定组合样式的条形图。ProtractBar()方法的实现代码如下：

```csharp
#region 绘制条形图(Bar)
//绘制条形图
private void ProtractBar(Graphics g)
{
    //显示柱状效果
    Font Zfont = new System.Drawing.Font("Arial", 8);
    SolidBrush Zbrush = new SolidBrush(Color.Black);
    Graphics TitG = this.CreateGraphics();                        //创建 Graphics 类对象
    SizeF YMaxSize = TitG.MeasureString("", this.PXYFont);         //将绘制的字符串进行格式化
    XLeft = temXLeft;
    float UnitSp = (float)(XUnit * 0.2);                           //设置矩形与纵线的间隔
    float A1 = 0;                                                  //记录矩形左上角的 X 坐标
    float A2 = 0;                                                  //记录矩形左上角的 Y 坐标
    float A3 = 0;                                                  //记录矩形的宽度
    float A4 = 0;                                                  //记录矩形的高度
    int XLinage = 0;                                               //记录数值在最大水平线的行数
    float XValue = 0;                                              //记录数值高于最大水平线的值
    bool XParity = false;                                          //是否有与 X 轴的标识相等的值
    double XDegree = 0.0;                                          //当窗体的坐标点小于 x 轴的刻度时，记录每刻度的坐标点大小
    int rowcon = 1;                                                //记录每列的个数
    bool bl = true;                                                //记录数据是否为 0
    //RowWeave 属性 Side 值的设置
    if ((RowL > 1 && this.RowWeave == CharRowWeaveStyle.Side) || RowL == 1)
    {
        for (int k = 0; k < XText.Length; k++)                     //循环 X 轴上的数据
        {
            if (ZText.Length > 1)                                  //当列数据的个数大于 1 时
            {
                UnitSp = (float)(XUnit * 0.1);                     //设置矩形与纵线的间隔
                rowcon = 0;
```

```csharp
            for (int i = 0; i < ZText.Length; i++)                //获取列数据不为 0 的个数
            {
                if (ZData[k, i] != 0)
                    rowcon = rowcon + 1;
            }
        }
        A1 = XLeft + UnitSp;                                       //获取矩形左上角的 X 坐标
        for (int i = 0; i < ZText.Length; i++)                     //循环列中的多个数据
        {
            bl = true;
            for (int j = 0; j < XData.Length; j++)                 //循环各列的 X 轴位置
            {
                if (ZText.Length > 1 && ZData[k, i] == 0)          //如果列中的数据为空
                {
                    bl = false;
                    break;                                         //退出循环
                }
                if (ZData[k, i] >= XData[j])                       //如果数据大于等于 X 轴的位置
                {
                    if (ZData[k, i] == XData[j])                   //如果数据等于水平线
                    {
                        XParity = true;
                        XLinage = XData.Length - j - 1;            //记录当前水平线的位置
                    }
                    else                                           //如果数据大于水平线
                    {
                        XParity = false;
                        XLinage = XData.Length - j;                //记录数据在最大水平线的位置
                    }
                    XValue = XData[j];                             //获取水平线的值
                    break;
                }
            }
            XValue = ZData[k, i] - XValue;                         //记录数值高于水平线的值
            if (XParity)                                           //如果数值与水平线相等
                A4 = YUnit * XLinage;                              //获取矩形的高度
            else
            {
                if (YUnit >= YMax)                                 //如果单元格的高度大于等于数据
                    A4 = YUnit * (XLinage - 1) + (YUnit / YMax * XValue);
                else
                {
                    //获取数据比单元格大了多少
                    XDegree = Convert.ToDouble(YUnit) / Convert.ToDouble(YMax);
                    XDegree = XDegree * XValue;
                    A4 = YUnit * (XLinage - 1) + (float)XDegree;   //获取矩形的高度
                }
            }
            A2 = YDown - A4;                                       //获取矩形左上角的 Y 坐标
            A3 = (XUnit - UnitSp * 2) / (float)rowcon;             //获取矩形的宽度
            if (ZText.Length > 1)                                  //如果数据的个数大于 1
            {
                if (i >= WearColor.Length)                         //如果 i 值不在颜色数组中
                    mybrush = new SolidBrush(WearColor[i - WearColor.Length]);
                else
                    mybrush = new SolidBrush(WearColor[i]);        //获取条形框的颜色
            }
            else
            {
                if (this.ChartWearColor)                           //同意显示随机颜色
                {
                    if (i >= WearColor.Length)
                        mybrush = new SolidBrush(WearColor[k - WearColor.Length]);
                    else
                        mybrush = new SolidBrush(WearColor[k]);    //获取条形框的颜色
                }
                else
                {
                    mybrush = new SolidBrush(this.ChartColor);
```

```csharp
                    }
                    if (bl == true)
                    {
                        g.FillRectangle(mybrush, A1, A2, A3, A4);        //绘制矩形
                        A1 = A1 + A3;                                    //记录下一个矩形左上角的X坐标
                    }
                }
                XLeft = XLeft + XUnit;                                   //记录下一个X轴列的位置
            }
            if (this.Chartmark)                                          //如果要显示标识文字
                ProtractBarFont(g);                                      //调用该方法在矩形上方的中间位置显示标识文字
        }
        //RowWeave 属性 Stacked 值的设置
        float temSum = 0;
        if ((RowL > 1 && this.RowWeave == CharRowWeaveStyle.Stavked))
        {
            for (int k = 0; k < XText.Length; k++)                       //循环X轴上的数据
            {
                A1 = XLeft + UnitSp;
                temSum = 0;
                for (int i = 0; i < ZText.Length; i++)                   //循环列中的数据
                {
                    bl = true;
                    for (int j = 0; j < XData.Length; j++)               //循环各列的X轴位置
                    {
                        if (ZData[k, i] == 0)                            //如果数据为0
                            bl = false;
                        if (ZData[k, i] >= XData[j])                     //如果数据大于等于X轴的位置
                        {
                            if (ZData[k, i] == XData[j])
                            {
                                XParity = true;
                                XLinage = XData.Length - j - 1;          //记录当前水平线的位置
                            }
                            else
                            {
                                XParity = false;
                                XLinage = XData.Length - j;              //记录数据在最大水平线的位置
                            }
                            XValue = XData[j];                           //获取水平线的值
                            break;
                        }
                    }
                    XValue = ZData[k, i] - XValue;                       //获取数据高于水平线的值
                    if (XParity)                                         //如果数据等于水平线的位置
                        A4 = YUnit * XLinage;                            //获取矩形的高度
                    else
                    {
                        if (YUnit >= YMax)                               //如果单元格的高度大于等于数据
                            A4 = YUnit * (XLinage - 1) + (YUnit / YMax * XValue);
                        else
                        {
                            //计算数据高于单元格的值
                            XDegree = Convert.ToDouble(YUnit) / Convert.ToDouble(YMax);
                            XDegree = XDegree * XValue;
                            A4 = YUnit * (XLinage - 1) + (float)XDegree; //获取矩形的高度
                        }
                    }
                    A2 = YDown - A4                                      //获取矩形左上角的Y坐标
                    A3 = XUnit - UnitSp * 2;                             //获取矩形的宽度
                    if (i >= WearColor.Length)                           //设置矩形的填充颜色
                        mybrush = new SolidBrush(WearColor[i - WearColor.Length]);
                    else
                        mybrush = new SolidBrush(WearColor[i]);          //获取颜色数组中的值
                    if (i == 0)                                          //如果是列中的起始数据
                        temSum = A2;                                     //矩形左上角的Y坐标为设置后的高度
                    else
                        temSum = temSum - A4;                            //矩形左上角的Y坐标为上一个高度加设置后的高度
```

```
            if (bl == true)
                g.FillRectangle(mybrush, A1, temSum, A3, A4);    //绘制矩形
        }
        temSum = 0;                                               //当完成一列后，将矩形左上角的 Y 坐标设为 0
        XLeft = XLeft + XUnit;                                    //获取 X 轴下一列矩形左上角的 X 坐标位置
    }
    if (this.Chartmark)                                           //是否在条形块上的中间绘制标识文字
        ProtractBarFont(g);                                       //调用该方法在矩形上方的中间位置显示标识文字
}
```

上面代码中用到了 ProtractBarFont()方法，其主要作用是显示条形图时根据条形图的组合方式，在各数据块上显示相应的标识文字。绘制标识文字时，主要用到 Graphics 对象的 DrawString()方法。ProtractBarFont()方法实现代码如下：

```
//绘制条形图的文字标识
private void ProtractBarFont(Graphics g)
{
    //显示柱状效果
    Font Zfont = new System.Drawing.Font("Arial", 8);
    SolidBrush Zbrush = new SolidBrush(Color.Black);
    Graphics TitG = this.CreateGraphics();                        //创建 Graphics 类对象
    SizeF YMaxSize = TitG.MeasureString("", this.PXYFont);        //将绘制的字符串进行格式化
    float YMaxWidth = 0;                                          //获取字符串的宽度
    float YMaxHeight = 0;                                         //获取字符串的高度
    XLeft = temXLeft;
    float UnitSp = (float)(XUnit * 0.2);                          //设置矩形与纵线的间隔
    float A1 = 0;                                                 //记录矩形左上角的 X 坐标
    float A2 = 0;                                                 //记录矩形左上角的 Y 坐标
    float A3 = 0;                                                 //记录矩形的宽度
    float A4 = 0;                                                 //记录矩形的高度
    int XLinage = 0;                                              //记录数值在最大水平线的行数
    float XValue = 0;                                             //记录数值高于最大水平线的值
    bool XParity = false;                                         //是否有与 X 轴的标识相等的值
    double XDegree = 0.0;                                         //当窗体的坐标点小于 x 轴的刻度时，记录每刻度的坐标点大小
    int rowcon = 1;                                               //记录列的个数
    float Fsign = 0;                                              //记录数据标识文字的 X 轴位置
    bool bl = true;                                               //是否显示标识文字
    //Side 样式的标识文字
    if ((RowL > 1 && this.RowWeave == CharRowWeaveStyle.Side) || RowL == 1)
    {
        for (int k = 0; k < XText.Length; k++)                    //循环 X 轴上的数据
        {
            if (ZText.Length > 1)                                 //当列数据的个数大于 1 时
            {
                UnitSp = (float)(XUnit * 0.1);                    //设置矩形与纵线的间隔
                rowcon = 0;
                for (int i = 0; i < ZText.Length; i++)            //获取列数据不为 0 的个数
                {
                    if (ZData[k, i] != 0)
                        rowcon = rowcon + 1;
                }
            }
            A1 = XLeft + UnitSp;
            for (int i = 0; i < ZText.Length; i++)                //循环列中的数据
            {
                bl = true;
                for (int j = 0; j < XData.Length; j++)            //循环列
                {
                    if (ZText.Length > 1 && ZData[k, i] == 0)     //如果列中的数据为 0
                        bl=false;                                 //不进行标识的绘制
                    if (ZData[k, i] >= XData[j])                  //如果数据大于等于 X 轴的位置
                    {
                        if (ZData[k, i] == XData[j])              //如果数据等于水平线
                        {
                            XParity = true;
```

```csharp
                            XLinage = XData.Length - j - 1;            //记录当前水平线的位置
                        }
                        else
                        {
                            XParity = false;
                            XLinage = XData.Length - j;                //记录数据在最大水平线上的位置
                        }
                        XValue = XData[j];                             //获取水平线的值
                        break;
                    }
                }
                XValue = ZData[k, i] - XValue;                         //获取数据高于水平线的值
                if (XParity)                                           //如果与水平线相等
                    A4 = YUnit * XLinage;                              //获取矩形的高度
                else
                {
                    if (YUnit >= YMax)                                 //如果单元格的高度大于等于数据
                        A4 = YUnit * (XLinage - 1) + (YUnit / YMax * XValue);  //获取数据的高度
                    else
                    {
                        //计算数据高于单元格的位置
                        XDegree = Convert.ToDouble(YUnit) / Convert.ToDouble(YMax);
                        XDegree = XDegree * XValue;
                        A4 = YUnit * (XLinage - 1) + (float)XDegree;   //获取数据的高度
                    }
                }
                A2 = YDown - A4;                                       //获取矩形左上角的 Y 坐标
                A3 = (XUnit - UnitSp * 2) / (float)rowcon;             //获取矩形的宽度
                //将绘制的字符串进行格式化
                YMaxSize = TitG.MeasureString(ZData[k, i].ToString(), Zfont);
                YMaxWidth = YMaxSize.Width;                            //获取字符串的宽度
                YMaxHeight = YMaxSize.Height;                          //获取字符串的高度
                if (YMaxWidth < A3)                                    //如果标识文字的宽度小于矩形块的宽度
                    Fsign = (float)(A1 + (A3 - YMaxWidth) / 2);        //使标识文字在矩形块上居中
                else
                {
                    if ((YMaxWidth - A3) != 0)
                        Fsign = (float)(A1 - (YMaxWidth - A3) / 2);    //使标识文字在矩形块外居中
                    else
                        Fsign = (float)A1;                             //标识文字在矩形块上
                }
                if (bl == true)                                        //如果显示标识文字
                {
                    g.DrawString(ZData[k, i].ToString(), Zfont, Zbrush,
                        new PointF(Fsign, A2 – 2 – YMaxHeight));       //在指定的位置显示标识文字
                    A1 = A1 + A3;                                      //记录矩形左上角的 X 坐标
                }
            }
            XLeft = XLeft + XUnit;                                     //记录下一个 Y 轴列的位置
        }
    }
    //Stacked 样式的标识文字
    float temSum = 0;
    if ((RowL > 1 && this.RowWeave == CharRowWeaveStyle.Stavked))
    {
        for (int k = 0; k < XText.Length; k++)                         //循环 X 轴上的数据
        {
            A1 = XLeft + UnitSp;
            temSum = 0;
            for (int i = 0; i < ZText.Length; i++)                     //循环列中的数据
            {
                bl = true;
                for (int j = 0; j < XData.Length; j++)                 //循环列
                {
                    if (ZData[k, i] == 0)                              //如果数据为 0
                        bl = false;
                    if (ZData[k, i] >= XData[j])                       //如果数据大于等于 X 轴水平线
```

```csharp
                {
                    if (ZData[k, i] == XData[j])                    //如果数据等于水平线
                    {
                        XParity = true;
                        XLinage = XData.Length - j - 1;             //记录水平线的位置
                    }
                    else
                    {
                        XParity = false;
                        XLinage = XData.Length - j;                 //记录最大水平线的位置
                    }
                    XValue = XData[j];                              //记录水平线的高度
                    break;
                }
            }
            XValue = ZData[k, i] - XValue;                          //记录数据的值
            if (XParity)
                A4 = YUnit * XLinage;                               //如果数据在水平线上
                                                                    //记录数据的高度
            else
            {
                if (YUnit >= YMax)                                  //如果数据大于等于单元格的高度
                    A4 = YUnit * (XLinage - 1) + (YUnit / YMax * XValue);   //记录数据高度
                else
                {
                    //计算数据高于单元格的位置
                    XDegree = Convert.ToDouble(YUnit) / Convert.ToDouble(YMax);
                    XDegree = XDegree * XValue;
                    A4 = YUnit * (XLinage - 1) + (float)XDegree;    //记录数据的高度
                }
            }
            A2 = YDown - A4;                                        //获取矩形左上角的 Y 坐标
            A3 = XUnit - UnitSp * 2;                                //获取矩形的宽度
            if (i == 0)                                             //如果是列中的第一个数据
                temSum = A2;                                        //记录当前矩形左上角的 Y 坐标
            else
                temSum = temSum - A4;                               //累加数据的 Y 坐标
            //将绘制的字符串进行格式化
            YMaxSize = TitG.MeasureString(ZData[k, i].ToString(), Zfont);
            YMaxWidth = YMaxSize.Width;                             //获取字符串的宽度
            YMaxHeight = YMaxSize.Height;                           //获取字符串的高度
            if (YMaxWidth < A3)                                     //如果标识文字的宽度小于数据块的宽度
                Fsign = (float)(A1 + (A3 - YMaxWidth) / 2);         //标识文字在数据块上居中
            else
            {
                if ((YMaxWidth - A3) != 0)                          //如果标识文字的宽度大于数据块的宽度
                    Fsign = (float)(A1 - (YMaxWidth - A3) / 2);     //使标识文字在数据块外居中
                else
                    Fsign = (float)A1;                              //标识文字在数据块上
            }
            if (bl == true)                                         //如果绘制标识文字
                g.DrawString(ZData[k, i].ToString(), Zfont, Zbrush,
                    new PointF(Fsign, temSum - 2 - YMaxHeight));    //在指定的位置绘制标识文字
        }
        temSum = 0;                                                 //清空数据的总高度
        XLeft = XLeft + XUnit;                                      //记录下一个 Y 轴列的位置
    }
}
```

7.9.2 绘制面形图

面形图可以直观地显示出数据之间的变化趋势。在本项目中，面形图的显示分为 3 种，一是单列数据的显示，二是单列多数据的前后组合显示，三是单列多数据的上下组合显示，它们的运行结果分别如图 7.19、图 7.20 和图 7.21 所示。

图 7.19 单列数据

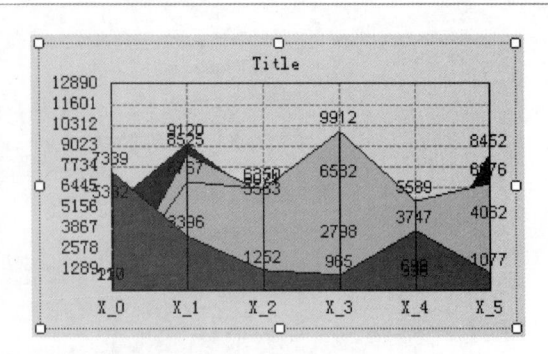

图 7.20 单列多数据（前后组合）

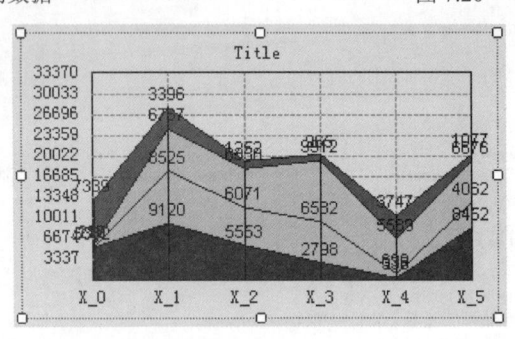

图 7.21 单列多数据（上下组合）

显示面形图时，需要将 ChartPanel 自定义控件的"图表属性设置"分类中的 ChartStyle 属性设置为 Mark，这需要调用自定义方法 ProtractLM()实现。该方法可根据与数据库连接的 DataSource 属性及用户设置的 PageList、RowList、RowWeave 属性，调用 GDI+技术中 Graphics 对象的 FillPolygon()方法绘制指定组合样式的面形图。另外，该方法还可以根据设置的 ChartStyle 属性（设置为 Line），调用 GDI+技术中 Graphics 对象的 DrawLine()方法来绘制线形图。ProtractLM()方法的实现代码如下：

```csharp
//绘制线形图或面形图（Line、Mark）
private void ProtractLM(Graphics g)
{
    //显示线形效果
    Font Zfont = new System.Drawing.Font("Arial", 8);
    SolidBrush Zbrush = new SolidBrush(Color.Black);
    Graphics TitG = this.CreateGraphics();                        //创建 Graphics 类对象
    SizeF YMaxSize = TitG.MeasureString("", this.PXYFont);        //将绘制的字符串进行格式化
    XLeft = temXLeft;
    float UnitSp = (float)(XUnit * 0.2);                          //设置多边形的点与纵线的间隔
    float A1 = 0;                                                 //记录多边形各点的 X 坐标
    float A3 = 0;
    float A4 = 0;                                                 //记录多边形顶点的高度
    //记录面形图表的各点坐标
    PointF PF1 = new PointF(0, 0);                                //第 1 个顶点
    PointF PF2 = new PointF(0, 0);                                //第 2 个顶点
    PointF PF3 = new PointF(0, 0);                                //第 3 个顶点
    PointF PF4 = new PointF(0, 0);                                //第 4 个顶点
    int XLinage = 0;                                              //记录数值在最大水平线的行数
    float XValue = 0;                                             //记录数值高于最大水平线的值
    bool XParity = false;                                         //是否有与 X 轴的标识相等的值
    double XDegree = 0.0;       //当窗体的坐标点小于 x 轴的刻度时，记录每刻度的坐标点大小
    float Linker = 0;                                             //记录连接点的数值
    PointF[] curvePoints;                                         //记录面形图表的坐标数组
    Pen Lmypen = new Pen(Color.Black, 1);
    float[] Xsum = new float[XText.Length];
    for (int i = 0; i < Xsum.Length; i++)
        Xsum[i] = 0;
    for (int k = 0; k < ZText.Length; k++)                        //遍历 X 轴上每列的个数
```

```
{
    A1 = XLeft;
    for (int i = 0; i < XText.Length; i++)                    //遍历 X 轴上的列数
    {
        for (int j = 0; j < XData.Length; j++)                //遍历 Y 轴上的刻度值
        {
            if (ZData[i, k] >= XData[j])                      //如果当前值大于等于 X 轴上的刻度值
            {
                if (ZData[i, k] == XData[j])                  //如果当前值等于 X 轴上的刻度值
                {
                    XParity = true;                           //进行标识
                    //因为 X 轴上的刻度值是从大到小排序的，所以取反
                    XLinage = XData.Length - j - 1;
                }
                else                                          //如果当前值小于 X 轴上的刻度值
                {
                    XParity = false;                          //不进行标识
                    XLinage = XData.Length - j;               //获取当前值大于相应的 X 轴刻度值
                }
                XValue = XData[j];                            //获取当前值与 X 轴刻度相比的最小刻度值
                break;
            }
        }
        XValue = ZData[i, k] - XValue;                        //获取当前值与 X 轴刻度的差
        if (XParity)                                          //如果当前值等于 X 轴的刻度
            A4 = YUnit * XLinage;                             //获取当前值的高度
        else
        {
            if (YUnit >= YMax)                                //如果X 轴每单元的刻度值大于每单元的实际刻度
                A4 = YUnit * (XLinage - 1) + (YUnit / YMax * XValue);
            else
            {
                XDegree = Convert.ToDouble(YUnit) / Convert.ToDouble(YMax);
                XDegree = XDegree * XValue;
                A4 = YUnit * (XLinage - 1) + (float)XDegree;
            }
        }
        if (PageL == 1)                                       //如果条形图或面形图的列数为 1
        {
            if (ZText.Length > 1)                             //每列的数据个数大于 1 时
            {
                if (k >= WearColor.Length)                    //如果 k 值不在颜色数组内
                    //设置面形图的填充颜色
                    mybrush = new SolidBrush(WearColor[k – WearColor.Length]);
                else
                    mybrush = new SolidBrush(WearColor[k]);
            }
            else
            {
                mybrush = new SolidBrush(this.ChartColor);
            }
            g.FillEllipse(mybrush, A1 - 1, YDown - A4 - 1, 3, 3);  //绘制内填充的面形图
        }
        else
        {
            if (i != 0)                                       //当前值不在 X 轴的 0 刻度上
            {
                if (ZText.Length > 1)                         //如果每列中的个数大于 1
                {
                    if (this.ChartStyle == CharMode.Line)     //如果是线形图
                    {
                        //如果列中的个数大于自定义的颜色数组个数
                        if (k >= WearColor.Length)
                            //设置线的颜色及粗细
                            Lmypen = new Pen(WearColor[k – WearColor.Length], 1);
                        else
                            Lmypen = new Pen(WearColor[k], 1);
                    }
                    if (this.ChartStyle == CharMode.Mark)     //如果是面形图
```

```csharp
            {
                if (k >= WearColor.Length)
                    mybrush = new SolidBrush(WearColor[k –WearColor.Length]);
                else
                    mybrush = new SolidBrush(WearColor[k]);
            }
        }
        else
        {
            if (this.ChartStyle == CharMode.Line)                    //如果是线形图
            {
                Lmypen = new Pen(this.ChartColor, 1);                //获取画笔颜色
            }
            if (this.ChartStyle == CharMode.Mark)                    //如果是面形图
            {
                mybrush = new SolidBrush(this.ChartColor);
            }
        }
        if (this.ChartStyle == CharMode.Line)                        //如果是线形图
        {
            //绘制线条
            g.DrawLine(Lmypen, A1, Linker, A1 + XUnit, YDown – A4);
        }
        if (this.ChartStyle == CharMode.Mark)                        //如果是面形图
        {
            //设置绘制面形图的 4 个点
            if (i == 1)                //如果要绘制的是第 1 个平面，使平面不覆盖 Y 轴
            {
                if (this.RowWeave == CharRowWeaveStyle.Side)         //前后组合
                {
                    PF1 = new PointF(A1 + 1, YDown);                 //获取第 1 个点的值
                    PF2 = new PointF(A1 + 1, Linker);                //获取第 2 个点的值
                }
                if (this.RowWeave == CharRowWeaveStyle.Stavked)      //上下组合
                {
                    if (k == 0)                                      //如果是每列中的第 1 个数据
                    {
                        PF1 = new PointF(A1 + 1, YDown);             //获取第 1 个点的值
                        PF2 = new PointF(A1 + 1, Linker);            //获取第 2 个点的值
                    }
                    else
                    {
                        PF1 = new PointF(A1 + 1, YDown - Xsum[i - 1] + A3);
                        PF2 = new PointF(A1 + 1, YDown - Xsum[i - 1]);
                    }
                }
            }
            else
            {
                if (this.RowWeave == CharRowWeaveStyle.Side)         //前后组合
                {
                    PF1 = new PointF(A1, YDown);
                    PF2 = new PointF(A1, Linker);
                }
                if (this.RowWeave == CharRowWeaveStyle.Stavked)      //上下组合
                {
                    if (k == 0)                                      //如果是每列中的第 1 个数据
                    {
                        PF1 = new PointF(A1, YDown);                 //获取第 1 个点的值
                        PF2 = new PointF(A1, Linker);
                    }
                    else
                    {
                        PF1 = new PointF(A1, YDown - Xsum[i - 1]+ A3);
                        PF2 = new PointF(A1, YDown - Xsum[i - 1] );
                    }
                }
            }
            if (this.RowWeave == CharRowWeaveStyle.Side)             //前后组合
```

```
                {
                    PF3 = new PointF(A1 + XUnit, YDown - A4);        //获取第3个点的值
                    PF4 = new PointF(A1 + XUnit, YDown);              //获取第4个点的值
                }
                if (this.RowWeave == CharRowWeaveStyle.Stavked)       //上下组合
                {
                    if (k == 0)                                       //如果是每列中的第1个数据
                    {
                        PF3 = new PointF(A1 + XUnit, YDown - A4);
                        PF4 = new PointF(A1 + XUnit, YDown);
                    }
                    else
                    {
                        PF3 = new PointF(A1 + XUnit, YDown - A4 - Xsum[i]);
                        PF4 = new PointF(A1 + XUnit, YDown - Xsum[i]);
                    }
                }
                curvePoints = new PointF[] { PF1, PF2, PF3, PF4 };    //定义成点数组
                g.FillPolygon(mybrush, curvePoints);                  //绘制面形图
                g.DrawPolygon(new Pen(Color.Black, (float)(0.2), curvePoints);
                if (this.RowWeave == CharRowWeaveStyle.Stavked)
                    Xsum[i] = A4 + Xsum[i];
            }
            Linker = YDown - A4;                                      //记录下一个面形的底端位置
            A3 = A4;
            A1 = A1 + XUnit;
        }
        else
        {
            if (this.ChartStyle == CharMode.Mark)                     //如果是面形图
            {
                A3 = A4;
                if (this.RowWeave == CharRowWeaveStyle.Stavked)
                {
                    if (k != 0)                                       //如果不是每列中的第1个数据
                        Xsum[i] = A3 + Xsum[i];
                    else
                        Xsum[i] = A4 + Xsum[i];
                }
                Linker = YDown - A4;                                  //记录下一个面形的底端位置
            }
        }
    }
    ProtractLMSign(g);                                                //该方法用于面形图的标识文字
}
```

> **说明**
> 上面代码中用到了 ProtractLMSign() 方法,该方法用来在面形图或线形图的指定数据点上显示标识文字,其实现思路与第 7.9.1 节中的 ProtractBarFont() 方法类似,这里不再详细介绍。

7.9.3 绘制饼形图

饼形图可以直观地显示出各数据之间的比例关系。本项目在绘制饼形图时,除了通过扇形的大小显示数据的比例,还在各扇形数据块外弧的中心点显示标识文字,效果如图 7.22 所示。

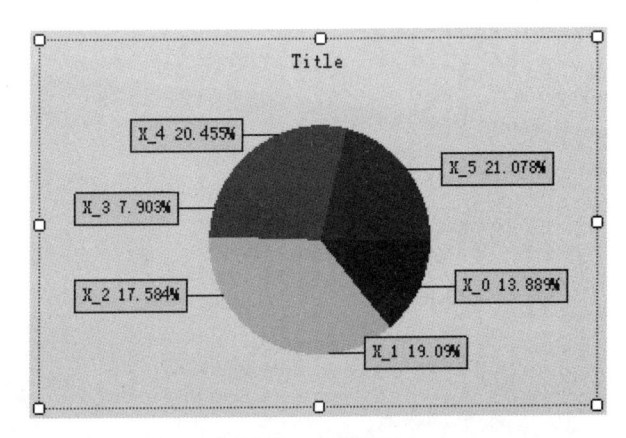

图 7.22 饼形图

绘制饼形图时，需要将 ChartPanel 自定义控件的"图表属性设置"分类中的 ChartStyle 属性设置为 Area，这需要调用自定义方法 ProtractArea()实现。该方法实现的核心是调用 GDI+技术中 Graphics 对象的 FillPie()方法。ProtractArea()方法实现代码如下：

```csharp
//绘制饼形图（Area）
public void ProtractArea(Graphics g)
{
    AreaValue();
    mypen = new Pen(Color.Black, 1);
    float f = 0;
    float TimeNum = 0;                                          //绘制扇形图的起始度数
    float AXLeft = 0;                                           //饼形图的左边距
    float AYUp = 0;                                             //饼形图的上边距
    float AXSize = 0;                                           //饼形图的宽度
    float AYSize = 0;                                           //饼形图的高度
    float Atop = 0;                                             //设置扇形标签框的顶边距
    float Aleft = 0;                                            //设置扇形标签框的左边距
    TimeNum = this.AreaAngle;                                   //获取绘制扇形图的起始角度
    XLeft = this.Width - (this.Width - this.FoulCalcar);        //设置饼形图的左边距位置
    XSize = this.Width - this.FoulCalcar * 2;                   //设置饼形图的宽度
    AYUp = YUp;
    AYSize = YSize;
    temXLeft = AXLeft;
    if (this.LabelSay)                                          //是否显示标签
    {
        ProtractLabelSay(g, this.Height - this.FoulCalcar * 3 - TitHeight);  //绘制标签框
    }
    AXLeft = XLeft;
    AXSize = XSize;
    AYUp = YUp;
    AYSize = YSize;
    if (this.Chartmark == true)                                 //是否显示数据标签
    {
        AXLeft = AXLeft + AreaXMaxWidth + Aline;                //重新设置饼形图的左边距
        AYUp = AYUp + AreaXMaxHeight;                           //重新设置饼形图的上边距
        AXSize = XSize - AreaXMaxWidth * 2 - Aline * 2;         //重新设置饼形图的宽度
        AYSize = YSize - AreaXMaxHeight * 2;                    //重新设置饼形图的高度
        if (AXSize >= AYSize)                                   //如果宽度大于高度
        {
            Aleft = AXSize - AYSize;                            //设置左边距的位置
            AXSize = AYSize;
        }
        else
        {
            Atop = AYSize - AXSize;                             //设置顶边距的位置
            AYSize = AXSize;
        }
        if (Aleft != 0)                                         //如果左边距不为 0
        {
            AXLeft = AXLeft + Aleft / 2;                        //设置左边距的位置
        }
        if (Atop != 0)                                          //如果顶边距不为 0
        {
            AYUp = AYUp + Atop / 2;                             //设置顶边距的位置
        }
    }
    temXLeft = XLeft;
    if (AXSize > 0 && AYSize > 0)                               //如果高度和宽度都大于 0
    {
        for (int i = 0; i < SzData.Length; i++)                 //绘制饼形图
        {
            f = SzData[i] / ASum;                               //设置当前数据在总数据中的比例
            if (i >= WearColor.Length)                          //如果 i 值不在颜色数组中
                mybrush = new SolidBrush(WearColor[i - WearColor.Length]);
            else
                mybrush = new SolidBrush(WearColor[i]);         //设置扇形的颜色
            g.FillPie(mybrush, AXLeft, AYUp, AXSize, AYSize, TimeNum, f * 360);  //绘制圆
```

```
                TimeNum += f * 360;                          //设置下一个扇形的起始度数
            }
            if (this.Chartmark == true)                      //是否在每个扇形上显示标识文字
            {
                ProAreaSign(g);
            }
        }
        else
            return;
}
```

上面代码中用到了两个自定义的方法,分别为 AreaValue()方法和 ProAreaSign()方法。其中,AreaValue()方法用于获取各数据的标识文字,并将各数据的标识文字存入字符串数组 AreaText 中,便于后期对标识文字进行绘制。代码如下:

```
//获取饼形图的标识文字
public void AreaValue()
{
    string temTextSize = "";                                 //存储最长的名称
    Font LSfont = new System.Drawing.Font("宋体", 8);
    AreaText = new string[XText.Length];                     //按数据的列数创建一个数组
    for (int i = 0; i < XText.Length; i++)                   //将数据存入数组中
    {
        AreaText[i] = XText[i];
    }
    float AresF = 0;
    for (int i = 0; i < AreaText.Length; i++)                //查找数组中最长的字符串,以及设置标识文字
    {
        AresF = (SzData[i] / ASum) * 100;                    //获取当前数据在总数据中的百分比
        AresF = (float)Math.Round(AresF, 3);                 //保留小数点后的 3 位有效数字
        AreaText[i] = AreaText[i] + " " + AresF.ToString() + "%";  //组合设置后的标识文字
        if (AreaText[i].Length > temTextSize.Length)         //查找最长的标识文字
        {
            temTextSize = AreaText[i];
        }
    }
    Graphics TitG = this.CreateGraphics();                   //创建 Graphics 类对象
    SizeF XMaxSize = TitG.MeasureString(temTextSize + Asash * 2, LSfont);  //将绘制的字符串进行格式化
    AreaXMaxWidth = XMaxSize.Width;                          //获取字符串的宽度
    AreaXMaxHeight = XMaxSize.Height;                        //获取字符串的高度
}
```

ProAreaSign()方法用来在饼形图各扇形的外弧中心点上绘制相应的标识文字,其实现代码如下:

```
//为饼形图绘制标识文字
public void ProAreaSign(Graphics g)
{
    AreaValue();
    mypen = new Pen(Color.Black, 1);
    Font LSfont = new System.Drawing.Font("宋体", 8);
    SolidBrush Zbrush = new SolidBrush(Color.Black);
    SolidBrush ATbrush = new SolidBrush(Color.Khaki);
    float f = 0;
    float TimeNum = 0;                                       //绘制扇形图的起始度数
    float AXLeft = 0;                                        //饼形图的左边距
    float AYUp = 0;                                          //饼形图的上边距
    float AXSize = 0;                                        //饼形图的宽度
    float AYSize = 0;                                        //饼形图的高度
    float Atop = 0;                                          //设置扇形标签框的上边距
    float Aleft = 0;                                         //设置扇形标签框的左边距
    Graphics TitG = this.CreateGraphics();                   //创建 Graphics 类对象
    SizeF XMaxSize = TitG.MeasureString("", LSfont);         //将绘制的字符串进行格式化
    float SWidth = 0;                                        //获取字符串的宽度
    float SHeight = 0;                                       //获取字符串的高度
    XLeft = this.Width - (this.Width - this.FoulCalcar);     //设置饼形图的左边距位置
    XSize = this.Width - this.FoulCalcar * 2;                //设置饼形图的宽度
    AYUp = YUp;
```

```csharp
            AYSize = YSize;
            temXLeft = AXLeft;
            if (this.LabelSay)                                                      //是否显示标签
            {
                ProtractLabelSay(g, this.Height - this.FoulCalcar * 3 - TitHeight); //绘制标签框
            }
            AXLeft = XLeft;
            AXSize = XSize;
            AYUp = YUp;
            AYSize = YSize;
            if (this.Chartmark == true)                                             //是否显示数据标签
            {
                AXLeft = AXLeft + AreaXMaxWidth + Aline;                            //重新设置饼形图的左边距
                AYUp = AYUp + AreaXMaxHeight;                                       //重新设置饼形图的上边距
                AXSize = XSize - AreaXMaxWidth * 2 - Aline * 2;                     //重新设置饼形图的宽度
                AYSize = YSize - AreaXMaxHeight * 2;                                //重新设置饼形图的高度
                if (AXSize >= AYSize)
                {
                    Aleft = AXSize - AYSize;                                        //设置左边距的位置
                    AXSize = AYSize;
                }
                else
                {
                    Atop = AYSize - AXSize;                                         //设置顶边距的位置
                    AYSize = AXSize;
                }
                if (Aleft != 0)                                                     //如果左边距不为0
                {
                    AXLeft = AXLeft + Aleft / 2;                                    //设置左边距的位置
                }
                if (Atop != 0)                                                      //如果顶边距不为0
                {
                    AYUp = AYUp + Atop / 2;                                         //设置顶边距的位置
                }
            }
            temXLeft = XLeft;
            float X1 = 0;
            float Y1 = 0;
            float X2 = 0;
            float Y2 = 0;
            float TX1 = 0;
            float TY1 = 0;
            float TX2 = 0;
            float TY2 = 0;
            float temf = 0;
            double radians = 0;
            temf = (this.AreaAngle * (ASum / 360) / ASum);
            TimeNum = this.AreaAngle;
            if (AXSize > 0 && AYSize > 0)                                           //如果高度和宽度都大于0
            {
                for (int i = 0; i < SzData.Length; i++)                             //绘制饼形图
                {
                    f = SzData[i] / ASum;                                           //设置当前数据在总数据中的比例
                    if (i >= WearColor.Length)
                        mybrush = new SolidBrush(WearColor[i - WearColor.Length]);
                    else
                        mybrush = new SolidBrush(WearColor[i]);
                    if (f == 0)
                        continue;
                    radians = ((double)((temf + f / 2) * 360) * Math.PI) / (double)180;  //获取弧的度数
                    X1 = Convert.ToSingle(AXLeft + (AXSize / 2.0 + (int)((float)(AXSize / 2.0) *
                            Math.Cos(radians))));                                   //获取扇形弧度中心点的X坐标
                    Y1 = Convert.ToSingle(AYUp + (AYSize / 2.0 + (int)((float)(AYSize / 2.0) *
                            Math.Sin(radians))));                                   //获取扇形弧度中心点的Y坐标
                    //将绘制的字符串进行格式化
                    XMaxSize = TitG.MeasureString(AreaText[i].Trim(), LSfont);
                    SWidth = XMaxSize.Width;                                        //获取字符串的宽度
                    SHeight = XMaxSize.Height;                                      //获取字符串的高度
                    if ((temf + f / 2) * 360 > 90 && (temf + f / 2) * 360 <= 270)   //设置标识文字的方向
```

```
            {
                X2 = X1 - Aline;
                TX1 = X2 - 1 - SWidth;
                TY1 = Y1 - SHeight / 2 - Asash;
                TX2 = SWidth;
                TY2 = SHeight + Asash * 2;
                g.FillRectangle(ATbrush, TX1, TY1, TX2, TY2);                    //绘制内矩形
                g.DrawRectangle(new Pen(Color.Black, 1), TX1, TY1, TX2, TY2);    //绘制矩形
                g.DrawString(AreaText[i].Trim(), LSfont, Zbrush, new PointF(X2 - SWidth +
                    Asash - 1, Y1 - SHeight / 2));                                //绘制标识文字
            }
            else
            {
                X2 = X1 + Aline;
                TX1 = X2 + 1;
                TY1 = Y1 - SHeight / 2 - Asash;
                TX2 = SWidth;
                TY2 = SHeight + Asash * 2;
                g.FillRectangle(ATbrush, TX1, TY1, TX2, TY2);                    //绘制内矩形
                g.DrawRectangle(new Pen(Color.Black, 1), TX1, TY1, TX2, TY2);    //绘制矩形
                g.DrawString(AreaText[i].Trim(), LSfont, Zbrush, new PointF(X2 + Asash + 1, Y1 - SHeight / 2));
            }
            Y2 = Y1;
            g.DrawLine(new Pen(new SolidBrush(Color.Black), 1), X1, Y1, X2, Y2);  //绘制连接线
            TimeNum += f * 360;                                                   //获取起点到当前扇形的总度数
            temf = temf + f;
        }
    }
    else
        return;
}
```

7.10 项目运行

通过前述步骤，设计并完成了卓识决策分析系统。下面运行该项目，检验一下我们的开发成果。使用 Visual Studio 打开卓识决策分析系统，单击工具栏中的"启动"按钮或者按 F5 快捷键，即可成功运行该项目。项目运行后首先显示决策分析主窗体，该窗体中显示要进行统计分析的数据，如图 7.23 所示。

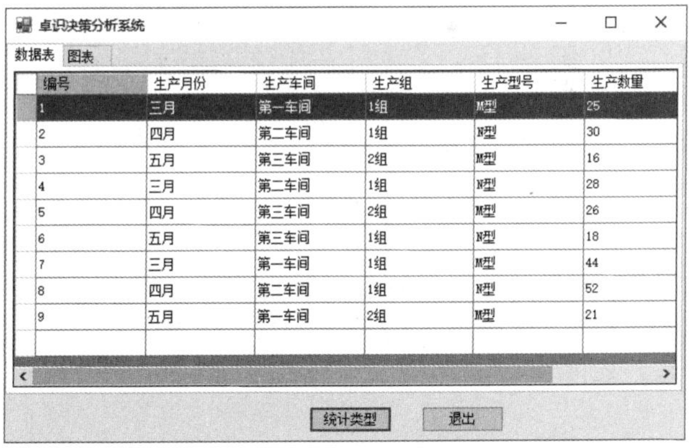

> **说明**
>
> 在 Visual Studio 中运行本项目时，需要确保已经在 SQL Server 管理器中附加了 db_Distribution 数据库，并且 Frm_Main.cs 代码文件中 DataCom 数据库连接字符串中的服务器名、数据库登录名和密码已经修改成了本机的 SQL Server 服务器名、数据库登录名和密码。

图 7.23　决策分析主窗体

当用户想以透视表或者统计表方式查看数据时，只需要单击"统计类型"按钮，并选择相应的菜单项即可。例如，选择"透视表"菜单项，打开生成透视表窗体，设置相应的透视表字段后，单击"生成"按钮，返回决策分析主窗体，即可显示生成的透视表，如图 7.24 所示。

这时在决策分析主窗体中单击"图表"选项卡，并对图表的属性进行设置后，即可以按照设置的图表类型及样式生成相应的图表。例如，以面形图显示图 7.24 中生成的透视表数据，效果如图 7.25 所示。

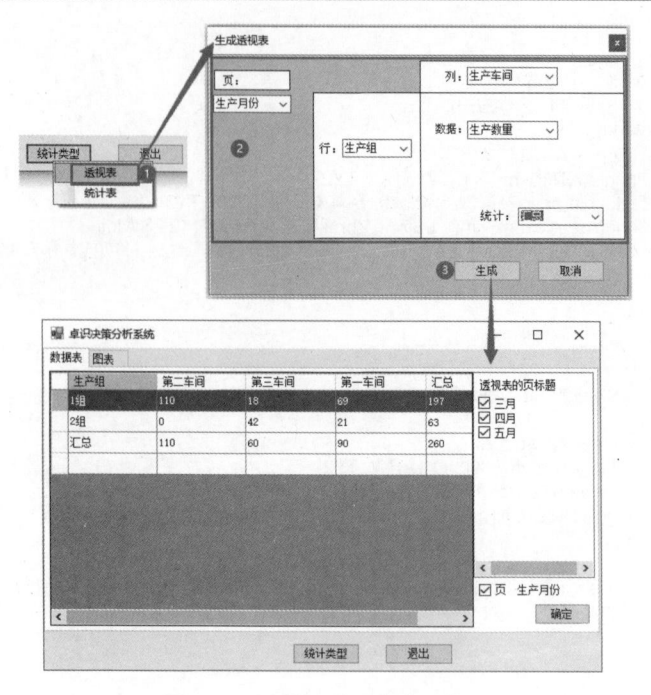

图 7.24　以透视表方式查看数据

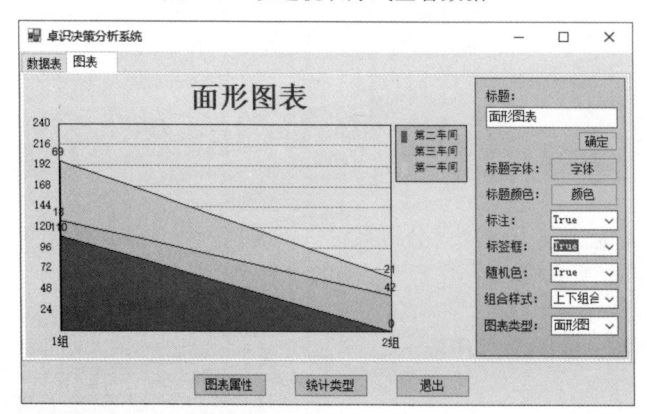

图 7.25　面形图显示数据

本章使用 C#结合 ADO.NET、游标、存储过程、GDI+、透视表、统计表和自定义用户控件等技术开发了一个卓识决策分析系统。具体实现时，通过 ADO.NET 技术对数据库进行操作，并通过游标和存储过程对数据进行优化处理，支持以透视表和统计表方式查看数据。另外，使用 GDI+技术结合自定义用户控件技术开发了一个图表控件，使数据能够以图表形式显示。通过本系统，不仅可以提高用户数据分析的效率和准确性，还可以为用户提供更直观的数据展示方式。

7.11　源码下载

本章详细地讲解了如何编码实现"卓识决策分析系统"项目的主要功能。为了方便读者学习，本书提供了完整的项目源码，扫描右侧二维码即可下载。

第 8 章 灵动快递单打印精灵

——泛型 + 序列化 + 数据流 + 打印组件 + 自定义组件 + 数据库事务

灵动快递单打印精灵是一个通用的快递单打印系统，它使用起来灵活方便，不受各种快递单格式的限制，可以由使用者自行定义单据的打印格式，并且可以设置多种单据格式。本章将使用 C#来开发该项目。其中，通过 C#中的序列化和数据流技术可以很便捷地将快递单图片和二进制数据进行相互转换，方便快递单图片的存取；通过 C#中的自定义组件可以根据自己的需求设计快递单中需要输入的字段；通过 C#中的打印组件可以很方便地实现快递单的打印功能；通过将 C#与 SQL Server 数据库结合，不仅可以实现系统数据的存取，而且可以实现数据的持久化。

项目微视频

本项目的核心功能及实现技术如下：

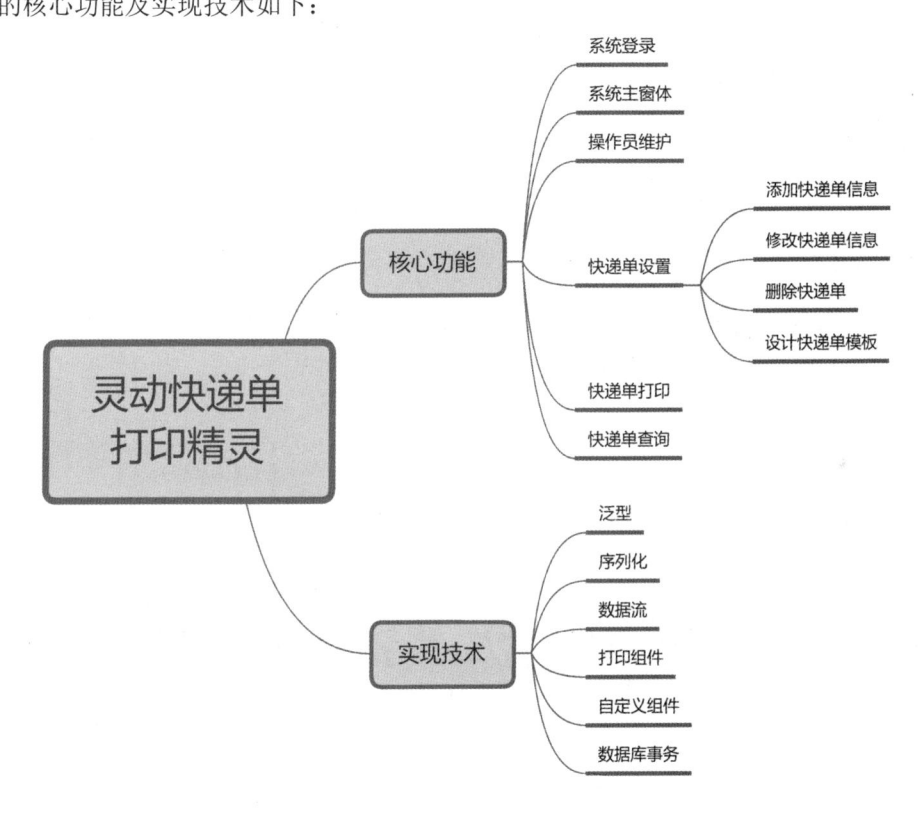

- 灵动快递单打印精灵
  - 核心功能
    - 系统登录
    - 系统主窗体
    - 操作员维护
    - 快递单设置
      - 添加快递单信息
      - 修改快递单信息
      - 删除快递单
      - 设计快递单模板
    - 快递单打印
    - 快递单查询
  - 实现技术
    - 泛型
    - 序列化
    - 数据流
    - 打印组件
    - 自定义组件
    - 数据库事务

8.1 开发背景

在电子商务和物流行业迅速发展的今天，快递服务已成为连接商家与消费者的关键环节。随着订单量的激增，传统的手工填写快递单的方式已无法满足高效、准确的物流需求。在此背景下，"灵动快递单打印精灵"项目应运而生。本章将使用 C#技术开发一个"灵动快递单打印精灵"项目，通过该项目可以优化快递单的设置、打印流程，减少人为错误，提升效率。

本项目的实现目标如下：
- ☑ 具有良好的人机交互界面，可以让不熟悉计算机操作的人员也能够快速掌握操作流程。
- ☑ 对于用户使用软件时的错误操作，系统应给予自动控制或主动提示，确保数据的准确性。
- ☑ 因快递单种类较多，所以应该提供自定义快递单打印模板，以适应不同快递单的打印需求。
- ☑ 考虑到数据的保密性，要求系统提供操作员登录功能，非操作人员无法进入该系统。
- ☑ 考虑到用户录入快递单数据时的直观性，要求快递单的打印界面与快递单实物的界面完全相同。
- ☑ 因实际操作过程中可能出现打印机故障，所以系统应提供重新打印快递单的功能。
- ☑ 为了便于日后的查询和统计工作，系统应提供方便快捷的综合查询功能，并做到可按任意一项快递单信息进行查询。

8.2 系统设计

8.2.1 开发环境

本项目的开发及运行环境如下：
- ☑ 操作系统：推荐 Windows 10、11 及以上。
- ☑ 开发工具：Visual Studio 2022。
- ☑ 开发语言：C#。
- ☑ 数据库：SQL Server 2022。

8.2.2 业务流程

灵动快递单打印精灵运行时，首先需要进行用户登录。如果用户登录成功，则进入主窗体中，通过主窗体的菜单或者快捷工具栏可以进行快递单设置、打印、查询及操作员维护等操作。当然，也可以直接退出系统。

本项目的业务流程如图 8.1 所示。

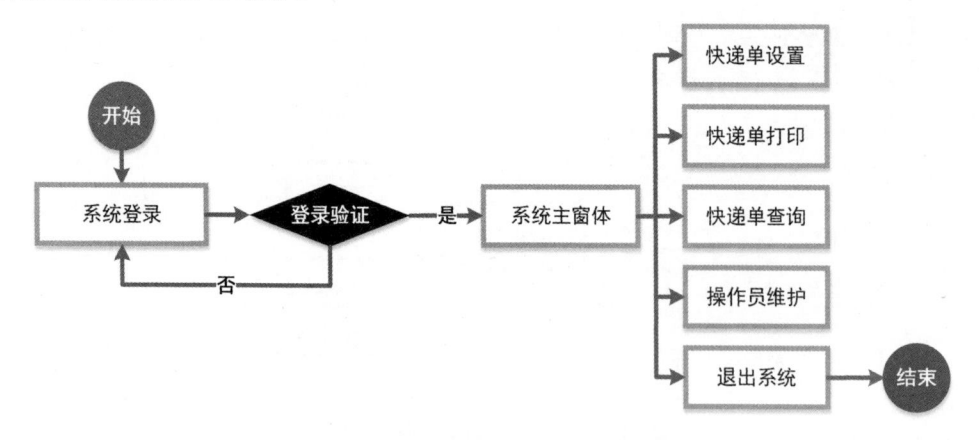

图 8.1 灵动快递单打印精灵业务流程

> **说明**
>
> 本章主要讲解"灵动快递单打印精灵"项目中快递单相关功能的实现逻辑，对于辅助功能的实现，如系统登录、操作员维护等，读者可以参考本项目的源码。

8.2.3 功能结构

本项目的功能结构已经在章首页中给出。作为一个与快递单打印和管理相关的应用程序，本项目实现的具体功能如下：

- ☑ 系统登录模块：验证用户身份，进入主窗体。
- ☑ 主窗体模块：提供项目的主要功能菜单及工具栏快捷按钮。
- ☑ 快递单设置：该模块主要用于自定义快递单样式，用户可以通过该模块添加任意样式的快递单模板，并可以根据实际需求随时对模板进行修改和删除。
- ☑ 快递单打印：由于一个用户可能使用多种快递单，所以本模块提供了可以自由选择快递单种类的功能，在选择某一种快递单后，程序将自动生成多个文本输入框，这些文本输入框的大小及位置与对应模板的设置完全相同，在文本输入框中录入相关信息后，即可打印快递单。
- ☑ 快递单查询：打印后的快递单记录被保存到数据库中，该模块提供查询打印记录、删除打印记录及重新打印单据的功能。
- ☑ 操作员维护模块：对本系统的操作员信息进行添加、修改和删除操作，另外还可以修改当前操作员的密码。

8.3 技术准备

- ☑ 泛型：泛型在面向对象程序设计中具有广泛的应用，它本质上是将类型参数化，以达到代码复用目的的一种数据类型。C#中提供的泛型种类有很多，如ICollection<T>、IEnumerable<T>、List<T>等，本项目中主要用到了 List<T>泛型类。该泛型类可以通过索引访问类型列表的元素，并提供了对列表元素进行添加、删除、搜索、排序等操作的常用方法。例如，本项目在遍历快递单相关窗体中的CTextBox 输入框控件时使用了 List<T>泛型类，示例代码如下：

```
List<CTextBox> ctxts = new List<CTextBox>();           //创建 CTextBox 集合对象
foreach (Control con in control.Controls)              //遍历指定容器中的所有控件
{
    if (con.GetType() == typeof(CTextBox))             //如果类型是 CTextBox
    {
        ctxts.Add((CTextBox)con);                      //将其添加到 List 集合中
    }
    if (con.GetType() == typeof(GroupBox))             //如果类型是 GroupBox
    {
        this.GetCTextBoxes(con);                       //递归执行当前方法
    }
}
```

- ☑ 序列化：本项目在设置快递单时，需要将快递单图像以二进制格式存入数据库；在打印快递单和查询快递单记录时，需要将存储在数据库中的二进制数据转换为 Image 图像。实现这两个功能时，分别使用了 BinaryFormatter 类的 Serialize()方法和 Deserialize()方法。其中，Serialize()方法用来序列化图像，Deserialize()方法用来将二进制数据还原为 Image 图像。例如，下面代码可以将二进制数据还原为 Image 图像：

```
MemoryStream ms = new MemoryStream(buffer);                    //使用字节数组实例化内存流
return new BinaryFormatter().Deserialize(ms) as Image;         //通过反序列化技术还原 Image 图像
```

- ☑ 数据流：数据流提供了一种向后备存储写入字节和从后备存储读取字节的方式，它是在.NET

Framework 中执行读写文件操作时的一种非常重要的介质。C#中常用的数据流有 BufferedStream、CryptoStream、MemoryStream 和 NetworkStream 等，本项目中主要是在将快递单图片和二进制格式进行转换时用到了 MemoryStream 内存流和 BinaryFormatter 二进制格式类。其中，MemoryStream 内存流提供了一种在内存中读写数据流的方式，而不必将数据写入或从磁盘读取；BinaryFormatter 二进制格式类可以将复杂的数据结构转换为字节流，以便于在网络上传输或保存到磁盘中，也可以从字节流中恢复原始的对象。例如，本项目中使用这两个类将 Image 图形转换为二进制数据，以便存储到数据库中，关键代码如下：

```
MemoryStream ms = new MemoryStream();              //实例化内存流
new BinaryFormatter().Serialize(ms, img);          //将对象图形序列化为给定流
return ms.GetBuffer();
```

☑ **打印组件**：本项目在实现打印快递单的功能时，是通过将要打印的内容绘制到 PrintDocument 组件的打印文档上实现。PrintDocument 组件是 C#中的一个标准组件，用于设置打印的文档，其 PrintPage 事件通常在需要打印输出当前页时被触发。

☑ **自定义组件**：所谓自定义组件，实际指的是创建可重用的代码模块，这些模块可以封装特定的功能或行为，以便在不同的项目中重复使用。自定义组件可以是任何形式的类库（.dll），如类库项目（Class Library）、用户控件（User Control）、Windows 控件库（Windows Control Library）项目等。本项目中将设计快递单时使用的输入框设计成了一个通用的自定义组件，其扩展自 C#中的 TextBox 标准控件。

☑ **数据库事务**：数据库事务是数据库管理系统中的一个逻辑工作单元，用于管理对数据库的一系列操作。事务在保证数据的完整性和一致性方面发挥着非常重要的作用，尤其是在执行批量操作的时候。一个典型的事务流程通常由 4 个阶段构成，依次是开始事务、执行操作、提交事务和回滚事务。在 C#中使用数据库事务时，需要使用 SqlTransaction 类，该类的 Commit()方法可以提交事务，Rollback()方法则用来回滚事务。例如，本项目在批量执行 SQL 语句时，使用了事务进行操作，如果执行过程中出现异常，则回滚事务，关键代码如下：

```
SqlTransaction sqlTran = m_Conn.BeginTransaction();    //开始数据库事务
try
{
    m_Cmd.Transaction = sqlTran;                       //设置 m_Cmd 的事务属性
    foreach (string item in strSqls)                   //循环读取字符串列表集合
    {
        m_Cmd.CommandType = CommandType.Text;          //设置命令类型为 SQL 文本命令
        m_Cmd.CommandText = item;                      //设置要对数据源执行的 SQL 语句
        m_Cmd.ExecuteNonQuery();                       //执行 SQL 语句并返回受影响的行数
    }
    sqlTran.Commit();                                  //提交事务，持久化数据
    boolsSucceed = true;                               //表示提交数据库成功
}
catch
{
    sqlTran.Rollback();                                //回滚事务，恢复数据
    boolsSucceed = false;                              //表示提交数据库失败
}
```

有关 C#中的泛型、数据流及打印组件等知识，在《C#从入门到精通（第 7 版）》中有详细的讲解，对这些知识不太熟悉的读者可以参考该书对应的内容；有关 C#中的序列化知识，可以参考本书第 6 章的第 6.3.3 节；有关在 C#中自定义组件的相关知识，可以参考本书第 7 章的第 7.3.4 节；有关数据库事务的知识，在《SQL Server 从入门到精通（第 5 版）》中有详细的讲解，对该知识不太熟悉的读者可以参考该书对应的内容。

8.4 数据库设计

本项目采用 SQL Server 2022 作为后台数据库，数据库名称为 db_Express，共用到了 4 张数据表，如图 8.2 所示。

8.4.1 数据表设计

db_Express 数据库中一共包括 4 张数据表，下面分别介绍它们的结构。

1. tb_BillType（快递单分类信息表）

表 tb_BillType 用于保存不同种类快递单的基本信息，该表的结构如表 8.1 所示。

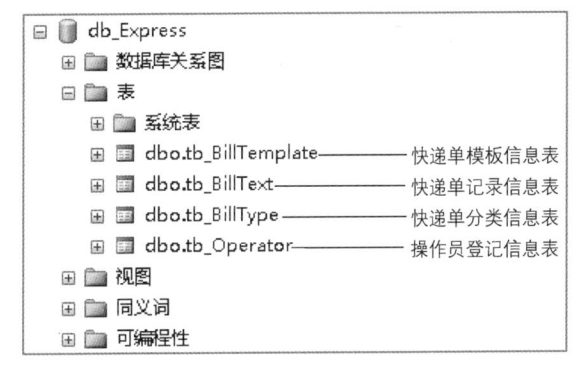

图 8.2 数据表树型结构图

表 8.1 快递单分类信息表

字 段 名	数据类型	长 度	主 键 否	说 明
BillTypeCode	varchar	2	主键	快递单种类代码
BillTypeName	varchar	20	否	快递单种类名称
BillWidth	int	4	否	单据宽度
BillHeight	int	4	否	单据高度
BillPicture	image	16	否	单据图像
BillCodeLength	int	4	否	单据号的位数
Remark	text	16	否	单据备注
IsEnabled	char	1	否	是否启用标记

2. tb_BillTemplate（快递单模板信息表）

表 tb_BillTemplate 用于保存不同种类快递单的模板信息，该表的结构如表 8.2 所示。

表 8.2 快递单模板信息表

字 段 名	数据类型	长 度	主 键 否	说 明
ControlId	int	4	主键	控件唯一编号
BillTypeCode	varchar	2	否	快递单种类代码
X	int	4	否	控件的横坐标
Y	int	4	否	控件的纵坐标
Width	int	4	否	控件的宽度
Height	int	4	否	控件的高度
IsFlag	char	1	否	单据号控件标记
ControlName	varchar	20	否	控件名称
DefaultValue	varchar	100	否	控件默认 Text 值
TurnControlName	varchar	20	否	回车后跳转控件

3. tb_BillText（快递单记录信息表）

表 tb_BillText 用于保存每次打印的快递单记录信息，该表的结构如表 8.3 所示。

表 8.3 快递单记录信息表

字段名	数据类型	长度	主键否	说明
NoteId	int	4	主键	记录自增序号
BillTypeCode	varchar	2	否	快递单种类代码
ExpressBillCode	varchar	20	否	快递单号
ControlId	int	4	否	控件唯一编号
ControlText	varchar	100	否	控件的 Text 值

4. tb_Operator（操作员登记信息表）

表 tb_Operator 用于登记操作员信息，该表的结构如表 8.4 所示。

表 8.4 操作员登记信息表

字段名	数据类型	长度	主键否	说明
OperatorCode	varchar	20	主键	操作员代码
OperatorName	varchar	8	否	操作员名称
Password	varchar	20	否	操作员密码
IsFlag	char	1	否	超级用户标记

> **说明**
> tb_Operator 数据表主要存储系统的操作员信息，其主要用在系统的登录模块和操作员维护模块中，但由于书中讲解的主要是快递单相关的功能模块，因此对于这两个模块并没有介绍，读者可以参考本项目的源码。

8.4.2 存储过程设计

本项目的数据库中使用了 3 个存储过程，下面分别对它们进行介绍。

1. P_IsExistExpressBillCode 存储过程

存储过程 P_IsExistExpressBillCode 用于判断当前正在录入的快递单号在数据库中是否已经存在，创建该存储过程的 SQL 语句如下：

```sql
CREATE PROCEDURE P_IsExistExpressBillCode
    @ExpressBillCode varchar(20),
    @BillTypeCode varchar(2)
 AS
--在指定快递单种类的情况下，检索指定的快递单号记录
SELECT Count(*) From tb_BillText
WHERE ExpressBillCode = @ExpressBillCode and BillTypeCode = @BillTypeCode
GO
```

2. P_QueryExpressBill 存储过程

存储过程 P_QueryExpressBill 用于根据输入的 @BillTypeCode 参数，动态地构建一个 SQL 查询，以获取特定类型快递单上所有控件对应的文本信息，并返回一个结果集。其中，结果集中的每一行代表一个不同的 ExpressBillCode 快递单号，每个 ControlId 对应的 ControlText 会被聚合为最大值。创建该存储过程的 SQL 语句如下：

```sql
CREATE PROCEDURE P_QueryExpressBill @BillTypeCode varchar(2) AS
    declare @ControlId int
    declare @strSql nvarchar(4000)
```

```
SET @strSql = N'SELECT '
DECLARE cur CURSOR for
  --该语句表示从 tb_BillTemplate 表（快递单模板信息表）取出某种快递单模板中所有控件的编号
  SELECT ControlId FROM tb_BillTemplate Where BillTypeCode = @BillTypeCode
OPEN cur
WHILE @@ERROR = 0
    BEGIN
        FETCH NEXT FROM cur
        INTO @ControlId
        if @@FETCH_STATUS = 0
            if @strSql = 'SELECT '           --该语句表示第一次执行 WHILE 语句时给变量@ strSql 赋值
                set @strSql = @strSql+ 'MAX(CASE ControlId WHEN  '+cast(@ControlId as varchar(10))+'
                    THEN ControlText ELSE NULL END) as "'+cast(@ControlId as varchar(10))+'"'
            else                            --该语句表示非第一次执行 WHILE 语句时给变量@ strSql 赋值
                set @strSql = @strSql+ ',MAX(CASE ControlId WHEN  '+cast(@ControlId as varchar(10))+'
                    THEN ControlText ELSE NULL END) as "'+cast(@ControlId as varchar(10))+'"'
        else
            break
    END
--该语句表示给动态 SQL 语句添加 FROM 字句和 Where 字句
SET @strSql = @strSql+ ' FROM tb_BillText Where BillTypeCode ='+@BillTypeCode+' GROUP BY ExpressBillCode'
EXEC sp_executesql    @strSql        --该语句表示执行动态 SQL 语句
CLOSE cur
DEALLOCATE cur
GO
```

3. P_QueryForeignConstraint 存储过程

存储过程 P_QueryForeignConstraint 用于查询与给定主表（@PrimaryTable）相关的外键约束信息，创建该存储过程的 SQL 语句如下：

```
CREATE PROCEDURE P_QueryForeignConstraint
    @PrimaryTable varchar(50)
 AS
SELECT (SELECT Name
        FROM syscolumns
        WHERE colid = b.rkey AND id = b.rkeyid) AS primaryColumn,
       OBJECT_NAME(b.fkeyid) AS foreignTable,
        (SELECT name
         FROM syscolumns
         WHERE colid = b.fkey AND id = b.fkeyid) AS foreignColumn
FROM sysobjects a INNER JOIN
     sysforeignkeys b ON a.id = b.constid INNER JOIN
     sysobjects c ON a.parent_obj = c.id
WHERE (a.xtype = 'f') AND (c.xtype = 'U') AND (OBJECT_NAME(b.rkeyid) = @PrimaryTable)
GO
```

8.5 项目配置文件设计

"灵动快递单打印精灵"项目中的数据库连接是动态连接的，这主要通过读取 INI 配置文件来实现。因此，在开发项目前，需要先对存储数据库连接信息的 INI 配置文件进行设计，文件名为 Express.ini，其结构如图 8.3 所示。

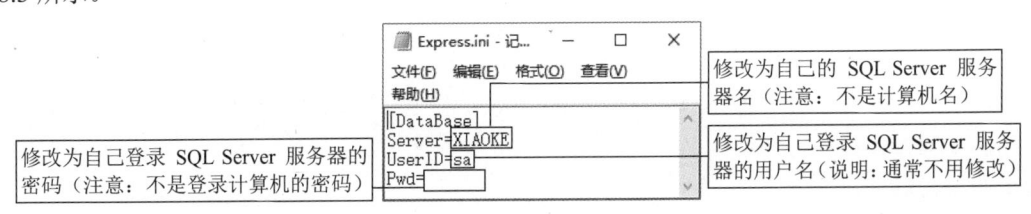

图 8.3 Express.ini 配置文件结构

8.6 公共类设计

开发 C#项目时，通过合理设计公共类可以减少重复代码的编写，有利于代码的重用及维护。本项目创建了 5 个公共类，它们的作用如表 8.5 所示。

表 8.5 灵动快递单打印精灵中的公共类及其作用

公 共 类	作 用
DataOperate	数据操作类，封装数据库连接方法、获取数据库中数据的方法等
CommClass	封装数据验证、绑定数据源到控件、格式化单据号等常用操作方法
GlobalProperty	封装操作员相关的属性
MD5Encrypt	封装 MD5 加密方法，主要用来对密码进行加密
ReadFile	封装读取 INI 配置文件的方法

下面分别对这 5 个公共类中的主要方法进行介绍。

8.6.1 DataOperate 类

DataOperate 类是一个数据操作类，主要用来封装数据库连接及对数据库进行添加、修改、删除、读取等操作的方法。在该类的代码文件中，首先需要在命名空间区域引入 **System.Data.SqlClient** 命名空间，并创建公共的对象，代码如下：

```csharp
using System.Data.SqlClient;
using System.Windows.Forms;
using Express.Common;
namespace Express.DAL
{
    class DataOperate
    {
        private SqlConnection m_Conn = null;           //声明数据库连接对象
        private SqlCommand m_Cmd = null;               //声明数据命令对象
        //……其他方法和属性（如 DataOperate()、GetDataReader()等方法）
    }
}
```

在 DataOperate 类的构造方法中，程序首先从 INI 文件中读取数据库连接信息，然后通过加载数据库连接信息创建 SqlConnection 对象和 SqlCommand 对象，代码如下：

```csharp
public DataOperate ()
{
    string strServer = OperFile.GetIniFileString("DataBase", "Server", "", Application.StartupPath + "\\ Express.ini");
    //获取登录用户
    string strUserID = OperFile.GetIniFileString("DataBase", "UserID", "", Application.StartupPath + "\\ Express.ini");
    //获取登录密码
    string strPwd = OperFile.GetIniFileString("DataBase", "Pwd", "", Application.StartupPath + "\\ Express.ini");
    //数据库连接字符串
    string strConn = "Server = " + strServer + ";Database= db_Express;User id=" + strUserID + ";PWD=" + strPwd;
    try
    {
        m_Conn = new SqlConnection(strConn);           //创建数据库连接对象
        m_Cmd = new SqlCommand();                      //创建数据库命令对象
        m_Cmd.Connection = m_Conn;                     //设置数据库命令对象的连接属性
    }
    catch (Exception e)
    {
        throw e;
```

```
    }
}
```

为了便于在该类的外部操作数据库，因此定义了两个属性，分别是 Conn 属性和 Cmd 属性，这两个属性均是只读属性，分别用来获取数据库连接对象和数据库命令对象，代码如下：

```
public SqlConnection Conn
{
    get { return m_Conn; }                                      //获取数据库连接对象
}
public SqlCommand Cmd
{
    get { return m_Cmd; }                                       //获取数据库命令对象
}
```

自定义一个 ExecDataBySqls()方法，用来通过数据库事务，同时执行多条 SQL 语句。该方法中，主要使用 SqlTransaction 事务处理对象来提交数据库。其中，参数 strSqls 的数据类型为 List<string>泛型，其可以封装多个表示 SQL 语句的字符串。如果该方法执行成功，返回值为 true，否则为 false。ExecDataBySqls()方法实现代码如下：

```
public bool ExecDataBySqls(List<string> strSqls)
{
    bool boolsSucceed;                                          //定义返回值变量
    if (m_Conn.State == ConnectionState.Closed)                 //判断当前的数据库连接状态
    {
        m_Conn.Open();                                          //打开连接
    }
    SqlTransaction sqlTran = m_Conn.BeginTransaction();         //开始数据库事务
    try
    {
        m_Cmd.Transaction = sqlTran;                            //设置 m_Cmd 的事务属性
        foreach (string item in strSqls)                        //循环读取字符串列表集合
        {
            m_Cmd.CommandType = CommandType.Text;               //设置命令类型为 SQL 文本命令
            m_Cmd.CommandText = item;                           //设置要对数据源执行的 SQL 语句
            m_Cmd.ExecuteNonQuery();                            //执行 SQL 语句并返回受影响的行数
        }
        sqlTran.Commit();                                       //提交事务，持久化数据
        boolsSucceed = true;                                    //表示提交数据库成功
    }
    catch
    {
        sqlTran.Rollback();                                     //回滚事务，恢复数据
        boolsSucceed = false;                                   //表示提交数据库失败
    }
    finally
    {
        m_Conn.Close();                                         //关闭连接
        strSqls.Clear();                                        //清除列表 strSqls 中的元素
    }
    return boolsSucceed;                                        //方法返回值
}
```

> **说明**
> 在 foreach 循环中，任何一条 SQL 语句执行失败，程序都将调用事务对象的 Rollback()方法进行回滚。

自定义一个 GetDataReader()方法，通过执行 SQL 语句来读取数据表中的数据，并将读取到的数据存储到一个 SqlDataReader 对象中，代码如下：

```
public SqlDataReader GetDataReader(string strSql)
{
    SqlDataReader sdr;                                          //声明 SqlDataReader 引用
    m_Cmd.CommandType = CommandType.Text;                       //设置命令类型为文本
```

```csharp
            m_Cmd.CommandText = strSql;                              //传入 SQL 语句
            try
            {
                if (m_Conn.State == ConnectionState.Closed)          //若数据库连接关闭
                {
                    m_Conn.Open();                                   //打开数据连接
                }
                sdr = m_Cmd.ExecuteReader(CommandBehavior.CloseConnection); //执行 SQL 语句
            }
            catch (Exception e)
            {
                throw e;                                             //抛出异常
            }
            return sdr;                                              //返回 SqlDataReader 对象
        }
```

自定义一个 GetDataTable()方法,主要用来获取数据表中的数据,并返回 DataTable 数据表对象,通过该对象可以将数据绑定到 DataGridView 控件中进行显示,代码如下:

```csharp
public DataTable GetDataTable(string strSql, string strTableName)
{
    DataTable dt = null;                                             //声明 DataTable 引用
    SqlDataAdapter sda = null;                                       //声明 SqlDataAdapter 引用
    try
    {
        sda = new SqlDataAdapter(strSql, m_Conn);                    //创建适配器对象
        dt = new DataTable(strTableName);                            //创建 DataTable 对象
        sda.Fill(dt);                                                //把数据填充到 DataTable 对象中
    }
    catch (Exception ex)
    {
        throw ex;                                                    //抛出异常
    }
    return dt;                                                       //返回 DataTable 对象
}
```

8.6.2 CommClass 类

CommClass 类主要封装了数据验证、绑定数据源到控件、图像与二进制流的转换等常用操作方法,下面对该类中一些主要的方法进行介绍。

自定义一个 InputNumeric()方法,用来控制可编辑控件的键盘输入,其主要限制控件只可以接收表示非负十进制数的字符,代码如下:

```csharp
public void InputNumeric(KeyPressEventArgs e, Control con)
{
    //在可编辑控件的 Text 属性为空的情况下,不允许输入"."字符
    if (String.IsNullOrEmpty(con.Text) && e.KeyChar.ToString() == ".")
    {
        //把 Handled 设为 true,取消 KeyPress 事件,防止控件处理按键
        e.Handled = true;
    }
    //可编辑控件不允许输入多个"."字符
    if (con.Text.Contains(".") && e.KeyChar.ToString() == ".")
    {
        e.Handled = true;
    }
    //在可编辑控件中,只可以输入"数字字符"."字符""字符"(删除键对应的字符)
    if (!Char.IsDigit(e.KeyChar) && e.KeyChar.ToString() != "." && e.KeyChar.ToString() != "")
    {
        e.Handled = true;
    }
}
```

自定义一个 InputInteger()方法,用来控制可编辑控件的键盘输入,其主要限制控件只可以接收表示非负

整数的字符，代码如下：

```
public void InputInteger(KeyPressEventArgs e)
{
    if (!Char.IsDigit(e.KeyChar) && e.KeyChar.ToString() != "")
    {
        //把 Handled 设为 true，取消 KeyPress 事件，防止控件处理按键
        e.Handled = true;
    }
}
```

自定义一个 AddDataGridViewRow()方法，主要用来向 DataGridView 中添加一行，并使用 BindingSource 绑定数据源，最后返回新增的行，代码如下：

```
public DataGridViewRow AddDataGridViewRow(DataGridView dgv, BindingSource bs)
{
    DataTable dt = bs.DataSource as DataTable;         //获取 BindingSource 绑定的数据表
    DataRow dr = dt.NewRow();                          //在数据表中创建新行
    try
    {
        dt.Rows.Add(dr);                               //将新行添加到数据表中
        bs.DataSource = dt;                            //更新 BindingSource 的数据源
        dgv.DataSource = bs;                           //将更新后的 BindingSource 重新绑定到 DataGridView
        int intRowIndex = dgv.RowCount - 1;            //计算新增行的索引
        return dgv.Rows[intRowIndex];                  //返回新增的行
    }
    catch (Exception ex)
    {
        MessageBox.Show(ex.Message, "软件提示");       //捕获并显示异常信息
        throw ex;
    }
}
```

自定义一个 DataGridViewReset()方法，用来清空 DataGridView 控件的数据源，代码如下：

```
public void DataGridViewReset(DataGridView dgv)
{
    if (dgv.DataSource != null)
    {
        //若 DataGridView 绑定的数据源为 DataTable
        if (dgv.DataSource.GetType() == typeof(DataTable))
        {
            DataTable dt = dgv.DataSource as DataTable;
            dt.Clear();
        }
        //若 DataGridView 绑定的数据源为 BindingSource
        if (dgv.DataSource.GetType() == typeof(BindingSource))
        {
            BindingSource bs = dgv.DataSource as BindingSource;
            DataTable dt = bs.DataSource as DataTable;
            dt.Clear();
        }
    }
}
```

自定义一个 BuildCode()方法，主要根据表名、条件、编号列名、前缀和长度生成新的编号，代码如下：

```
public string BuildCode(string strTableName, string strWhere, string strCodeColumn, string strHeader, int intLength)
{
    DataOperate dataOper = new DataOperate();          //初始化数据操作对象
    //构造查询最大编号的 SQL 语句
    string strSql = "Select Max(" + strCodeColumn + ") From " + strTableName + " " + strWhere;
    try
    {
        //获取表中最大编号，可能为空
        string strMaxCode = dataOper.GetSingleObject(strSql) as string;
        //如果最大编号为空，则使用前缀和格式化字符串初始化
        if (String.IsNullOrEmpty(strMaxCode))
```

```
            {
                strMaxCode = strHeader + FormatString(intLength);
            }
            //提取最大编号的数字部分
            string strMaxSeqNum = strMaxCode.Substring(strHeader.Length);
            //生成新的编号，前缀加上（最大编号+1）后的字符串形式
            return strHeader + (Convert.ToInt32(strMaxSeqNum) + 1).ToString(FormatString(intLength));
    }
    catch (Exception ex)
    {
        MessageBox.Show(ex.Message, "软件提示");              //异常处理，显示错误消息
        throw ex;
    }
}
```

自定义一个 GetBytesByImage()方法，主要用来将 Image 图像转换为内存流，并得到相应的字节数组，代码如下：

```
public byte[] GetBytesByImage(Image img)
{
    try
    {
        MemoryStream ms = new MemoryStream();               //实例化内存流
        new BinaryFormatter().Serialize(ms, img);           //将对象图形序列化为给定流
        return ms.GetBuffer();
    }
    catch (Exception ex)
    {
        MessageBox.Show(ex.Message, "软件提示");
        throw ex;
    }
}
```

自定义一个 GetImageByBytes()方法，用来将二进制数据转换为 Image 图像，代码如下：

```
public Image GetImageByBytes(byte[] buffer)
{
    try
    {
        MemoryStream ms = new MemoryStream(buffer);         //使用字节数组创建内存流对象
        return new BinaryFormatter().Deserialize(ms) as Image;  //通过反序列化技术还原 Image 图像
    }
    catch (Exception ex)
    {
        MessageBox.Show(ex.Message, "软件提示");
        throw ex;
    }
}
```

自定义一个 IsExistExpressBillCode()方法，用来调用 P_IsExistExpressBillCode 存储过程，判断当前正在录入的快递单号在数据库中是否已经存在，代码如下：

```
public bool IsExistExpressBillCode(string strExpressBillCode,string strBillTypeCode)
{
    DataOperate dataOper = new DataOperate();
    try
    {
        //创建泛型对象
        List<SqlParameter> parameters = new List<SqlParameter>();
        //创建 SqlParameter 对象，并赋值
        SqlParameter paramExpressBillCode = new SqlParameter("@ExpressBillCode", SqlDbType.VarChar);
        paramExpressBillCode.Value = strExpressBillCode;
        parameters.Add(paramExpressBillCode);
        SqlParameter paramBillTypeCode = new SqlParameter("@BillTypeCode", SqlDbType.VarChar);
        paramBillTypeCode.Value = strBillTypeCode;
        parameters.Add(paramBillTypeCode);
        SqlParameter[] inputParameters = parameters.ToArray();      //把泛型中的元素复制到数组中
```

```
            DataTable dt = dataOper.GetDataTable("P_IsExistExpressBillCode", inputParameters);
            if (Convert.ToInt32(dt.Rows[0][0]) > 0)
            {
                return true;
            }
            else
            {
                return false;
            }
        }
        catch (Exception ex)
        {
            MessageBox.Show(ex.Message, "软件提示");
            throw ex;
        }
    }
}
```

8.6.3 GlobalProperty 类

GlobalProperty 是一个实体类,其主要封装操作员相关的属性,包括操作员的编号、名称、密码及其是否为管理员的标记,代码如下:

```
class GlobalProperty
{
    private static string m_OperatorCode;
    ///<summary>
    ///操作员编号
    ///</summary>
    public static string OperatorCode
    {
        get
        {
            return m_OperatorCode;
        }
        set
        {
            m_OperatorCode = value;
        }
    }

    private static string m_OperatorName;
    ///<summary>
    ///操作员名称
    ///</summary>
    public static string OperatorName
    {
        get
        {
            return m_OperatorName;
        }
        set
        {
            m_OperatorName = value;
        }
    }

    private static string m_Password;
    ///<summary>
    ///操作员密码
    ///</summary>
    public static string Password
    {
        get
        {
            return m_Password;
        }
```

```
            set
            {
                m_Password = value;
            }
        }

        private static string m_IsFlag;
        ///<summary>
        ///是否为管理员的标记
        ///</summary>
        public static string IsFlag
        {
            get
            {
                return m_IsFlag;
            }
            set
            {
                m_IsFlag = value;
            }
        }
}
```

8.6.4 MD5Encrypt 类

MD5Encrypt 类主要用来封装 MD5 加密方法。该类中，需要引入 System.Security.Cryptography 命名空间，并且自定义一个 GetMD5Password()方法，用来对参数中传入的字符串进行 MD5 加密。主要代码如下：

```
using System;
using System.Security.Cryptography;
using System.Text;
namespace Express.Common
{
    class MD5Encrypt
    {
        public static string GetMD5Password(string str)
        {
            string strMD5Password = String.Empty;              //初始化一个空字符串，用于存放 MD5 加密后的密码
            MD5 md5 = MD5.Create();                             //创建一个 MD5 加密对象
            //将传入的字符串转换为字节数组，并使用 MD5 算法进行加密
            byte[] byteArray = md5.ComputeHash(Encoding.Unicode.GetBytes(str));
            for (int i = 0; i < byteArray.Length; i++)         //遍历加密后的字节数组
            {
                //将每个字节转换为 16 进制字符串，并拼接到 strMD5Password 中
                strMD5Password += byteArray[i].ToString("x");
            }
            return strMD5Password;                              //返回 MD5 加密后的字符串
        }
    }
}
```

8.6.5 ReadFile 类

ReadFile 类中主要封装了读取 INI 配置文件的方法，由于需要用到系统 API 函数，因此首先需要添加 System.Runtime.InteropServices 命名空间，然后重写 GetPrivateProfileString()函数，最后自定义一个 GetIniFileString()方法，该方法中主要调用系统 API 函数 GetPrivateProfileString()来读取 INI 配置文件中指定节点的内容。ReadFile 类实现代码如下：

```
using System.Runtime.InteropServices;
using System.Text;
namespace Express.Common
{
```

```
class ReadFile
{
    [DllImport("kernel32")]                                          //引入 "kernel32.dll" API 文件
    public static extern int GetPrivateProfileString(string section, string key,
            string def, StringBuilder retVal, int size, string filePath);
    //从 INI 文件中读取指定节点的内容
    public static string GetIniFileString(string section, string key, string def, string filePath)
    {
        StringBuilder temp = new StringBuilder(1024);
        GetPrivateProfileString(section, key, def, temp, 1024, filePath);
        return temp.ToString();
    }
}
```

8.6.6 自定义通用文本输入框组件

由于快递单种类较多，所以在设计本项目时考虑开发一个通用模板，由用户根据自己使用的快递单样式自行定义快递单的文本输入框。因此，这里设计了一个可由用户自行拉伸和拖放的文本框，其基于 C#中的标准控件 TextBox 实现，实现步骤如下：

（1）在解决方案资源管理器中选中 CusControl 文件夹，单击右键，选择"添加"→"组件"选项，如图 8.4 所示。

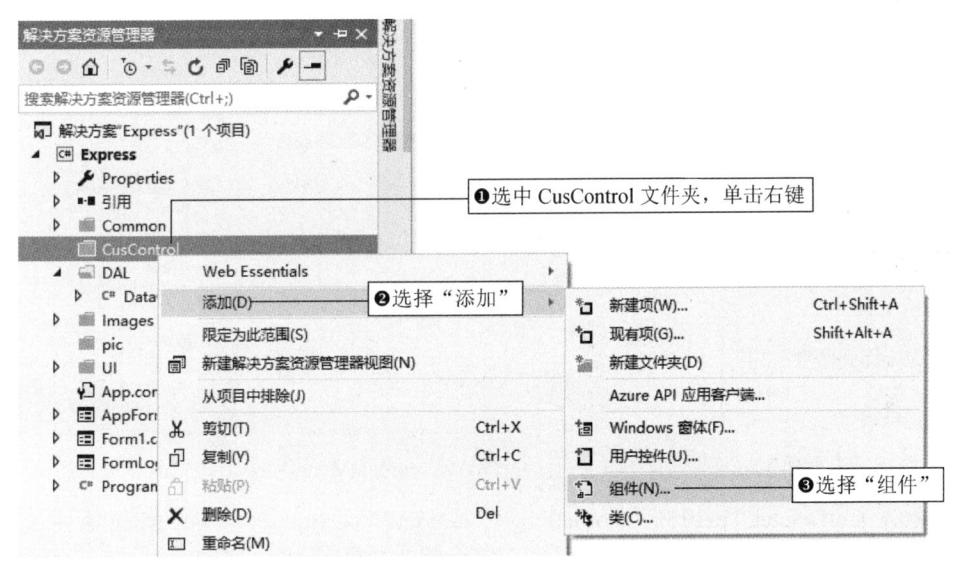

图 8.4　选择"添加"→"组件"选项

（2）弹出"添加新项"对话框，如图 8.5 所示。该对话框中，首先在左侧选中"Visual C#项"节点，然后在中间区域选中"组件类"项，并在"名称"文本框中输入自定义组件的名称，这里输入 CTextBox.cs，单击"添加"按钮。

（3）添加一个自定义组件，初始效果如图 8.6 所示。

（4）向图 8.6 所示的设计窗口中添加一个 ContextMenuStrip 控件，将其(Name)属性设置为 contextMenuOperate，选中该控件，单击右键，选择"编辑项"，如图 8.7 所示。

（5）弹出"项集合编辑器"对话框，在该对话框中单击"添加"按钮，添加 3 个 MenuItem 项和 1 个 Separator 项。Separator 项的属性不用设置。3 个 MenuItem 项的属性设置为：第 1 个，(Name)属性设置为 toolDeleteCTextBox，Text 属性设置为"删除输入框"；第 2 个，(Name)属性设置为 toolSetFlag，Visible 属性设置为 false；第 3 个，(Name)属性设置为 toolSetProperty，Text 属性设置为"设置属性"。contextMenuOperate 控件的项设置结果如图 8.8 所示，最后单击"确定"按钮。

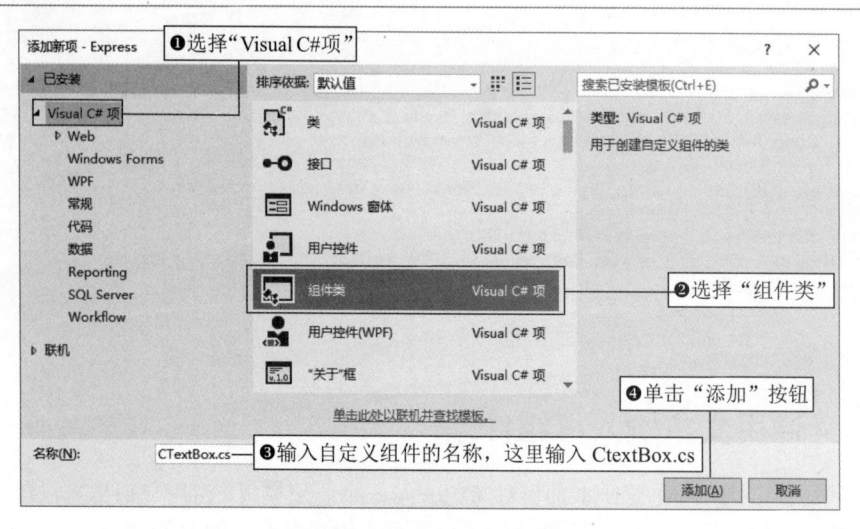

图 8.5 "添加新项"对话框

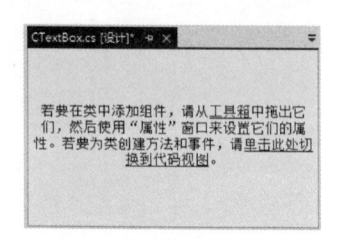

图 8.6 "设计"窗口

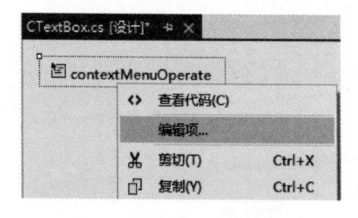

图 8.7 选择"编辑项"

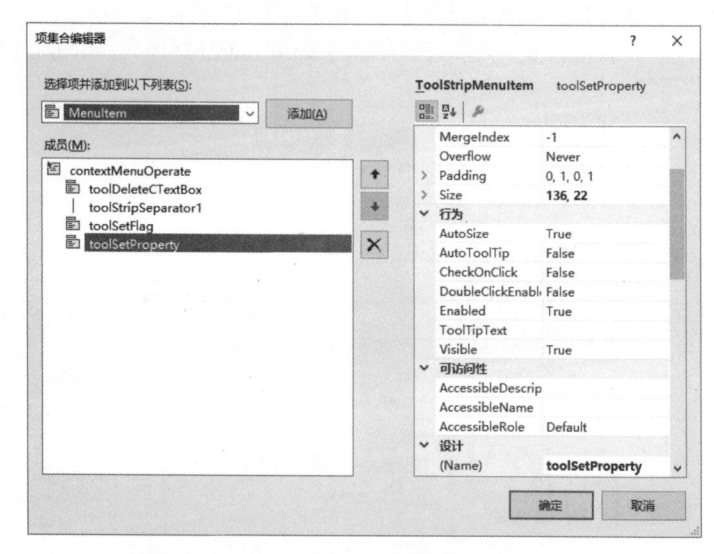

图 8.8 contextMenuOperate 控件的项设置结果

（6）分别触发 toolDeleteCTextBox、toolSetFlag 和 toolSetProperty 这 3 个项的 Click 事件。

（7）在 CTextBox 自定义组件的设计页，单击右键选择"查看代码"，进入其代码页。该页中首先要确定当前自定义组件的扩展基类（本控件须修改为 TextBox），然后在自定义控件中添加字段、方法、事件以及属性等类的成员。CTextBox 自定义组件的部分关键代码如下：

```
using System;
using System.Collections.Generic;
using System.ComponentModel;
using System.Data;
using System.Drawing;
using System.Linq;
using System.Text;
using System.Windows.Forms;
using Express.DAL;
using Express.Common;
using Express.UI.BaseSet;
namespace Express.CusControl
{
    //自定义控件 CTextBox 扩展自 TextBox
    public partial class CTextBox : TextBox
```

```csharp
{
    bool isMoving = false;                              //定义一个 bool 型变量, 表示鼠标按下标记
    Point offset;                                       //声明一个 Point 类型引用, 表示光标位置
    int intWidth;                                       //定义一个整型变量, 表示控件的宽度
    //控件的构造器
    public CTextBox()
    {
        InitializeComponent();
    }
    //定义一个方法, 作为自定义控件 CTextBox 的鼠标按下事件的绑定方法
    private void CTextBox_MouseDown(object sender, MouseEventArgs e)
    {
        isMoving = true;                                //表示鼠标按下
        offset = new Point(e.X, e.Y);                   //创建光标位置对象
        intWidth = this.Width;                          //获取控件的初始宽度值
    }
    private string m_IsFlag;
    //定义一个属性, 用于表示当前控件是否为单据编号控件
    public string IsFlag
    {
        get
        { return m_IsFlag; }
        set
        { m_IsFlag = value; }
    }
    //自定义控件的鼠标移动事件绑定方法
    private void CTextBox_MouseMove(object sender, MouseEventArgs e)
    {
        if (isMoving)
        {
            //根据鼠标移动, 动态地设置控件的位置
            if (this.Cursor == System.Windows.Forms.Cursors.SizeAll)
            {
                this.Location = new Point(this.Location.X + (e.X - offset.X),
                    this.Location.Y + (e.Y - offset.Y));
            }
            //根据鼠标移动, 动态地设置控件宽度
            if (this.Cursor == System.Windows.Forms.Cursors.SizeWE)
            {
                this.Width = intWidth + (e.X - offset.X);
            }
            this.BackColor = Color.Red;
        }
        else
            this.BackColor = Color.White;
    }

    private void CTextBox_MouseUp(object sender, MouseEventArgs e)
    {
        isMoving = false;
    }

    private void toolDeleteCTextBox_Click(object sender, EventArgs e)
    {
        if (MessageBox.Show("确定要删除吗? ", "软件提示", MessageBoxButtons.YesNo,
            MessageBoxIcon.Exclamation) == DialogResult.Yes)
        {
            if (ControlId != 0)                         //旧的控件
            {
                CommClass cc = new CommClass();
                DataOperate dataOper = new DataOperate();
                try
                {
                    //对应的子表 tb_BillText 已生成外键数据, 先删除外键记录
                    if (cc.IsExistConstraint("tb_BillTemplate", ControlId.ToString()))
                    {
                        if (MessageBox.Show(
                            "该输入框已生成快递单数据, 若继续执行将删除与之相关的数据, 是否继续执行? ",
                            "软件提示", MessageBoxButtons.YesNo, MessageBoxIcon.Exclamation)
```

```
                            == DialogResult.No)
                {
                    return;                          //停止执行
                }
            }
            //从模板表中删除该控件对应的记录
            if (dataOper.ExecDataBySql("Delete From tb_BillTemplate Where ControlId = '"
                + ControlId + "'") == 0)
            {
                MessageBox.Show("删除失败！", "软件提示");
                return;
            }
        }
        catch (Exception ex)
        {
            MessageBox.Show(ex.Message, "软件提示");
            return;
        }
        this.Dispose();
        MessageBox.Show("删除成功！", "软件提示");
    }
}
//设置快递单号输入框
private void toolSetFlag_Click(object sender, EventArgs e)
{
    List<CTextBox> ctxts = GetCTextBoxes(this.FormParent);
    foreach (CTextBox ctxt in ctxts)
    {
        if (ctxt.IsFlag == "1")
        {
            ctxt.Text = "请输入名称";
        }
        ctxt.IsFlag = "0";
    }
    this.IsFlag = "1";
    this.Text = "快递单号输入框";
}
//其他事件或方法的代码
}
```

> **说明**
> 由于 CTextBox 自定义组件的代码比较多，上面只展示了部分代码，关于其完整代码，可以查看本项目源码中的 CTextBox.cs 代码文件。

8.7 快递单设置模块设计

8.7.1 快递单设置模块概述

快递单设置模块主要包括两大部分：第一部分是管理快递单，包括对快递单的添加、修改和删除操作。其中，添加快递单时，需要对快递单的参数（如宽度、高度、单据号位数等）和快递单图片进行设置；修改快递单时，需要先选择某个快递单，然后对其参数或图片进行修改；删除快递单时，需要先选择某个快递单，然后执行删除操作。第二部分是为快递单设计模板，这里首先需要选择某个快递单，然后为快递单添加文本框（用于填写快递单信息），最后保存数据。快递单设置窗体如图 8.9 所示。

添加和修改快递单信息是在同一个窗体中实现的，它们的区别是：如果执行的是添加操作，窗体中除了"单据代码"外，其他数据都为空，如图 8.10 所示；如果执行的是修改操作，则会默认显示要修改的快递单的信息，如图 8.11 所示。

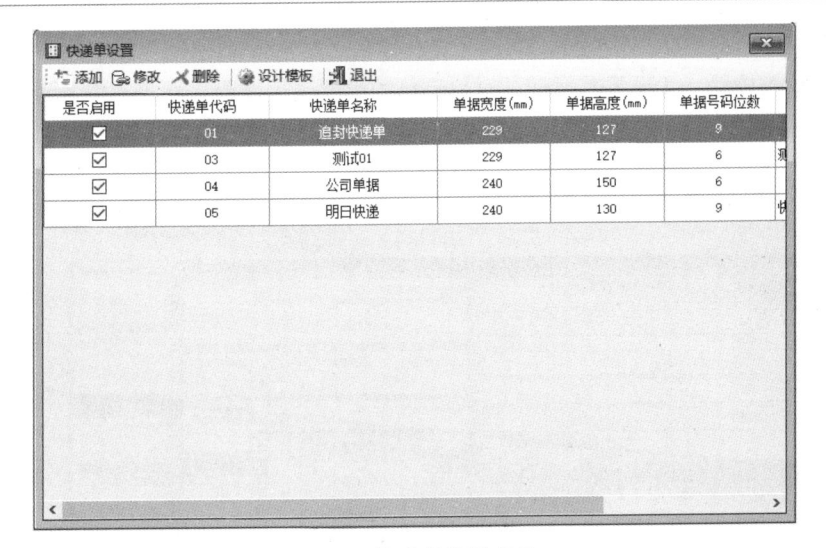

图 8.9 快递单设置窗体

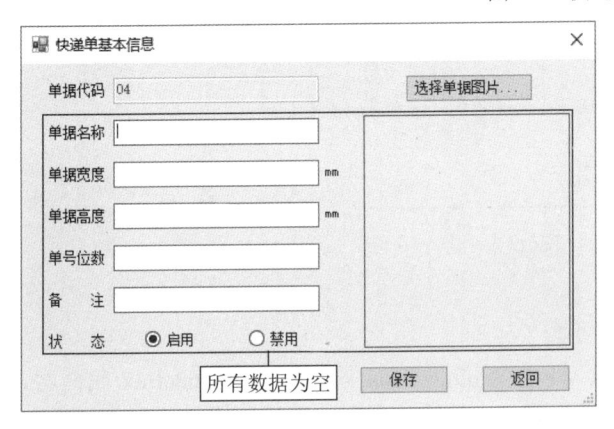

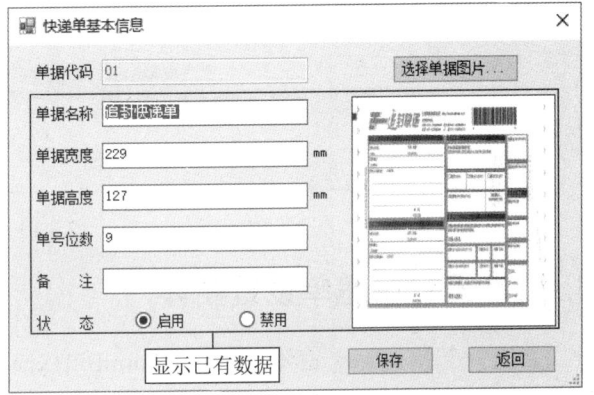

图 8.10 添加快递单信息

图 8.11 修改快递单信息

在快递单设置窗体中选中某个快递单，单击"删除"按钮，弹出确认删除的提示，如果单击"是"按钮，则可以删除选中的快递单信息，如图 8.12 所示。

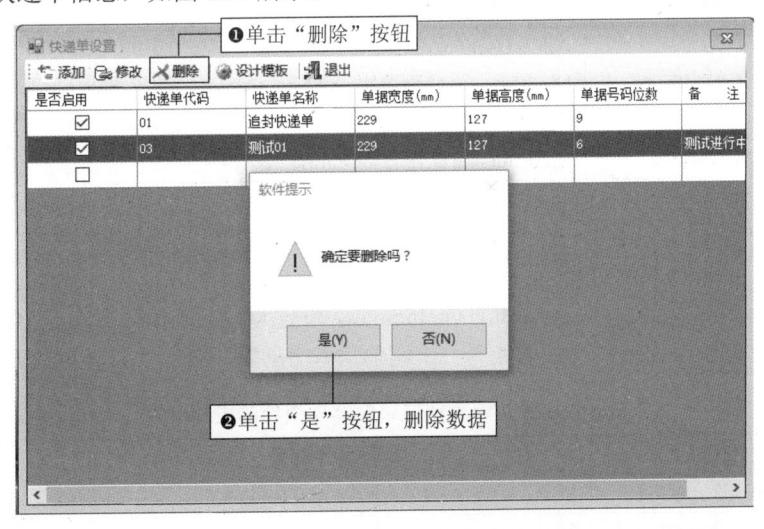

图 8.12 删除指定的快递单

在快递单设置窗体中选中某个快递单,单击"设计模板"按钮,弹出设计模版窗体,该窗体中可以通过添加或删除文本框输入控件,并设置其属性,对快递单的模板进行设置,如图 8.13 所示。

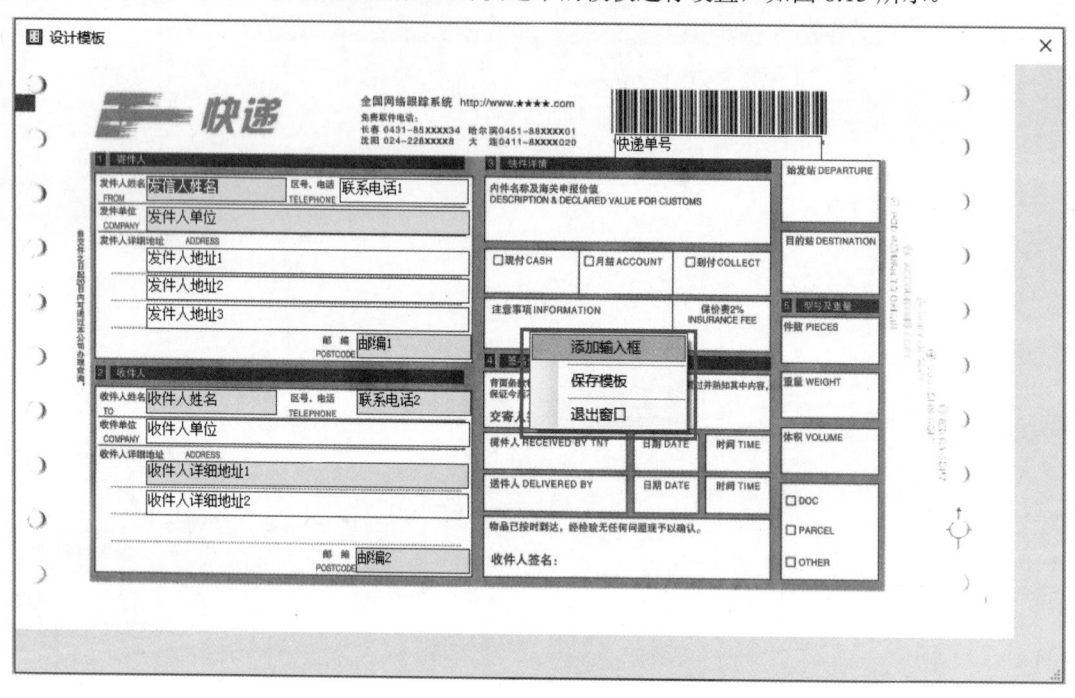

图 8.13 设计模板

8.7.2 设计快递单设置窗体

新建一个 Windows 窗体,命名为 FormBillType.cs,设置 MinimizeBox 属性和 MaximizeBox 属性均为 false,ShowInTaskbar 属性为 false,Text 属性为"快递单设置"。该窗体用到的主要控件如表 8.6 所示。

表 8.6 快递单设置窗体中用到的主要控件

控件类型	控件 ID	主要属性设置	用途
ToolStrip	toolStrip1	其 Items 属性的详细设置请查看项目源码	制作工具栏
DataGridView	dgvBillType	AllowUserToAddRows 属性设置为 false;Modifiers 属性设置为 Public;Columns 属性的设置请查看项目源码	显示快递单的基本信息
BindingSource	bsBillType	Modifiers 属性设置为 Public	用于管理数据源

8.7.3 设计添加/修改快递单窗体

新建一个 Windows 窗体,命名为 FormBillTypeInput.cs,设置 MinimizeBox 属性和 MaximizeBox 属性均为 false,ShowInTaskbar 属性为 false,Text 属性为"快递单基本信息"。该窗体用到的主要控件如表 8.7 所示。

表 8.7 添加/修改快递单窗体中用到的主要控件

控件类型	控件 ID	主要属性设置	用途
TextBox	txtBillTypeCode	默认	显示单据代码
	txtBillTypeName	默认	输入单据名称

控件类型	控件 ID	主要属性设置	用　　途
TextBox	txtBillWidth	默认	输入单据宽度
	txtBillHeight	默认	输入单据高度
	txtBillCodeLength	默认	输入单号位数
	txtRemark	默认	输入单据备注信息
RadioButton	rbIsEnabled1	Text 属性设置为"启用"，Checked 属性设置为 True	选择启用单据
	rbIsEnabled0	Text 属性设置为"禁用"	选择禁用单据
Button	btnChoice	Text 属性设置为"选择单据图片…"	选择快递单图片
	btnSave	Text 属性设置为"保存"	添加或者修改快递单信息
	btnReturn	Text 属性设置为"返回"	关闭当前窗体
PictureBox	pbxBillPicture	SizeMode 属性设置为 StretchImage	显示打开的快递单图片
OpenFileDialog	dlgPicture	Filter 属性设置为"图片文件(*.bmp;*.jpg;*.jpeg|*.bmp;*.jpg;*.jpeg"	显示打开图片对话框

8.7.4　打开添加/修改快递单信息窗体

单击快递单设置窗体中的"添加"按钮，触发其 Click 事件。在该事件中，主要调用 CommClass 类中的 ShowDialogForm()方法以对话框形式显示 FormBillTypeInput 窗体。在打开窗体时，传入"Add"字符串，表示添加快递单信息。代码如下：

```
private void toolAdd_Click(object sender, EventArgs e)
{
    cc.ShowDialogForm(typeof(FormBillTypeInput), "Add", this);     //打开快递单基本信息窗体
}
```

单击快递单设置窗体中的"修改"按钮，触发其 Click 事件。该事件中，首先判断是否选中了记录，如果选中，则调用 CommClass 类中的 ShowDialogForm()方法以对话框形式显示 FormBillTypeInput 窗体，并在打开窗体时，传入"Edit"字符串，表示修改快递单信息。代码如下：

```
private void toolAmend_Click(object sender, EventArgs e)
{
    if (dgvBillType.SelectedRows.Count > 0)                        //如果选中了记录
    {
        cc.ShowDialogForm(typeof(FormBillTypeInput), "Edit", this);  //打开快递单修改窗体
    }
}
```

8.7.5　初始化添加/修改快递单信息窗体

添加/修改快递单信息窗体加载时，在其 Load 事件中首先判断是执行添加操作还是修改操作。如果是添加操作，则调用 CommClass 公共类中的 BuildCode()方法自动生成快递单编号；如果是修改操作，则显示要修改的原始数据。代码如下：

```
private void FormBillTypeInput_Load(object sender, EventArgs e)
{
    formBillType = (FormBillType)this.Owner;        //将 FormBillType 窗体设置为当前窗体的拥有者
    if (this.Tag.ToString() == "Add")               //判断是否为添加操作
    {
        //自动生成单据编号
        txtBillTypeCode.Text = cc.BuildCode("tb_BillType", "", "BillTypeCode", "", 2);
```

```csharp
        }
        else
        {
            //显示单据编号
            txtBillTypeCode.Text = formBillType.dgvBillType.CurrentRow.Cells["BillTypeCode"].Value.ToString();
            //显示单据名称
            txtBillTypeName.Text = formBillType.dgvBillType.CurrentRow.Cells["BillTypeName"].Value.ToString();
            //显示单据宽度
            txtBillWidth.Text = formBillType.dgvBillType.CurrentRow.Cells["BillWidth"].Value.ToString();
            //显示单据高度
            txtBillHeight.Text = formBillType.dgvBillType.CurrentRow.Cells["BillHeight"].Value.ToString();
            //显示单号位数
            txtBillCodeLength.Text = formBillType.dgvBillType.CurrentRow.Cells["BillCodeLength"].Value.ToString();
            txtRemark.Text = formBillType.dgvBillType.CurrentRow.Cells["Remark"].Value.ToString();    //显示备注
            //获取单据图片
            pbxBillPicture.Image = cc.GetImageByBytes(
                    formBillType.dgvBillType.CurrentRow.Cells["BillPicture"].Value as Byte[]);
            //判断单据是否启用的值
            if (formBillType.dgvBillType.CurrentRow.Cells["IsEnabled"].Value.ToString() == "1")
            {
                rbIsEnabled1.Checked = true;                                        //单据启用
            }
            else
            {
                rbIsEnabled0.Checked = true;                                        //单据未启用
            }
        }
    }
```

8.7.6 保存快递单基本信息

在添加/修改快递单信息窗体中录入单据参数，并设置完单据图片后，单击"保存"按钮，程序首先会对数据进行验证，然后判断是执行添加操作还是修改操作。如果是添加操作，调用 CommClass 公共类中的 Commit()方法将用户输入的数据保存到数据库中；如果是修改操作，同样需要调用 CommClass 公共类中的 Commit()方法将用户修改的数据保存到数据库中。代码如下：

```csharp
private void btnSave_Click(object sender, EventArgs e)
{
    if (String.IsNullOrEmpty(txtBillTypeName.Text.Trim()))                          //判断名称是否空
    {
        MessageBox.Show("单据名称不许为空！", "软件提示");
        txtBillTypeName.Focus();
        return;
    }
    if (String.IsNullOrEmpty(txtBillWidth.Text.Trim()))                             //判断宽度是否空
    {
        MessageBox.Show("单据宽度不许为空！", "软件提示");
        txtBillWidth.Focus();
        return;
    }
    if (String.IsNullOrEmpty(txtBillHeight.Text.Trim()))                            //判断高度是否空
    {
        MessageBox.Show("单据高度不许为空！", "软件提示");
        txtBillHeight.Focus();
        return;
    }
    if (pbxBillPicture.Image == null)                                               //判断图片是否空
    {
        MessageBox.Show("请选择单据图片！", "软件提示");
        return;
    }
    if (this.Tag.ToString() == "Add")                                               //若是添加操作
    {
        //创建一个 DataGridViewRow 对象
        DataGridViewRow dgvr = cc.AddDataGridViewRow(formBillType.dgvBillType, formBillType.bsBillType);
```

```csharp
        dgvr.Cells["BillTypeCode"].Value = txtBillTypeCode.Text;                    //设置代码
        dgvr.Cells["BillTypeName"].Value = txtBillTypeName.Text.Trim();             //设置名称
        dgvr.Cells["BillWidth"].Value = Convert.ToInt32(txtBillWidth.Text);         //设置宽度
        dgvr.Cells["BillHeight"].Value = Convert.ToInt32(txtBillHeight.Text);       //设置高度
        dgvr.Cells["BillCodeLength"].Value = Convert.ToInt32(txtBillCodeLength.Text); //设置单号位数
        dgvr.Cells["Remark"].Value = txtRemark.Text.Trim();                         //设置备注
        dgvr.Cells["BillPicture"].Value = cc.GetBytesByImage(pbxBillPicture.Image); //设置图片
        if (rbIsEnabled1.Checked)
        {
            dgvr.Cells["IsEnabled"].Value = "1";                                    //设置为启用
        }
        else
        {
            dgvr.Cells["IsEnabled"].Value = "0";                                    //设置为禁用
        }
        if (cc.Commit(formBillType.dgvBillType, formBillType.bsBillType))           //保存新添单据
        {
            //若确认继续添加
            if (MessageBox.Show("保存成功,是否继续添加? ","软件提示",
                    MessageBoxButtons.YesNo, MessageBoxIcon.Exclamation) == DialogResult.Yes)
            {
                //自动生成新的单据编号
                txtBillTypeCode.Text = cc.BuildCode("tb_BillType", "", "BillTypeCode", "", 2);
                txtBillTypeName.Text = "";
                txtBillWidth.Text = "";
                txtBillHeight.Text = "";
                txtRemark.Text = "";
                pbxBillPicture.Image = null;
            }
            else
            {
                this.Close();                                                       //关闭当前窗体
            }
        }
        else
        {
            MessageBox.Show("保存失败","软件提示");
        }
    }
    if (this.Tag.ToString() == "Edit")                                              //若是修改状态
    {
        DataGridViewRow dgvr = formBillType.dgvBillType.CurrentRow;                 //获取当前要修改的行
        dgvr.Cells["BillTypeName"].Value = txtBillTypeName.Text.Trim();             //设置单据名称
        dgvr.Cells["BillWidth"].Value = Convert.ToInt32(txtBillWidth.Text);         //设置单据宽度
        dgvr.Cells["BillHeight"].Value = Convert.ToInt32(txtBillHeight.Text);       //设置单据高度
        dgvr.Cells["BillCodeLength"].Value = Convert.ToInt32(txtBillCodeLength.Text); //设置代码位数
        dgvr.Cells["Remark"].Value = txtRemark.Text.Trim();                         //设置备注
        dgvr.Cells["BillPicture"].Value = cc.GetBytesByImage(pbxBillPicture.Image); //设置图片
        if (rbIsEnabled1.Checked)
        {
            dgvr.Cells["IsEnabled"].Value = "1";                                    //表示可以使用该单据
        }
        else
        {
            dgvr.Cells["IsEnabled"].Value = "0";                                    //表示禁用该单据
        }
        if (cc.Commit(formBillType.dgvBillType, formBillType.bsBillType))           //保存修改数据
        {
            MessageBox.Show("保存成功! ","软件提示");                                //弹出提示信息框
            this.Close();
        }
        else
        {
            MessageBox.Show("保存失败! ","软件提示");                                //弹出提示信息框
        }
    }
}
```

8.7.7 删除指定的快递单

在快递单设置窗体中单击"删除"按钮时，首先判断是否选择了要删除的记录。如果已选择，则使用 DataGridViewRow 对象的 Remove()方法从表格中删除选中的行，然后调用 CommClass 类中的 Commit()方法将删除操作提交数据库，以便删除数据库中的相应记录。代码如下：

```csharp
private void toolDelete_Click(object sender, EventArgs e)
{
    if (dgvBillType.SelectedRows.Count == 0)                    //判断是否选中要删除的行
    {
        return;
    }
    if (MessageBox.Show("确定要删除吗？", "软件提示", MessageBoxButtons.YesNo, MessageBoxIcon.Exclamation)
        == DialogResult.Yes)                                    //弹出确认删除对话框
    {
        //判断是否存在要删除的记录
        if (cc.IsExistConstraint("tb_BillType", dgvBillType.CurrentRow.Cells["BillTypeCode"].Value.ToString()))
        {
            if (MessageBox.Show("此种快递单已生成模板，若删除将级联删除对应的模板和快递单记录，是否继续？",
                "软件提示", MessageBoxButtons.YesNo, MessageBoxIcon.Exclamation) == DialogResult.No)
            {
                return;
            }
        }
        DataGridViewRow dgvr = dgvBillType.CurrentRow;          //获取当前选中的行
        dgvBillType.Rows.Remove(dgvr);                          //从数据表格中移除选中的行
        if (cc.Commit(dgvBillType, bsBillType))                 //将删除操作提交数据库执行
        {
            MessageBox.Show("删除成功！", "软件提示");
        }
        else
        {
            MessageBox.Show("删除失败！", "软件提示");
        }
    }
}
```

8.7.8 设计快递单模板

设计快递单模板是在 FormSetTemplate 窗体中实现的。设置该窗体的 MinimizeBox 属性和 MaximizeBox 属性均为 false，ShowInTaskbar 属性为 false，Text 属性为"设计模板"。另外，该窗体中用到 1 个 ContextMenuStrip 控件，其包含 3 个快捷菜单，分别是"添加输入框""保存模板"和"退出窗口"，它们对应的(Name)属性分别为 toolAddCTextBox、toolSave 和 toolExit。

设计模板窗体加载时，程序首先获取当前窗体的图像分辨率，然后通过加载数据库中的模板信息来动态创建文本输入框，代码如下：

```csharp
private void FormSetTemplate_Load(object sender, EventArgs e)
{
    fDpiX = this.CreateGraphics().DpiX;                         //获取水平分辨率
    fDpiY = this.CreateGraphics().DpiY;                         //获取垂直分辨率
    formBillType = (FormBillType)this.Owner;                    //获取拥有当前窗体的窗体
    dgvrBillType = formBillType.dgvBillType.CurrentRow;         //获取当前的快递单记录行
    InitTemplate(dgvrBillType.Cells["BillTypeCode"].Value.ToString());  //动态创建文本输入框
}
```

上面代码中用到了一个 InitTemplate()方法，该方法为自定义的无返回值方法，主要用来动态地创建文本输入框。在动态创建文本输入框时，需要用到自定义的 CTextBox 组件。InitTemplate()方法实现代码如下：

```csharp
public void InitTemplate(string strBillTypeCode)                //动态创建文本输入框
```

```csharp
//定义获取指定单据编号信息的 SQL 语句
string strSql = "Select * From tb_BillTemplate Where BillTypeCode = '"+strBillTypeCode+"'";
try
{
    //将获取到的信息存储到 DataTable 中
    DataTable dt = dataOper.GetDataTable(strSql, "tb_BillTemplate");
    foreach (DataRow dr in dt.Rows)                                     //遍历所有行
    {
        ctxt = new CTextBox();                                          //实例化自定义控件对象
        ctxt.IsFlag = dr["IsFlag"].ToString();                          //是否为对应控件
        ctxt.Text = dr["ControlName"].ToString();                       //设置控件名称
        ctxt.ControlId = Convert.ToInt32(dr["ControlId"]);              //设置控件 ID
        ctxt.FormParent = this;                                         //设置控件所属窗体
        ctxt.DefaultValue = dr["DefaultValue"].ToString();              //设置控件默认值
        ctxt.ControlName = dr["ControlName"].ToString();                //设置控件默认名称
        ctxt.TurnControlName = dr["TurnControlName"].ToString();        //设置控件转换后的名称
        //设置控件位置
        ctxt.Location = new Point(Convert.ToInt32(dr["X"]), Convert.ToInt32(dr["Y"]));
        ctxt.Size = new Size(Convert.ToInt32(dr["Width"]), Convert.ToInt32(dr["Height"]));//设置控件大小
        ctxt.ReadOnly = true;                                           //设置控件只读
        this.Controls.Add(ctxt);                                        //将控件添加到当前窗体中
    }
}
catch (Exception ex)
{
    MessageBox.Show(ex.Message, "软件提示");
}
```

在设计模板窗体的 Paint 重绘事件中,程序首先从数据库中读取快递单图像,然后在窗体上绘制出该图像,代码如下:

```csharp
private void FormSetTemplate_Paint(object sender, PaintEventArgs e)
{
    offset = new Point(this.Location.X, this.Location.Y);               //根据当前窗体的位置创建 Point 实例
    //从数据库中获取快递单图像
    Image img = cc.GetImageByBytes(dgvrBillType.Cells["BillPicture"].Value as byte[]);
    Point point = new Point(0, 0);                                      //创建左上角顶点
    //创建 SizeF 实例,表示要绘制的新图像大小
    SizeF newSize = new SizeF(MillimetersToPixel(Convert.ToInt32(dgvrBillType.Cells["BillWidth"].Value),
        fDpiX),MillimetersToPixel(Convert.ToInt32(dgvrBillType.Cells["BillHeight"].Value), fDpiY));
    //创建 RectangleF 实例,它指定所绘制新图像的位置和大小
    RectangleF NewRect = new RectangleF(point, newSize);
    SizeF oldSize = new SizeF(img.Width,img.Height);                    //创建 SizeF 实例,表示原图像的大小
    RectangleF OldRect = new RectangleF(point, oldSize);                //指原图像中要绘制部分(此处是全部)
    //重新绘制原图像,从而达到图像缩放的效果
    e.Graphics.DrawImage(img, NewRect, OldRect, System.Drawing.GraphicsUnit.Pixel);
    //窗体根据图像的大小自动调整自身的大小
    if (newSize.Width > this.Width || newSize.Height > this.Height)
    {
        Size size = new Size(Convert.ToInt32(MillimetersToPixel(
            Convert.ToInt32(dgvrBillType.Cells["BillWidth"].Value), fDpiX)),
            Convert.ToInt32(MillimetersToPixel(Convert.ToInt32(dgvrBillType.Cells["BillHeight"].Value), fDpiY)));
        FormAutoResize(size);                                           //根据新图像的大小自动调整窗体大小
    }
}
```

在设计模板窗体的空白处单击右键,将弹出一个用于模板设计的快捷菜单,该快捷菜单包括"添加输入框""保存模板"和"退出窗口"3 个菜单项。单击"添加输入框"菜单项,可以在当前鼠标所在位置添加一个文本输入框,然后可以使用鼠标将控件拖曳到快递单图像的合适位置或拉伸到需要的长度。"添加输入框"菜单项的 Click 事件代码如下:

```csharp
private void toolAddCTextBox_Click(object sender, EventArgs e)
{
    ctxt = new CTextBox();
    ctxt.IsFlag = "0";                                              //系统默认不是单据编号对应的输入框
    ctxt.ControlId = 0;                                             //系统默认的控件编号为零
    ctxt.FormParent = this;                                         //设置父窗体
    ctxt.Location = new Point(MousePosition.X - offset.X, MousePosition.Y - offset.Y);   //设置文本输入框的位置
    ctxt.ReadOnly = true;                                           //设置文本输入框为只读
    ctxt.BackColor = Color.Red;                                     //设置文本输入框的背景颜色为红色
    this.Controls.Add(ctxt);                                        //向窗体中添加新的文本输入框
    ctxt.Focus();                                                   //设置新的文本输入框获取光标
    ctxt.SelectAll();                                               //设置新的文本输入框选择全部文本
}
```

在设计模板窗体中单击右键，在弹出的快捷菜单中选择"保存模板"菜单项，程序会调用 GetCTextBoxes() 方法获取当前窗体中的所有 CTextBox 组件。然后通过遍历 CTextBox 组件集合，判断控件是否已经存在。如果不存在，则向数据库中插入一条新记录；如果已经存在，则修改原有的数据记录。最后调用 InitTemplate() 方法重绘 FormSetTemplate 窗体，从而达到保存设计的快递单模板的目的。代码如下：

```csharp
private void toolSave_Click(object sender, EventArgs e)
{
    //判断是否设置为快递单号输入框的逻辑标记
    bool boolIsFlag = false;
    string strSql = null;
    //表示单据类型代码的字符串
    string strBillTypeCode = dgvrBillType.Cells["BillTypeCode"].Value.ToString();
    //List<T>泛型
    List<string> strSqls = new List<string>();
    List<CTextBox> ctxts = this.GetCTextBoxes(this);
    foreach (CTextBox ctxt in ctxts)
    {
        //查找被设置为快递单号的控件
        if (ctxt.IsFlag == "1")
        {
            boolIsFlag = true;
        }
        //判断控件的新旧
        if(ctxt.ControlId == 0)                                     //若该控件为新添加的
        {
            strSql =
                "INSERT INTO tb_BillTemplate(BillTypeCode,X,Y,Width,Height,IsFlag,
                ControlName,DefaultValue,TurnControlName) VALUES( '" + strBillTypeCode
                + "','" + ctxt.Location.X + "','" + ctxt.Location.Y + "','" + ctxt.Width + "','" + ctxt.Height
                + "','" + ctxt.IsFlag + "','" + ctxt.ControlName + "','"+ctxt.DefaultValue+"','"+ctxt.TurnControlName+"')";
        }
        else                                                        //若该控件为旧的控件
        {
            strSql = "Update tb_BillTemplate Set BillTypeCode = '" + strBillTypeCode + "',X = '" + ctxt.Location.X
                + "',Y='" + ctxt.Location.Y + "',Width = '" + ctxt.Width + "',Height = '" + ctxt.Height + "',IsFlag = '"
                + ctxt.IsFlag + "',ControlName = '" + ctxt.ControlName + "',DefaultValue = '"
                +ctxt.DefaultValue+"',TurnControlName = '"+ctxt.TurnControlName
                +"' Where ControlId = '" + ctxt.ControlId + "'";
        }
        strSqls.Add(strSql);
    }
    if (!boolIsFlag)                                                //判断快递单号输入框
    {
        if (e.GetType() == typeof(FormClosingEventArgs))            //若是关闭操作调用的保存处理
        {
            ((FormClosingEventArgs)e).Cancel = true;                //禁止关闭
        }
        MessageBox.Show("请设置快递单号输入框,否则程序无法保存!","软件提示");
        return;
    }
```

```
        if (strSqls.Count > 0)                                    //判断是否有要保存的数据
        {
            if (MessageBox.Show("确定要保存吗？", "软件提示", MessageBoxButtons.YesNo, MessageBoxIcon.Exclamation)
                == DialogResult.Yes)
            {
                if (dataOper.ExecDataBySqls(strSqls))
                {
                    DisposeAllCTextBoxes(this);                   //清除现有的控件布局
                    InitTemplate(strBillTypeCode);                //重新加载窗体上面的控件布局
                    MessageBox.Show("保存模板成功！", "软件提示");
                }
                else
                {
                    MessageBox.Show("保存模板失败！", "软件提示");
                }
            }
        }
        else
        {
            MessageBox.Show("未添加输入框，无须保存！", "软件提示");
        }
    }
```

8.8 快递单打印窗体设计

8.8.1 快递单打印窗体概述

快递单打印流程比较简单，首先选择一种快递单（本项目中可以设置多种快递单），然后在单据界面填写单据内容，最后单击"打印单据"按钮，即可打印快递单，同时系统会自动保存设置的快递单数据。快递单打印窗体运行结果如图 8.14 所示。

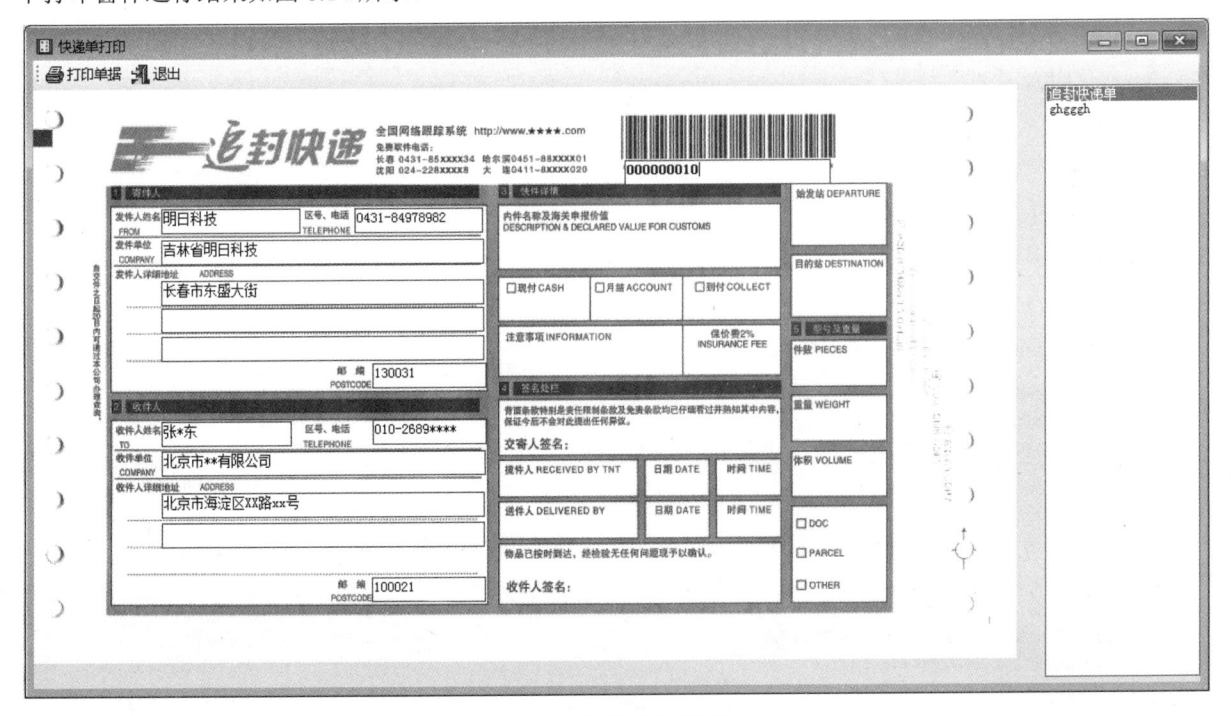

图 8.14 快递单打印窗体

8.8.2 设计快递单打印窗体

新建一个 Windows 窗体，命名为 FormBillPrint.cs，设置 TopMost 属性为 true，Text 属性为"快递单打印"，该窗体用到的主要控件如表 8.8 所示。

表 8.8 快递单打印窗体中用到的主要控件

控件类型	控件 ID	主要属性设置	用 途
ToolStrip	toolStrip1	其 Items 属性的详细设置请看项目源码	制作工具栏
SplitContainer	splitContainer1	Dock 属性设置为 Fill	把窗体分割成两个大小可调区域
ListBox	lbxBillTypeCode	Dock 属性设置为 Fill	显示快递单种类
PictureBox	pbxBillPicture	Dock 属性设置为 Fill	显示快递单图像
PrintDocument	pd	默认设置	设置打印参数并打印快递单

8.8.3 初始化快递单模板

在快递单打印窗体的 Load 事件中，首先为 ListBox 控件绑定快递单分类数据表，列出所有启用的快递单，并把列表中的第一项作为默认选项。然后初始化默认快递单的模板样式（初始化的内容包括快递单图像、文本编辑框和单据默认值等）。最后在窗体中按照当前快递单的模板布局生成若干文本框。代码如下：

```csharp
private void FormBillPrint_Load(object sender, EventArgs e)
{
    fDpiX = this.CreateGraphics().DpiX;                                       //获取水平分辨率
    fDpiY = this.CreateGraphics().DpiY;                                       //获取垂直分辨率
    cc.ListBoxBindDataSource(lbxBillTypeCode, "BillTypeCode", "BillTypeName",
        "Select * From tb_BillType Where IsEnabled = '1'", "tb_BillType");    //ListBox 控件绑定数据源
    if (lbxBillTypeCode.Items.Count > 0)                                      //若存在快递单
    {
        BuildImageData(lbxBillTypeCode.SelectedValue.ToString());             //获取单据信息和模板信息
        InitTemplate(dtBillTemplate);                                         //生成文本输入框
    }
    else                                                                      //若无快递单
    {
        toolPrint.Enabled = false;                                            //禁用"打印"按钮
    }
}
```

上面代码中用到了两个自定义方法，分别为 BuildImageData()方法和 InitTemplate()方法。其中，BuildImageData()方法用来获取指定快递单的基本信息和对应的模板信息，代码如下：

```csharp
public void BuildImageData(string strBillTypeCode)
{
    dtBillType = dataOper.GetDataTable("Select * From tb_BillType Where BillTypeCode = '"
        + strBillTypeCode + "'", "tb_BillType");                              //获取快递单信息
    dtBillTemplate = dataOper.GetDataTable("Select * From tb_BillTemplate Where BillTypeCode = '"
        + strBillTypeCode + "'", "tb_BillTemplate");                          //获取快递单模板信息
}
```

InitTemplate()方法用来根据指定快递单的模板数据生成文本框，代码如下：

```csharp
public void InitTemplate(DataTable dt)
{
    List<CTextBox> ctxts = new List<CTextBox>();                              //创建 CTextBox 组件集合
    DisposeAllCTextBoxes(this);                                               //移除当前窗体中的所有 CTextBox
    foreach (DataRow dr in dt.Rows)                                           //遍历数据源中的所有行
    {
        ctxt = new CTextBox();                                                //实例化自定义控件对象
```

```
            ctxt.ContextMenuStrip = null;                                           //设置快捷菜单为空
            ctxt.ControlId = Convert.ToInt32(dr["ControlId"]);                      //设置控件 ID
            ctxt.IsFlag = dr["IsFlag"].ToString();                                  //是否为对应控件
            //设置控件位置
            ctxt.Location = new Point(Convert.ToInt32(dr["X"]), Convert.ToInt32(dr["Y"]));
            //设置控件大小
            ctxt.Size = new Size(Convert.ToInt32(dr["Width"]), Convert.ToInt32(dr["Height"]));
            ctxt.ControlName = dr["ControlName"].ToString();                        //设置控件默认名称
            ctxt.DefaultValue = dr["DefaultValue"].ToString();                      //设置控件默认值
            ctxt.Text = ctxt.DefaultValue;                                          //设置快递单标题
            ctxt.TurnControlName = dr["TurnControlName"].ToString();                //设置控件转换后的名称
            if (ctxt.IsFlag == "1")                                                 //若是单据号码对应的控件
            {
                ctxtExpressBillCode = ctxt;                                         //得到表示快递单号的 CTextBox
                ctxt.Font = new Font(new FontFamily("宋体"),9,FontStyle.Bold);       //设置控件的字体
                //设置控件的最大长度
                ctxt.MaxLength = Convert.ToInt32(dtBillType.Rows[0]["BillCodeLength"]);
                ctxt.Text = cc.BuildCode("tb_BillText", "Where ControlId = '" + ctxt.ControlId
                    + "'", "ExpressBillCode", "", ctxt.MaxLength);                  //设置控件中的数据
            }
            //为控件添加 KeyDown 事件
            this.ctxt.KeyDown += new System.Windows.Forms.KeyEventHandler(this.ctxt_KeyDown);
            //将控件添加到 splitContainer1 容器中
            this.splitContainer1.Panel1.Controls.Add(this.ctxt);
            ctxts.Add(ctxt);                                                        //将控件添加到集合中
        }
        //将图片添加到 splitContainer1 容器中
        this.splitContainer1.Panel1.Controls.Add(this.pbxBillPicture);
        //判断控件集合中是否有可用控件
        if (ctxts.Where<CTextBox>(itm => itm.IsFlag == "1").Count<CTextBox>() == 0)
        {
            toolPrint.Enabled = false;                                              //设置"打印"按钮不可用
            MessageBox.Show("当前模板未设置快递单号输入框,所以无法打印","信息提示");
        }
        else
        {
            toolPrint.Enabled = true;                                               //设置"打印"按钮可用
        }
}
```

在快递单打印窗体的 PictureBox 控件的 Paint 事件中,程序首先将数据库中存储的二进制快递单图像信息转换为 Image 图像,然后在 PictureBox 控件中按照快递单图片的大小重新绘制该图像。代码如下:

```
private void pbxBillPicture_Paint(object sender, PaintEventArgs e)
{
    if (lbxBillTypeCode.Items.Count > 0)                                            //若存在快递单
    {
        //把二进制图像信息转换为 Image 图像
        Image img = cc.GetImageByBytes(dtBillType.Rows[0]["BillPicture"] as byte[]);
        Point point = new Point(0, 0);                                              //左上角顶点
        SizeF newSize = new SizeF(MillimetersToPixel(Convert.ToInt32(dtBillType.Rows[0]["BillWidth"]), fDpiX),
            MillimetersToPixel(Convert.ToInt32(dtBillType.Rows[0]["BillHeight"]), fDpiY));  //新图像大小
        RectangleF NewRect = new RectangleF(point, newSize);                        //新图像的区域
        SizeF oldSize = new SizeF(img.Width, img.Height);                           //原图像的大小
        RectangleF OldRect = new RectangleF(point, oldSize);                        //原图像的区域
        //重新绘制原图像,从而达到图像缩放的效果
        e.Graphics.DrawImage(img, NewRect, OldRect, System.Drawing.GraphicsUnit.Pixel);
    }
}
```

上面代码中用到了一个 MillimetersToPixel()方法,该方法用来将毫米值转换为像素值,代码如下:

```
private float MillimetersToPixel(float fValue, float fDPI) {
    return (fValue / 25.4f) * fDPI;                                                 //将毫米值转换为像素值
}
```

8.8.4 打印快递单

在快递单打印窗体中填写完快递单的内容之后，单击"打印单据"按钮，程序首先将填写的快递单信息保存到数据库，然后实现快递单的打印功能。"打印单据"按钮的 Click 事件代码如下：

```csharp
private void toolPrint_Click(object sender, EventArgs e)
{
    string strSql = null;                                               //声明表示 SQL 语句的字符串
    List<string> strSqls = new List<string>();                          //创建字符串列表
    List<CTextBox> ctxts = GetCTextBoxes(this.splitContainer1.Panel1);  //实例化 List<CTextBox>
    foreach (CTextBox ctxt in ctxts)                                    //遍历所有的文本输入框
    {
        if (ctxt.IsFlag == "1")                                         //若是单据号控件
        {
            if (String.IsNullOrEmpty(ctxt.Text.Trim()))                 //若单据号为空
            {
                MessageBox.Show("单据号不许为空！","软件提示");
                ctxt.Focus();                                           //单据号控件获得焦点
                return;
            }
            else
            {
                if (ctxt.Text.Trim().Length != ctxt.MaxLength)          //若单据号位数不正确
                {
                    MessageBox.Show("单据号位数不正确！","软件提示");
                    ctxt.Focus();
                    return;
                }
                //若数据库中已存在当前的单据号
                if (cc.IsExistExpressBillCode(ctxt.Text.Trim(),lbxBillTypeCode.SelectedValue.ToString()))
                {
                    MessageBox.Show("该单据号已经存在！","软件提示");
                    ctxt.Focus();
                    return;
                }
            }
        }
        else                                                            //若不是单据号控件
        {
            if (String.IsNullOrEmpty(ctxt.Text.Trim()))                 //若当前控件的 Text 属性值为空
            {
                if (MessageBox.Show(ctxt.ControlName + "为空，是否继续","软件提示", MessageBoxButtons.YesNo,
                    MessageBoxIcon.Exclamation) == DialogResult.No)
                {
                    ctxt.Focus();
                    return;
                }
            }
        }
        strSql = "INSERT INTO tb_BillText(BillTypeCode,ControlId,ExpressBillCode,ControlText) VALUES( '"
            +lbxBillTypeCode. SelectedValue.ToString()+"','"+ ctxt.ControlId + "','"
            + ctxtExpressBillCode.Text.Trim() + "','" + ctxt.Text.Trim() + "')";   //表示插入新快递单的某项信息
        strSqls.Add(strSql);                                            //向 strSqls 中添加 SQL 字符串
    }
    if (strSqls.Count > 0)
    {
        if (dataOper.ExecDataBySqls(strSqls))                           //若保存快递单数据成功
        {
            Margins margin = new Margins(0, 0, 0, 0);                   //实例化 Margins
            pd.DefaultPageSettings.Margins = margin;                    //设置打印文档的边距
```

```
        //定义纸型
        PaperSize pageSize = new PaperSize("快递单打印",
            Convert.ToInt32(MillimetersToPixel(Convert.ToInt32(dtBillType.Rows[0]["BillWidth"]), fDpiX)),
            Convert.ToInt32(MillimetersToPixel(Convert.ToInt32(dtBillType.Rows[0]["BillHeight"]), fDpiY)));
        pd.DefaultPageSettings.PaperSize = pageSize;            //设置打印文档的纸张大小
        pd.Print();                                             //开始打印快递单
    }
    else                                                        //若保存快递单数据失败
    {
        MessageBox.Show("保存失败,无法打印","软件提示");         //弹出提示框
        return;
    }
}
```

"打印单据"按钮 Click 事件中的打印功能主要是通过 PrintDocument 组件实现的,因此需要触发该组件的 PrintPage 事件,在该事件中实现快递单的具体打印功能。代码如下:

```
private void pd_PrintPage(object sender, System.Drawing.Printing.PrintPageEventArgs e)
{
    Graphics g = e.Graphics;                                    //获取绘制页的图像
    Font font = new Font("宋体", 12, GraphicsUnit.Pixel);        //定义字体
    Brush brush = new SolidBrush(Color.Black);                  //实例化 Brush
    List<CTextBox> ctxts = GetCTextBoxes(this.splitContainer1.Panel1);  //获取文本输入框
    foreach (CTextBox ctxt in ctxts)                            //遍历所有文本输入框
    {
        if (ctxt.IsFlag != "1")                                 //若不是单据号文本框
        {
            g.DrawString(ctxt.Text, font, brush, ctxt.Location.X, ctxt.Location.Y);  //在图像中绘制字符串
        }
    }
    foreach (CTextBox ctxt in ctxts)                            //遍历所有文本输入框
    {
        if (ctxt.IsFlag == "1")                                 //若是单号文本输入框
        {
            ctxt.Text = cc.BuildCode("tb_BillText", "Where ControlId = '" + ctxt.ControlId
                + "'", "ExpressBillCode", "", ctxt.MaxLength);  //自动生成新快递单号
        }
        else
        {
            if (String.IsNullOrEmpty(ctxt.DefaultValue))        //若当前文本输入框无默认值
            {
                ctxt.Text = "";                                 //设置 Text 属性为空字符
            }
            else                                                //若当前文本输入框有默认值
            {
                ctxt.Text = ctxt.DefaultValue;                  //设置 Text 属性为默认值
            }
        }
    }
}
```

8.9 快递单查询窗体设计

8.9.1 快递单查询窗体概述

打印后的快递单记录被保存在数据库中。快递单查询窗体提供了查询打印记录、修改打印记录、删除打

印记录及重新打印单据的功能。该窗体运行结果如图 8.15 所示。

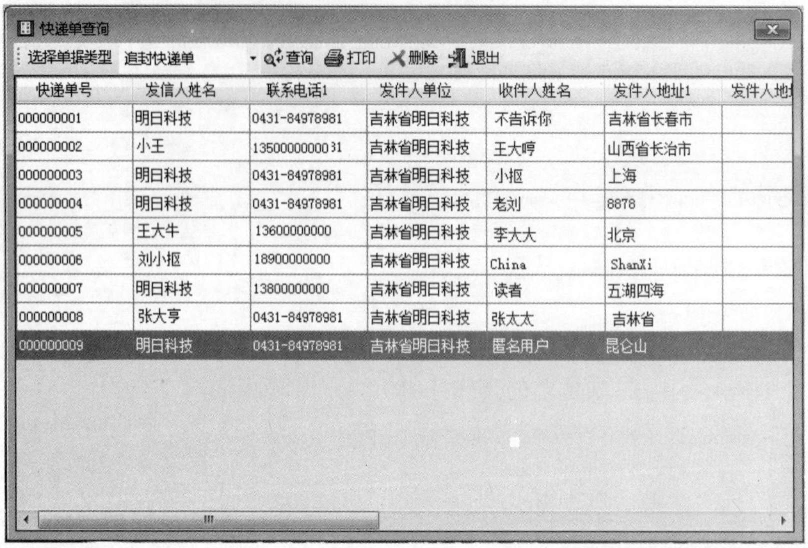

图 8.15 快递单查询窗体

8.9.2 设计快递单查询窗体

新建一个 Windows 窗体，命名为 FormExpressBill.cs，设置 MinimizeBox 属性和 MaximizeBox 属性均为 false，ShowInTaskbar 属性为 false，Text 属性为"快递单查询"。该窗体用到的主要控件如表 8.9 所示。

表 8.9 快递单查询窗体中用到的主要控件

控件类型	控件 ID	主要属性设置	用 途
ToolStrip	toolStrip1	Items 属性中包含 1 个 ComboBox（用来选择单据类型）和 4 个 Button（分别用来执行查询、打印、删除和退出操作）	制作工具栏
DataGridView	dgvExpressBill	AllowUserToAddRows 属性设置为 false；Modifiers 属性设置为 Public	显示快递单记录

8.9.3 动态生成快递单的列

快递单查询窗体加载时，程序首先获取所有的快递单类别信息，并将其显示到工具栏的 ComboBox 下拉列表中，代码如下：

```
public partial class FormExpressBill : Form
{
    IDictionary<int, object> dicKeyValue = new Dictionary<int, object>();    //实例化 Dictionary<int, object>字典对象
    DataOperate dataOper = new DataOperate();                                //实例化 DataOperate 类
    CommClass cc = new CommClass();                                          //实例化 CommClass 类
    string strExpressBillCodeColumn = null;                                  //声明字符串引用
    public FormExpressBill()
    {
        InitializeComponent();
    }
    private void FormExpressBill_Load(object sender, EventArgs e)
    {
        try
        {
            //获取单据类型数据源
```

```csharp
            DataTable dt = dataOper.GetDataTable("Select BillTypeCode, BillTypeName From tb_BillType", "tb_BillType");
            for (int i = 0; i < dt.Rows.Count; i++)                    //循环读取数据源
            {
                toolcbxBillTypeCode.Items.Insert(i, dt.Rows[i]["BillTypeName"]);    //向下拉列表中添加项
                dicKeyValue.Add(i, dt.Rows[i]["BillTypeCode"]);        //向泛型字典添加键值
            }
            if (toolcbxBillTypeCode.Items.Count > 0)                   //若存在单据种类记录
            {
                toolcbxBillTypeCode.SelectedIndex = 0;                 //设置当前项索引为 0
            }
        }
        catch (Exception ex)
        {
            MessageBox.Show(ex.Message, "软件提示");
            throw ex;
        }
    }
}
```

在快递单查询窗体中，由于不同种类快递单的基本信息并不完全相同，所以需要根据选择的单据类型在 DataGridView 控件中显示不同的列信息，这就要求程序能够动态生成快递单的列。因此，在选择下拉列表中的某项时，会触发其 SelectedIndexChanged 事件，该事件中，程序将根据当前的选项动态生成 DataGridView 中的列。代码如下：

```csharp
private void toolcbxBillType_SelectedIndexChanged(object sender, EventArgs e)
{
    if (toolcbxBillTypeCode.Items.Count > 0)
    {
        dgvExpressBill.DataSource = null;                              //清除数据源
        dgvExpressBill.Columns.Clear();                                //清除现有列
        //根据选择的列表项索引，从泛型字典中取出快递单种类代码
        m_BillTypeCode = dicKeyValue[toolcbxBillTypeCode.SelectedIndex].ToString();
        DataTable dt = dataOper.GetDataTable("Select * From tb_BillTemplate Where BillTypeCode = '"
            + m_BillTypeCode + "'", "tb_BillTemplate");                //获取快递单模板信息
        if (dt.Rows.Count > 0)
        {
            //获取单号控件的信息
            DataRow drBillCode = dt.AsEnumerable().FirstOrDefault(itm => itm.Field<string>("IsFlag") == "1");
            strExpressBillCodeColumn = drBillCode["ControlId"].ToString();  //获取控件的唯一编号
            //向 DataGridView 控件中添加单据号列
            dgvExpressBill.Columns.Add(strExpressBillCodeColumn, drBillCode["ControlName"].ToString());
            //设置单据号列绑定的数据库列
            dgvExpressBill.Columns[strExpressBillCodeColumn].DataPropertyName = strExpressBillCodeColumn;
            dgvExpressBill.Columns[strExpressBillCodeColumn].ReadOnly = true;  //设置单号列只读
            foreach (DataRow dr in dt.Rows)                            //遍历所有数据行
            {
                if (dr["IsFlag"].ToString() == "0")                    //若不是单号控件
                {
                    string strColumnName = dr["ControlId"].ToString(); //获取控件编号
                    //向 DataGridView 中添加列
                    dgvExpressBill.Columns.Add(strColumnName, dr["ControlName"].ToString());
                    //设置当前列绑定的数据库列
                    dgvExpressBill.Columns[strColumnName].DataPropertyName = strColumnName;
                    dgvExpressBill.Columns[strColumnName].ReadOnly = true;   //设置当前列为只读
                }
            }
        }
    }
}
```

8.9.4 查询快递单记录

在快递单查询窗体中，选定某一种快递单类型，单击"查询"按钮，打开"查询条件输入"窗体，在该窗体的文本框中输入查询条件（查询条件可任意输入，并支持模糊查询的功能），然后单击"查询"按钮，

即可执行查询操作。查询条件输入窗体的运行结果如图 8.16 所示。

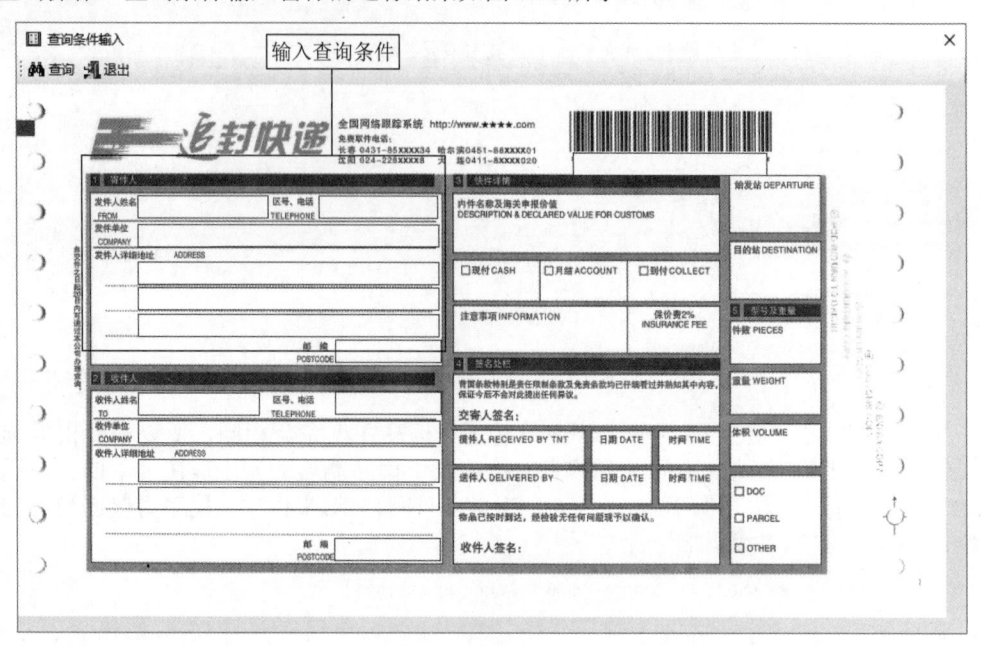

图 8.16 查询条件输入窗体

查询条件输入窗体是使用 FormBrowseBill 窗体实现的。在该窗体的 Load 加载事件中，程序会按照当前快递单的模板信息生成若干文本输入框，并根据传值情况设置工具栏按钮的可见性，代码如下：

```
private void FormBrowseBill_Load(object sender, EventArgs e)
{
    formExpressBill = (FormExpressBill)this.Owner;                          //获取拥有当前窗体的窗体
    strBillTypeCode = formExpressBill.BillTypeCode;                         //获取单据种类代码
    strExpressBillCode = formExpressBill.ExpressBillCode;                   //获取单据号
    fDpiX = this.CreateGraphics().DpiX;                                     //获取水平分辨率
    fDpiY = this.CreateGraphics().DpiY;                                     //获取垂直分辨率
    dtBillType = dataOper.GetDataTable("Select * From tb_BillType Where BillTypeCode = '"
        + strBillTypeCode + "'", "tb_BillType");                            //获取单据种类信息
    InitTemplate(strBillTypeCode);                                          //根据模板信息生成若干文本输入框
    if (this.Tag.ToString() == "Query")                                     //若窗体处于查询操作状态
    {
        toolSave.Visible = false;                                           // "保存"按钮不可见
        toolPrint.Visible = false;                                          // "打印"按钮不可见
        this.Text = "查询条件输入";
    }
    else                                                                    //若窗体处于打印操作状态
    {
        toolQuery.Visible = false;                                          // "查询"按钮不可见
        InitText(strBillTypeCode, strExpressBillCode);                      //设置所有文本框的 Text 属性
        this.Text = "单据打印";
    }
}
```

在查询条件输入窗体的文本框中输入查询信息后，单击"查询"按钮，程序将过滤出查询结果，并将查询结果显示在快递单查询窗体中。"查询"按钮的 Click 事件代码如下：

```
private void toolQuery_Click(object sender, EventArgs e)
{
    string strSql = String.Empty;                                           //声明表示 SQL 语句的字符串
    //创建 SqlParameter 对象
    SqlParameter param = new SqlParameter("@BillTypeCode", SqlDbType.VarChar);
    param.Value = strBillTypeCode;                                          //给参数对象的 Value 属性赋值
```

```
List<SqlParameter> parameters = new List<SqlParameter>();         //实例化 List<SqlParameter>
parameters.Add(param);                                            //向参数列表中添加元素
SqlParameter[] inputParameters = parameters.ToArray();            //把参数列表的元素复制到数组中
//获取符合该查询条件的单据记录
DataTable dt = dataOper.GetDataTable("P_QueryExpressBill", inputParameters);
List<CTextBox> ctxts = GetCTextBoxes(this.panelBillPictrue);      //获取窗体中的所有文本输入框
foreach (CTextBox ctxtTemp in ctxts)                              //遍历所有的文本输入框
{
    if (!(String.IsNullOrEmpty(ctxtTemp.Text.Trim())))            //若当前文本框的 Text 属性不为空
    {
        if (String.IsNullOrEmpty(strSql))                         //若 foreach 循环第一次执行
        {
            //设置表示查询的 SQL 语句
            strSql = "[" + ctxtTemp.ControlId.ToString() + "] like '%" + ctxtTemp.Text.Trim() + "%'";
        }
        else                                                       //若 foreach 循环非第一次执行
        {
            //设置表示查询的 SQL 语句
            strSql += " and [" + ctxtTemp.ControlId.ToString() + "] like '%" + ctxtTemp.Text.Trim() + "%'";
        }
    }
}
dt.DefaultView.RowFilter = strSql;                                //设置过滤条件
formExpressBill.dgvExpressBill.DataSource = dt.DefaultView;       //设置 DataGridView 控件的数据源
this.Close();                                                     //关闭窗体
}
```

8.10 项目运行

通过前述步骤，完成了"灵动快递单打印精灵"项目的开发。下面运行该项目，检验一下我们的开发成果。使用 Visual Studio 打开"灵动快递单打印精灵"项目，单击工具栏中的"启动"按钮或者按 F5 快捷键，即可成功运行该项目。项目运行后首先显示系统登录窗体，效果如图 8.17 所示。

> **说明**
> 在 Visual Studio 中运行本项目时，需要确保已经在 SQL Server 管理器中附加了 db_Express 数据库，并且 INI 配置文件中的服务器名、数据库登录名和密码已经修改成了本机的 SQL Server 服务器名、数据库登录名和密码。

图 8.17 灵动快递单打印精灵登录窗体

在登录窗体中输入正确的用户名和密码后，单击"登录"按钮，即可进入系统主窗体。通过主窗体中的菜单栏和工具栏即可进行各种操作。例如，单击工具栏中的"快递单设置"按钮，即可打开快递单设置窗体，在快递单设置窗体中选择一个快递单后，单击工具栏中的"设计模板"按钮，即可打开设计模板窗体，如图 8.18 所示。

本章主要使用 C#中的泛型、序列化、数据流、打印组件、自定义组件、数据库事务等技术，并结合 SQL Server 数据库开发了一个"灵动快递单打印精灵"项目。该项目的核心在于快递单的设置与打印。其中，实现快递单设置功能时，使用了 C#中的序列化、数据流及自定义组件技术，而快递单打印功能的实现则主要使用了C#中的打印组件。

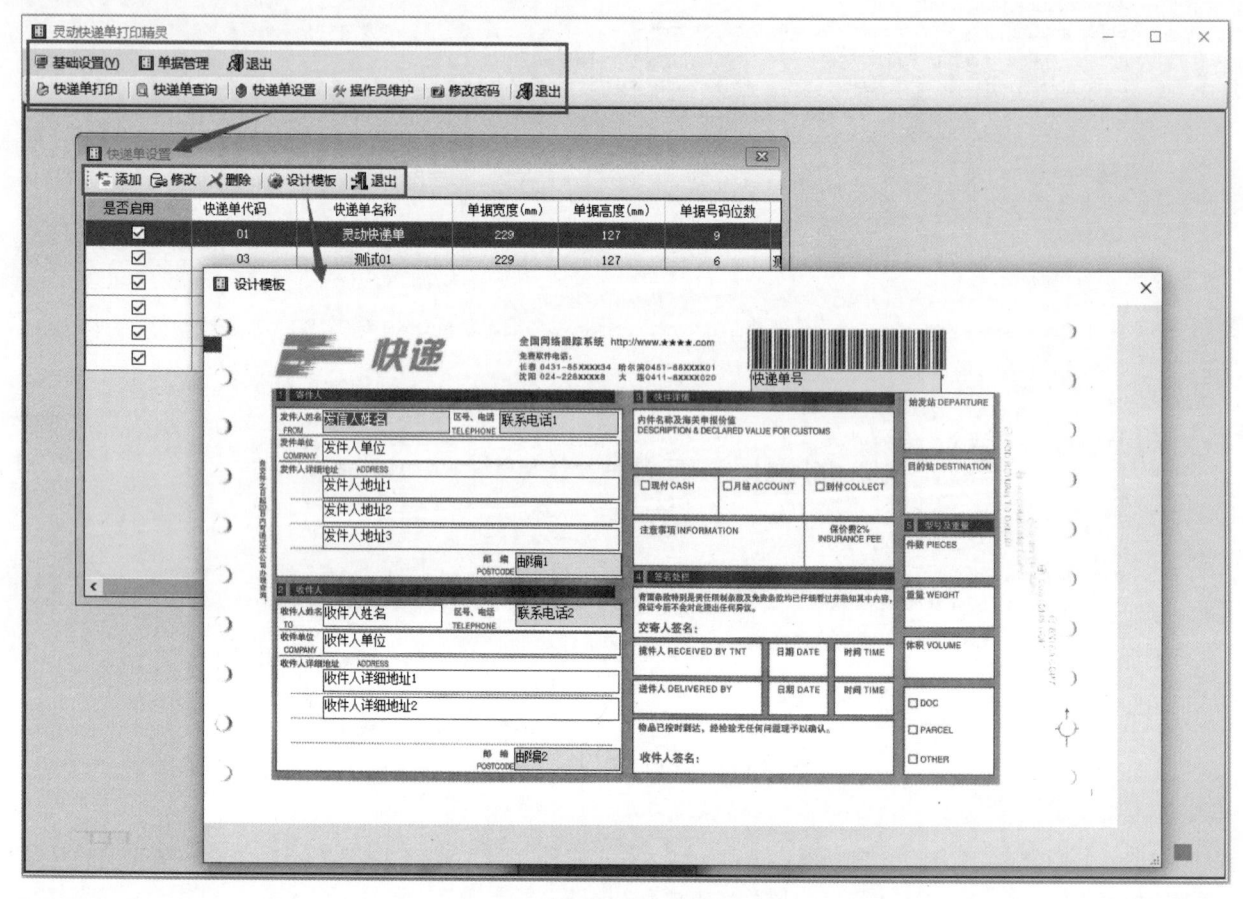

图8.18 灵动快递单打印精灵的操作

8.11 源码下载

本章详细地讲解了如何编码实现"灵动快递单打印精灵"项目的主要功能。为了方便读者学习,本书提供了完整的项目源码,扫描右侧二维码即可下载。

第 9 章 智汇人才宝管理系统

——面向对象编程 + 窗体控件 + 二进制流 + ADO.NET 技术 + Word/Excel 操作

人事管理是现代企业管理工作不可缺少的一部分，是推动企业走向规范化发展的必要条件。本章将使用 C#和 SQL Server 数据库技术开发一个人事管理方面的软件系统——智汇人才宝管理系统。C#的面向对象编程特性和其丰富的窗体控件，使得开发此类应用变得便捷高效。同时，借助 ADO.NET 技术，可以流畅地对 SQL Server 数据库进行操作，从而实现人事信息数据的高效存取。此外，C#还支持通过添加扩展库的方式轻松实现 Word 或 Excel 的导出功能，这一特性在企业人事信息管理方面具有显著优势。

本项目的核心功能及实现技术如下：

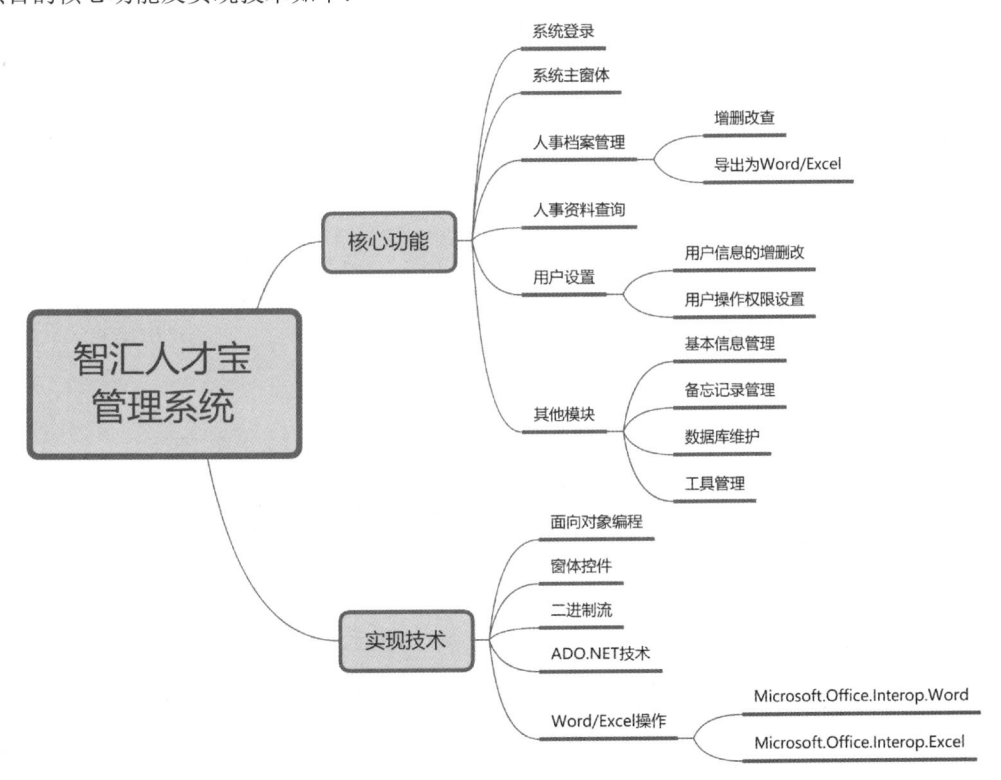

9.1 开发背景

在日益激烈的市场竞争环境下，企业对于内部管理效率和人力资源的优化配置提出了更高要求。传统的人事管理方式，如手工记录职工信息、纸质文件归档、手动计算薪资福利等，不仅耗时耗力，而且容易出错，难以满足现代企业管理的精细化、数字化需求。基于此背景，本项目使用 C#开发了一个智汇人才宝管理系统。该系统要求能够方便、快捷地对职工信息进行添加、修改、删除、查询等操作，并且可以在数据库中存储相应职工的照片。同时，为了能更好地保存、浏览、打印职工信息，该系统还可以将职工信息导出到 Word 文档或者 Excel 表格中。

本项目的实现目标如下：
- ☑ 操作简单方便，界面简洁美观。
- ☑ 在查看职工信息时，可以对当前职工的家庭情况和培训情况进行添加、修改、删除操作。
- ☑ 可以方便快捷地进行全方位的数据查询。
- ☑ 可以按照指定的条件对职工信息进行统计。
- ☑ 可以将职工信息以表格的形式导出到 Word 文档或者 Excel 表格中。
- ☑ 可以实现数据库的备份、还原及清空操作。
- ☑ 由于该系统的使用对象较多，所以要有较好的权限管理。
- ☑ 能够在当前运行的系统中重新进行登录。
- ☑ 系统运行稳定、安全可靠。

9.2 系统设计

9.2.1 开发环境

本项目的开发及运行环境如下：
- ☑ 操作系统：推荐 Windows 10、11 及以上。
- ☑ 开发工具：Visual Studio 2022。
- ☑ 开发语言：C#。
- ☑ 数据库：SQL Server 2022。

9.2.2 业务流程

智汇人才宝管理系统运行时，首先需要进行用户登录，如果用户登录成功，则进入主窗体。主窗体中的主菜单栏和导航菜单会根据登录用户的权限自动显示其可用状态，登录成功的用户可以通过主窗体的主菜单栏或者导航菜单对本系统进行操作，如基础信息管理、人事管理、备忘记录、数据库维护、工具管理及系统管理等。

本项目的业务流程如图 9.1 所示。

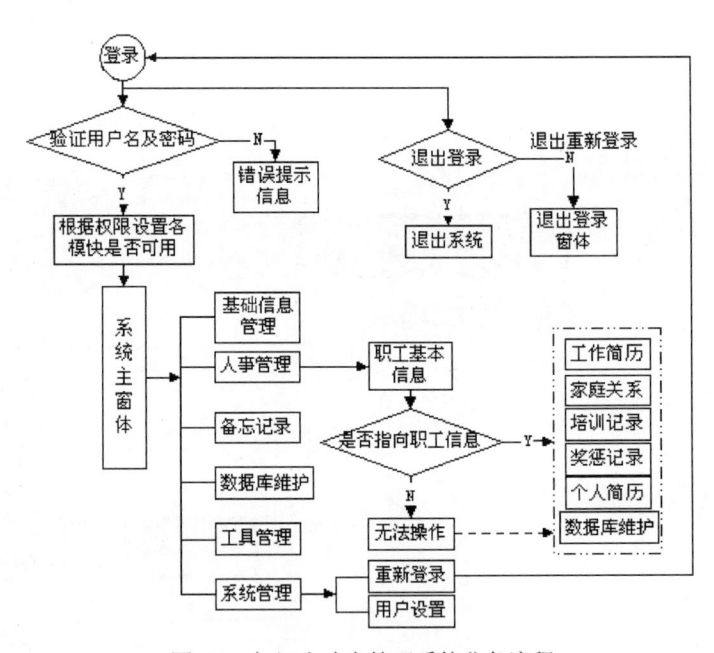

图 9.1 智汇人才宝管理系统业务流程

> **说明**
> 本章主要讲解智汇人才宝管理系统中的核心模块，对于辅助的功能，如基础信息管理、数据库维护、工具管理等功能模块，读者可以参考本项目的源码。

9.2.3 功能结构

本项目的功能结构已经在章首页中给出。作为一个旨在实现企业人事信息管理的应用软件，本项目实现的具体功能如下：

- ☑ 系统登录模块：验证用户身份，进入主窗体。
- ☑ 主窗体模块：提供项目的主要功能菜单，并根据登录用户显示相应的可操作模块。
- ☑ 基础信息管理模块：包括基础数据和职工提示信息的管理，如民族、文化程度、部门、职务、职称、奖惩、生日提示、合同提示等。
- ☑ 人事管理模块：包括人事档案管理、人事资料查询和统计等功能。
- ☑ 系统管理模块：包括用户信息管理、用户设置、系统重新登录和退出等功能。
- ☑ 备忘记录管理模块：包括日常记事管理、通讯录管理等功能。
- ☑ 数据库维护模块：包括数据库的备份、还原、清空等功能。
- ☑ 工具管理：快速调用系统常用工具，如计算器、记事本等。

说明

限于篇幅，本章主要讲解智汇人才宝管理系统中主要功能模块的实现逻辑。例如，人事管理模块中主要就人事档案管理和人事资料查询展开讲解，系统管理模块中主要就用户设置模块展开讲解。其他模块的实现，读者可以参考这些模块的实现逻辑自行设计。另外，读者还可以参考本项目的源码，了解其完整的功能实现逻辑。

9.3 技术准备

9.3.1 技术概览

- ☑ 面向对象编程：C#中的面向对象编程主要通过类来体现，在类中可以包括属性、方法。其中，属性是以成员变量的形式定义的，而方法则主要用来描述类的行为。例如，本项目中定义了两个公共类，分别为 MyMeans 和 MyModule，其中封装了通用的方法，在窗体中实现具体功能时，只需要调用公共类中定义的方法即可。
- ☑ 窗体控件：控件是进行 WinForm 窗体程序开发的基础，根据作用的不同，控件可以分为文本类控件、选择类控件、分组类控件、列表类控件、图片类控件、菜单控件、工具栏控件以及状态栏控件等。例如，本项目大量使用了 Button 按钮控件执行各种操作，使用 TreeView 控件设计导航菜单等。
- ☑ 二进制流：C#中的二进制流使用 BinaryWriter 类和 BinaryReader 类来实现，其中 BinaryWriter 类用来进行二进制写入，BinaryReader 类用来进行二进制读取。本项目中主要使用 BinaryReader 类将职工头像图片转换为二进制格式，以便存入数据库中，关键代码如下：

```
MyImage.Image = System.Drawing.Image.FromFile(openF.FileName);   //将图片文件存入 PictureBox 控件中
string strimg = openF.FileName.ToString();                        //记录图片的所在路径
FileStream fs = new FileStream(strimg, FileMode.Open, FileAccess.Read);  //将图片以文件流的形式进行保存
BinaryReader br = new BinaryReader(fs);
imgBytesIn = br.ReadBytes((int)fs.Length);                        //将流读入字节数组中
```

- ☑ ADO.NET 技术：ADO.NET 是.NET 中最常用的一种操作数据库的技术，其主要包括 Connection 连接类、Command 命令执行类、DataAdapter 数据桥接类、DataReader 数据读取类、DataSet 数据集类等。例如，本项目中使用 SqlCommand 对象的 ExecuteReader()方法执行 SQL 语句，并将结果存储到 SqlDataReader 对象中进行返回，代码如下：

```
//创建一个 SqlCommand 对象，用于执行 SQL 语句
SqlCommand My_com = My_con.CreateCommand();
My_com.CommandText = SQLstr;                                      //获取指定的 SQL 语句
```

```
SqlDataReader My_read = My_com.ExecuteReader();        //执行 SQL 语句，生成一个 SqlDataReader 对象
return My_read;
```

有关 C#中的面向对象编程、窗体控件、二进制流、ADO.NET 技术等知识，在《C#从入门到精通（第 7 版）》中有详细的讲解，对这些知识不太熟悉的读者可以参考该书对应的内容。下面将对如何在 C#中操作 Word 和 Excel 进行必要介绍，以确保读者可以顺利完成本项目。

9.3.2 Word 和 Excel 操作技术

在 C#中操作 Word 和 Excel 有多种方法，比较常用的是通过 Microsoft.Office.Interop.Word 和 Microsoft.Office.Interop.Excel 类库实现，下面分别进行介绍。

1. 使用 Microsoft.Office.Interop.Word 类库操作 Word

使用 Microsoft.Office.Interop.Word 类库时，需先在项目中添加对此类库的引用，具体步骤为：在 Visual Studio 开发工具的"解决方案资源管理器"中选中"引用"，单击右键，在弹出的快捷菜单中选择"添加引用"菜单项，打开"引用管理器"窗体，在其中选择 COM→"类型库"，然后选择 Microsoft Word xx.0 Object Library 项（xx 代表你的 Office 版本，如 16.0 对应 Office 2019/Office 365），最后单击"确定"按钮即可，如图 9.2 所示。

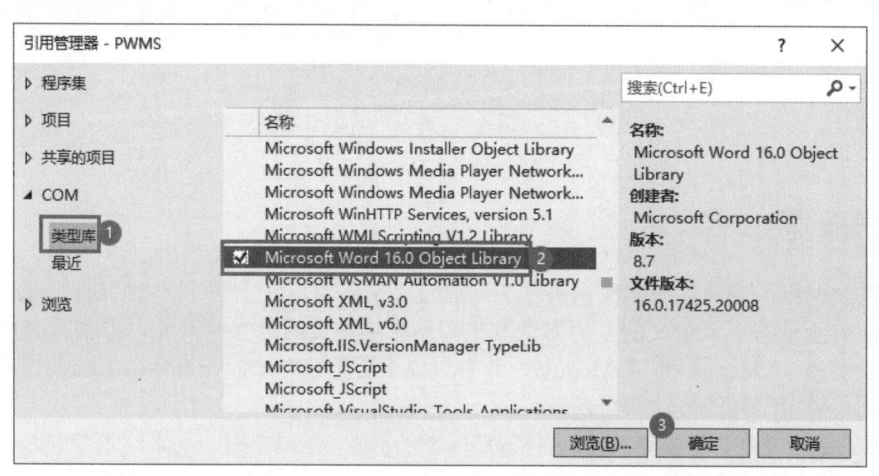

图 9.2 添加对 Microsoft.Office.Interop.Word 类库的引用

添加完对 Microsoft.Office.Interop.Word 类库的引用后，接下来就可以使用该类库中的 Word 应用程序对象来操作 Word。Word 应用程序对象使用 Application 对象表示，该对象提供了一个 Documents 属性，它会返回一个 Documents 对象，该对象是 Word 应用程序打开的 Word 文档的集合。使用 Documents 对象的 Open()方法或者 Add()方法可以方便地打开或者创建一个 Word 文档，并返回 Document 文档对象；使用 Document 文档对象的 Content 属性可以得到文档中段落的范围，这时再使用 Range 范围对象的 Text 属性即可获取或设置段落内的文本信息；设置完文档内容后，需要使用 Document 对象的 SaveAs()方法进行保存。

例如，下面代码使用 Application 和 Document 对象来打开、编辑、保存和关闭 Word 文档：

```
using Word = Microsoft.Office.Interop.Word;
class Program
{
    static void Main(string[] args)
    {
        Word.Application wordApp = new Word.Application();      //创建 Word 应用程序对象
        try
        {
            wordApp.Visible = true;                             //可视化设置（可选）
```

```
            wordApp.ScreenUpdating = true;
            //打开一个现有文档
            Word.Document doc = wordApp.Documents.Open(@"Test.docx");
            Word.Range range = doc.Content;                             //修改文档内容
            range.Text = "这是修改后的内容。";
            doc.SaveAs(@"Test.docx");                                   //保存文档
            doc.Close();                                                //关闭文档
        }
        catch (Exception ex)
        {
            Console.WriteLine("发生错误: " + ex.Message);
        }
        finally
        {
            //关闭 Word 应用程序
            if (wordApp != null)
            {
                wordApp.Quit();
                System.Runtime.InteropServices.Marshal.ReleaseComObject(wordApp);
                wordApp = null;
            }
        }
    }
}
```

2. 使用 Microsoft.Office.Interop.Excel 类库操作 Excel

使用 Microsoft.Office.Interop.Excel 类库操作 Excel 的方法与操作 Word 类似，但它需要在"引用管理器"窗体中选择 Microsoft Excel xx.0 Object Library 项（xx 代表你的 Office 版本，如 16.0 对应 Office 2019/Office 365）。添加完成后，即可使用 Application 对象来创建 Excel 应用程序对象，并通过 Workbook 工作簿对象和 Worksheet 工作表对象对 Excel 文件进行操作。

例如，下面代码通过 Microsoft.Office.Interop.Excel 类库创建了一个 Excel 文件，并向其默认工作表中写入字符串，最后保存该文件并关闭：

```
using Excel = Microsoft.Office.Interop.Excel;
class Program
{
    static void Main()
    {
        Excel.Application excelApp = new Excel.Application();       //创建 Excel 应用程序对象
        try
        {
            excelApp.Visible = false;                               //设置可见性（可选）
            excelApp.DisplayAlerts = false;
            Excel.Workbook workbook = excelApp.Workbooks.Add();     //创建一个新的工作簿
            Excel.Worksheet worksheet = workbook.Sheets[1];         //创建一个新的工作表
            //写入数据
            worksheet.Cells[1, 1] = "Hello";
            worksheet.Cells[1, 2] = "World";
            workbook.SaveAs(@"Test.xlsx");                          //保存工作簿
            workbook.Close(false);                                  //关闭工作簿
        }
        catch (Exception ex)
        {
            Console.WriteLine("发生错误: " + ex.Message);
        }
        finally
        {
            //关闭 Excel 应用程序
            if (excelApp != null)
            {
                excelApp.Quit();
                System.Runtime.InteropServices.Marshal.ReleaseComObject(excelApp);
                excelApp = null;
            }
```

```
        }
    }
}
```

9.4 数据库设计

9.4.1 数据库概述

智汇人才宝管理系统主要用来记录一个企业中所有职工的基本信息以及每个职工的工作简历、家庭成员、奖惩记录等,数据量是根据企业职工的多少来决定的。本项目中采用 SQL Server 数据库作为后台数据库,数据库命名为 db_PWMS,其中包含了 23 张数据表,用于存储不同的信息,详细信息如图 9.3 所示。

```
db_PWMS
├─ 数据库关系图
└─ 表
   ├─ 系统表
   ├─ dbo.tb_AddressBook ──── 通讯录表
   ├─ dbo.tb_Branch ──── 部门类别表
   ├─ dbo.tb_Business ──── 职务类别表
   ├─ dbo.tb_City ──── 省市名称表
   ├─ dbo.tb_Clew ──── 员工提示信息表
   ├─ dbo.tb_DayWordPad ──── 日常记事表
   ├─ dbo.tb_Duthcall ──── 职称类别表
   ├─ dbo.tb_EmployeeGenre ──── 职工类别表
   ├─ dbo.tb_Family ──── 家庭关系表
   ├─ dbo.tb_Folk ──── 民族类别表
   ├─ dbo.tb_Individual ──── 个人简历表
   ├─ dbo.tb_Kultur ──── 文化程度表
   ├─ dbo.tb_Laborage ──── 工资类别表
   ├─ dbo.tb_Login ──── 用户登录表
   ├─ dbo.tb_PopeModel ──── 权限模块表
   ├─ dbo.tb_RANDP ──── 奖惩表
   ├─ dbo.tb_RPKind ──── 奖惩类别表
   ├─ dbo.tb_Stuffbasic ──── 职工基本信息表
   ├─ dbo.tb_TrainNote ──── 培训记录表
   ├─ dbo.tb_UserPope ──── 用户权限表
   ├─ dbo.tb_Visage ──── 政治面貌表
   ├─ dbo.tb_WordPad ──── 记事类别表
   └─ dbo.tb_WordResume ──── 工作简历表
```

图 9.3 智汇人才宝管理系统中用到的数据表

9.4.2 数据表设计

db_PWMS 数据库中共有 23 张数据表,下面介绍主要的数据表的结构。

1. tb_UserPope(用户权限表)

tb_UserPope 表用于保存每个操作员使用程序的相关权限,该表的结构如表 9.1 所示。

表 9.1 用户权限表

字 段 名	数据类型	主 键 否	描 述
AutoID	int	是	自动编号
ID	varchar(5)	否	操作员编号
PopeName	varchar(50)	否	权限名称
Pope	int	否	权限标识

2. tb_PopeModel（权限模块表）

tb_PopeModel 表用于保存程序中所涉及的所有权限名称，该表的结构如表 9.2 所示。

表 9.2 权限模块表

字 段 名	数 据 类 型	主 键 否	描 述
ID	int	是	编号
PopeName	varchar(50)	否	权限名称

3. tb_EmployeeGenre（职工类别表）

tb_EmployeeGenre 表用于保存职工类别的相关信息，该表的结构如表 9.3 所示。

表 9.3 职工类别表

字 段 名	数 据 类 型	主 键 否	描 述
ID	int	是	编号
EmployeeName	varchar(20)	否	职工类型

4. tb_Stuffbasic（职工基本信息表）

tb_Stuffbasic 表用于保存职工的基本信息，该表的结构如表 9.4 所示。

表 9.4 职工基本信息表

字 段 名	数 据 类 型	主 键 否	描 述
ID	varchar(5)	是	职工编号
StuffName	varchar(20)	否	职工姓名
Folk	varchar(20)	否	民族
M_Pay	float	否	月工资
Age	int	否	年龄
Kultur	varchar(14)	否	文化程度
Marriage	varchar(4)	否	婚姻
Sex	varchar(4)	否	性别
Visage	varchar(14)	否	政治面貌
IDCard	varchar(20)	否	身份证号
Workdate	datetime	否	单位工作时间
WorkLength	int	否	工龄
Employee	varchar(20)	否	职工类型
Business	varchar(10)	否	职务类型
Laborage	varchar(10)	否	工资类别
Branch	varchar(14)	否	部门类别
Duthcall	varchar(14)	否	职称类别
Phone	varchar(14)	否	电话
Handset	varchar(11)	否	手机
School	varchar(24)	否	毕业学校
Speciality	varchar(20)	否	主修专业
GraduateDate	datetime	否	毕业时间

续表

字 段 名	数据类型	主 键 否	描 述
Address	varchar(50)	否	家庭地址
Photo	image	否	个人照片
BeAware	varchar(30)	否	省
City	varchar(30)	否	市
Birthday	datetime	否	出生日期
Bank	varchar(20)	否	银行账号
Pact_B	datetime	否	合同起始日期
Pact_E	datetime	否	合同结束日期
Pact_Y	float	否	合同年限

5. tb_Family（家庭关系表）

tb_Family 表用于保存家庭关系的相关信息，该表的结构如表 9.5 所示。

表 9.5 家庭关系表

字 段 名	数据类型	主 键 否	描 述
ID	varchar(5)	是	编号
Stu_ID	varchar(5)	否	职工编号
LeagueName	varchar(20)	否	家庭成员名称
Nexus	varchar(10)	否	与本人的关系
BirthDate	datetime	否	出生日期
WorkUnit	varchar(24)	否	工作单位
Business	varchar(10)	否	职务
Visage	varchar(10)	否	政治面貌
phone	varchar(14)	否	电话号码

6. tb_WordResume（工作简历表）

tb_WordResume 表用于保存工作简历的相关信息，该表的结构如表 9.6 所示。

表 9.6 工作简历表

字 段 名	数据类型	主 键 否	描 述
ID	varchar(5)	是	编号
Stu_ID	varchar(5)	否	职工编号
BeginDate	datetime	否	开始时间
EndDate	datetime	否	结束时间
WordUnit	varchar(24)	否	工作单位
Branch	varchar(14)	否	部门
Business	varchar(14)	否	职务

7. tb_RANDP（奖惩表）

tb_RANDP 表用于保存职工奖惩记录的信息，该表的结构如表 9.7 所示。

表9.7 奖惩表

字 段 名	数 据 类 型	主 键 否	描 述
ID	varchar(5)	是	编号
Stu_ID	varchar(5)	否	职工编号
RPKind	varchar(20)	否	奖惩种类
RPDate	datetime	否	奖惩时间
SealMan	varchar(10)	否	批准人
QuashDate	datetime	否	撤销时间
QuashWhys	varchar(50)	否	撤销原因

8. tb_TrainNote（培训记录表）

tb_TrainNote 表用于保存职员培训记录的相关信息，该表的结构如表 9.8 所示。

表9.8 培训记录表

字 段 名	数 据 类 型	主 键 否	描 述
ID	varchar(5)	是	编号
Stu_ID	varchar(5)	否	职工编号
TrainFashion	varchar(20)	否	培训方式
BeginDate	datetime	否	培训开始时间
EndDate	datetime	否	培训结束时间
Speciality	varchar(20)	否	培训专业
TrainUnit	varchar(30)	否	培训单位
KulturMemo	varchar(50)	否	培训内容
Charge	float	否	费用
Effect	varchar(20)	否	效果

> **说明**
>
> 限于本书篇幅，这里只列举了重要的数据表结构，其他的数据表结构可参见本项目源码中的数据库源文件。

9.4.3 数据表逻辑关系

为了使读者能够更好地了解职工基本信息表与其他各表之间的关系，在这里给出数据表关系图，如图 9.4 所示。通过图 9.4 中的表关系可以看出，职工基本信息表的一些字段，可以在相关联的数据表中获取相应数据，这里主要通过职工基本信息表中的 ID 字段与家庭关系表、培训记录表、奖惩表等建立关系。

为了使读者能够更好地理解用户登录表与用户权限表、权限模板表之间的关系，下面给出其数据表之间的关系图，如图 9.5 所示。通过图 9.5 可以看出，在用户登录时，可以根据用户 ID 在用户权限表中获取相应的权限。当添加用户时，可以通过权限模板表中的信息，将权限名称自动添加到用户权限表中。

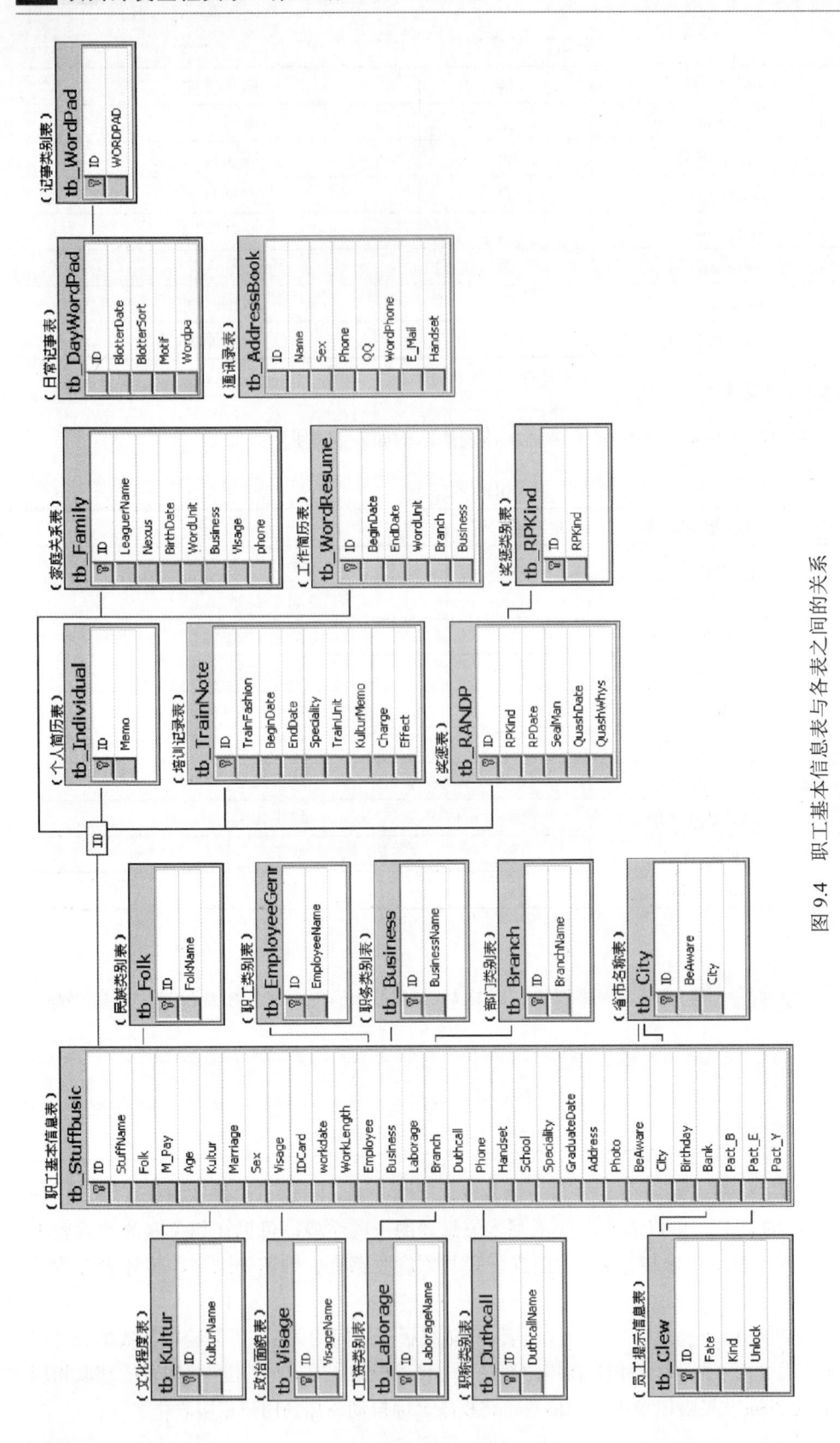

图 9.4 职工基本信息表与各表之间的关系

图 9.5 用户登录表与用户权限表、权限模板表之间的关系

9.5 公共类设计

开发 C#项目时，通过合理设计公共类可以减少重复代码的编写，有利于代码的重用及维护。本项目创建了 MyMeans 和 MyModule 两个公共类，分别存放在 DataClass 和 ModuleClass 文件夹中。下面对这两个公共类中比较重要的方法进行详细讲解。

9.5.1 MyMeans 公共类

MyMeans 公共类封装了本系统中所有与数据库连接的方法，可以通过该类的方法与数据库建立连接，并对数据信息进行添加、修改、删除以及读取等操作。在命名空间区域引用 using System.Data.SqlClient 命名空间，主要代码如下：

```csharp
using System.Data.SqlClient;
namespace PWMS.DataClass
{
    class MyMeans
    {
        #region  全局变量
        public static string Login_ID = "";              //定义全局变量，记录当前登录的用户编号
        public static string Login_Name = "";            //定义全局变量，记录当前登录的用户名
        //定义静态全局变量，记录"基础信息"各窗体中的表名、SQL 语句以及要添加和修改的字段名
        public static string Mean_SQL = "", Mean_Table = "", Mean_Field = "";
        //定义一个 SqlConnection 类型的静态公共变量 My_con，用于判断数据库是否连接成功
        public static SqlConnection My_con;
        //定义 SQL Server 连接字符串，用户在使用时，将 Data Source 改为自己的 SQL Server 服务器名
        public static string M_str_sqlcon = "Data Source=XIAOKE;Database=db_PWMS;User id=sa;PWD=";
        public static int Login_n = 0;                   //用户登录与重新登录的标识
        //存储职工基本信息表中的 SQL 语句
        public static string AllSql = "Select * from tb_Staffbasic";
        #endregion

        //……自定义方法，如 getcon()、con_close()、getcom ()等方法
    }
}
```

下面对 MyMeans 类中的自定义方法进行详细介绍。

1. getcon()方法

getcon()方法是用 static 定义的静态方法，其功能是建立与数据库的连接，然后通过 SqlConnection 对象的 Open()方法打开与数据库的连接，并返回 SqlConnection 对象的信息，代码如下：

```csharp
public static SqlConnection getcon()
{
    My_con = new SqlConnection(M_str_sqlcon);    //用 SqlConnection 对象与指定的数据库相连接
    My_con.Open();                                //打开数据库连接
    return My_con;                                //返回 SqlConnection 对象的信息
}
```

2. con_close()方法

con_close()方法的主要功能是对数据库操作后，通过该方法判断是否与数据库连接。如果连接，则关闭数据库连接，代码如下：

```csharp
public void con_close()
{
    if (My_con.State == ConnectionState.Open) {   //判断是否打开与数据库的连接
        My_con.Close();                            //关闭数据库的连接
```

```
        My_con.Dispose();                                    //释放 My_con 变量的所有空间
    }
}
```

3. getcom()方法

getcom()方法的主要功能是使用 SqlDataReader 对象以只读的方式读取数据库中的信息,并以 SqlDataReader 对象进行返回,其中 SQLstr 参数表示传递的 SQL 语句,代码如下:

```
public SqlDataReader getcom(string SQLstr)
{
    getcon();                                                //打开与数据库的连接
    //创建一个 SqlCommand 对象,用于执行 SQL 语句
    SqlCommand My_com = My_con.CreateCommand();
    My_com.CommandText = SQLstr;                             //获取指定的 SQL 语句
    SqlDataReader My_read = My_com.ExecuteReader();          //执行 SQL 语句,生成一个 SqlDataReader 对象
    return My_read;
}
```

4. getsqlcom()方法

getsqlcom()方法的主要功能是通过 SqlCommand 对象执行数据库中的添加、修改和删除等操作,并在执行完后关闭与数据库的连接,其中 SQLstr 参数表示传递的 SQL 语句,代码如下:

```
public void getsqlcom(string SQLstr)
{
    getcon();                                                //打开与数据库的连接
    //创建一个 SqlCommand 对象,用于执行 SQL 语句
    SqlCommand SQLcom = new SqlCommand(SQLstr, My_con);
    SQLcom.ExecuteNonQuery();                                //执行 SQL 语句
    SQLcom.Dispose();                                        //释放所有空间
    con_close();                                             //调用 con_close()方法,关闭数据库连接
}
```

5. getDataSet()方法

getDataSet()方法的主要功能是通过 SqlDataAdapter 对象执行数据库查询操作,并将查询结果填充到 DataSet 数据集中,最后返回该数据集。其中,SQLstr 参数表示传递的 SQL 语句,tableName 参数表示填充到 DataSet 数据集的临时数据表名。代码如下:

```
public DataSet getDataSet(string SQLstr, string tableName)
{
    getcon();                                                //打开与数据库的连接
    SqlDataAdapter SQLda = new SqlDataAdapter(SQLstr, My_con);
    DataSet My_DataSet = new DataSet();                      //创建 DataSet 对象
    SQLda.Fill(My_DataSet, tableName);
    con_close();                                             //关闭数据库的连接
    return My_DataSet;                                       //返回 DataSet 对象的信息
}
```

9.5.2 MyModule 公共类

MyModule 公共类中主要封装了动态调用系统中所有窗体的方法、窗体中 TreeView 树菜单数据绑定及操作的方法,以及动态生成添加、修改、删除和查询 SQL 语句的方法等。由于该类中使用了可视化组件的基类和对数据库进行操作的相关对象,所以在命名空间区域引用 using System.Windows.Forms 和 using System.Data.SqlClient 命名空间,主要代码如下:

```
//以下是添加的命名空间
using System.Windows.Forms;
using System.Data;
using System.Data.SqlClient;
namespace PWMS.ModuleClass
```

```
class MyModule
{
    #region    公共变量
    //声明 MyMeans 类的一个对象，以调用其方法
    DataClass.MyMeans MyDataClass = new PWMS.DataClass.MyMeans();
    public static string ADDs = "";                //用来存储添加或修改的 SQL 语句
    public static string FindValue = "";           //存储查询条件
    public static string Address_ID = "";          //存储通讯录添加或修改时的 ID 编号
    public static string User_ID = "";             //存储用户的 ID 编号
    public static string User_Name = "";           //存储用户名
    #endregion
    //……自定义方法，如 Show_Form ()、TreeMenuF()、Part_SaveClass()等方法
}
```

因篇幅有限，下面只对比较重要的方法进行介绍。

1. Show_Form()方法

Show_Form()方法通过 FrmName 参数传递的窗体名称，调用相应的子窗体。因为本系统中存在公共窗体，也就是在同一个窗体模块中可以显示不同的窗体，所以用参数 n 来进行标识。调用公共窗体，实际上就是通过不同的 SQL 语句，在显示窗体时以不同的数据进行显示，以实现不同窗体的显示效果。主要代码如下：

```
//窗体的调用
public void Show_Form(string FrmName, int n)
{
    if (n == 1)
    {
        if (FrmName == "人事档案管理")                  //判断当前要打开的窗体
        {
            PerForm.F_ManFile FrmManFile = new PWMS.PerForm.F_ManFile();
            FrmManFile.Text = "人事档案管理";           //设置窗体名称
            FrmManFile.ShowDialog();                   //显示窗体
            FrmManFile.Dispose();
        }
        if (FrmName == "人事资料查询")
        {
            PerForm.F_Find FrmFind = new PWMS.PerForm.F_Find();
            FrmFind.Text = "人事资料查询";
            FrmFind.ShowDialog();
            FrmFind.Dispose();
        }
        if (FrmName == "人事资料统计")
        {
            PerForm.F_Stat FrmStat = new PWMS.PerForm.F_Stat();
            FrmStat.Text = "人事资料统计";
            FrmStat.ShowDialog();
            FrmStat.Dispose();
        }
        if (FrmName == "员工生日提示")
        {
            InfoAddForm.F_ClewSet FrmClewSet = new PWMS.InfoAddForm.F_ClewSet();
            FrmClewSet.Text = "员工生日提示";           //设置窗体名称
            //设置窗体的 Tag 属性，用于在打开窗体时判断窗体的显示类型
            FrmClewSet.Tag = 1;
            FrmClewSet.ShowDialog();                   //显示窗体
            FrmClewSet.Dispose();
        }
        if (FrmName == "员工合同提示")
        {
            InfoAddForm.F_ClewSet FrmClewSet = new PWMS.InfoAddForm.F_ClewSet();
            FrmClewSet.Text = "员工合同提示";
            FrmClewSet.Tag = 2;
            FrmClewSet.ShowDialog();
            FrmClewSet.Dispose();
        }
        if (FrmName == "日常记事")
```

```csharp
        {
            PerForm.F_WordPad FrmWordPad = new PWMS.PerForm.F_WordPad();
            FrmWordPad.Text = "日常记事";
            FrmWordPad.ShowDialog();
            FrmWordPad.Dispose();
        }
        if (FrmName == "通讯录")
        {
            PerForm.F_AddressList FrmAddressList = new PWMS.PerForm.F_AddressList();
            FrmAddressList.Text = "通讯录";
            FrmAddressList.ShowDialog();
            FrmAddressList.Dispose();
        }
        if (FrmName == "备份/还原数据库")
        {
            PerForm.F_HaveBack FrmHaveBack = new PWMS.PerForm.F_HaveBack();
            FrmHaveBack.Text = "备份/还原数据库";
            FrmHaveBack.ShowDialog();
            FrmHaveBack.Dispose();
        }
        if (FrmName == "清空数据库")
        {
            PerForm.F_ClearData FrmClearData = new PWMS.PerForm.F_ClearData();
            FrmClearData.Text = "清空数据库";
            FrmClearData.ShowDialog();
            FrmClearData.Dispose();
        }
        if (FrmName == "重新登录")
        {
            F_Login FrmLogin = new F_Login();
            FrmLogin.Tag = 2;
            FrmLogin.ShowDialog();
            FrmLogin.Dispose();
        }
        if (FrmName == "用户设置")
        {
            PerForm.F_User FrmUser = new PWMS.PerForm.F_User();
            FrmUser.Text = "用户设置";
            FrmUser.ShowDialog();
            FrmUser.Dispose();
        }
        if (FrmName == "计算器")
        {
            System.Diagnostics.Process.Start("calc.exe");
        }
        if (FrmName == "记事本")
        {
            System.Diagnostics.Process.Start("notepad.exe");
        }
        if (FrmName == "系统帮助")
        {
            System.Diagnostics.Process.Start("readme.doc");
        }
    }
    if (n == 2)
    {
        String FrmStr = "";                                         //记录窗体名称
        if (FrmName == "民族类别设置")                              //判断要打开的窗体
        {
            DataClass.MyMeans.Mean_SQL = "select * from tb_Folk";   //SQL 语句
            DataClass.MyMeans.Mean_Table = "tb_Folk";               //表名
            DataClass.MyMeans.Mean_Field = "FolkName";              //添加、修改数据的字段名
            FrmStr = FrmName;
        }
        if (FrmName == "职工类别设置")
        {
            DataClass.MyMeans.Mean_SQL = "select * from tb_EmployeeGenre";
            DataClass.MyMeans.Mean_Table = "tb_EmployeeGenre";
            DataClass.MyMeans.Mean_Field = "EmployeeName";
```

```
                FrmStr = FrmName;
            }
            if (FrmName == "文化程度设置")
            {
                DataClass.MyMeans.Mean_SQL = "select * from tb_Culture";
                DataClass.MyMeans.Mean_Table = "tb_Culture";
                DataClass.MyMeans.Mean_Field = "CultureName";
                FrmStr = FrmName;
            }
            if (FrmName == "政治面貌设置")
            {
                DataClass.MyMeans.Mean_SQL = "select * from tb_Visage";
                DataClass.MyMeans.Mean_Table = "tb_Visage";
                DataClass.MyMeans.Mean_Field = "VisageName";
                FrmStr = FrmName;
            }
            if (FrmName == "部门类别设置")
            {
                DataClass.MyMeans.Mean_SQL = "select * from tb_Branch";
                DataClass.MyMeans.Mean_Table = "tb_Branch";
                DataClass.MyMeans.Mean_Field = "BranchName";
                FrmStr = FrmName;
            }
            if (FrmName == "工资类别设置")
            {
                DataClass.MyMeans.Mean_SQL = "select * from tb_Laborage";
                DataClass.MyMeans.Mean_Table = "tb_Laborage";
                DataClass.MyMeans.Mean_Field = "LaborageName";
                FrmStr = FrmName;
            }
            if (FrmName == "职务类别设置")
            {
                DataClass.MyMeans.Mean_SQL = "select * from tb_Business";
                DataClass.MyMeans.Mean_Table = "tb_Business";
                DataClass.MyMeans.Mean_Field = "BusinessName";
                FrmStr = FrmName;
            }
            if (FrmName == "职称类别设置")
            {
                DataClass.MyMeans.Mean_SQL = "select * from tb_Duthcall";
                DataClass.MyMeans.Mean_Table = "tb_Duthcall";
                DataClass.MyMeans.Mean_Field = "DuthcallName";
                FrmStr = FrmName;
            }
            if (FrmName == "奖惩类别设置")
            {
                DataClass.MyMeans.Mean_SQL = "select * from tb_RPKind";
                DataClass.MyMeans.Mean_Table = "tb_RPKind";
                DataClass.MyMeans.Mean_Field = "RPKind";
                FrmStr = FrmName;
            }
            if (FrmName == "记事本类别设置")
            {
                DataClass.MyMeans.Mean_SQL = "select * from tb_WordPad";
                DataClass.MyMeans.Mean_Table = "tb_WordPad";
                DataClass.MyMeans.Mean_Field = "WordPad";
                FrmStr = FrmName;
            }
            InfoAddForm.F_Basic FrmBasic = new PWMS.InfoAddForm.F_Basic();
            FrmBasic.Text = FrmStr;                                              //设置窗体名称
            FrmBasic.ShowDialog();                                               //显示调用的窗体
            FrmBasic.Dispose();
    }
}
```

2. GetMenu()方法

GetMenu()方法的主要功能是将 MenuStrip 菜单中的菜单项按照级别动态地添加到 TreeView 控件的相应

结点中。其中，treeV 参数表示要添加结点的 TreeView 控件，MenuS 参数表示要获取信息的 MenuStrip 菜单。主要代码如下：

```csharp
//将 MenuStrip 控件中的信息添加到 TreeView 控件中
public void GetMenu(TreeView treeV, MenuStrip MenuS)
{
    //遍历 MenuStrip 组件中的一级菜单项
    for (int i = 0; i < MenuS.Items.Count; i++)
    {
        //将一级菜单项的名称添加到 TreeView 组件的根结点中，并设置当前结点的子结点 newNode1
        TreeNode newNode1 = treeV.Nodes.Add(MenuS.Items[i].Text);
        //将当前菜单项的所有相关信息存入 ToolStripDropDownItem 对象中
        ToolStripDropDownItem newmenu = (ToolStripDropDownItem)MenuS.Items[i];
        //判断当前菜单项中是否有二级菜单项
        if (newmenu.HasDropDownItems && newmenu.DropDownItems.Count > 0)
            for (int j = 0; j < newmenu.DropDownItems.Count; j++)                //遍历二级菜单项
            {
                //将二级菜单名称添加到 TreeView 组件的子结点 newNode1 中，并设置当前结点的子结点
                TreeNode newNode2 = newNode1.Nodes.Add(newmenu.DropDownItems[j].Text);
                //将当前菜单项的所有相关信息存入 ToolStripDropDownItem 对象中
                ToolStripDropDownItem newmenu2 = (ToolStripDropDownItem)newmenu.DropDownItems[j];
                //判断二级菜单项中是否有三级菜单项
                if (newmenu2.HasDropDownItems && newmenu2.DropDownItems.Count > 0)
                    for (int p = 0; p < newmenu2.DropDownItems.Count; p++)       //遍历三级菜单项
                        //将三级菜单名称添加到 TreeView 组件的子结点 newNode2 中
                        newNode2.Nodes.Add(newmenu2.DropDownItems[p].Text);
            }
    }
}
```

3. Clear_Control()方法

Clear_Control()方法的主要功能是清空可视化控件集中指定控件的文本信息及图片，主要用于在添加数据信息时，对相应文本框进行清空。其中，Con 参数表示可视化控件的控件集合。主要代码如下：

```csharp
//清空可视化控件集中的所有控件
public void Clear_Control(Control.ControlCollection Con)
{
    foreach (Control C in Con){                                   //遍历可视化控件集中的所有控件
        if (C.GetType().Name == "TextBox")                        //判断是否为 TextBox 控件
            if (((TextBox)C).Visible == true)                     //判断当前控件是否为显示状态
                ((TextBox)C).Clear();                             //清空当前控件
        if (C.GetType().Name == "MaskedTextBox")                  //判断是否为 MaskedTextBox 控件
            if (((MaskedTextBox)C).Visible == true)               //判断当前控件是否为显示状态
                ((MaskedTextBox)C).Clear();                       //清空当前控件
        if (C.GetType().Name == "ComboBox")                       //判断是否为 ComboBox 控件
            if (((ComboBox)C).Visible == true)                    //判断当前控件是否为显示状态
                ((ComboBox)C).Text = "";                          //清空当前控件的 Text 属性值
        if (C.GetType().Name == "PictureBox")                     //判断是否为 PictureBox 控件
            if (((PictureBox)C).Visible == true)                  //判断当前控件是否为显示状态
                ((PictureBox)C).Image = null;                     //清空当前控件的 Image 属性
    }
}
```

4. Part_SaveClass()方法

Part_SaveClass()方法的主要功能是通过部分控件名 BoxName 与 i 值（数字）相结合，在可视化控件集中查找指定的控件，并根据 Sarr 参数中的字段名，组合成添加或修改语句，将生成后的语句存储在公共变量 ADDs 中，主要代码如下：

```csharp
//保存添加或修改的信息
public void Part_SaveClass(string Sarr, string ID1, string ID2, Control.ControlCollection Contr,
    string BoxName, string TableName, int n, int m)
{
```

```csharp
string tem_Field = "", tem_Value = "";
int p = 2;
if (m == 1){                                                        //当m为1时，表示添加数据信息
    if (ID1 != "" && ID2 == ""){                                    //根据参数值判断添加的字段
        tem_Field = "ID";
        tem_Value = "'" + ID1 + "'";
        p = 1;
    }
    else{
        tem_Field = "Sta_id,ID";
        tem_Value = "'" + ID1 + "','" + ID2 + "'";
    }
}
else
    if (m == 2){                                                    //当m为2时，表示修改数据信息
        if (ID1 != "" && ID2 == ""){                                //根据参数值判断添加的字段
            tem_Value = "ID='" + ID1 + "'";
            p = 1;
        }
        else
            tem_Value = "Sta_ID='" + ID1 + "',ID='" + ID2 + "'";
    }

if (m > 0){                                                         //生成部分添加、修改语句
    string[] Parr = Sarr.Split(Convert.ToChar(','));
    for (int i = p; i < n; i++)
    {
        //通过BoxName参数获取要进行操作的控件名称
        string sID = BoxName + i.ToString();
        foreach (Control C in Contr){                               //遍历控件集中的相关控件
            if (C.GetType().Name == "TextBox" | C.GetType().Name == "MaskedTextBox" |
                C.GetType(). Name == "ComboBox")
                if (C.Name == sID){                                 //如果在控件集中找到相应的组件
                    string Ctext = C.Text;
                    if (C.GetType().Name == "MaskedTextBox")        //如果当前是MaskedTextBox控件
                        Ctext = Date_Format(C.Text);                //对当前控件的值进行格式化
                    if (m == 1){                                    //组合SQL语句中insert的相关语句
                        tem_Field = tem_Field + "," + Parr[i];
                        if (Ctext == "")
                            tem_Value = tem_Value + "," + "NULL";
                        else
                            tem_Value = tem_Value + "," + "'" + Ctext + "'";
                    }
                    if (m == 2)
                    {                                               //组合SQL语句中update的相关语句
                        if (Ctext=="")
                            tem_Value = tem_Value + "," + Parr[i] + "=NULL";
                        else
                            tem_Value = tem_Value + "," + Parr[i] + "='" + Ctext + "'";
                    }
                }
        }
    }
    ADDs = "";
    if (m == 1)                                                     //生成SQL的添加语句
        ADDs = "insert into " + TableName + " (" + tem_Field + ") values(" + tem_Value + ")";
    if (m == 2)                                                     //生成SQL的修改语句
        if (ID2 == "")                                              //根据ID2参数，判断修改语句的条件
            ADDs = "update " + TableName + " set " + tem_Value + " where ID='" + ID1 + "'";
        else
            ADDs = "update " + TableName + " set " + tem_Value + " where ID='" + ID2 + "'";
}
}
```

Part_SaveClass()方法中的参数说明如表 9.9 所示。

表 9.9　Part_SaveClass()方法中的参数说明

参　数　值	描　　述
Sarr	要添加或修改表的部分字段名称，字段名必须以","分隔
ID1	数据表中的 ID 字段名，在修改表时，可用于条件字段
ID2	数据表中的职工编号字段名，可以为空
Contr	可视化控件集，用于在该控件集中查找控件信息
BoxName	获取控件的部分名称，用于查找相关控件
TableName	要进行添加、修改的数据表名称
n	控件集中要获取控件信息的个数
m	标识，用于判断是生成添加语句，还是修改语句

> **注意**
>
> 使用 Part_SaveClass()方法查找控件时，参数中传入的控件名必须以 BoxName_i 格式命名（如 Word_1）。

5. Find_Grids()方法

Find_Grids()方法的主要功能是查找指定可视化控件集中控件名包含 TName 参数值的所有控件，并根据控件名称获取相应表的字段名。当查找的控件为 TextBox 时，根据当前控件的部分名称查找相应的 ComboBox 控件（用来记录逻辑运算符），通过 ANDSign 参数将具有相关性的控件组合成查询条件，存入公共变量 FindValue 中。主要代码如下：

```csharp
//根据控件是否为空组合查询条件
public void Find_Grids(Control.ControlCollection GBox, string TName, string ANDSign)
{
    string sID = "";                                        //定义局部变量
    if (FindValue.Length>0)
        FindValue = FindValue + ANDSign;
            foreach (Control C in GBox){                    //遍历控件集上的所有控件
    //判断是否为遍历的控件
    if (C.GetType().Name == "TextBox" | C.GetType().Name == "ComboBox"){
        if (C.GetType().Name == "ComboBox" && C.Text!=""){  //当指定控件不为空时
            sID = C.Name;
            //当 TName 参数是当前控件名中的部分信息时
            if (sID.IndexOf(TName) > -1){
                //用 "_" 符号分隔当前控件的名称，获取相应的字段名
                string[] Astr = sID.Split(Convert.ToChar('_'));
                //生成查询条件
                FindValue = FindValue + "(" + Astr[1] + " = '" + C.Text + "')" + ANDSign;
            }
        }
        //如果当前为 TextBox 控件，并且控件不为空
        if (C.GetType().Name == "TextBox" && C.Text != "")
        {
            sID = C.Name;                                   //获取当前控件的名称
            //判断 TName 参数值是否为当前控件名的子字符串
            if (sID.IndexOf(TName) > -1)
            {
                string[] Astr = sID.Split(Convert.ToChar('_'));
                //以 "_" 为分隔符，将控件名存入一维数组中
                string m_Sign = "";                         //用于记录逻辑运算符
                string mID = "";                            //用于记录字段名
                if (Astr.Length > 2)                        //当数组的元素个数大于 2 时
                    mID = Astr[1] + "_" + Astr[2];          //将最后两个元素组成字段名
                else
                    mID = Astr[1];                          //获取当前条件所对应的字段名称
                foreach (Control C1 in GBox)                //遍历控件集
```

```
                {
                    if (C1.GetType().Name == "ComboBox")            //判断是否为 ComboBox 组件
                    //判断当前组件名是否包含条件组件的部分文件名
                    if ((C1.Name).IndexOf(mID) > -1)
                    {
                        if (C1.Text == "")                          //当查询条件为空时
                            break;                                  //退出本次循环
                        else
                        {
                            m_Sign = C1.Text;                       //将条件值存储到 m_Sgin 变量中
                            break;
                        }
                    }
                }
                if (m_Sign != "")                                   //当该条件不为空时
                    //组合 SQL 语句的查询条件
                    FindValue = FindValue + "(" + mID + m_Sign + C1.Text + ")" + ANDSign;
            }
        }
    }
    //当存储查询条件的变量不为空时，删除逻辑运算符 AND 和 OR
    if (FindValue.Length > 0)
    {
        if (FindValue.IndexOf("AND") > -1)                          //判断是否用 AND 连接条件
            FindValue = FindValue.Substring(0, FindValue.Length - 4);
        if (FindValue.IndexOf("OR") > -1)                           //判断是否用 OR 连接条件
            FindValue = FindValue.Substring(0, FindValue.Length - 3);
    }
    else
        FindValue = "";
}
```

Find_Grids()方法中的参数说明如表 9.10 所示。

表 9.10 Find_Grids()方法中的参数说明

参 数 值	描 述
GBox	用于查找的控件集
TName	获取控件的部分名称，用于查找相关控件
ANDSign	逻辑运算符 AND 或 OR

6. GetAutocoding()方法

GetAutocoding()方法的主要功能是在添加数据时自动获取被添加数据的编号，其实现过程是通过表名和 ID 字段在表中查找最大的 ID 值，并将 ID 值加 1 进行返回。当表中无记录时，返回 0001。TableName 参数表示进行自动编号的表名，ID 参数表示数据表的编号字段。主要代码如下：

```
//在添加信息时自动计算编号
public String GetAutocoding(string TableName, string ID)
{
    //查找指定表中 ID 值为最大的记录
    SqlDataReader MyDR = MyDataClass.getcom("select max(" + ID + ") NID from " + TableName);
    int Num = 0;
    if (MyDR.HasRows)                                               //当查找到记录时
    {
        MyDR.Read();                                                //读取当前记录
        if (MyDR[0].ToString() == "")
            return "0001";
        Num = Convert.ToInt32(MyDR[0].ToString());                  //将当前找到的最大编号转换成整数
        ++Num;                                                      //最大编号加 1
        string s = string.Format("{0:0000}", Num);                  //将整数值转换成指定格式的字符串
```

```
            return s;                                        //返回自动生成的编号
    }
    else
    {
            return "0001";                                   //当数据表没有记录时，返回 0001
    }
}
```

7. TreeMenuF()方法

TreeMenuF()方法是在单击 TreeView 控件的结点时被调用，其主要功能是通过所选结点的文本名称，在 MenuStrip 控件中进行遍历查找。如果找到，并且为可用状态，则通过 Show_Form()方法动态调用相关的窗体。代码如下：

```
//用 TreeView 控件调用 MenuStrip 控件下各菜单的单击事件
public void TreeMenuF(MenuStrip MenuS, TreeNodeMouseClickEventArgs e)
{
    string Men = "";
    for (int i = 0; i < MenuS.Items.Count; i++)              //遍历 MenuStrip 控件中的主菜单项
    {
        Men = ((ToolStripDropDownItem)MenuS.Items[i]).Name;  //获取主菜单项的名称
        //如果 MenuStrip 控件的菜单项没有子菜单
        if (Men.IndexOf("Menu") == -1)
        {
            //当结点名称与菜单项名称相等时
            if (((ToolStripDropDownItem)MenuS.Items[i]).Text == e.Node.Text)
                //判断当前菜单项是否可用
                if (((ToolStripDropDownItem)MenuS.Items[i]).Enabled == false)
                {
                    MessageBox.Show("当前用户无权限调用" + "\"" + e.Node.Text + "\"" + "窗体");
                    break;
                }
                else
                    //调用相应的窗体
                    Show_Form(((ToolStripDropDownItem)MenuS.Items[i]).Text.Trim(), 1);
        }
        ToolStripDropDownItem newmenu = (ToolStripDropDownItem)MenuS.Items[i];
        //遍历二级菜单项
        if (newmenu.HasDropDownItems && newmenu.DropDownItems.Count > 0)
            for (int j = 0; j < newmenu.DropDownItems.Count; j++)
            {
                Men = newmenu.DropDownItems[j].Name;         //获取二级菜单项的名称
                if (Men.IndexOf("Menu") == -1)
                {
                    if ((newmenu.DropDownItems[j]).Text == e.Node.Text)
                        if ((newmenu.DropDownItems[j]).Enabled == false)
                        {
                            MessageBox.Show("当前用户无权限调用" + "\"" + e.Node.Text + "\"" + "窗体");
                            break;
                        }
                        else
                            Show_Form((newmenu.DropDownItems[j]).Text.Trim(), 1);
                }
                ToolStripDropDownItem newmenu2 = (ToolStripDropDownItem)newmenu.DropDownItems[j];
                //遍历三级菜单项
                if (newmenu2.HasDropDownItems && newmenu2.DropDownItems.Count > 0)
                    for (int p = 0; p < newmenu2.DropDownItems.Count; p++)
                    {
                        if ((newmenu2.DropDownItems[p]).Text == e.Node.Text)
                            if ((newmenu2.DropDownItems[p]).Enabled == false)
                            {
                                MessageBox.Show("当前用户无权限调用" + "\"" + e.Node.Text + "\"" + "窗体");
                                break;
                            }
                            else
                                if ((newmenu2.DropDownItems[p]).Text.Trim() == "员工生日提示" ||
```

```
                                    (newmenu2.DropDownItems[p]).Text.Trim() == "员工合同提示")
                                    Show_Form((newmenu2.DropDownItems[p]).Text.Trim(), 1);
                                else
                                    Show_Form((newmenu2.DropDownItems[p]).Text.Trim(), 2);
                        }
                    }
                }
            }
        }
    }
}
```

8. MainPope()方法

MainPope()方法的主要功能是通过当前登录用户的名称，在用户权限表中查询当前用户的所有权限，并根据权限设置菜单栏中各菜单项的可用状态。其中，MenuS 参数是要设置的菜单栏控件，UName 参数为当前用户的名称。代码如下：

```
//根据用户权限设置菜单是否可用
public void MainPope(MenuStrip MenuS, String UName)
{
    string Str = "";
    string MenuName = "";
    //获取当前登录用户的信息
    DataSet DSet = MyDataClass.getDataSet("select ID from tb_Login where Name='" + UName + "'", "tb_Login");
    string UID = Convert.ToString(DSet.Tables[0].Rows[0][0]);            //获取当前用户编号
    //获取当前用户的权限信息
    DSet = MyDataClass.getDataSet("select ID,PopeName,Pope from tb_UserPope where ID='" + UID + "'", "tb_UserPope");
    bool bo = false;
    for (int k = 0; k < DSet.Tables[0].Rows.Count; k++)                  //遍历当前用户的权限名称
    {
        Str = Convert.ToString(DSet.Tables[0].Rows[k][1]);               //获取权限名称
        if (Convert.ToInt32(DSet.Tables[0].Rows[k][2]) == 1)             //判断权限是否可用
            bo = true;
        else
            bo = false;
        for (int i = 0; i < MenuS.Items.Count; i++)                      //遍历菜单栏中的一级菜单项
        {
            //记录当前菜单项下的所有信息
            ToolStripDropDownItem newmenu = (ToolStripDropDownItem)MenuS.Items[i];
            //如果当前菜单项有子级菜单项
            if (newmenu.HasDropDownItems && newmenu.DropDownItems.Count > 0)
                for (int j = 0; j < newmenu.DropDownItems.Count; j++)    //遍历二级菜单项
                {
                    MenuName = newmenu.DropDownItems[j].Name;            //获取当前菜单项的名称
                    if (MenuName.IndexOf(Str) > -1)                      //如果包含权限名称
                        newmenu.DropDownItems[j].Enabled = bo;           //根据权限设置可用状态
                    //记录当前菜单项的所有信息
                    ToolStripDropDownItem newmenu2 = (ToolStripDropDownItem)newmenu.DropDownItems[j];
                    //如果当前菜单项有子级菜单项
                    if (newmenu2.HasDropDownItems && newmenu2.DropDownItems.Count > 0)
                        //遍历三级菜单项
                        for (int p = 0; p < newmenu2.DropDownItems.Count; p++)
                        {
                            //获取当前菜单项的名称
                            MenuName = newmenu2.DropDownItems[p].Name;
                            if (MenuName.IndexOf(Str) > -1)              //如果包含权限名称
                                newmenu2.DropDownItems[p].Enabled = bo;  //根据权限设置可用状态
                        }
                }
        }
    }
}
```

9. Amend_Pope()方法

Amend_Pope()方法的主要功能是修改指定用户的权限。其中，GBox 参数是包含权限复选框的容器控件，TID 参数为当前用户的编号。代码如下：

```csharp
//修改指定用户的权限
public void Amend_Pope(Control.ControlCollection GBox, string TID)
{
    string CheckName = "";
    int tt = 0;                                             //定义一个变量，用来表示是否拥有权限
    foreach (Control C in GBox)                             //循环查找 GBox 包含的控件
    {
        if (C.GetType().Name == "CheckBox")                 //判断控件类型是不是 CheckBox
        {
            if (((CheckBox)C).Checked)                      //判断复选框是否选中
                tt = 1;
            else
                tt = 0;
            CheckName = C.Name;
            string[ ] Astr = CheckName.Split(Convert.ToChar('_'));  //截取复选框的名称，并存放到一个数组中
            //修改用户权限
            MyDataClass.getsqlcom("update tb_UserPope set Pope=" + tt + " where (ID='" + TID
                + "') and (PopeName='" + Astr[1].Trim() + "')");
        }
    }
}
```

9.6 登录窗体设计

9.6.1 登录窗体概述

登录模块的主要功能是通过输入正确的用户名和密码进入主窗体，它可以提高程序的安全性，保护数据资料不外泄。登录模块运行结果如图 9.6 所示。

9.6.2 设计登录窗体

新建一个 Windows 窗体，命名为 F_Login.cs，主要用于实现系统的登录功能。将窗体的 FormBorderStyle 属性设置为 None，以便去掉窗体的标题栏。F_Login 窗体使用的主要控件如表 9.11 所示。

图 9.6　系统登录

表 9.11　登录窗体使用的主要控件

控件类型	控件 ID	主要属性设置	用　　途
TextBox	textName	无	输入登录用户名
	textPass	PasswordChar 属性设置为 "*"	输入登录用户密码
Button	butLogin	Text 属性设置为 "登录"	登录
	butClose	Text 属性设置为 "取消"	取消
PictureBox	pictureBox1	SizeMode 属性设置为 StretchImage	显示登录窗体的背景图片

9.6.3 按 Enter 键时移动鼠标焦点

当用户在 "用户名" 文本框中输入值，并按下 Enter 键时，将鼠标焦点移动到 "密码" 文本框中。当在 "密码" 文本框中输入值，并按下 Enter 键时，将鼠标焦点移动到 "登录" 按钮上。实现代码如下：

```csharp
private void textName_KeyPress(object sender, KeyPressEventArgs e)
{
    if (e.KeyChar == '\r')                          //判断是否按下 Enter 键
        textPass.Focus();                           //将鼠标焦点移动到"密码"文本框
}
private void textPass_KeyPress(object sender, KeyPressEventArgs e)
{
    if (e.KeyChar == '\r')                          //判断是否按下 Enter 键
        butLogin.Focus();                           //将鼠标焦点移动到"登录"按钮
}
```

> **说明**
>
> KeyPressEventArgs 指定在用户按下键盘上的按键时返回的字符。例如，当用户按 Shift+A 键时，其 KeyChar 属性会返回一个大写字母 A。

9.6.4 登录功能的实现

当用户输入用户名和密码后，单击"登录"按钮进行登录。在"登录"按钮的 Click 事件中，首先判断用户名和密码是否为空。如果为空，则弹出提示框，通知用户将登录信息填写完整；否则将判断用户名和密码是否正确，如果正确，则进入本系统。详细代码如下：

```csharp
private void butLogin_Click(object sender, EventArgs e)
{
    if (textName.Text != "" & textPass.Text != "")
    {
        //用自定义方法 getcom()在 tb_Login 数据表中查找是否有当前登录用户
        SqlDataReader temDR = MyClass.getcom("select * from tb_Login where Name='" + textName.Text.Trim()
            + "' and Pass='" + textPass.Text.Trim() + "'");
        bool ifcom = temDR.Read();                  //必须用 Read()方法读取数据
        //当有记录时，表示用户名和密码正确
        if (ifcom)
        {
            DataClass.MyMeans.Login_Name = textName.Text.Trim();    //将用户名记录到公共变量中
            DataClass.MyMeans.Login_ID = temDR.GetString(0);        //获取当前操作员编号
            DataClass.MyMeans.My_con.Close();                       //关闭数据库连接
            DataClass.MyMeans.My_con.Dispose();                     //释放所有资源
            DataClass.MyMeans.Login_n = (int)(this.Tag);            //记录当前窗体的 Tag 属性值
            this.Close();                                           //关闭当前窗体
        }
        else
        {
            MessageBox.Show("用户名或密码错误！", "提示", MessageBoxButtons.OK, MessageBoxIcon.Information);
            textName.Text = "";
            textPass.Text = "";
        }
        MyClass.con_close();                        //关闭数据库连接
    }
    else
        MessageBox.Show("请将登录信息填写完整！", "提示", MessageBoxButtons.OK, MessageBoxIcon.Information);
}
```

9.7 系统主窗体设计

9.7.1 系统主窗体概述

主窗体是程序操作过程中必不可少的，它是人机交互的重要媒介。通过主窗体，用户可以调用系统相关的各子模块，快速掌握本系统中所实现的各个功能。智汇人才宝管理系统中，当登录窗体验证成功后，用户将进入主窗体。主窗体被分为 4 个部分，最上面是系统菜单栏，可以通过它调用系统中的所有子窗体。菜单栏下面是工具栏，它以按钮的形式使用户能够方便地调用最常用的子窗体。窗体的左边是一个树型导航菜单，该导航菜单中的各结点是根据菜单栏中的项自动生成的。窗体的最下面用状态栏显示当前登录的用户名。主窗体运行结果如图 9.7 所示。

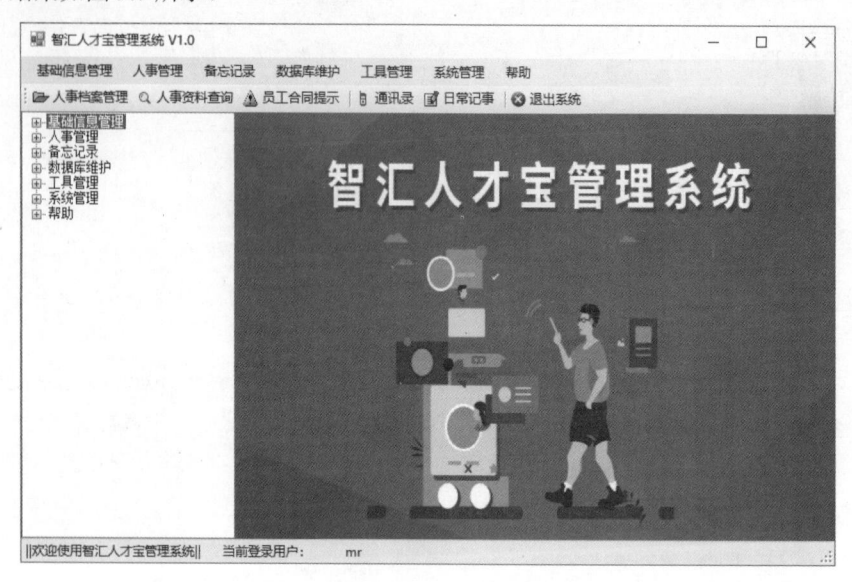

图 9.7 智汇人才宝管理系统主窗体

9.7.2 设计菜单栏

菜单栏运行效果如图 9.8 所示。

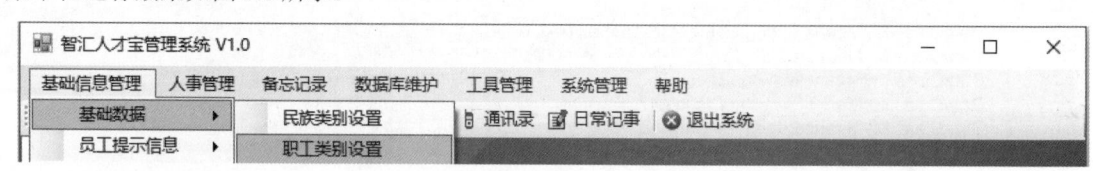

图 9.8 菜单栏运行效果

本系统的菜单栏是通过 MenuStrip 控件实现的，设计菜单栏的具体步骤如下：

（1）从工具箱中拖放一个 MenuStrip 控件，置于智汇人才宝管理系统的主窗体中。

（2）为菜单栏中的各个菜单项设置菜单名称，如图 9.9 所示。在输入菜单名称时，系统会自动产生输入下一个菜单名称的提示。

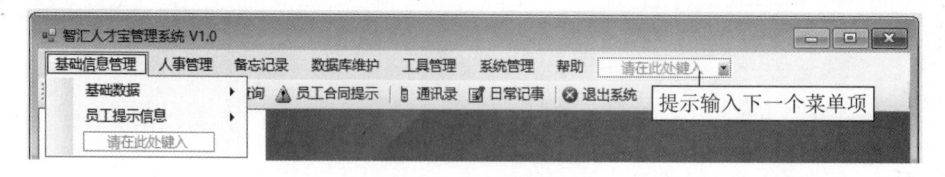

图 9.9 为菜单栏添加项

（3）选中菜单项，单击其"属性"窗口中的 Items 属性后面的 按钮，弹出"项集合编辑器"对话框，如图 9.10 所示。在该对话框中可以为菜单项设置 Name 名称，也可以继续通过单击其 DropDownItems 属性后面的 按钮添加子项。

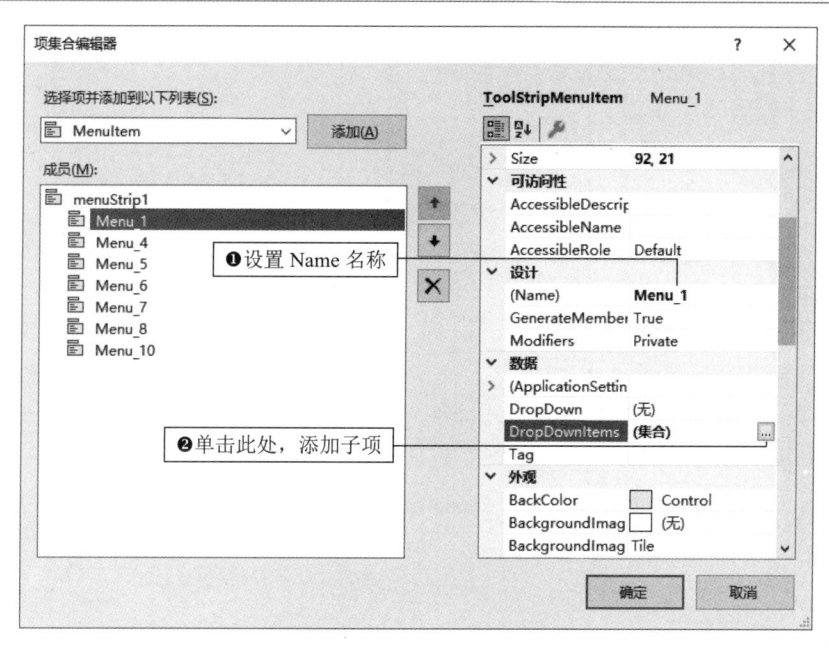

图 9.10 为菜单栏中的菜单项设置名称并添加子项

菜单栏设计完成之后，单击菜单栏中的各菜单项调用相应的子窗体。为了使程序的制作过程更加简便，将所有子窗体的调用封装到 MyModule 公共类的 Show_Form() 方法中，只需要获取当前调用窗体的名称及标识，即可调用相应的窗体。下面以单击"人事管理"→"人事档案管理"菜单项为例进行说明，代码如下：

```
private void Tool_Staffbasic_Click(object sender, EventArgs e)
{
    MyMenu.Show_Form(sender.ToString().Trim(), 1);      //用 MyModule 公共类中的 Show_Form()方法调用各窗体
}
```

说明

sender.ToString().Trim() 表示获取当前对象的 Text 属性值，即当前单击菜单项的文本。如果调用的是"基础信息管理"→"基础数据"下的子菜单项，则把 Show_Form() 方法中的 1 改为 2，因为"基础数据"菜单下的所有子菜单项调用的是一个公共窗体。

9.7.3 设计工具栏

工具栏运行效果如图 9.11 所示。

图 9.11 工具栏运行效果

本系统的工具栏是通过 ToolStrip 控件实现的，设计工具栏的具体步骤如下：

（1）从工具箱中拖放一个 ToolStrip 控件，置于智汇人才宝管理系统的主窗体中。单击 ToolStrip 控件后面的下拉按钮，可以选择为工具栏添加哪种控件，如图 9.12 所示。

（2）为工具栏添加完控件之后，选中添加的工具栏项，然后右击，在弹出的快捷菜单中选择"设置图像"命令，可以为工具栏项设置显示的图像，如图 9.13 所示。

（3）工具栏中的项默认只显示已经设置的图像，如果需要同时显示文本和图像，可以选中工具栏项，然后右击，在弹出的快捷菜单中选择 DisplayStyle→ImageAndText 命令，如图 9.14 所示。

图9.12 为工具栏添加控件　　图9.13 选择"设置图像"命令　　图9.14 选择 DisplayStyle→ImageAndText 命令

按照以上步骤，依次添加工具栏项。

工具栏主要是为用户提供一种对系统中常用功能进行快捷操作的方式，它在实现时，主要调用菜单栏中相应菜单项的 Click 事件即可。例如，"人事档案管理"工具栏项的 Click 事件代码如下：

```csharp
private void Button_Staffbasic_Click(object sender, EventArgs e)
{
    if (Tool_Staffbasic.Enabled==true)
        Tool_Staffbasic_Click(sender, e);            //调用人事档案管理菜单项的单击事件
    else
        MessageBox.Show("当前用户无权限调用" + "\"" + ((ToolStripButton)sender).Text + "\"" + "窗体");
}
```

9.7.4 设计导航菜单

导航菜单运行效果如图 9.15 所示。

本系统的导航菜单是通过 TreeView 控件实现的，导航菜单中的项根据菜单栏自动生成，它主要调用了公共类 MyModule 下的 GetMenu()方法，代码如下：

```csharp
//实例化公共类 MyModule 的一个对象
ModuleClass.MyModule MyMenu = new PWMS.ModuleClass.MyModule();
MyMenu.GetMenu(treeView1, menuStrip1); //使用菜单栏中的项填充导航菜单
```

当使用树型导航菜单的下拉列表打开相应的子窗体时，可以在 TreeView 控件的结点单击事件（NodeMouseClick）中调用相应的子窗体，代码如下：

```csharp
private void treeView1_NodeMouseClick(object sender, TreeNodeMouseClickEventArgs e)
{
    if (e.Node.Text.Trim() == "系统退出")      //如果当前结点的文本为"系统退出"
    {
        Application.Exit();                    //关闭应用程序
    }
    //用 MyModule 公共类中的 TreeMenuF()方法调用各窗体
    MyMenu.TreeMenuF(menuStrip1, e);
}
```

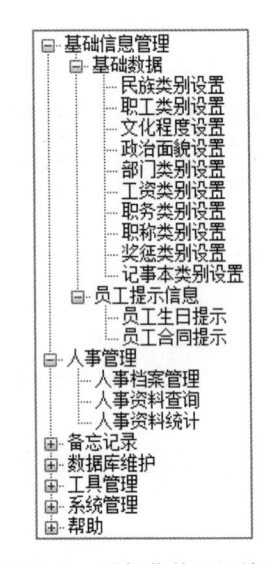

图 9.15　导航菜单运行效果

9.7.5 设计状态栏

状态栏运行效果如图 9.16 所示。

图 9.16　状态栏运行效果

本系统的状态栏是通过 StatusStrip 控件实现的，设计状态栏的具体步骤如下：

（1）从工具箱中拖放一个 StatusStrip 控件，置于智汇人才宝管理系统的主窗体中。单击 StatusStrip 控件

后面的下拉按钮，可以选择为状态栏添加哪种控件，如图 9.17 所示。

（2）本系统中的状态栏主要显示欢迎信息和当前登录的用户，因此这里使用 3 个 StatusLabel 控件。其中，前两个 StatusLabel 控件的 Text 属性分别设置为 "||欢迎使用智汇人才宝管理系统||" 和 "当前登录用户："，第三个 StatusLabel 控件用来显示当前登录的用户名。状态栏设计完成之后的效果如图 9.18 所示。

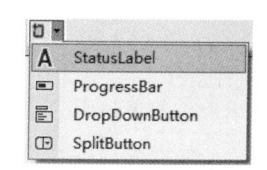

图 9.17 为状态栏添加控件

图 9.18 状态栏设计完成后的效果

在状态栏中显示当前登录用户名的实现代码如下：

```
statusStrip1.Items[2].Text = DataClass.MyMeans.Login_Name;   //在状态栏显示当前登录的用户名
```

9.8 人事档案管理窗体设计

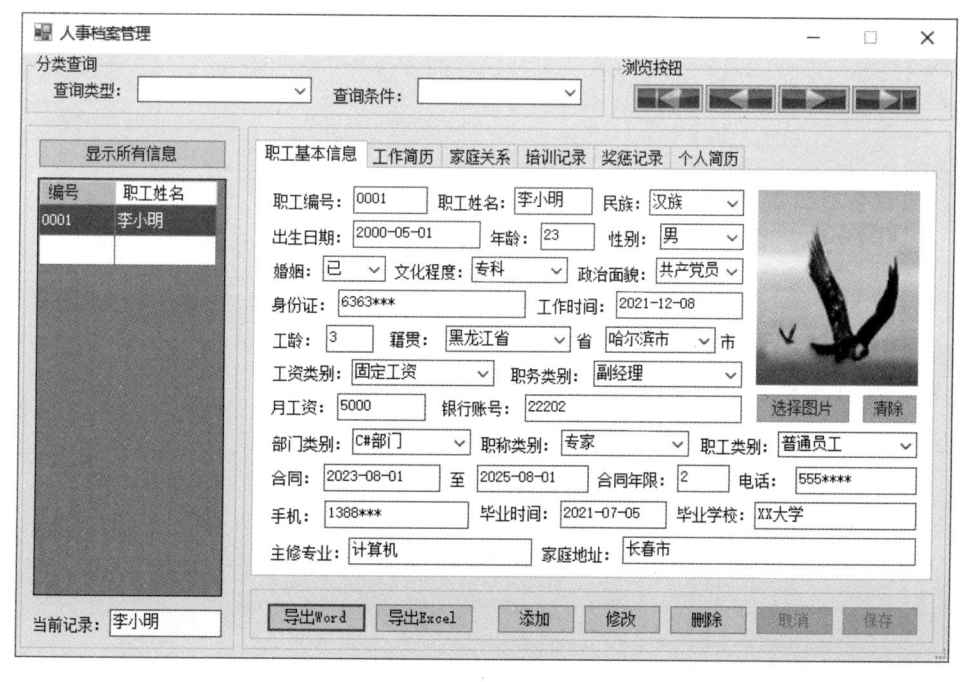

9.8.1 人事档案管理窗体概述

人事档案管理窗体是用来对职工的基本信息、家庭情况、工作简历、培训记录等进行浏览，以及进行添加、修改、删除等操作。在主窗体中，可以通过菜单栏中的"人事管理"→"人事档案管理"调用人事档案浏览窗体，也可以通过工具栏中的"人事档案管理"按钮或导航菜单中的下拉列表进行调用。人事档案管理窗体由 4 部分组成，分别是分类查询、浏览按钮、职工名称表、信息操作。其中，分类查询主要是通过职工的类别对职工进行简单查询；浏览按钮通过按钮对职工名称表进行浏览；职工名称表用来显示当前所记录的所有职工名称；信息操作用来对职工的相关信息进行添加、修改、删除、浏览等操作，并可以将职工的基本信息在 Word 文档或者 Excel 表格中以自定义表格的形式进行显示。人事档案管理窗体运行结果如图 9.19 所示。

图 9.19 人事档案管理窗体

> **说明**
> 由于人事档案管理窗体中有多个面板，但它们实现的功能的逻辑基本类似，因此下面以"职工基本信息"面板为例进行讲解。

9.8.2 设计人事档案管理窗体

新建一个 Windows 窗体，命名为 F_ManFile.cs，主要用于对企业的人事档案信息进行管理。F_MainFile 窗体使用的主要控件如表 9.12 所示。

表9.12 人事档案管理窗体使用的主要控件

控件类型	控件 ID	主要属性设置	用 途
TextBox	S_0	将其 ReadOnly 属性设置为 true	自动生成职工编号
	S_1	无	输入职工姓名
	S_4	无	输入年龄
	S_9	无	输入身份证号
	S_11	无	输入工龄
	S_25	无	输入月工资
	S_26	无	输入银行账号
	S_29	无	输入合同年限
	S_17	无	输入电话号码
	S_18	无	输入手机号码
	S_19	无	输入毕业学校
	S_20	无	输入主修专业
	S_22	无	输入家庭地址
	textBox1	无	显示当前查看的记录是第几条
MaskedTextBox	S_3	无	输入职工出生日期
	S_10	无	输入工作时间
	S_27	无	输入合同开始日期
	S_28	无	输入合同结束日期
	S_21	无	输入毕业时间
ComboBox	comboBox1	其 Items 属性设置参见图 9.20	选择查询类型
	comboBox2	无	选择查询条件
	S_2	无	选择民族
	S_7	在其 Items 属性中添加两项，分别为"男"和"女"	选择性别
	S_6	在其 Items 属性中添加两项，分别为"已"和"未"	选择婚姻状态
	S_5	无	选择文化程度
	S_8	无	选择政治面貌
	S_23	无	选择省份
	S_24	无	选择市
	S_14	无	选择工资类别

续表

控件类型	控件 ID	主要属性设置	用途
ComboBox	S_13	无	选择职务类别
	S_15	无	选择部门类别
	S_16	无	选择职称类别
	S_12	无	选择职工类别
Button	button1	无	查看所有职工信息
	N_First	无	查看第一条记录
	N_Previous	无	查看上一条记录
	N_Next	无	查看下一条记录
	N_Cauda	无	查看最后一条记录
	Img_Save	将其 Enabled 属性设置为 false	选择职工头像
	Img_Clear	将其 Enabled 属性设置为 false	清除职工头像
	Sta_Table	无	将职工信息导出到 Word 文档中
	Sub_Excel	无	将职工信息导出到 Excel 表格中
	Sta_Add	无	清空各文本框及下拉列表，以执行添加操作
	Sta_Amend	无	将"保存"按钮设置为可用以执行修改操作
	Sta_Delete	无	删除选中的职工信息
	Sta_Cancel	将其 Enabled 属性设置为 false	将各按钮的状态恢复到初始化时的状态
	Sta_Save	将其 Enabled 属性设置为 false	执行职工添加或修改操作
OpenFileDialog	openFileDialog1	无	打开选择职工头像的对话框
PictureBox	S_Photo	将其 SizeMode 属性设置为 StretchImage	显示选择的职工头像
DataGridView	dataGridView1	将其 SelectionMode 属性设置为 FullRowSelect	显示职工编号和姓名信息
TabControl	tabControl1	添加 6 个面板，并分别将其 Text 属性设置为"职工基本信息""工作简历""家庭关系""培训记录""奖惩记录"和"个人简历"	显示人事档案管理窗体中的各个控制面板

9.8.3 添加/修改人事档案信息

单击"添加"按钮，首先调用 MyModule 公共类中的 Clear_Control()方法，将指定控件集下的控件进行清空，然后根据表名和 ID 字段调用 MyModule 公共类中的 GetAutocoding() 方法进行自动编号，代码如下：

```
private void Sta_Add_Click(object sender, EventArgs e)
{
    //清空职工基本信息的相应文本框
    MyMC.Clear_Control(tabControl1.TabPages[0].Controls);
    //自动添加编号
    S_0.Text = MyMC.GetAutocoding("tb_Staffbasic", "ID");
    //用于记录添加操作的标识
    hold_n = 1;
    MyMC.Ena_Button(Sta_Add, Sta_Amend, Sta_Cancel, Sta_Save, 0,
                    0, 1, 1);
    groupBox5.Text = "当前正在添加信息";
```

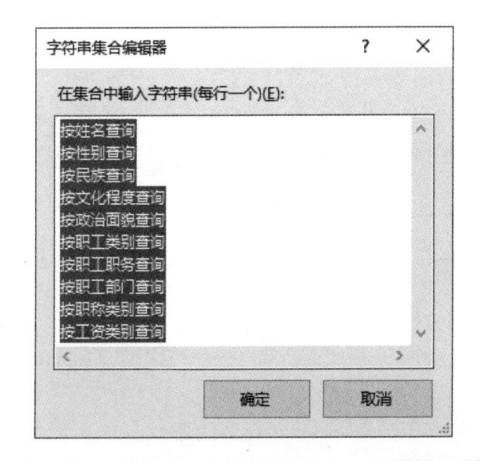

图 9.20 "查询类型"下拉列表 Items 属性设置

```
        //使图片选择按钮为可用状态
        Img_Clear.Enabled = true;
        Img_Save.Enabled = true;
}
```

单击"修改"按钮，该按钮的功能只是用 hold_n 标识记录当前为修改状态，并修改其他相关按钮的可用状态，代码如下：

```
private void Sta_Amend_Click(object sender, EventArgs e)
{
        hold_n = 2;                                                                 //用于记录修改操作的标识
        MyMC.Ena_Button(Sta_Add, Sta_Amend, Sta_Cancel, Sta_Save, 0, 0, 1, 1);
        groupBox5.Text = "当前正在修改信息";
        Img_Clear.Enabled = true;                                                   //使图片选择按钮为可用状态
        Img_Save.Enabled = true;
}
```

说明

自定义变量 hold_n 是用于添加和修改操作的标识，如果 hold_n 值不为 1 或 2 时，将不做任何操作。

单击"保存"按钮，根据 hold_n 标识判断执行的是添加操作还是修改操作，并调用"取消"按钮的单击事件功能，将各按钮的状态恢复到初始状态，代码如下：

```
private void Stu_Save_Click(object sender, EventArgs e)
{
        if (tabControl1.SelectedTab.Name == "tabPage6")                             //如果当前是"个人简历"选项卡
        {
                //通过 MyMeans 公共类中的 getcom()方法查询当前职工是否添加了个人简历
                SqlDataReader Read_Memo = MyDataClass.getcom("Select * from tb_Individual where ID='" + tem_ID + "'");
                if (Read_Memo.Read())                                               //如果有记录
                        //将当前设置的个人简历进行修改
                        MyDataClass.getsqlcom("update tb_Individual set Memo='" + Ind_Mome.Text + "' where ID='" + tem_ID + "'");
                else
                        //如果没有记录，则进行添加操作
                        MyDataClass.getsqlcom("insert into tb_Individual (ID,Memo) values('" + tem_ID + "','" + Ind_Mome.Text + "')");
        }
        else                                                                        //如果当前是"职工基本信息"选项卡
        {
                //定义字符串变量，并存储"职工基本信息表"中的所有字段
                string All_Field = "ID,StuffName,Folk,Birthday,Age,Culture,Marriage,Sex,Visage,IDCard,Workdate, "
                        +"WorkLength,Employee,Business,Laborage,Branch,Duthcall,Phone,Handset,School,Speciality, "
                        +"GraduateDate,Address,BeAware,City,M_Pay,Bank,Pact_B,Pact_E,Pact_Y";
                if (hold_n == 1 || hold_n == 2)                                     //判断当前是添加还是修改操作
                {
                        ModuleClass.MyModule.ADDs = "";                             //清空 MyModule 公共类中的 ADDs 变量
                        //用 MyModule 公共类中的 Part_SaveClass()方法组合添加或修改的 SQL 语句
                        MyMC.Part_SaveClass(All_Field, S_0.Text.Trim(), "", tabControl1.TabPages[0].Controls,
                                "S_", "tb_Staffbasic", 30, hold_n);
                        //如果 ADDs 变量不为空，则通过 MyMeans 公共类中的 getsqlcom()方法执行添加、修改操作
                        if (ModuleClass.MyModule.ADDs != "")
                                MyDataClass.getsqlcom(ModuleClass.MyModule.ADDs);
                }
                if (Ima_n > 0)                                                      //如果图片标识大于 0
                {
                        //通过 MyModule 公共类中的 SaveImage()方法将图片存入数据库中
                        MyMC.SaveImage(S_0.Text.Trim(), imgBytesIn);
                }
                Sta_Cancel_Click(sender, e);                                        //调用"取消"按钮的单击事件
        }
}
```

在添加和修改人事档案信息时，当为职工选择头像后，需要将选择的头像转换成字节数组，然后再存放到数据库中。将头像转换成字节数组的实现代码如下：

```
public void Read_Image(OpenFileDialog openF, PictureBox MyImage)
{
    openF.Filter = "*.jpg|*.jpg|*.bmp|*.bmp";           //指定 OpenFileDialog 控件打开的文件格式
    if (openF.ShowDialog(this) == DialogResult.OK)      //如果打开了图片文件
    {
        try
        {
            //将图片文件存入 PictureBox 控件中
            MyImage.Image = System.Drawing.Image.FromFile(openF.FileName);
            string strimg = openF.FileName.ToString();  //记录图片的所在路径
            //将图片以文件流的形式进行保存
            FileStream fs = new FileStream(strimg, FileMode.Open, FileAccess.Read);
            BinaryReader br = new BinaryReader(fs);
            imgBytesIn = br.ReadBytes((int)fs.Length);  //将流读入字节数组中
        }
        catch
        {
            MessageBox.Show("您选择的图片不能被读取或文件类型不对！", "错误",
                MessageBoxButtons.OK, MessageBoxIcon.Warning);
            S_Photo.Image = null;
        }
    }
}
```

9.8.4 删除人事档案信息

单击"删除"按钮，会将职工基本信息表中的当前记录全部删除，同时根据当前记录的编号，删除工作简历表、家庭关系表、培训记录表、奖惩记录表和个人简历表中的相关记录，代码如下：

```
private void Stu_Delete_Click(object sender, EventArgs e)
{
    if (dataGridView1.RowCount < 2)                     //判断 dataGridView1 控件中是否有记录
    {
        MessageBox.Show("数据表为空，不可以删除。");
        return;
    }
    //删除职工信息表中的当前记录及其他相关表中的信息
    MyDataClass.getsqlcom("Delete tb_Staffbasic where ID='" + S_0.Text.Trim() + "'");
    MyDataClass.getsqlcom("Delete tb_WorkResume where Stu_ID='" + S_0.Text.Trim() + "'");
    MyDataClass.getsqlcom("Delete tb_Family where Sta_ID='" + S_0.Text.Trim() + "'");
    MyDataClass.getsqlcom("Delete tb_TrainNote where Sta_ID='" + S_0.Text.Trim() + "'");
    MyDataClass.getsqlcom("Delete tb_RANDP where Sta_ID='" + S_0.Text.Trim() + "'");
    MyDataClass.getsqlcom("Delete tb_WorkResume where Sta_ID='" + S_0.Text.Trim() + "'");
    MyDataClass.getsqlcom("Delete tb_Individual where ID='" + S_0.Text.Trim() + "'");
    Sta_Cancel_Click(sender, e);                        //调用"取消"按钮的单击事件
}
```

9.8.5 单条件查询人事档案信息

单条件查询人事档案信息运行效果如图 9.21 所示。

当在"查询类型"下拉列表中选择查询的类型时，"查询条件"下拉列表中的值随

图 9.21 单条件查询人事档案信息运行效果

之改变，然后在"查询条件"下拉列表中选择要查询的内容，系统会根据选择的查询条件调用自定义方法 Condition_Lookup()在数据库中查找相关记录，并显示在 DataGridView 控件中。单条件查询人事档案信息的实现代码如下：

```
private void comboBox1_TextChanged(object sender, EventArgs e)
{
    //向 comboBox2 控件中添加相应的查询条件
    switch (comboBox1.SelectedIndex)
```

```csharp
            {
                case 0:
                {
                        //职工姓名
                        MyMC.CityInfo(comboBox2, "select distinct StuffName from tb_Staffbasic", 0);
                        tem_Field = "StuffName";
                        break;
                }
                case 1:                                                  //性别
                {
                        comboBox2.Items.Clear();
                        comboBox2.Items.Add("男");
                        comboBox2.Items.Add("女");
                        tem_Field = "Sex";
                        break;
                }
                case 2:
                {
                        MyMC.CoPassData(comboBox2, "tb_Folk");            //民族类别
                        tem_Field = "Folk";
                        break;
                }
                case 3:
                {
                        MyMC.CoPassData(comboBox2, "tb_Culture");         //文化程度
                        tem_Field = "Culture";
                        break;
                }
                case 4:
                {
                        MyMC.CoPassData(comboBox2, "tb_Visage");          //政治面貌
                        tem_Field = "Visage";
                        break;
                }
                case 5:
                {
                        MyMC.CoPassData(comboBox2, "tb_EmployeeGenre");   //职工类别
                        tem_Field = "Employee";
                        break;
                }
                case 6:
                {
                        MyMC.CoPassData(comboBox2, "tb_Business");        //职务类别
                        tem_Field = "Business";
                        break;
                }
                case 7:
                {
                        MyMC.CoPassData(comboBox2, "tb_Branch");          //部门类别
                        tem_Field = "Branch";
                        break;
                }
                case 8:
                {
                        MyMC.CoPassData(comboBox2, "tb_Duthcall");        //职称类别
                        tem_Field = "Duthcall";
                        break;
                }
                case 9:
                {
                        MyMC.CoPassData(comboBox2, "tb_Laborage");        //工资类别
                        tem_Field = "Laborage";
                        break;
                }
            }
}
private void comboBox2_TextChanged(object sender, EventArgs e)
{
    try
```

```csharp
    {
        tem_Value = comboBox2.SelectedItem.ToString();
        Condition_Lookup(tem_Value);
    }
    catch
    {
        comboBox2.Text = "";
        MessageBox.Show("只能以选择方式查询。");
    }
}
```

实现单条件查询人事档案信息时，使用了自定义方法 Condition_Lookup()，该方法用来根据指定的条件查找职工信息，并显示在 DataGridView 控件中。Condition_Lookup()方法的实现代码如下：

```csharp
//通过公共变量动态进行查询，按条件显示"职工基本信息"表的内容
public void Condition_Lookup(string C_Value)
{
    MyDS_Grid = MyDataClass.getDataSet("Select * from tb_Staffbasic where " + tem_Field + "='"
        + tem_Value + "'", "tb_Staffbasic");
    dataGridView1.DataSource = MyDS_Grid.Tables[0];
    textBox1.Text = Grid_Info(dataGridView1);              //显示职工信息表的当前记录
}
```

9.8.6 逐条查看人事档案信息

"浏览按钮"区域中的 4 个按钮主要实现逐条查看人事档案信息的功能，其运行效果如图 9.22 所示。

当单击图 9.22 中的 4 个按钮时，程序会根据所选按钮的 ID 判断将要执行"第一条""上一条""下一条"和"最后一条"这 4 项操作中的对应操作。"浏览按钮"区域中的 4 个按钮的实现代码如下：

图 9.22 逐条查看人事档案信息运行效果

```csharp
private void N_First_Click(object sender, EventArgs e)              //第一条
{
    int ColInd = 0;
    //判断 DataGridView 控件的当前单元格的列索引
    if (dataGridView1.CurrentCell.ColumnIndex == -1 || dataGridView1.CurrentCell.ColumnIndex>1)
        ColInd = 0;
    else
        ColInd = dataGridView1.CurrentCell.ColumnIndex;
    if ((((Button)sender).Name) == "N_First")                        //判断当前单击的是不是"第一条"
    {
        dataGridView1.CurrentCell = this.dataGridView1[ColInd, 0];   //将当前控件的索引设置为 0
        MyMC.Ena_Button(N_First, N_Previous, N_Next, N_Cauda, 0, 0, 1, 1);
    }
    if ((((Button)sender).Name) == "N_Previous")                     //判断当前单击的是不是"上一条"
    {
        if (dataGridView1.CurrentCell.RowIndex == 0)                 //判断当前行的索引是否为 0
        {
            //调用公共类中的方法设置 4 个按钮的状态
            MyMC.Ena_Button(N_First, N_Previous, N_Next, N_Cauda, 0, 0, 1, 1);
        }
        else
        {
            //重新给当前单元格赋值
            dataGridView1.CurrentCell = this.dataGridView1[ColInd, dataGridView1.CurrentCell.RowIndex - 1];
            MyMC.Ena_Button(N_First, N_Previous, N_Next, N_Cauda, 1, 1, 1, 1);
        }
    }
    if ((((Button)sender).Name) == "N_Next")                         //判断当前单击的是不是"下一条"
    {
        //判断当前行索引是不是最后一行
        if (dataGridView1.CurrentCell.RowIndex == dataGridView1.RowCount-2)
        {
            //调用公共类中的方法设置 4 个按钮的状态
```

```csharp
                MyMC.Ena_Button(N_First, N_Previous, N_Next, N_Cauda, 1, 1, 0, 0);
            }
            else
            {
                //重新给当前单元格赋值
                dataGridView1.CurrentCell = this.dataGridView1[ColInd, dataGridView1.CurrentCell.RowIndex + 1];
                MyMC.Ena_Button(N_First, N_Previous, N_Next, N_Cauda, 1, 1, 1, 1);
            }
        }
        if ((((Button)sender).Name) == "N_Cauda")                    //判断当前单击的是不是"最后一条"
        {
            //将当前单元格索引设置为最后一行
            dataGridView1.CurrentCell = this.dataGridView1[ColInd, dataGridView1.RowCount - 2];
            MyMC.Ena_Button(N_First, N_Previous, N_Next, N_Cauda, 1, 1, 0, 0);
        }
    }
    private void N_Previous_Click(object sender, EventArgs e)        //上一条
    {
        N_First_Click(sender, e);
    }
    private void N_Next_Click(object sender, EventArgs e)            //下一条
    {
        N_First_Click(sender, e);
    }
    private void N_Cauda_Click(object sender, EventArgs e)           //最后一条
    {
        N_First_Click(sender, e);
    }
```

9.8.7　将人事档案信息导出为 Word 文档

将人事档案信息导出为 Word 文档，如图 9.23 所示。

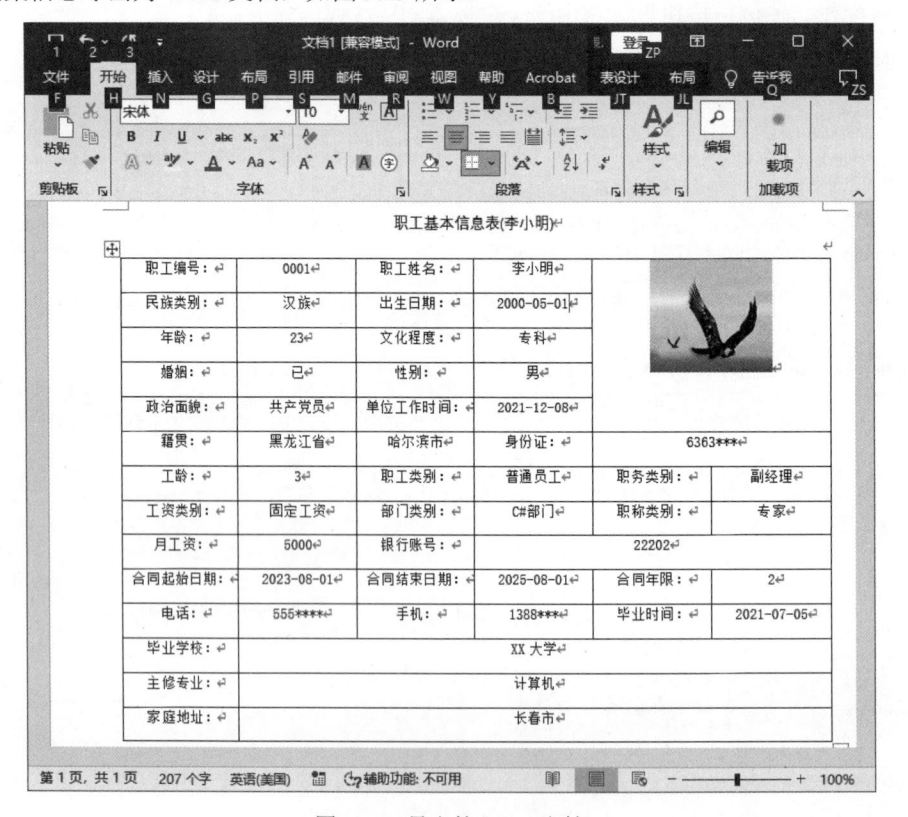

图 9.23　导出的 Word 文档

为了便于职工信息的存储及打印，单击"导出 Word"按钮，可以将职工信息以表格的形式存入 Word 文档中。将人事档案信息导出为 Word 文档的实现代码如下：

```csharp
private void but_Table_Click(object sender, EventArgs e)
{
    object Nothing = System.Reflection.Missing.Value;
    object missing = System.Reflection.Missing.Value;
    //创建 Word 文档
    Microsoft.Office.Interop.Word.Application wordApp = new Microsoft.Office.Interop.Word.Application();
    Microsoft.Office.Interop.Word.Document wordDoc = wordApp.Documents.Add(ref Nothing,
        ref Nothing, ref Nothing, ref Nothing);
    wordApp.Visible = true;
    //设置文档宽度
    wordApp.Selection.PageSetup.LeftMargin = wordApp.CentimetersToPoints(float.Parse("2"));
    wordApp.ActiveWindow.ActivePane.HorizontalPercentScrolled = 11;
    wordApp.Selection.PageSetup.RightMargin = wordApp.CentimetersToPoints(float.Parse("2"));
    Object start = Type.Missing;
    Object end = Type.Missing;
    PictureBox pp = new PictureBox();                               //新建一个 PictureBox 控件
    int p1 = 0;
    for (int i = 0; i < MyDS_Grid.Tables[0].Rows.Count; i++)
    {
        try
        {
            ShowData_Image((byte[ ])(MyDS_Grid.Tables[0].Rows[i][23]), pp);
            pp.Image.Save(@"D:\22.bmp");                            //将图片存入指定的路径
        }
        catch
        {
            p1 = 1;
        }
        object rng = Type.Missing;
        string strInfo = "职工基本信息表" + "(" + MyDS_Grid.Tables[0].Rows[i][1].ToString() + ")";
        start = 0;
        end = 0;
        wordDoc.Range(ref start, ref end).InsertBefore(strInfo);                //插入文本
        wordDoc.Range(ref start, ref end).Font.Name = "Verdana";                //设置字体
        wordDoc.Range(ref start, ref end).Font.Size = 20;                       //设置字体大小
        wordDoc.Range(ref start, ref end).ParagraphFormat.Alignment =
            Microsoft.Office.Interop.Word. WdParagraphAlignment.wdAlignParagraphCenter;//设置字体居中
        start = strInfo.Length;
        end = strInfo.Length;
        wordDoc.Range(ref start, ref end).InsertParagraphAfter();               //插入回车
        object missingValue = Type.Missing;
        //如果 location 超过已有字符的长度会出错，要比"明细表"串多一个字符
        object location = strInfo.Length;
        Microsoft.Office.Interop.Word.Range rng2 = wordDoc.Range(ref location, ref location);
        Microsoft.Office.Interop.Word.Table tab = wordDoc.Tables.Add(rng2, 14, 6, ref missingValue, ref missingValue);
        tab.Rows.HeightRule = Microsoft.Office.Interop.Word.WdRowHeightRule.wdRowHeightAtLeast;
        tab.Rows.Height = wordApp.CentimetersToPoints(float.Parse("0.8"));
        tab.Range.Font.Size = 10;
        tab.Range.Font.Name = "宋体";
        //设置表格样式
        tab.Borders.InsideLineStyle = Microsoft.Office.Interop.Word.WdLineStyle.wdLineStyleSingle;
        tab.Borders.InsideLineWidth = Microsoft.Office.Interop.Word.WdLineWidth.wdLineWidth050pt;
        tab.Borders.InsideColor = Microsoft.Office.Interop.Word.WdColor.wdColorAutomatic;
        wordApp.Selection.ParagraphFormat.Alignment =
            Microsoft.Office.Interop.Word. WdParagraphAlignment.wdAlignParagraphRight;  //设置右对齐
        //第 5 行显示
        tab.Cell(1, 5).Merge(tab.Cell(5, 6));
        //第 6 行显示
        tab.Cell(6, 5).Merge(tab.Cell(6, 6));
        //第 9 行显示
        tab.Cell(9, 4).Merge(tab.Cell(9, 6));
```

```csharp
//第 12 行显示
tab.Cell(12, 2).Merge(tab.Cell(12, 6));
//第 13 行显示
tab.Cell(13, 2).Merge(tab.Cell(13, 6));
//第 14 行显示
tab.Cell(14, 2).Merge(tab.Cell(14, 6));
//第 1 行赋值
tab.Cell(1, 1).Range.Text = "职工编号：";
tab.Cell(1, 2).Range.Text = MyDS_Grid.Tables[0].Rows[i][0].ToString();
tab.Cell(1, 3).Range.Text = "职工姓名：";
tab.Cell(1, 4).Range.Text = MyDS_Grid.Tables[0].Rows[i][1].ToString();
//插入图片
if (p1 == 0)
{
    string FileName = @"D:\22.bmp";                                     //图片所在路径
    object LinkToFile = false;
    object SaveWithDocument = true;
    object Anchor = tab.Cell(1, 5).Range;                               //指定图片插入的区域
    //将图片插入单元格中
    tab.Cell(1, 5).Range.InlineShapes.AddPicture(FileName, ref LinkToFile, ref SaveWithDocument, ref Anchor);
}
p1 = 0;
//第 2 行赋值
tab.Cell(2, 1).Range.Text = "民族类别：";
tab.Cell(2, 2).Range.Text = MyDS_Grid.Tables[0].Rows[i][2].ToString();
tab.Cell(2, 3).Range.Text = "出生日期：";
try
{
    tab.Cell(2, 4).Range.Text =
        Convert.ToString(Convert.ToDateTime(MyDS_Grid.Tables[0].Rows[i][3]). ToShortDateString());
}
catch { tab.Cell(2, 4).Range.Text = ""; }
//第 3 行赋值
tab.Cell(3, 1).Range.Text = "年龄：";
tab.Cell(3, 2).Range.Text = Convert.ToString(MyDS_Grid.Tables[0].Rows[i][4]);
tab.Cell(3, 3).Range.Text = "文化程度：";
tab.Cell(3, 4).Range.Text = MyDS_Grid.Tables[0].Rows[i][5].ToString();
//第 4 行赋值
tab.Cell(4, 1).Range.Text = "婚姻：";
tab.Cell(4, 2).Range.Text = MyDS_Grid.Tables[0].Rows[i][6].ToString();
tab.Cell(4, 3).Range.Text = "性别：";
tab.Cell(4, 4).Range.Text = MyDS_Grid.Tables[0].Rows[i][7].ToString();
//第 5 行赋值
tab.Cell(5, 1).Range.Text = "政治面貌：";
tab.Cell(5, 2).Range.Text = MyDS_Grid.Tables[0].Rows[i][8].ToString();
tab.Cell(5, 3).Range.Text = "单位工作时间：";
try
{
    tab.Cell(5, 4).Range.Text =
        Convert.ToString(Convert.ToDateTime(MyDS_Grid.Tables[0].Rows[0][10]). ToShortDateString());
}
catch { tab.Cell(5, 4).Range.Text = ""; }
//第 6 行赋值
tab.Cell(6, 1).Range.Text = "籍贯：";
tab.Cell(6, 2).Range.Text = MyDS_Grid.Tables[0].Rows[i][24].ToString();
tab.Cell(6, 3).Range.Text = MyDS_Grid.Tables[0].Rows[i][25].ToString();
tab.Cell(6, 4).Range.Text = "身份证：";
tab.Cell(6, 5).Range.Text = MyDS_Grid.Tables[0].Rows[i][9].ToString();
//第 7 行赋值
tab.Cell(7, 1).Range.Text = "工龄：";
tab.Cell(7, 2).Range.Text = Convert.ToString(MyDS_Grid.Tables[0].Rows[i][11]);
tab.Cell(7, 3).Range.Text = "职工类别：";
tab.Cell(7, 4).Range.Text = MyDS_Grid.Tables[0].Rows[i][12].ToString();
tab.Cell(7, 5).Range.Text = "职务类别：";
```

```csharp
            tab.Cell(7, 6).Range.Text = MyDS_Grid.Tables[0].Rows[i][13].ToString();
            //第 8 行赋值
            tab.Cell(8, 1).Range.Text = "工资类别：";
            tab.Cell(8, 2).Range.Text = MyDS_Grid.Tables[0].Rows[i][14].ToString();
            tab.Cell(8, 3).Range.Text = "部门类别：";
            tab.Cell(8, 4).Range.Text = MyDS_Grid.Tables[0].Rows[i][15].ToString();
            tab.Cell(8, 5).Range.Text = "职称类别：";
            tab.Cell(8, 6).Range.Text = MyDS_Grid.Tables[0].Rows[i][16].ToString();
            //第 9 行赋值
            tab.Cell(9, 1).Range.Text = "月工资：";
            tab.Cell(9, 2).Range.Text = Convert.ToString(MyDS_Grid.Tables[0].Rows[i][26]);
            tab.Cell(9, 3).Range.Text = "银行账号：";
            tab.Cell(9, 4).Range.Text = MyDS_Grid.Tables[0].Rows[i][27].ToString();
            //第 10 行赋值
            tab.Cell(10, 1).Range.Text = "合同起始日期：";
            try
            {
                tab.Cell(10, 2).Range.Text =
                    Convert.ToString(Convert.ToDateTime(MyDS_Grid.Tables[0].Rows[i][28]).ToShortDateString());
            }
            catch { tab.Cell(10, 2).Range.Text = ""; }
            tab.Cell(10, 3).Range.Text = "合同结束日期：";
            try
            {
                tab.Cell(10, 4).Range.Text =
                    Convert.ToString(Convert.ToDateTime(MyDS_Grid.Tables[0].Rows[i][29]).ToShortDateString());
            }
            catch { tab.Cell(10, 4).Range.Text = ""; }
            tab.Cell(10, 5).Range.Text = "合同年限：";
            tab.Cell(10, 6).Range.Text = Convert.ToString(MyDS_Grid.Tables[0].Rows[i][30]);
            //第 11 行赋值
            tab.Cell(11, 1).Range.Text = "电话：";
            tab.Cell(11, 2).Range.Text = MyDS_Grid.Tables[0].Rows[i][17].ToString();
            tab.Cell(11, 3).Range.Text = "手机：";
            tab.Cell(11, 4).Range.Text = MyDS_Grid.Tables[0].Rows[i][18].ToString();
            tab.Cell(11, 5).Range.Text = "毕业时间：";
            try
            {
                tab.Cell(11, 6).Range.Text =
                    Convert.ToString(Convert.ToDateTime(MyDS_Grid.Tables[0]. Rows[i][21]).ToShortDateString());
            }
            catch { tab.Cell(11, 6).Range.Text = ""; }
            //Convert.ToString(MyDS_Grid.Tables[0].Rows[i][21]);
            //第 12 行赋值
            tab.Cell(12, 1).Range.Text = "毕业学校：";
            tab.Cell(12, 2).Range.Text = MyDS_Grid.Tables[0].Rows[i][19].ToString();
            //第 13 行赋值
            tab.Cell(13, 1).Range.Text = "主修专业：";
            tab.Cell(13, 2).Range.Text = MyDS_Grid.Tables[0].Rows[i][20].ToString();
            //第 14 行赋值
            tab.Cell(14, 1).Range.Text = "家庭地址：";
            tab.Cell(14, 2).Range.Text = MyDS_Grid.Tables[0].Rows[i][22].ToString();
            wordDoc.Range(ref start, ref end).InsertParagraphAfter();                    //插入回车
            wordDoc.Range(ref start, ref end).ParagraphFormat.Alignment =
                Microsoft.Office.Interop.Word.WdParagraphAlignment.wdAlignParagraphCenter;   //设置字体居中
        }
    }
```

9.8.8　将人事档案信息导出为 Excel 表格

将人事档案信息导出为 Excel 表格，如图 9.24 所示。

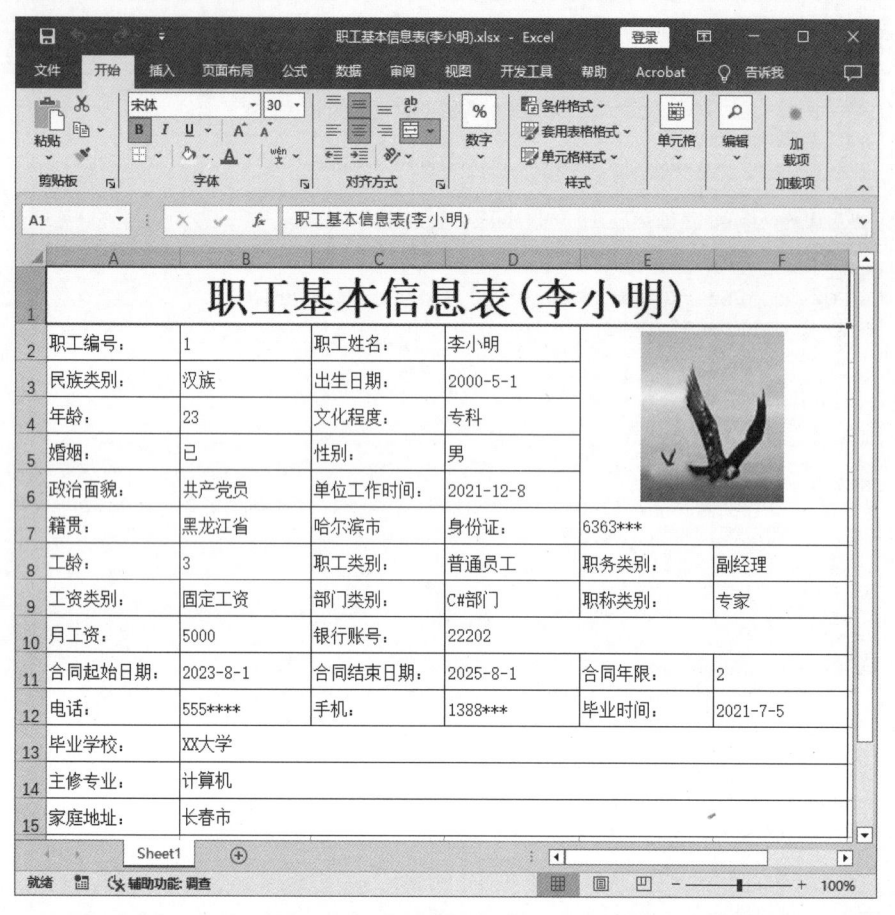

图 9.24　导出的 Excel 表格

为了便于职工信息的存储及打印，单击"导出 Excel"按钮，可以将职工信息导入 Excel 表格中。将人事档案信息导出为 Excel 表格的实现代码如下：

```
private void Sub_Excel_Click(object sender, EventArgs e)
{
    object rng = Type.Missing;
    //创建 Excel 对象
    Microsoft.Office.Interop.Excel.Application excel = new Microsoft.Office.Interop.Excel.Application();
    Microsoft.Office.Interop.Excel.Workbook workbook =
        excel.Application.Workbooks.Add(Microsoft.Office. Interop.Excel.XlWBATemplate.xlWBATWorksheet);
    Microsoft.Office.Interop.Excel.Worksheet worksheet =
        (Microsoft.Office.Interop.Excel.Worksheet) (workbook.Worksheets[1]);
    Microsoft.Office.Interop.Excel.Range range = null;
    //获取除第一行之外的所有单元格范围
    range = worksheet.Range[.Range[excel.Cells[2, 1], excel.Cells[15, 6]];
    range.ColumnWidth = 15;                                    //设置单元格宽度
    range.RowHeight = 25;                                      //设置单元格高度
    range.Borders.LineStyle = 1;                               //设置边框线的宽度
    //设置边框线的样式
    range.BorderAround2(1, Microsoft.Office.Interop.Excel.XlBorderWeight.xlThin,
        Microsoft.Office. Interop.Excel.XlColorIndex.xlColorIndexAutomatic, Color.Black, Type.Missing);
    range.Font.Size = 12;                                      //设置字体大小
    range.Font.Name = "宋体";                                  //设置字体
    //设置对齐格式为左对齐
    range.HorizontalAlignment = Microsoft.Office.Interop.Excel.XlVAlign.xlVAlignJustify;
    PictureBox pp = new PictureBox();                          //新建一个 PictureBox 控件
    int p1 = 0;                                                //定义一个标识，用来标识是否存在照片
    for (int i = 0; i < MyDS_Grid.Tables[0].Rows.Count; i++)
```

```csharp
{
    try
    {
        //获取照片
        ShowData_Image((byte[ ])(MyDS_Grid.Tables[0].Rows[i][23]), pp);
        pp.Image.Save(@"D:\22.bmp");                          //将图片存入指定的路径
    }
    catch
    {
        p1 = 1;
    }
    //设置标题名称
    string strInfo = "职工基本信息表" + "(" + MyDS_Grid.Tables[0].Rows[i][1].ToString() + ")";
    //设置第 1 行要合并的表格
    range = worksheet.Range[.Range[excel.Cells[1, 1], excel.Cells[1, 6]];
    range.Merge();                                             //合并单元格
    range.Font.Size = 30;                                      //设置第一行的字体大小
    range.Font.Name = "宋体";                                  //设置第一行的字体
    range.Font.FontStyle = "Bold";                             //设置第一行字体为粗体
    //设置标题居中显示
    range.HorizontalAlignment = Microsoft.Office.Interop.Excel.XlVAlign.xlVAlignCenter;
    excel.Cells[1, 1] = strInfo;                               //设置标题
    //第 2 行到第 6 行的合并范围，用来显示照片
    range = worksheet.Range[.Range[excel.Cells[2, 5], excel.Cells[6, 6]];
    range.Merge(true);
    //第 7 行显示
    range = worksheet.Range[.Range[excel.Cells[7, 5], excel.Cells[7, 6]];
    range.Merge(true);
    //第 10 行显示
    range = worksheet.Range[excel.Cells[10, 4], excel.Cells[10, 6]];
    range.Merge(true);
    //第 13 行显示
    range = worksheet.Range[excel.Cells[13, 2], excel.Cells[13, 6]];
    range.Merge(true);
    //第 14 行显示
    range = worksheet.Range[excel.Cells[14, 2], excel.Cells[14, 6]];
    range.Merge(true);
    //第 15 行显示
    range = worksheet.Range[excel.Cells[15, 2], excel.Cells[15, 6]];
    range.Merge(true);
    //第 1 行赋值
    excel.Cells[2, 1] = "职工编号：";
    excel.Cells[2, 2] = MyDS_Grid.Tables[0].Rows[i][0].ToString();
    excel.Cells[2, 3] = "职工姓名：";
    excel.Cells[2, 4] = MyDS_Grid.Tables[0].Rows[i][1].ToString();
    //插入照片
    if (p1 == 0)
    {
        string FileName = @"D:\22.bmp";                        //照片所在路径
        range = worksheet.Range[excel.Cells[2, 5], excel.Cells[6, 5]];
        range.Merge();
        worksheet.Shapes.AddPicture(FileName,Microsoft.Office.Core.MsoTriState.msoFalse,
            Microsoft.Office.Core.MsoTriState.msoTrue,418, 43, 100, 115);
    }
    p1 = 0;
    //第 2 行赋值
    excel.Cells[3, 1] = "民族类别：";
    excel.Cells[3, 2] = MyDS_Grid.Tables[0].Rows[i][2].ToString();
    excel.Cells[3, 3] = "出生日期：";
    try
```

```csharp
        {
            excel.Cells[3, 4] =
                    Convert.ToString(Convert.ToDateTime(MyDS_Grid.Tables[0].Rows[i][3]).ToShortDateString());
        }
        catch { excel.Cells[3, 4] = ""; }
        //第 3 行赋值
        excel.Cells[4, 1] = "年龄：";
        excel.Cells[4, 2] = Convert.ToString(MyDS_Grid.Tables[0].Rows[i][4]);
        excel.Cells[4, 3] = "文化程度：";
        excel.Cells[4, 4] = MyDS_Grid.Tables[0].Rows[i][5].ToString();
        //第 4 行赋值
        excel.Cells[5, 1] = "婚姻：";
        excel.Cells[5, 2] = MyDS_Grid.Tables[0].Rows[i][6].ToString();
        excel.Cells[5, 3] = "性别：";
        excel.Cells[5, 4] = MyDS_Grid.Tables[0].Rows[i][7].ToString();
        //第 5 行赋值
        excel.Cells[6, 1] = "政治面貌：";
        excel.Cells[6, 2] = MyDS_Grid.Tables[0].Rows[i][8].ToString();
        excel.Cells[6, 3] = "单位工作时间：";
        try
        {
            excel.Cells[6, 4] =
                    Convert.ToString(Convert.ToDateTime(MyDS_Grid.Tables[0].Rows[0][10]). ToShortDateString());
        }
        catch { excel.Cells[6, 4] = ""; }
        //第 6 行赋值
        excel.Cells[7, 1] = "籍贯：";
        excel.Cells[7, 2] = MyDS_Grid.Tables[0].Rows[i][24].ToString();
        excel.Cells[7, 3] = MyDS_Grid.Tables[0].Rows[i][25].ToString();
        excel.Cells[7, 4] = "身份证：";
        excel.Cells[7, 5] = MyDS_Grid.Tables[0].Rows[i][9].ToString();
        //第 7 行赋值
        excel.Cells[8, 1] = "工龄：";
        excel.Cells[8, 2] = Convert.ToString(MyDS_Grid.Tables[0].Rows[i][11]);
        excel.Cells[8, 3] = "职工类别：";
        excel.Cells[8, 4] = MyDS_Grid.Tables[0].Rows[i][12].ToString();
        excel.Cells[8, 5] = "职务类别：";
        excel.Cells[8, 6] = MyDS_Grid.Tables[0].Rows[i][13].ToString();
        //第 8 行赋值
        excel.Cells[9, 1] = "工资类别：";
        excel.Cells[9, 2] = MyDS_Grid.Tables[0].Rows[i][14].ToString();
        excel.Cells[9, 3] = "部门类别：";
        excel.Cells[9, 4] = MyDS_Grid.Tables[0].Rows[i][15].ToString();
        excel.Cells[9, 5] = "职称类别：";
        excel.Cells[9, 6] = MyDS_Grid.Tables[0].Rows[i][16].ToString();
        //第 9 行赋值
        excel.Cells[10, 1] = "月工资：";
        excel.Cells[10, 2] = Convert.ToString(MyDS_Grid.Tables[0].Rows[i][26]);
        excel.Cells[10, 3] = "银行账号：";
        excel.Cells[10, 4] = MyDS_Grid.Tables[0].Rows[i][27].ToString();
        //第 10 行赋值
        excel.Cells[11, 1] = "合同起始日期：";
        try
        {
            excel.Cells[11, 2] =
                    Convert.ToString(Convert.ToDateTime(MyDS_Grid.Tables[0].Rows[i][28]). ToShortDateString());
        }
        catch { excel.Cells[11, 2] = ""; }
        excel.Cells[11, 3] = "合同结束日期：";
        try
```

```
            {
                excel.Cells[11, 4] =
                    Convert.ToString(Convert.ToDateTime(MyDS_Grid.Tables[0].Rows[i][29]). ToShortDateString());
            }
            catch { excel.Cells[11, 4] = ""; }
            excel.Cells[11, 5] = "合同年限：";
            excel.Cells[11, 6] = Convert.ToString(MyDS_Grid.Tables[0].Rows[i][30]);
            //第 11 行赋值
            excel.Cells[12, 1] = "电话：";
            excel.Cells[12, 2] = MyDS_Grid.Tables[0].Rows[i][17].ToString();
            excel.Cells[12, 3] = "手机：";
            excel.Cells[12, 4] = MyDS_Grid.Tables[0].Rows[i][18].ToString();
            excel.Cells[12, 5] = "毕业时间：";
            try
            {
                excel.Cells[12, 6] =
                    Convert.ToString(Convert.ToDateTime(MyDS_Grid.Tables[0].Rows[i][21]). ToShortDateString());
            }
            catch { excel.Cells[12, 6] = ""; }
            //Convert.ToString(MyDS_Grid.Tables[0].Rows[i][21]);
            //第 12 行赋值
            excel.Cells[13, 1] = "毕业学校：";
            excel.Cells[13, 2] = MyDS_Grid.Tables[0].Rows[i][19].ToString();
            //第 13 行赋值
            excel.Cells[14, 1] = "主修专业：";
            excel.Cells[14, 2] = MyDS_Grid.Tables[0].Rows[i][20].ToString();
            //第 14 行赋值
            excel.Cells[15, 1] = "家庭地址：";
            excel.Cells[15, 2] = MyDS_Grid.Tables[0].Rows[i][22].ToString();
            if (!System.IO.File.Exists("D:\\" + strInfo + ".xlsx"))
                worksheet.SaveAs("D:\\" + strInfo + ".xlsx", Type.Missing, Type.Missing, Type.Missing, Type.Missing,
                    Type.Missing, Type.Missing, Type.Missing, Type.Missing, Type.Missing);
            else
                worksheet.Copy(Type.Missing, Type.Missing);
            workbook.Save();                                              //保存工作表
            workbook.Close(false, Type.Missing, Type.Missing);            //关闭工作表
            MessageBox.Show("基本信息表导出到 Excel 成功，位置: D:\\" + strInfo + ".xlsx", "提示");
        }
}
```

9.9 人事资料查询窗体设计

9.9.1 人事资料查询窗体概述

在人事资料查询窗体中，可以通过在"基本信息"和"个人信息"区域中设置查询条件，对职工基本信息进行查询。人事资料查询窗体运行结果如图 9.25 所示。

9.9.2 设计人事资料查询窗体

新建一个 Windows 窗体，命名为 F_Find.cs，主要用于对企业的人事档案信息进行查询。F_Find 窗体使用的主要控件如表 9.13 所示。

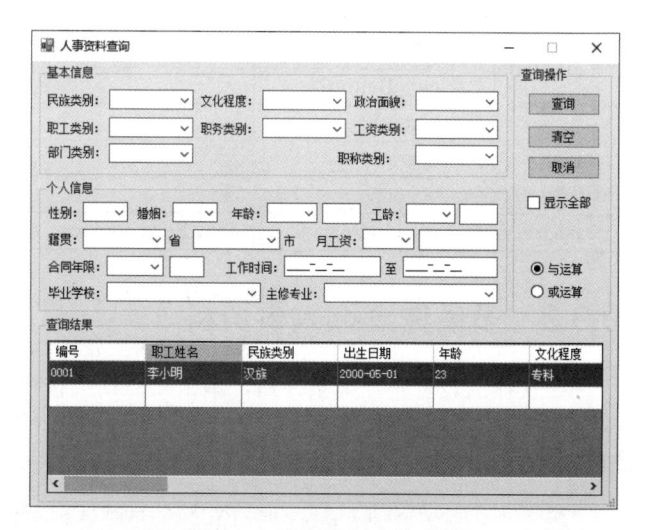

图 9.25 人事资料查询窗体

表 9.13 "人事资料查询"窗体使用的主要控件

控件类型	控件 ID	主要属性设置	用途
TextBox	Find_Age	无	输入年龄
	Find_WorkLength	无	输入工龄
	Find_M_Pay	无	输入月工资
	Find_Pact_Y	无	输入合同年限
	Find1_WorkDate	无	输入工作开始时间
	Find2_WorkDate	无	输入工作结束时间
ComboBox	Find_Folk	无	选择民族类别
	Find_Culture	无	选择文化程度
	Find_Visage	无	选择政治面貌
	Find_Employee	无	选择职工类别
	Find_Business	无	选择职务类别
	Find_Laborage	无	选择工资类别
	Find_Branch	无	选择部门类别
	Find_Duthcall	无	选择职称类别
	Find_Sex	无	选择性别
	Find_Marriage	无	选择婚姻状态
	Age_Sign	在其 Items 属性中添加 6 项,分别为 "=" "<" ">" "<=" ">=" 和 "!="	选择年龄条件
	WorkLength_Sign	在其 Items 属性中添加 6 项,分别为 "=" "<" ">" "<=" ">=" 和 "!="	选择工龄条件
	Find_BeAware	无	选择省份
	Find_City	无	选择市
ComboBox	M_Pay_Sign	在其 Items 属性中添加 6 项,分别为 "=" "<" ">" "<=" ">=" 和 "!="	选择月工资条件
	Pact_Y_Sign	在其 Items 属性中添加 6 项,分别为 "=" "<" ">" "<=" ">=" 和 "!="	选择合同期限条件
	Find_School	无	选择毕业学校
	Find_Speciality	无	选择主修专业
CheckBox	checkBox1	无	是否显示全部人事档案信息
RadioButton	radioButton1	将 Checked 属性设置为 True	是否按与运算执行查询操作
	radioButton2	无	是否按或运算执行查询操作
Button	button1	无	按指定条件执行查询操作
	button2	无	清空查询条件
	button3	无	关闭当前窗体
DataGridView	dataGridView1	将其 SelectionMode 属性设置为 FullRowSelect	显示查询到的人事档案信息

9.9.3 多条件查询人事资料

在窗体上设置完查询条件后,单击"查询"按钮进行查询,该按钮通过调用 MyModule 公共类中的 Find_Grids()方法将指定控件集上的控件组合成查询语句,然后调用 MyMeans 公共类中的 getDataSet()方法在数据表中根据组合的查询语句查询记录,并显示在 dataGridView1 控件上,代码如下:

```
ModuleClass.MyModule MyMC = new PWMS.ModuleClass.MyModule();
DataClass.MyMeans MyDataClass = new PWMS.DataClass.MyMeans();
```

```csharp
private void button1_Click(object sender, EventArgs e)
{
    ModuleClass.MyModule.FindValue = "";                              //清空存储查询语句的变量
    string Find_SQL = Sta_SQL;                                        //存储显示数据表中所有信息的 SQL 语句
    MyMC.Find_Grids(groupBox1.Controls, "Find", ARsign);              //将指定控件集下的控件组合成查询条件
    MyMC.Find_Grids(groupBox2.Controls, "Find", ARsign);
    //当合同的起始日期和结束日期不为空时
    if (MyMC.Date_Format(Find1_WorkDate.Text) != "" && MyMC.Date_Format(Find2_WorkDate.Text) != "")
    {
        if (ModuleClass.MyModule.FindValue != "")                     //如果 FindValue 字段不为空
            //用 ARsign 变量连接查询条件
            ModuleClass.MyModule.FindValue = ModuleClass.MyModule.FindValue + ARsign;
        //设置合同日期的查询条件
        ModuleClass.MyModule.FindValue = ModuleClass.MyModule.FindValue + " ("
            + "workdate>='" + Find1_ WorkDate.Text + "' AND workdate<='" + Find2_WorkDate.Text + "')";
    }
    if (ModuleClass.MyModule.FindValue != "")                         //如果 FindValue 字段不为空
        //将查询条件添加到 SQL 语句的尾部
        Find_SQL = Find_SQL + " where " + ModuleClass.MyModule.FindValue;
    //按照指定的条件进行查询
    MyDS_Grid = MyDataClass.getDataSet(Find_SQL, "tb_Staffbasic");
    //在 dataGridView1 控件中显示查询的结果
    dataGridView1.DataSource = MyDS_Grid.Tables[0];
    dataGridView1.AutoGenerateColumns = true;
    checkBox1.Checked = false;
}
```

9.10 用户设置模块设计

9.10.1 用户设置模块概述

用户设置模块主要对智汇人才宝管理系统中的用户信息进行管理，包括对用户信息的添加、修改和删除等操作，而且还可以为指定的用户设置操作权限。另外，如果要对管理员信息进行修改、删除和设置操作权限等操作，系统会提示不能对管理员进行操作。用户设置窗体运行结果如图 9.26 所示，用户权限设置窗体的运行效果如图 9.27 所示。

添加用户信息和修改用户信息窗体的运行效果分别如图 9.28 和图 9.29 所示。

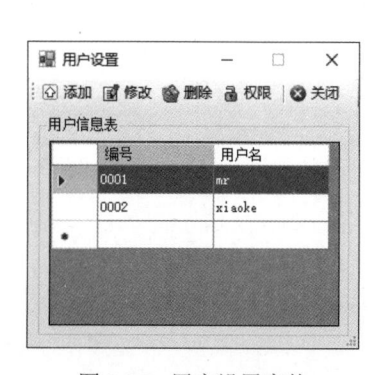

图 9.26　用户设置窗体

图 9.27　用户权限设置窗体

图 9.28　添加用户信息

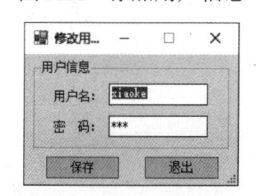

图 9.29　修改用户信息

9.10.2 设计用户设置窗体

新建一个 Windows 窗体，命名为 F_User.cs，主要用于对该系统的用户信息进行管理。F_User 窗体使用的主要控件如表 9.14 所示。

表 9.14 用户设置窗体使用的主要控件

控件类型	控件 ID	主要属性设置	用 途
ToolStrip	toolStrip1	添加 5 个 ToolStripButton 按钮，并分别命名为 tool_UserAdd、tool_UserAmend、tool_UserDelete、tool_UserPopedom 和 tool_Close	作为该窗体中的工具栏
DataGridView	dataGridView1	将其 SelectionMode 属性设置为 FullRowSelect	显示用户信息

9.10.3 添加/修改用户信息

在 F_User 用户设置窗体中单击工具栏中的"添加"和"修改"按钮，实例化 F_UserAdd 窗体的一个对象，并分别将该对象的 Tag 属性赋值为 1 和 2，以标识在 F_UserAdd 窗体中将执行哪种操作。工具栏中的"添加"和"修改"按钮的实现代码如下：

```csharp
private void tool_UserAdd_Click(object sender, EventArgs e)
{
    //实例化 F_UserAdd 窗体类对象
    PerForm.F_UserAdd FrmUserAdd = new F_UserAdd();
    //设置 F_UserAdd 窗体的 Tag 属性为 1，以标识执行添加操作
    FrmUserAdd.Tag = 1;
    FrmUserAdd.Text = tool_UserAdd.Text + "用户";          //设置 F_UserAdd 窗体的标题
    FrmUserAdd.ShowDialog(this);                            //以对话框形式显示窗体
}
private void tool_UserAmend_Click(object sender, EventArgs e)
{
    if (ModuleClass.MyModule.User_ID.Trim() == "0001")     //判断选择的是不是管理员
    {
        MessageBox.Show("不能修改管理员。");
        return;
    }
    //实例化 F_UserAdd 窗体类对象
    PerForm.F_UserAdd FrmUserAdd = new F_UserAdd();
    //设置 F_UserAdd 窗体的 Tag 属性为 2，以标识执行修改操作
    FrmUserAdd.Tag = 2;
    FrmUserAdd.Text = tool_UserAmend.Text + "用户";        //设置 F_UserAdd 窗体的标题
    FrmUserAdd.ShowDialog(this);                            //以对话框形式显示窗体
}
```

在 F_UserAdd 窗体中单击"保存"按钮，判断"用户名"文本框和"密码"文本框是否为空。如果为空，弹出提示信息；否则，根据该窗体的 Tag 属性值判断是执行用户添加操作，还是执行用户修改操作。"保存"按钮的实现代码如下：

```csharp
private void button1_Click(object sender, EventArgs e)
{
    if (text_Name.Text == "" && text_Pass.Text == "")      //判断用户名和密码是否为空
    {
        MessageBox.Show("请将用户名和密码添加完整。");
        return;
    }
    DSet = MyDataClass.getDataSet("select Name from tb_Login where Name='" + text_Name.Text + "'", "tb_Login");
    //判断窗体的 Tag 属性是否为 2，以执行修改操作
    if ((int)this.Tag == 2 && text_Name.Text == ModuleClass.MyModule.User_Name)
    {
        MyDataClass.getsqlcom("update tb_Login set Name='" + text_Name.Text + "',Pass='" + text_Pass.Text
```

```csharp
            + "' where ID='" + ModuleClass.MyModule.User_ID + "'");
        return;
    }
    if (DSet.Tables[0].Rows.Count > 0)                          //判断用户是否已经存在
    {
        MessageBox.Show("当前用户名已存在,请重新输入。");        //弹出提示信息
        text_Name.Text = "";
        text_Pass.Text = "";
        return;
    }
    //判断窗体的 Tag 属性是否为 1,以执行添加操作
    if ((int)this.Tag == 1)
    {
        AutoID = MyMC.GetAutocoding("tb_Login", "ID");          //自动生成编号
        //调用公共类中的方法添加用户信息
        MyDataClass.getsqlcom("insert into tb_Login (ID,Name,Pass) values('" + AutoID + "','" + text_Name.Text
            + "','" + text_Pass.Text + "')");
        MyMC.ADD_Pope(AutoID, 0);                               //为新添加的用户设置权限
        MessageBox.Show("添加成功。");
    }
    else
    {
        //调用公共类中的方法修改用户信息
        MyDataClass.getsqlcom("update tb_Login set Name='" + text_Name.Text + "',Pass='" + text_Pass.Text
            + "' where ID='" + ModuleClass.MyModule.User_ID + "'");
        //判断新添加的用户编号是否与登录用户的编号相同
        if (ModuleClass.MyModule.User_ID == DataClass.MyMeans.Login_ID)
            DataClass.MyMeans.Login_Name = text_Name.Text;      //设置登录用户名为"用户名"文本框的值
        MessageBox.Show("修改成功。");
    }
    this.Close();                                               //关闭当前窗体
}
```

9.10.4 删除用户基本信息

在 F_User 窗体中单击工具栏中的"删除"按钮,判断要删除的用户是不是管理员。如果是,弹出提示信息,提示不能修改管理员信息;否则,删除选中的用户信息,同时删除其权限信息。工具栏中"删除"按钮的实现代码如下:

```csharp
private void tool_UserDelete_Click(object sender, EventArgs e)
{
    if (ModuleClass.MyModule.User_ID != "")
    {
        if (ModuleClass.MyModule.User_ID.Trim() == "0001")              //判断要删除的用户是不是管理员
        {
            MessageBox.Show("不能删除管理员。");
            return;
        }
        //删除用户信息
        MyDataClass.getsqlcom("Delete tb_Login where ID='" + ModuleClass.MyModule.User_ID.Trim() + "'");
        //删除用户权限信息
        MyDataClass.getsqlcom("Delete tb_UserPope where ID='" + ModuleClass.MyModule.User_ID.Trim() + "'");
        //在数据库中查找所有用户信息,并将结果存储在 DataSet 数据集中
        MyDS_Grid = MyDataClass.getDataSet("select ID as 编号,Name as 用户名 from tb_Login", "tb_Login");
        dataGridView1.DataSource = MyDS_Grid.Tables[0];                 //为 DataGridView 控件设置数据源
    }
    else
        MessageBox.Show("无法删除空数据表。");
}
```

9.10.5 设置用户操作权限

在 F_User 窗体中单击工具栏中的"权限"按钮,弹出"用户权限设置"窗体,该窗体中可以设置用户

的权限。在该窗体中选中要拥有权限的复选框,单击"保存"按钮,调用 MyModule 公共类中的 Amend_Pope()方法为用户设置权限,同时将 MyMeans 公共类中的静态变量 Login_n 设置为 2,以便在调用"重新登录"窗体时,使用新设置的权限对其进行初始化。设置用户操作权限的实现代码如下:

```
private void User_Save_Click(object sender, EventArgs e)
{
    //调用公共类的 Amend_Pope()方法为指定的用户设置权限
    MyMC.Amend_Pope(groupBox2.Controls, ModuleClass.MyModule.User_ID);
    //判断登录用户的编号是否与修改的用户编号相同
    if (DataClass.MyMeans.Login_ID == ModuleClass.MyModule.User_ID)
        //将静态变量 Login_n 设置为 2,以便在调用"重新登录"窗体时,使用新设置的权限对其进行初始化
        DataClass.MyMeans.Login_n = 2;
}
```

9.11 项目运行

通过前述步骤,完成了"智汇人才宝管理系统"项目的开发。下面运行该项目,检验一下我们的开发成果。使用 Visual Studio 打开"智汇人才宝管理系统"项目,单击工具栏中的"启动"按钮或者按 F5 快捷键,即可成功运行该项目。项目运行后首先显示系统登录窗体,效果如图 9.30 所示。

> **说明**
> 在 Visual Studio 中运行本项目时,需要确保已经在 SQL Server 管理器中附加了 db_PWMS 数据库,并且 MyMeans 公共类中 M_str_sqlcon 数据库连接字符串中的服务器名、数据库登录名和密码已经修改成了本机的 SQL Server 服务器名、数据库登录名和密码。

在系统登录窗体中输入账号和密码,单击"登录"按钮,如果账号和密码正确,则进入智汇人才宝管理系统的主窗体。然后用户可以通过对主窗体中的菜单栏、工具栏和导航菜单进行操作,进而调用系统的各个子模块。例如,在主窗体中单击工具栏中的"人事档案管理"按钮,弹出"人事档案管理"窗体,如图 9.31 所示。在该窗体中,用户可以对人事档案信息进行添加、修改、删除、查询及导出为 Word 或者 Excel 等操作。

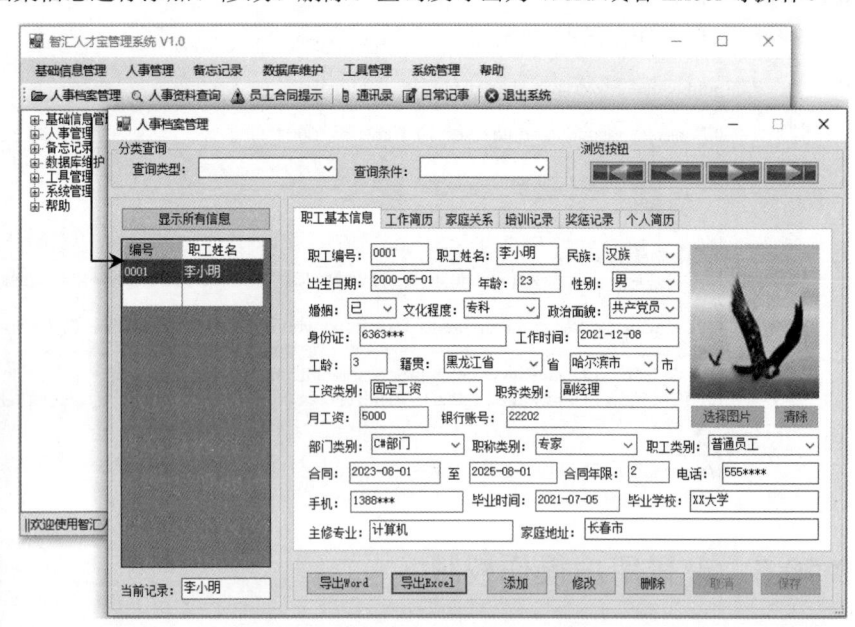

图 9.30 系统登录窗体

图 9.31 智汇人才宝管理系统操作

本章根据软件工程的开发流程，对智汇人才宝管理系统的开发过程进行了详细讲解。通过学习本章内容，读者应该能够掌握如何用自定义方法对多个不同的数据表进行添加、修改、删除以及多字段组合查询等操作。另外，还应该掌握如何将数据库中的信息导出到 Word 或者 Excel 中，以方便打印。

9.12 源 码 下 载

本章详细地讲解了如何编码实现"智汇人才宝管理系统"项目的主要功能。为了方便读者学习，本书提供了完整的项目源码，扫描右侧二维码即可下载。

第 10 章
云销商品管理系统

——可空类型 + CheckedListBox 控件 + BindingSource 组件 + Lambda 表达式

云销商品管理系统是一个通用的商品销售管理系统，它使用起来十分灵活方便，本章将使用 C#来开发该项目。其中，使用 C#中的常用数据控件可以很方便地显示商品销售相关的各种单据信息；使用 C#中的一些特性（如可空类型、Lambda 表达式等）能够以简便高效的方式对一些业务处理中的操作进行判断和处理；使用 CheckedListBox 控件能够以更清晰的可视化方式设置系统的操作权限；通过将 C#与 SQL Server 数据库结合，可以实现数据的持久化。

本项目的核心功能及实现技术如下：

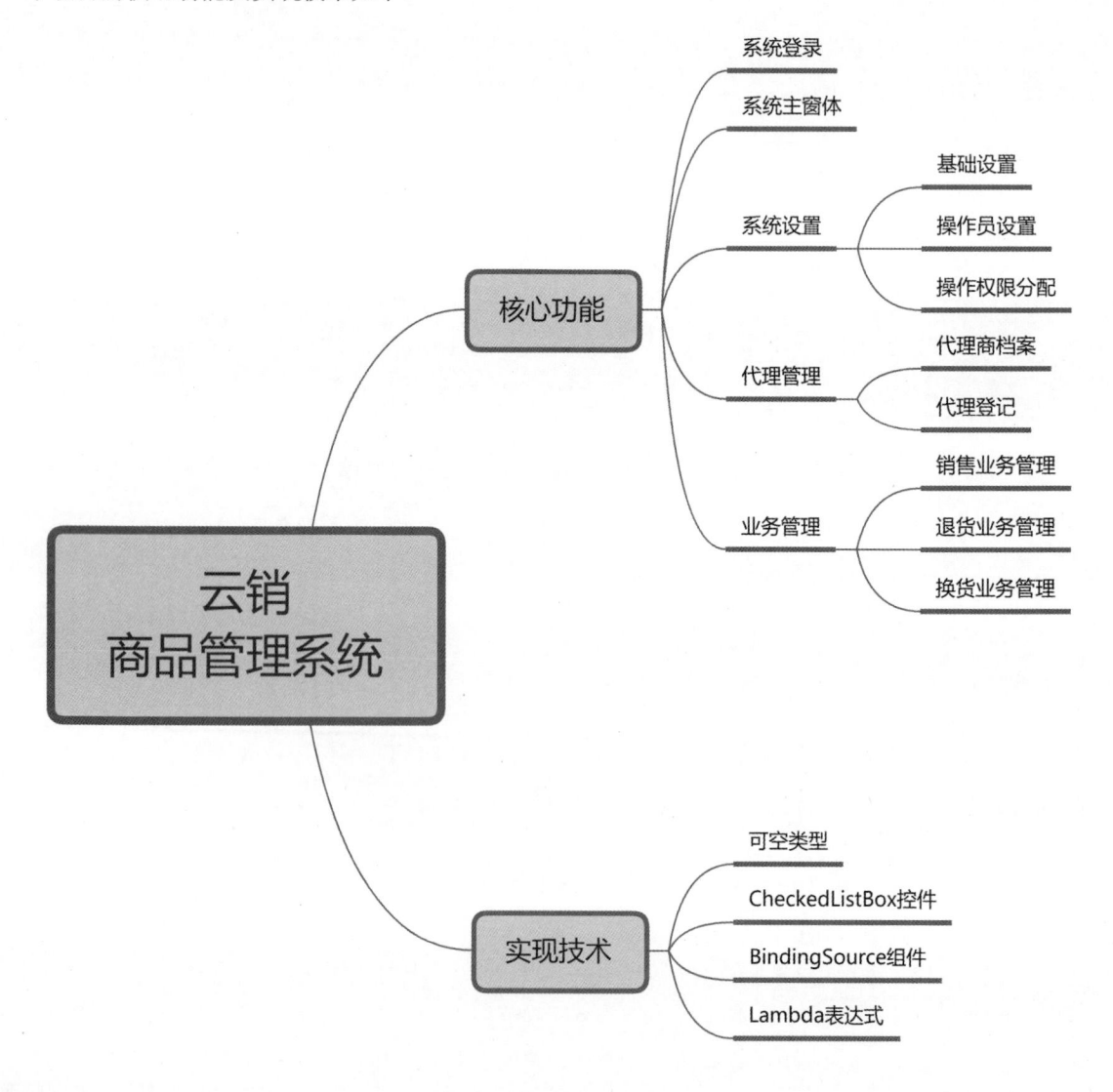

云销商品管理系统
- 核心功能
  - 系统登录
  - 系统主窗体
  - 系统设置
    - 基础设置
    - 操作员设置
    - 操作权限分配
  - 代理管理
    - 代理商档案
    - 代理登记
  - 业务管理
    - 销售业务管理
    - 退货业务管理
    - 换货业务管理
- 实现技术
  - 可空类型
  - CheckedListBox控件
  - BindingSource组件
  - Lambda表达式

10.1 开发背景

在数字化转型的大潮下,企业对高效、智能的商品销售管理系统的需求日益增长,传统的商品销售管理方式,如手工记录或使用简单的电子表格,已难以满足现代商业环境的快节奏和高复杂度要求。在此背景下,云销商品管理系统应运而生。该系统使用 C#进行开发,除了基本的系统登录和主窗体之外,该系统中主要包含了 3 大功能模块,分别是系统设置、代理管理和业务管理。其中,系统设置主要对基础信息数据和操作员信息及权限进行管理;代理管理主要对代理商进行管理;业务管理主要对销售、退货、换货这 3 个最主要的业务进行管理,在进行业务操作时,能够方便、快捷地对相关的单据信息进行添加、修改、删除和查询等操作。

本项目的实现目标如下:
- ☑ 系统具有良好的人机交互界面。
- ☑ 由于系统的使用人员较多,并且各自的职责不同,所有要求有清晰的权限设置。
- ☑ 在进行业务操作时,能够方便、快捷地对商品销售信息进行添加、修改、删除和查询等操作。
- ☑ 业务管理要求按流程操作,同一个业务的不同流程之间数据衔接要紧密。
- ☑ 可以对基础数据进行灵活的自定义设置,以满足日后销售业务不断发展的需要。
- ☑ 在相应的权限下,删除数据简单方便,数据稳定性强。
- ☑ 数据计算自动完成,尽量减少人工干预。

10.2 系统设计

10.2.1 开发环境

本项目的开发及运行环境如下:
- ☑ 操作系统:推荐 Windows 10、11 及以上。
- ☑ 开发工具:Visual Studio 2022。
- ☑ 开发语言:C#。
- ☑ 数据库:SQL Server 2022。

10.2.2 业务流程

云销商品管理系统运行时,首先需要进行用户登录,如果用户登录成功,则进入主窗体中。主窗体中的菜单会根据登录用户的权限自动显示其可用状态,登录成功的用户可以通过主窗体的菜单栏对本系统进行操作,如进行操作员设置、权限分配、基础信息设置、销售及退换货业务管理、代理管理等。

> **说明**
>
> 由于在前面的项目中已经讲过登录窗体和主窗体的实现,读者已经熟悉这类功能的设计与实现逻辑,所以本章不再就登录窗体和主窗体进行赘述,有需要的读者可以参考本项目的源码。

本项目的业务流程如图 10.1 所示。

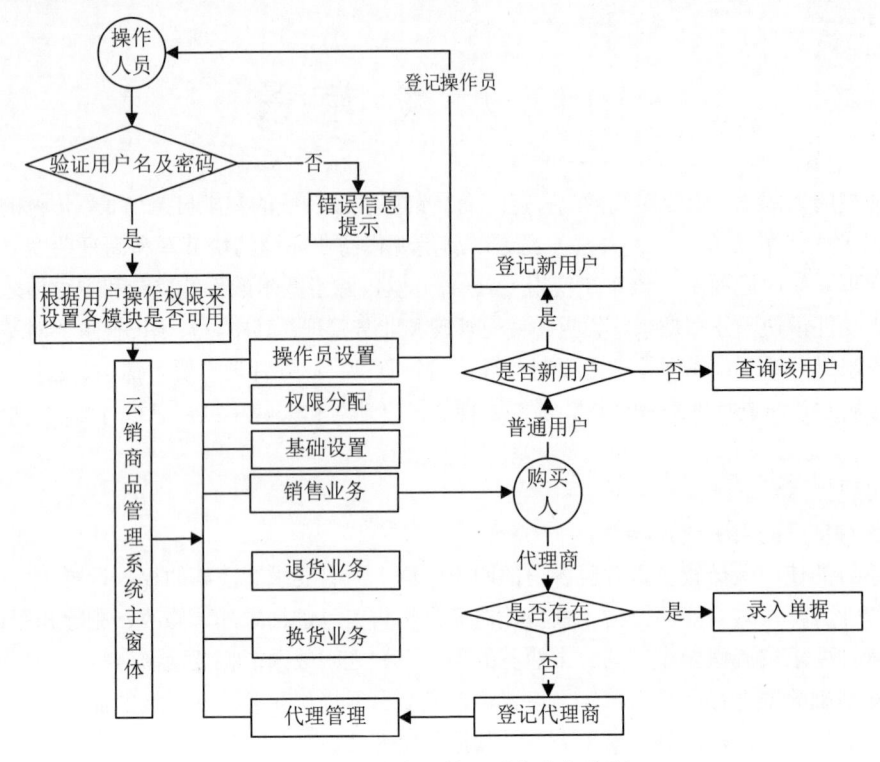

图 10.1　云销商品管理系统业务流程

10.2.3　功能结构

本项目的功能结构已经在章首页中给出。作为一个对商品销售进行管理的应用程序，本项目实现的具体功能如下：

- ☑ 系统登录模块：验证用户身份，进入主窗体。
- ☑ 主窗体模块：提供项目的主要功能菜单，并根据登录用户的权限显示相应模块的可用状态。
- ☑ 系统设置模块：主要负责系统的基础设置、操作员设置和操作权限分配。其中，基础设置模块又包括商品大类、商品系列、支付方式、代理级别、省市设置、银行设置、人员设置等。
- ☑ 代理管理模块：主要负责管理商品的经销商，包括登记代理商档案信息和对每一个代理商的代理协议进行登记。
- ☑ 业务管理模块：主要负责商品的销售流通管理，包括销售业务管理、退货业务管理和换货业务管理，它们的具体功能如下：
  - ➢ 销售业务管理：包括订货单、交易单、发货单的管理。
  - ➢ 退货业务管理：包括退货单、收货单、退款单的管理。
  - ➢ 换货业务管理：包括换货单、调款单、发货单的管理。

> **说明**
> 限于篇幅，本章主要讲解云销商品管理系统项目中核心功能模块的实现逻辑。例如，系统设置模块中主要就基础设置模块中的商品大类模块和权限分配模块展开讲解，代理管理模块中主要就代理登记模块展开讲解，业务管理模块中则主要就销售业务管理中的订货单模块展开讲解。其他模块的设计与实现，读者可以参考这些模块的设计与实现逻辑自主进行。另外，读者还可以参考本项目的源码，了解其完整的功能实现逻辑。

10.3 技术准备

10.3.1 技术概览

Lambda 表达式是一个匿名函数，包含表达式和语句，可用于创建委托或表达式目录树类型，它是 LINQ 编程的基础。所有 Lambda 表达式都使用 Lambda 运算符 "=>"（读作 goes to）。Lambda 运算符的左边是输入参数（如果有），右边包含表达式或语句块。例如，本项目中使用 Lambda 表达式来对选中的权限进行筛选，并存储到 DataRow 对象中，示例代码如下：

```
DataRow dr = dt.AsEnumerable().FirstOrDefault(itm => itm.Field<string>("MenuItemTag") == 
    chlbModule.SelectedValue.ToString());
```

有关 C# 中 Lambda 表达式的知识，在《C# 从入门到精通（第 7 版）》中有详细的讲解，对该知识不太熟悉的读者可以参考该书对应的内容。下面将对本项目中用到的其他知识进行必要介绍，包括可空类型、CheckedListBox 控件和 BindingSource 组件，以确保读者可以顺利完成本项目。

10.3.2 可空类型的使用

可空类型 Nullable<T> 可以表示基础类型的所有值，还可以表示 null 值。其中，T 为基础类型，不可为引用类型，因为引用类型本身就是可空的。可空类型的常用属性及说明如表 10.1 所示。

表 10.1　可空类型的常用属性及说明

属　　性	说　　明
HasValue	获取一个值，指示当前的可空类型对象是否有值
Value	获取当前可空类型的值

例如，本项目中使用可空类型计算销售金额，示例代码如下：

```
Nullable<decimal> decSaleMoney = null;                              //定义一个可空类型变量
if (!String.IsNullOrEmpty(txtUnitPrice.Text.Trim()))                //若商品单价不为空
{
    if (!String.IsNullOrEmpty(txtDiscount.Text.Trim()))             //若商品折扣不为空
    {
        if (!String.IsNullOrEmpty(txtQuantity.Text.Trim()))         //若销售数量不为空
        {
            //计算销售金额
            decSaleMoney = Decimal.Round(Convert.ToDecimal(txtUnitPrice.Text.Trim()) *
                Convert.ToDecimal(txtDiscount.Text.Trim()) * Convert.ToInt32(txtQuantity.Text.Trim()), 2);
        }
    }
}
if (decSaleMoney.HasValue)                                          //若可空类型变量有值
{
    return decSaleMoney.Value.ToString();                           //返回字符串形式的销售金额
}
else                                                                //若可空类型变量无值
{
    return null;                                                    //返回 null
}
```

10.3.3 CheckedListBox 控件的使用

CheckedListBox 控件,又称为复选框列表控件,它实际上是对 ListBox 控件进行了扩展,几乎能完成列表框可以完成的所有任务,并且还可以在列表中的项旁边显示复选标记。CheckedListBox 控件的常用属性及说明如表 10.2 所示。

表 10.2 CheckedListBox 控件的常用属性及说明

属 性	说 明
AllowSelection	获取一个值,该值指示 CheckedListBox 当前是否启用了列表项的选择
CheckedIndices	CheckedListBox 中选中索引的集合
CheckedItems	CheckedListBox 中选中项的集合
Items	获取 CheckedListBox 中项的集合
MultiColumn	获取或设置一个值,该值指示 CheckedListBox 是否支持多列
SelectedIndex	获取或设置 CheckedListBox 中当前选定项的从零开始的索引
SelectedIndices	获取一个集合,该集合包含 CheckedListBox 中所有当前选定项的从零开始的索引
SelectedItem	获取或设置 CheckedListBox 中的当前选定项
SelectedItems	获取包含 CheckedListBox 中当前选定项的集合
SelectedValue	获取或设置由 ValueMember 属性指定的成员属性的值
Sorted	获取或设置一个值,该值指示 CheckedListBox 中的项是否按字母顺序排序
Text	获取或搜索 CheckedListBox 中当前选定项的文本

CheckedListBox 控件的常用方法及说明如表 10.3 所示。

表 10.3 CheckedListBox 控件的常用方法及说明

方 法	说 明
ClearSelected()	取消选择 CheckedListBox 中的所有项
GetItemChecked()	返回指示指定项是否选中的值
GetItemCheckState()	返回指示当前项的复选状态的值
GetItemText()	返回指定项的文本表示形式
GetSelected()	返回一个值,该值指示是否选定了指定的项
SetItemChecked()	将指定索引处的项的 CheckState 设置为 Checked
SetItemCheckState()	设置指定索引处项的复选状态
Sort()	对 CheckedListBox 中的项排序

本项目的权限分配模块中,通过标记 CheckedListBox 中的项来分配操作权限,示例代码如下:

```
for (int i = 0; i < chlbModule.Items.Count; i++)                  //遍历所有的模块
{
    chlbModule.SelectedIndex = i;                                 //设置列表中当前选定项的索引
    DataRow dr = dt.AsEnumerable().FirstOrDefault(itm => itm.Field<string>("MenuItemTag") ==
        chlbModule.SelectedValue.ToString());                     //获取当前模块的权限分配信息
    if (dr == null)                                               //若不存在当前模块的权限分配信息
    {
        strFlag = "0";                                            //设置权限标记为 0,表示无权限
    }
    else                                                          //若存在当前模块的权限分配信息
    {
        strFlag = dr["IsEnabled"].ToString();                     //获取权限标记
    }
```

```
chlbModule.SetItemChecked(i, useful.GetCheckedValue(strFlag));    //根据权限标记设置列表中项的状态
}
```

10.3.4 BindingSource 组件的使用

BindingSource 组件,又称为数据源绑定组件,它主要用于封装窗体的数据源。BindingSource 组件的常用属性及说明如表 10.4 所示。

表 10.4 BindingSource 组件的常用属性及说明

属　　性	说　　明
Count	获取基础列表中的总项数
Current	获取列表中的当前项
DataMember	获取或设置连接器当前绑定到的数据源中的特定列表
DataSource	获取或设置连接器绑定到的数据源
Item	获取或设置指定索引处的列表元素
List	获取连接器绑定到的列表
Position	获取或设置基础列表中当前项的索引
Sort	获取或设置用于排序的列名称以及用于查看数据源中的行的排序顺序
SortDirection	获取列表中项的排序方向

BindingSource 组件的常用方法及说明如表 10.5 所示。

表 10.5 BindingSource 组件的常用方法及说明

方　　法	说　　明
Add()	将现有项添加到内部列表中
AddNew()	向基础列表添加新项
ApplySort()	使用指定的排序说明对数据源进行排序
Clear()	从列表中移除所有元素
CopyTo()	将 List 中的内容复制到指定数组,从指定索引值处开始
Find()	在数据源中查找指定的项
GetEnumerator()	检索 List 的一个枚举数
IndexOf()	搜索指定的对象,并返回整个列表中第一个匹配项的索引
Insert()	将一项插入列表中指定的索引处
MoveFirst()	移至列表中的第一项
MoveLast()	移至列表中的最后一项
MoveNext()	移至列表中的下一项
MovePrevious()	移至列表中的上一项
Remove()	从列表中移除指定的项
RemoveAt()	移除此列表中指定索引处的项
RemoveCurrent()	从列表中移除当前项

本项目在对数据表格进行绑定时,首先通过 BindingSource 组件绑定数据源,再将 BindingSource 组件绑定到 DataGridView 数据表格中,这样可以便于数据的查找,示例代码如下:

```
bsSaleOrderBill.DataSource = rsb.GetDataTable("SaleOrderBill", "Where CustomerId = 0");
dgvSaleOrderBill.DataSource = bsSaleOrderBill;
```

10.4 数据库设计

10.4.1 数据库概述

在云销商品管理系统中，采用的是 SQL Server 2022 数据库，主要用来存储订货单、发货单、交易单、退货单、换货单、操作员等信息。这里将数据库命名为 db_Sale，其中包含 28 张数据表，如图 10.2 所示。

```
db_Sale
├─ 数据库关系图
├─ 表
│  ├─ 系统表
│  ├─ dbo.AgentLevel ─────────── 代理级别信息表
│  ├─ dbo.Bank ──────────────── 银行分类信息表
│  ├─ dbo.BarterBaseBill ─────── 换货业务换货单信息表
│  ├─ dbo.BarterBaseCDRecord ── 换货业务原光盘档案信息表
│  ├─ dbo.BarterConsignBill ──── 换货业务发货单信息表
│  ├─ dbo.BarterConsignCDRecord ─ 换货业务现光盘档案信息表
│  ├─ dbo.BarterExchangeBill ─── 换货业务调款单信息表
│  ├─ dbo.ConsignCorp ───────── 快递公司档案信息表
│  ├─ dbo.Customer ──────────── 客户和代理商档案信息表
│  ├─ dbo.DepRegister ───────── 代理商代理登记信息表
│  ├─ dbo.Employee ──────────── 工作人员信息表
│  ├─ dbo.GoodsSeries ───────── 商品系列（版本）信息表
│  ├─ dbo.GoodsType ─────────── 商品大类（种类）信息表
│  ├─ dbo.Operator ──────────── 操作员信息表
│  ├─ dbo.PayType ───────────── 支付类型信息表
│  ├─ dbo.Province ──────────── 省市名称信息表
│  ├─ dbo.PurviewAssign ─────── 操作权限分配信息表
│  ├─ dbo.SaleCDRecord ──────── 销售业务光盘档案信息表
│  ├─ dbo.SaleConsignBill ────── 销售业务发货单信息表
│  ├─ dbo.SaleOrderBill ─────── 销售业务订货单信息表
│  ├─ dbo.SaleTradeBill ─────── 销售业务交易单信息表
│  ├─ dbo.SysBarterType ─────── 换货类型信息表
│  ├─ dbo.SysCustomerType ───── 用户类型信息表
│  ├─ dbo.SysModule ─────────── 功能模块信息表
│  ├─ dbo.UntreadBaseBill ───── 退货业务退货单信息表
│  ├─ dbo.UntreadCDRecord ───── 退货业务光盘档案信息表
│  ├─ dbo.UntreadGatherBill ─── 退货业务收货单信息表
│  └─ dbo.UntreadRefundBill ─── 退货业务退款单信息表
├─ 视图
├─ 同义词
└─ 可编程性
```

图 10.2　云销商品管理系统中用到的数据表

10.4.2 数据表设计

db_Sale 数据库中共有 28 张数据表，下面介绍主要数据表的结构。

1. Operator（操作员信息表）

表 Operator 用于保存操作员的基本信息，该表的结构如表 10.6 所示。

表 10.6　操作员信息表

字 段 名 称	数 据 类 型	字 段 大 小	说　　明
OperatorCode	varchar	20	操作员代码
OperatorName	varchar	8	操作员名称
Password	varchar	20	登录密码
IsFlag	char	1	是否超级用户

2. PurviewAssign（操作权限分配信息表）

表 PurviewAssign 用于保存对操作员的权限分配信息，该表的结构如表 10.7 所示。

表 10.7　操作权限分配信息表

字 段 名 称	数 据 类 型	字 段 大 小	说　　明
OperatorCode	varchar	20	操作员代码
MenuItemTag	varchar	3	菜单项标识（菜单项 Tag 属性值）
IsEnabled	char	1	菜单项激活标记

3. SysModule（功能模块信息表）

表 SysModule 用于保存该系统中所有的功能模块信息，包括模块代码和模块名称，该表的结构如表 10.8 所示。

表 10.8　功能模块信息表

字 段 名 称	数 据 类 型	字 段 大 小	说　　明
MenuItemTag	varchar	3	模块代码（菜单项标识）
PopeName	varchar	30	模块名称

4. GoodsType（商品大类信息表）

表 GoodsType 用于保存商品的种类信息，该表的结构如表 10.9 所示。

表 10.9　商品大类信息表

字 段 名 称	数 据 类 型	字 段 大 小	说　　明
GoodsTypeCode	char	2	商品种类代码
GoodsTypeName	varchar	50	商品种类名称

5. GoodsSeries（商品系列信息表）

表 GoodsSeries 用于保存商品的各种版本信息，该表的结构如表 10.10 所示。

表 10.10　商品系列信息表

字 段 名 称	数 据 类 型	字 段 大 小	说　　明
GoodsSeriesCode	char	2	商品版本代码
GoodsSeriesName	varchar	50	商品版本名称
UnitPrice	decimal	9	单价

6. DepRegister(代理登记信息表)

表 DepRegister 用于保存代理商的代理登记信息,该表的结构如表 10.11 所示。

表 10.11 代理登记信息表

字 段 名 称	数 据 类 型	字 段 大 小	说　　明
CustomerId	int	4	代理商编码
AgentLevelCode	char	2	代理级别代码
Years	int	4	代理年限
BeginDate	datetime	8	代理开始日期
EndDate	datetime	8	代理结束日期
Remark	text	16	备注

7. SaleOrderBill(订货单信息表)

表 SaleOrderBill 用于保存销售业务的订货单信息,该表的结构如表 10.12 所示。

表 10.12 订货单信息表

字 段 名 称	数 据 类 型	字 段 大 小	说　　明
SaleBillNo	varchar	13	销售单号
BillDate	datetime	8	单据日期
CustomerId	int	4	用户代码
GoodsTypeCode	char	2	购买种类代码
GoodsSeriesCode	char	2	购买版本代码
UnitPrice	decimal	9	单价
Discount	decimal	5	折扣系数
Quantity	int	4	订购数量
IsNeedInvoice	char	1	是否要发票标记
WriteOffType	char	1	报销类型
WriteOffName	varchar	50	报销对象(报销人姓名或报销单位名称)
CertificateNumber	varchar	20	证件号码
EmployeeCode	char	3	下单人代码
SignDate	datetime	8	签字日期
Remark	text	16	备注
OperatorCode	varchar	20	操作员代码
AppendDate	datetime	8	录入日期

8. UntreadBaseBill(退货单信息表)

表 UntreadBaseBill 用于保存退货业务的退货单信息,该表的结构如表 10.13 所示。

表 10.13 退货单信息表

字 段 名 称	数 据 类 型	字 段 大 小	说　　明
UntreadBillNo	Varchar	13	退货单号
UntreadBillDate	datetime	8	单据日期

续表

字段名称	数据类型	字段大小	说明
SaleBillNo	Varchar	13	销售单号
CustomerId	Int	4	用户代码
GoodsTypeCode	Char	2	商品种类代码
GoodsSeriesCode	Char	2	商品版本代码
UnitPrice	Decimal	9	退货单价
Quantity	Int	4	退货数量
BankCode	Char	2	银行代码
OpenAccBankName	Varchar	100	单位开户行的详细名称
AccountNumber	Varchar	19	银行账号
EmployeeCode1	Char	3	下单人代码
SignDate1	Datetime	8	下单人签字日期
Remark1	Text	16	备注
OperatorCode	Varchar	20	操作员代码
AppendDate	Datetime	8	录入日期

> **说明**
> 限于本书篇幅，这里只列举了重要的数据表结构，其他的数据表结构可参见本项目源码中的数据库源文件。

10.4.3 数据表逻辑关系

在本项目中，商品销售过程需要填写订货单、交易单和发货单，另外还要对用户基本信息进行详细的登记，所以这些单据和用户基本信息对应的后台数据表之间必然存在密切的关系。用户在购买商品之后，有可能存在退货的情况，因此会涉及填写退货单、收货单和退款单，而这些单据对应的后台数据表之间也必然存在密切的关系。因此，在db_Sale数据库中建立了如图10.3和图10.4所示的数据表关系图。

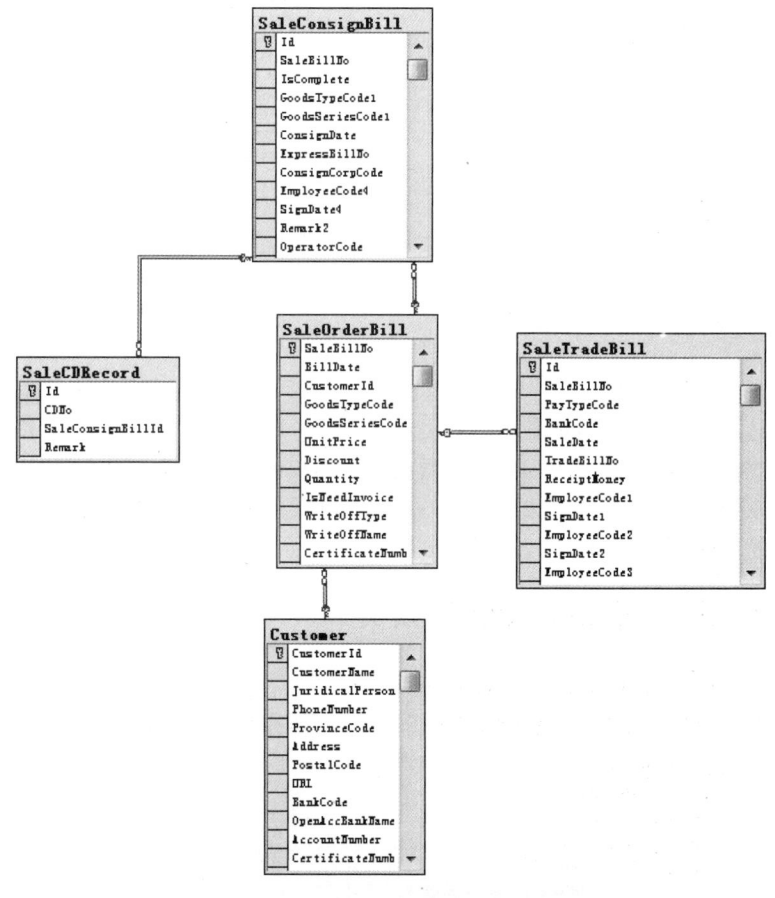

图 10.3 销售业务数据表逻辑关系

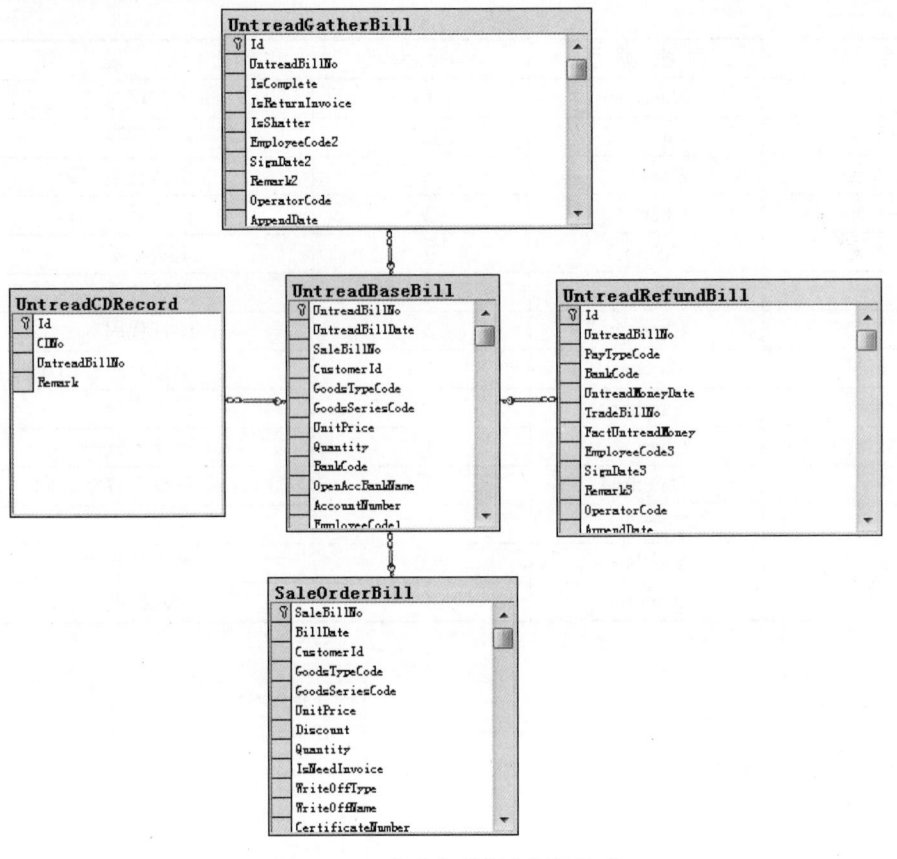

图 10.4　退货业务数据表逻辑关系

10.5　公共类设计

开发 C#项目时，通过合理设计公共类可以减少重复代码的编写，有利于代码的重用及维护。本项目创建了一个 DataLogic 数据访问类和多个业务逻辑类，如 Useful 类、ControlBindDataSource 类、RetailCustomer 类等。这里主要对 DataLogic 数据访问类和使用频率较高的 Useful 类进行介绍。其中，DataLogic 类主要用来封装连接和操作数据库的方法，Useful 类用来封装一些常用的方法（如生成业务单据编号、获取数据库系统的时间、判断数据表中记录的主键值是否存在外键约束等）。下面分别对这两个类进行介绍。

10.5.1　DataLogic 公共类

DataLogic 类主要封装了数据库的连接，及对数据信息进行添加、修改、删除、读取等操作的方法。因此，首先需要引入 System.Data.SqlClient 命名空间。关键代码如下：

```
using System;
using System.Collections.Generic;
using System.Linq;
using System.Text;
using System.Data;
using System.Data.SqlClient;
using System.Windows.Forms;
using SALE.Common;
namespace SALE.DAL
```

```
{
    class DataLogic
    {
        private SqlConnection m_Conn = null;              //声明数据库连接对象
        private SqlCommand m_Cmd = null;                  //声明数据命令对象
        //……其他方法和属性（如 DataLogic()、GetDataReader()等方法）
    }
}
```

下面对 DataLogic 类中主要的自定义方法和属性进行详细介绍。

1. DataLogic()构造函数

DataLogic()方法是 DataLogic 类的构造函数，主要用来创建数据库连接对象和数据库命令对象。具体实现时，首先从 INI 配置文件中读取数据库连接信息，然后实例化 SqlConnection 类和 SqlCommand 类，代码如下：

```
public DataLogic()
{
    string strServer = OperFile.GetIniFileString("DataBase", "Server", "", Application.StartupPath + "\\SALE.ini");
    //获取登录用户
    string strUserID = OperFile.GetIniFileString("DataBase", "UserID", "", Application.StartupPath + "\\SALE.ini");
    //获取登录密码
    string strPwd = OperFile.GetIniFileString("DataBase", "Pwd", "", Application.StartupPath + "\\SALE.ini");
    //数据库连接字符串
    string strConn = "Server = " + strServer + ";Database=db_Sale;User id=" + strUserID + ";PWD=" + strPwd;
    try
    {
        m_Conn = new SqlConnection(strConn);              //创建数据库连接对象
        m_Cmd = new SqlCommand();                         //创建数据库命令对象
        m_Cmd.Connection = m_Conn;                        //设置数据库命令对象的连接属性
    }
    catch (Exception e)
    {
        throw e;
    }
}
```

2. Conn 属性和 Cmd 属性

Conn 属性和 Cmd 属性均是只读属性，分别用来获取数据库连接对象和数据库命令对象，代码如下：

```
public SqlConnection Conn
{
    get { return m_Conn; }                                //获取数据库连接对象
}
public SqlCommand Cmd
{
    get { return m_Cmd; }                                 //获取数据库命令对象
}
```

3. ExecDataBySql()方法

ExecDataBySql()方法用来执行 SQL 语句，根据参数中传入的 SQL 语句，其能够实现数据记录的添加、修改和删除功能。其中，参数 strSql 表示 SQL 语句。代码如下：

```
public int ExecDataBySql(string strSql)
{
    int intReturnValue;                                   //定义返回值变量
    m_Cmd.CommandType = CommandType.Text;                 //设置命令类型，CommandType 是枚举类型
    m_Cmd.CommandText = strSql;                           //设置要对数据源执行的 SQL 语句
    try
    {
        if (m_Conn.State == ConnectionState.Closed)       //若数据库连接处于关闭状态
        {
            m_Conn.Open();                                //打开连接
```

```csharp
        intReturnValue = m_Cmd.ExecuteNonQuery();          //执行 SQL 语句,并获取更新记录数
    }
    catch (Exception e)
    {
        throw e;                                            //抛出异常
    }
    finally
    {
        m_Conn.Close();                                     //关闭连接
    }
    return intReturnValue;                                  //返回更新记录数
}
```

4. ExecDataBySqls()方法

ExecDataBySqls()方法用来提交多条 SQL 语句,该方法使用 SqlTransaction 事务处理对象来提交数据库操作。其中,参数 strSqls 的数据类型为 List<string>,它封装了多个表示 SQL 语句的字符串。代码如下:

```csharp
public bool ExecDataBySqls(List<string> strSqls)
{
    bool boolIsSucceed;                                     //定义返回值变量
    if (m_Conn.State == ConnectionState.Closed)             //判断当前的数据库连接状态
    {
        m_Conn.Open();                                      //打开连接
    }
    SqlTransaction sqlTran = m_Conn.BeginTransaction();     //开始数据库事务
    try
    {
        m_Cmd.Transaction = sqlTran;                        //设置 m_Cmd 的事务属性
        foreach (string item in strSqls)                    //循环读取字符串列表集合
        {
            m_Cmd.CommandType = CommandType.Text;           //设置命令类型为 SQL 文本命令
            m_Cmd.CommandText = item;                       //设置要对数据源执行的 SQL 语句
            m_Cmd.ExecuteNonQuery();                        //执行 SQL 语句并返回受影响的行数
        }
        sqlTran.Commit();                                   //提交事务,持久化数据
        boolIsSucceed = true;                               //表示提交数据库成功
    }
    catch
    {
        sqlTran.Rollback();                                 //回滚事务,恢复数据
        boolIsSucceed = false;                              //表示提交数据库失败
    }
    finally
    {
        m_Conn.Close();                                     //关闭连接
        strSqls.Clear();                                    //清除列表 strSqls 中的元素
    }
    return boolIsSucceed;                                   //方法返回值
}
```

5. GetDataSet()方法

GetDataSet()方法主要通过执行 SQL 语句得到 DataSet 实例。该方法中,首先创建一个数据适配器对象,执行指定的 SQL 语句,然后创建数据集对象,最后将得到的数据源填充到数据集中。其中,strSql 参数表示传递的 SQL 语句,strTable 参数表示用于表映射的表的名称。代码如下:

```csharp
public DataSet GetDataSet(string strSql,string strTable)
{
    DataSet ds = null;                                      //定义 DataSet 引用
    try
    {
        SqlDataAdapter sda = new SqlDataAdapter(strSql, m_Conn);    //实例化 SqlDataAdapter
        ds = new DataSet();                                 //实例化 DataSet
        sda.Fill(ds, strTable);                             //将得到的数据源填充到数据集 ds 中
    }
```

```
        catch (Exception e)                                       //处理异常
        {
            throw e;                                              //抛出异常
        }
        return ds;                                                //返回数据集
}
```

6. GetDataReader()方法

GetDataReader()方法主要用来获取 SqlDataReader 实例。该方法中，主要通过调用 SqlCommand 类的 ExecuteReader()方法获取 SqlDataReader 实例，其中 strSql 参数表示传递的 SQL 语句。代码如下：

```
public SqlDataReader GetDataReader(string strSql)
{
    SqlDataReader sdr;                                            //声明 SqlDataReader 引用
    m_Cmd.CommandType = CommandType.Text;                         //设置命令类型为 SQL 文本命令
    m_Cmd.CommandText = strSql;                                   //设置要对数据源执行的 SQL 语句
    try
    {
        if (m_Conn.State == ConnectionState.Closed)               //判断数据库连接的状态
        {
            m_Conn.Open();                                        //打开连接
        }
        //执行 SQL 语句，同时获取 SqlDataReader 类型对象
        sdr = m_Cmd.ExecuteReader(CommandBehavior.CloseConnection);
    }
    catch (Exception e)                                           //处理异常
    {
        throw e;                                                  //抛出异常
    }
    return sdr;                                                   //返回值
}
```

> **说明**
>
> 在调用 SqlCommand 类的 ExecuteReader()方法时，可以传入 CommandBehavior.CloseConnection 参数，这样当 SqlDataReader 对象被关闭时，与之对应的数据连接也会被关闭。

7. GetSingleObject()方法

GetSingleObject()方法用来通过执行 SQL 语句得到结果集中第 1 行第 1 列数据的值。该方法中，主要用到 SqlCommand 类的 ExecuteScalar()方法，其中 strSql 参数表示传递的 SQL 语句。代码如下：

```
public object GetSingleObject(string strSql)
{
    object obj = null;                                            //声明一个 object 引用
    m_Cmd.CommandType = CommandType.Text;                         //设置命令类型为 SQL 文本命令
    m_Cmd.CommandText = strSql;                                   //设置要对数据源执行的 SQL 语句
    try
    {
        if (m_Conn.State == ConnectionState.Closed)               //判断数据库连接状态
        {
            m_Conn.Open();                                        //打开连接
        }
        obj = m_Cmd.ExecuteScalar();                              //执行查询，返回结果集中第 1 行的第 1 列
    }
    catch (Exception e)                                           //处理异常
    {
        throw e;                                                  //抛出异常
    }
    finally
    {
        m_Conn.Close();                                           //关闭连接
    }
}
```

```
                return obj;                                        //返回结果集中第1行的第1列
            }
```

8. GetDataTable()方法

GetDataTable()方法主要通过执行 SQL 语句或者存储过程得到 DataTable 类的实例。该方法中有两种重载形式，分别用来执行 SQL 语句和存储过程。其中，执行存储过程时，需要使用 SqlParameter 类型的数组来设置存储过程的参数。GetDataTable()方法实现代码如下：

```csharp
public DataTable GetDataTable(string strSql, string strTableName)
{
    DataTable dt = null;                                           //声明 DataTable 类的引用
    SqlDataAdapter sda = null;                                     //声明 SqlDataAdapter 类的引用
    try
    {
        sda = new SqlDataAdapter(strSql, m_Conn);                  //创建数据适配器对象
        dt = new DataTable(strTableName);                          //创建 DataTable 类的对象
        sda.Fill(dt);                                              //把数据源填充到 DataTable 类的实例中
    }
    catch (Exception ex)                                           //处理异常
    {
        throw ex;                                                  //抛出异常
    }
    return dt;                                                     //返回 DataTable 类的实例
}

public DataTable GetDataTable(string strProcedureName,SqlParameter[] inputParameters)
{
    DataTable dt = new DataTable();                                //实例化 DataTable
    SqlDataAdapter sda = null;                                     //声明 SqlDataAdapter 类的引用
    try
    {
        m_Cmd.CommandType = CommandType.StoredProcedure;           //设置命令类型为存储过程
        m_Cmd.CommandText = strProcedureName;                      //设置要对数据源执行的存储过程
        sda = new SqlDataAdapter(m_Cmd);                           //使用 SqlCommand 实例化 SqlDataAdapter
        m_Cmd.Parameters.Clear();                                  //清空参数集合
        foreach (SqlParameter param in inputParameters)            //循环取出存储过程中的全部参数
        {
            param.Direction = ParameterDirection.Input;            //该值指示参数是只可输入的
            m_Cmd.Parameters.Add(param);                           //向参数集合中添加对象
        }
        sda.Fill(dt);                                              //将得到的数据源填入 dt 中
    }
    catch (Exception ex)                                           //处理异常
    {
        throw ex;                                                  //抛出异常
    }
    return dt;                                                     //返回 DataTable 类的实例
}
```

10.5.2 Useful 公共类

Useful 类主要用来封装项目中常用的一些功能，如生成业务单据编号、获取数据库系统的时间、判断数据表中记录的主键值是否存在外键约束等。下面对 Useful 类中比较重要的方法进行介绍。

1. BuildCode()方法

本项目中有若干业务单据模块（如订货单模块、退货单模块等），这些业务单据又对应着若干数据表（如订货单信息表、退货单信息表等），这些数据表中都有单据编号字段。这里定义的 BuildCode()方法主要就是用来生成这些数据表的单据编号，该方法的参数有 5 个。其中，参数 strTableName 表示数据表的名称；参数 strWhere 表示 SQL 语句的查询条件；参数 strCodeColumn 表示单据编号字段的名称；参数 strHeader 表示各种单据的单号头（如 XS 表示销售，TH 表示退货等）；参数 intLength 表示单据编号中除去单号头剩余

部分字符串的长度。代码如下：

```csharp
public string BuildCode(string strTableName,string strWhere,string strCodeColumn,string strHeader, int intLength)
{
    DataLogic dal = new DataLogic();                                    //该对象用于处理数据访问操作
    //定义获取最大单据编号的 SQL 字符串
    string strSql = "Select Max(" + strCodeColumn + ") From " + strTableName + " " + strWhere;
    try
    {
        string strMaxCode = dal.GetSingleObject(strSql) as string;      //表示获取最大的单据编号
        if (String.IsNullOrEmpty(strMaxCode))                           //若表中无符合条件的数据记录
        {
            strMaxCode = strHeader + FormatString(intLength);           //设置最大编号
        }
        string strMaxSeqNum = strMaxCode.Substring(strHeader.Length);   //截取单据编号中除单号头外的部分
        //计算下一条记录的单据编号
        return strHeader + (Convert.ToInt32(strMaxSeqNum) + 1).ToString(FormatString(intLength));
    }
    catch (Exception ex)                                                //处理异常
    {
        MessageBox.Show(ex.Message,"软件提示");                         //异常信息提示
        throw ex;                                                       //抛出异常
    }
}
```

2. GetDBTime()方法

在数据库管理系统开发中，为了使业务操作时间达到统一管理的目的，最好使用数据库系统的时间。这里定义了 GetDBTime()方法，用来实现获取数据库系统的时间。该方法中，首先创建 DataLogic 类的对象，用来调用数据访问操作的方法，然后通过调用该对象的 GetSingleObject()方法，并传入 "SELECT GETDATE()" SQL 语句来获取数据库系统的时间。代码如下：

```csharp
public DateTime GetDBTime()
{
    DateTime dtDBTime;                                                  //声明日期时间类型的变量
    DataLogic dal = new DataLogic();                                    //该对象用来调用数据访问操作的方法
    try
    {
        //通过调用 GetSingleObject()方法来获取数据库时间
        dtDBTime = Convert.ToDateTime(dal.GetSingleObject("SELECT GETDATE()"));
    }
    catch (Exception e)                                                 //处理异常
    {
        MessageBox.Show(e.Message, "软件提示");                         //异常信息提示
        throw e;                                                        //抛出异常
    }
    return dtDBTime;                                                    //返回数据库时间
}
```

3. IsExistConstraint()方法

在数据库管理系统开发中，处理主表与子表间的数据关系是一项很重要的工作。若子表中存在数据记录，则无法删除主表中对应的记录（在主表与子表未设置级联删除的情况下）。这里定义的 IsExistConstraint()方法就是用来判断主表中某条记录的主键值是否存在外键约束，若存在外键约束，则该数据记录不允许删除。该方法中，首先通过存储过程得到外键表（子表）的相关数据，然后在这些外键表中查找与主表存在约束关系的数据记录。若存在这样的数据记录，则方法返回值为 true；否则返回 false。代码如下：

```csharp
public bool IsExistConstraint(string strPrimaryTable, string strPrimaryValue)
{
    DataLogic dal = new DataLogic();                                    //该对象用来处理数据逻辑
    bool booIsExist = false;                                            //定义布尔型返回值标记
    string strSql = null;                                               //定义表示 SQL 语句的字符串
    string strForeignColumn = null;                                     //表示外键列
```

```
            string strForeignTable = null;                              //表示外键表
            SqlDataReader sdr = null;                                   //声明 SqlDataReader 引用
            try
            {
                //创建参数对象并赋值
                SqlParameter param = new SqlParameter("@PrimaryTable", SqlDbType.VarChar);
                param.Value = strPrimaryTable;                          //设置该参数对象的 Value 属性值
                List<SqlParameter> parameters = new List<SqlParameter>(); //创建参数列表
                parameters.Add(param);                                  //向参数列表中添加参数
                SqlParameter[] inputParameters = parameters.ToArray();  //把泛型中的元素复制到数组中
                //通过存储过程得到外键表的相关数据
                DataTable dt = dal.GetDataTable("P_QueryForeignConstraint", inputParameters);
                foreach (DataRow dr in dt.Rows)                         //循环读取包含外键信息的数据行
                {
                    strForeignTable = dr["ForeignTable"].ToString();    //获得外键表名称
                    strForeignColumn = dr["ForeignColumn"].ToString();  //获得外键列
                    //声明表示查询外键表中指定了外键值的 SQL 字符串
                    strSql = "Select " + strForeignColumn + " From " + strForeignTable
                        + " Where " + strForeignColumn + " = '" + strPrimaryValue + "'";
                    sdr = dal.GetDataReader(strSql);                    //执行查询
                    if (sdr.HasRows)                                    //若该主键值已被外键表所使用
                    {
                        boolsExist = true;                              //返回值标记设置为 true
                        sdr.Close();                                    //关闭 SqlDataReader 对象
                        break;                                          //跳出循环
                    }
                    sdr.Close();
                }
            }
            catch (Exception ex)                                        //处理异常
            {
                MessageBox.Show(ex.Message, "软件提示");
                throw ex;                                               //抛出异常
            }
            return boolsExist;                                          //返回布尔值
        }
```

> **说明**
>
> 关于 Useful 类中的其他方法，请参见本项目的源码。

10.6 商品大类模块设计

10.6.1 商品大类模块概述

商品大类模块的主要功能是设置商品的种类，设置的内容包括类别代码、类别名称。该模块的主要操作包括商品大类的添加、修改和删除。商品大类窗体运行效果如图 10.5 所示。

图 10.5 商品大类窗体运行效果

10.6.2 设计商品大类窗体

新建一个 Windows 窗体，命名为 FormGoodsType.cs，

用于管理商品的顶级分类信息，该窗体用到的主要控件如表 10.14 所示。

表 10.14　商品大类窗体用到的主要控件

控件类型	控件 ID	主要属性设置	用　　途
ToolStrip	toolStrip1	Items 属性中添加"添加""修改""删除"和"退出" 4 个按钮	制作工具栏
DataGridView	dgvGoodsType	AllowUserToAddRows 属性设置为 false；Modifiers 属性设置为 Public；Columns 属性的设置请参见项目源码	显示商品的分类记录信息

10.6.3　初始化商品大类信息显示

在 FormGoodsType 窗体的 Load 加载事件中，通过调用 GoodsType 类的 GetDataTable()方法来获取商品大类的数据源信息，并将数据源绑定到 DataGridView 控件来显示。代码如下：

```
namespace SALE.UI.SystemSetting
{
    public partial class FormGoodsType : Form
    {
        GoodsType gt = new GoodsType();                //创建 GoodsType 类的实例，用来调用处理业务逻辑的方法
        public FormGoodsType()
        {
            InitializeComponent();
        }
        private void FormGoodsType_Load(object sender, EventArgs e)
        {
            //在 DataGridView 控件中显示商品种类记录
            dgvGoodsType.DataSource = gt.GetDataTable("GoodsType", "");
        }
    }
}
```

10.6.4　打开商品大类编辑窗体

在 FormGoodsType 商品大类窗体中，单击工具栏中的"添加"或"修改"按钮，可以打开商品大类编辑窗体，效果如图 10.6 所示。

单击商品大类窗体工具栏中的"添加"按钮，打开商品大类编辑窗体，该窗体用于录入商品种类信息。在程序中设置商品大类编辑窗体的 Tag 属性值为字符串"Add"，表示添加操作。"添加"按钮的 Click 事件代码如下：

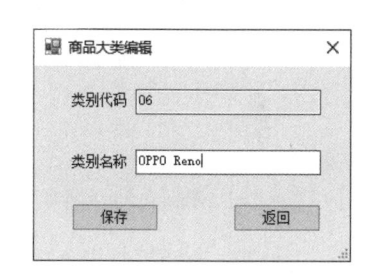

图 10.6　商品大类编辑窗体运行效果（添加）

```
private void toolAdd_Click(object sender, EventArgs e)
{
    FormGoodsTypeInput formGoodsTypeInput = new FormGoodsTypeInput();   //实例化窗体
    formGoodsTypeInput.Tag = "Add";                                      //设置 Tag 属性值为添加标记
    formGoodsTypeInput.Owner = this;                                     //设置窗体实例的所有者
    formGoodsTypeInput.ShowDialog();                                     //显示模式对话框窗体
}
```

单击商品大类窗体工具栏中的"修改"按钮，打开商品大类编辑窗体，此时该窗体用于修改已存在的商品种类信息。在程序中设置商品大类编辑窗体的 Tag 属性值为字符串"Edit"，表示修改操作。"修改"按钮的 Click 事件代码如下：

```
if (dgvGoodsType.Rows.Count > 0)                                         //若存在商品种类记录
{
```

```
    FormGoodsTypeInput formGoodsTypeInput = new FormGoodsTypeInput();     //实例化窗体
    formGoodsTypeInput.Tag = "Edit";                                       //设置Tag属性值为修改标记
    formGoodsTypeInput.Owner = this;                                       //设置窗体实例的所有者
    formGoodsTypeInput.ShowDialog();                                       //显示模式对话框窗体
}
```

10.6.5　实现商品大类的添加和修改功能

在商品大类编辑窗体的 Load 事件中，程序首先判断当前窗体是以添加操作方式打开，还是以修改操作方式打开，然后初始化相关控件的 Text 属性值。Load 事件的代码如下：

```
private void FormGoodsTypeInput_Load(object sender, EventArgs e)
{
    formGoodsType = (FormGoodsType)this.Owner;                             //获取当前窗体的所有者
    if (this.Tag.ToString() == "Add")                                      //若是添加操作方式
    {
        //设置类别代码
        txtGoodsTypeCode.Text = useful.BuildCode("GoodsType", "", "GoodsTypeCode", "", 2);
    }
    else                                                                   //若是修改操作方式
    {
        txtGoodsTypeCode.Text=formGoodsType.dgvGoodsType["GoodsTypeCode",
            formGoodsType.dgvGoodsType.CurrentRow.Index].Value.ToString(); //获取类别代码
        txtGoodsTypeName.Text=formGoodsType.dgvGoodsType["GoodsTypeName",
            formGoodsType.dgvGoodsType.CurrentRow.Index].Value.ToString(); //获取类别名称
    }
}
```

单击商品大类编辑窗体中的"保存"按钮，程序会将新添加的或修改的商品种类信息保存到数据库中。具体实现时，程序首先判断类别名称是否为空，然后判断窗体当前的操作方式是添加还是修改，最后根据具体的操作方式来添加数据或修改现有数据。"保存"按钮的 Click 事件代码如下：

```
private void btnSave_Click(object sender, EventArgs e)
{
    GoodsType gt = new GoodsType();                                        //实例化 GoodsType 类
    string strSql = null;                                                  //声明表示 SQL 语句的字符串
    if (String.IsNullOrEmpty(txtGoodsTypeName.Text.Trim()))                //若类别名称为空
    {
        MessageBox.Show("类别名称不许为空！","软件提示");
        txtGoodsTypeName.Focus();
        return;                                                            //终止程序
    }
    SetParametersValue();                                                  //为 SQL 语句中的参数赋值
    if (this.Tag.ToString() == "Add")                                      //若是添加操作
    {
        strSql = "INSERT INTO GoodsType(GoodsTypeCode,GoodsTypeName) ";
        strSql += "VALUES(@GoodsTypeCode,@GoodsTypeName)";                 //表示添加记录的 SQL 语句字符串
        if (gt.Insert(dal, strSql) == true)                                //若添加记录到数据库成功
        {
            //商品大类的 DataGridView 控件重新绑定数据源
            formGoodsType.dgvGoodsType.DataSource = gt.GetDataTable("GoodsType", "");
            if (MessageBox.Show("保存成功,是否继续添加？","软件提示",
                MessageBoxButtons.YesNo, MessageBoxIcon.Exclamation) == DialogResult.Yes)
            {
                //自动生成类别代码
                txtGoodsTypeCode.Text = useful.BuildCode("GoodsType", "", "GoodsTypeCode", "", 2);
                txtGoodsTypeName.Text = "";                                //清空"类别名称"文本框
                txtGoodsTypeName.Focus();
            }
            else                                                           //若不继续添加记录
            {
```

```csharp
                this.Close();                                           //关闭当前窗体
            }
        }
        else                                                            //若添加记录到数据库失败
        {
            MessageBox.Show("保存失败！","软件提示");
        }
    }
    if (this.Tag.ToString() == "Edit")                                  //若是修改操作
    {
        strSql = "Update GoodsType Set GoodsTypeName = @GoodsTypeName "
            +"Where GoodsTypeCode = @GoodsTypeCode";                    //表示修改记录的SQL语句字符串
        if (gt.Update(dal, strSql) == true)
        {
            formGoodsType.dgvGoodsType.DataSource = gt.GetDataTable("GoodsType", "");
            MessageBox.Show("保存成功！","软件提示");
            this.Close();
        }
        else
        {
            MessageBox.Show("保存失败！","软件提示");
        }
    }
}
```

10.6.6 商品大类的删除

单击商品大类窗体工具栏中的"删除"按钮，程序首先判断是否选择了要删除的数据。如果未选中，则返回；否则，弹出确认删除的提示对话框。在该对话框中单击"是"按钮时，首先判断要删除的数据是否存在主外键约束。如果存在，则弹出提示；否则执行删除的SQL语句，删除选中的商品大类信息。代码如下：

```csharp
private void toolDelete_Click(object sender, EventArgs e)
{
    if (dgvGoodsType.Rows.Count == 0)                                   //是否选择了要删除的数据
    {
        return;
    }
    if (MessageBox.Show("确定要删除吗？","软件提示",
        MessageBoxButtons.YesNo, MessageBoxIcon.Exclamation) == DialogResult.Yes)
    {
        //记录要删除的商品大类编号
        string strGoodsTypeCode = dgvGoodsType.CurrentRow.Cells["GoodsTypeCode"].Value.ToString();
        if (useful.IsExistConstraint("GoodsType", strGoodsTypeCode))    //判断是否存在主外键约束
        {
            MessageBox.Show("已发生业务关系，无法删除","软件提示");
            return;
        }
        //定义删除商品大类的SQL语句
        string strSql = "Delete From GoodsType Where GoodsTypeCode = '" + strGoodsTypeCode + "'";
        try
        {
            if (gt.Delete(dal, strSql) == true)                         //执行删除操作
            {
                dgvGoodsType.DataSource = gt.GetDataTable("GoodsType", "");  //刷新数据
                MessageBox.Show("删除成功！","软件提示");
            }
            else
            {
                MessageBox.Show("删除失败！","软件提示");
            }
        }
```

```
        catch (Exception ex)
        {
            throw ex;                                                    //抛出异常
        }
    }
}
```

10.7 代理登记模块设计

10.7.1 代理登记模块概述

商品在销售渠道上可以采取代理销售的模式，本系统为此设计了代理登记模块。对于新的代理商，需要在本系统中进行代理商档案资料登记；对于已登记的代理商，需要签订代理协议，并将代理协议的相关内容登记到本系统中。在代理登记模块中，主要登记代理级别、代理年限、代理的起止日期等相关内容。代理登记窗体运行效果如图10.7所示。

图 10.7　代理登记窗体运行效果

10.7.2 设计代理登记窗体

新建一个 Windows 窗体，命名为 FormDepRegister.cs，用于管理代理商的登记记录，该窗体用到的主要控件如表 10.15 所示。

表 10.15　代理登记窗体用到的主要控件

控件类型	控件 ID	主要属性设置	用途
ToolStrip	toolStrip1	Items 属性中添加"添加""修改""删除"和"退出"4 个按钮	制作工具栏
SplitContainer	splitContainer1	Dock 属性设置为 Fill	把窗体分割成两个大小可调区域
TreeView	tvAgentRecord	Modifiers 属性设置为 Public	显示代理商
ImageList	imageList1	Images 属性中添加所需的图标	包含树结点所使用的 Image 对象
DataGridView	dgvDepRegister	AllowUserToAddRows 属性设置为 false；Modifiers 属性设置为 Public；Columns 属性的设置请参见项目源码	显示代理登记记录
BindingSource	bsDepRegister	Modifiers 属性设置为 Public	绑定数据源

10.7.3 实现代理商导航菜单

在 FormDepRegister 窗体的 Load 加载事件中，首先创建 ControlBindDataSource 类的对象，然后调用该对象的 BuildTree()方法实现将代理商的名称绑定到 TreeView 树控件上进行显示。代码如下：

```
namespace SALE.UI.AgentManage
{
    public partial class FormDepRegister : Form
    {
        //创建 DepRegister 的实例，用来调用处理业务逻辑的方法
        DepRegister dr = new DepRegister();
        //创建 ControlBindDataSource 的实例，用来调用控件绑定到数据源的方法
        ControlBindDataSource cbds = new ControlBindDataSource();
        public FormDepRegister()
        {
            InitializeComponent();
        }
        private void FormDepRegister_Load(object sender, EventArgs e)
        {
            //TreeView 控件绑定到代理商档案数据源
            cbds.BuildTree(tvAgentRecord, imageList1, "代理商", "Customer", "Where CustomerType = '1'",
                "CustomerId", "CustomerName");
        }
    }
}
```

当用户单击代理登记窗体左侧 TreeView 导航菜单中的代理商名称时，将在窗体右侧的 DataGridView 控件中显示当前代理商的代理登记记录，这是在 TreeView 控件的 AfterSelect 事件中实现的，代码如下：

```
private void tvAgentRecord_AfterSelect(object sender, TreeViewEventArgs e)
{
    new Useful().DataGridViewReset(dgvDepRegister);           //清空 DataGridView 控件中的数据
    if (tvAgentRecord.SelectedNode != null)                   //若被选择结点不为空
    {
        if (tvAgentRecord.SelectedNode.Tag != null)           //若被选择结点的 Tag 属性不为空
        {
            //BindingSource 组件绑定到代理登记数据源
            bsDepRegister.DataSource = dr.GetDataTable(tvAgentRecord.SelectedNode.Tag.ToString());
            dgvDepRegister.DataSource = bsDepRegister;        //设置 DataGridView 控件所显示的数据源
        }
    }
}
```

10.7.4 打开代理登记编辑窗体

在代理登记窗体的左侧导航菜单中选择任意代理商，单击"添加"按钮，或者在右侧 DataGridView 中选择任意代理登记记录，单击"修改"按钮，都可以打开代理登记编辑窗体。该窗体主要用于对代理商的登记记录进行添加或者修改操作，其运行效果如图 10.8 所示。

在导航菜单中选择任意代理商，单击"添加"按钮，首先实例化 FormDepRegisterInput 窗体对象，并将其 Tag 属性设置为"Add"，表示添加代理登记信息，最后使用 ShowDialog()方法打开该窗体。代码如下：

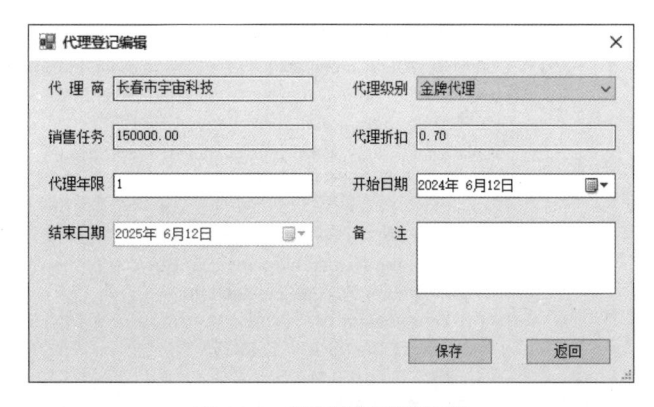

图 10.8 代理登记编辑窗体

```
private void toolAdd_Click(object sender, EventArgs e)
{
    if (tvAgentRecord.SelectedNode != null)                   //若被选择结点不为空
    {
```

```csharp
        if (tvAgentRecord.SelectedNode.Tag != null)          //若被选择结点的 Tag 属性不为空
        {
            //实例化 FormDepRegisterInput 窗体
            FormDepRegisterInput formDepRegisterInput = new FormDepRegisterInput();
            formDepRegisterInput.Tag = "Add";                //设置 Tag 属性值为添加标记
            formDepRegisterInput.Owner = this;               //设置窗体实例的所有者
            formDepRegisterInput.ShowDialog();               //显示模式对话框窗体
        }
    }
}
```

在 DataGridView 中选择任意代理登记记录，单击"修改"按钮，首先实例化 FormDepRegisterInput 窗体对象，并将其 Tag 属性设置为"Edit"，表示修改代理登记信息，最后使用 ShowDialog()方法打开该窗体。代码如下：

```csharp
private void toolAmend_Click(object sender, EventArgs e)
{
    if (dgvDepRegister.RowCount > 0)                         //是否选择了要修改的记录
    {
        //实例化 FormDepRegisterInput 窗体
        FormDepRegisterInput formDepRegisterInput = new FormDepRegisterInput();
        formDepRegisterInput.Tag = "Edit";                   //设置 Tag 属性值为修改标记
        formDepRegisterInput.Owner = this;                   //设置窗体实例的所有者
        formDepRegisterInput.ShowDialog();                   //显示模式对话框窗体
    }
}
```

10.7.5 代理登记编辑窗体的实现

在代理登记编辑窗体的 Load 加载事件中，程序首先判断当前窗体是以添加操作方式打开，还是以修改操作方式打开，然后初始化相关控件的显示值。代码如下：

```csharp
public partial class FormDepRegisterInput : Form
{
    FormDepRegister formDepRegister = null;                  //声明代理登记窗体的引用
    DataLogic dal = new DataLogic();                         //创建 DataLogic 类的对象，用于操作数据
    DepRegister dr = new DepRegister();                      //创建 DepRegister 类的对象，用于处理业务逻辑
    private void FormDepRegisterInput_Load(object sender, EventArgs e)
    {
        //创建 ControlBindDataSource 的实例，用来调用控件绑定到数据源的方法
        ControlBindDataSource cbds = new ControlBindDataSource();
        cbds.ComboBoxBindDataSource(cbxAgentLevelCode, "AgentLevelCode", "AgentLevelName",
            "Select * from AgentLevel", "AgentLevel");       //ComboBox 控件绑定到代理级别数据源
        formDepRegister = (FormDepRegister)this.Owner;       //获取当前窗体的所有者，即代理登记窗体
        if (this.Tag.ToString() == "Add")                    //若是添加操作
        {
            //设置代理商名称
            txtCustomerName.Text = formDepRegister.tvAgentRecord.SelectedNode.Text;
            cbxAgentLevelCode.SelectedIndex = -1;            //设置当前选定项的值为空
            txtYears.Text = "1";                             //设置默认代理年限值为 1
            dtpBeginDate.Value = DateTime.Today;             //设置默认开始日期为当日
            //设置代理结束日期
            dtpEndDate.Value = dtpBeginDate.Value.AddYears(Convert.ToInt32(txtYears.Text));
        }
        if (this.Tag.ToString() == "Edit")                   //若是修改操作
        {
            //设置代理商名称
            txtCustomerName.Text = formDepRegister.tvAgentRecord.SelectedNode.Text;
```

```csharp
            //设置代理商级别
            cbxAgentLevelCode.SelectedValue =
                formDepRegister.dgvDepRegister.CurrentRow.Cells["AgentLevelCode"].Value.ToString();
            //设置销售任务
            txtLeastMoney.Text =
                formDepRegister.dgvDepRegister.CurrentRow.Cells["LeastMoney"].Value.ToString();
            //设置代理折扣
            txtDiscount.Text = formDepRegister.dgvDepRegister.CurrentRow.Cells["Discount"]. Value.ToString();
            //设置代理年限
            txtYears.Text = formDepRegister.dgvDepRegister.CurrentRow.Cells["Years"].Value.ToString();
            //设置开始日期
            dtpBeginDate.Value =
                Convert.ToDateTime(formDepRegister.dgvDepRegister.CurrentRow.Cells["BeginDate"].Value);
            //设置结束日期
            dtpEndDate.Value =
                Convert.ToDateTime(formDepRegister.dgvDepRegister.CurrentRow.Cells["EndDate"].Value);
            //设置备注
            txtRemark.Text = formDepRegister.dgvDepRegister.CurrentRow.Cells["Remark"].Value.ToString();
        }
    }
}
```

在代理登记编辑窗体输入或者修改完信息后,单击"保存"按钮,程序会将新添加或修改的代理登记信息保存到数据库。"保存"按钮的 Click 事件代码如下:

```csharp
private void btnSave_Click(object sender, EventArgs e)
{
    string strSql = null;                                           //声明字符串变量
    if (cbxAgentLevelCode.SelectedValue == null)                    //若未设置代理级别
    {
        MessageBox.Show("代理级别不许为空!","软件提示");
        cbxAgentLevelCode.Focus();
        return;
    }
    if (String.IsNullOrEmpty(txtYears.Text))                        //若未设置代理年限
    {
        MessageBox.Show("代理年限不许为空!","软件提示");
        txtYears.Focus();
        return;
    }
    else                                                            //若设置了代理年限
    {
        if (txtYears.Text == "0")                                   //若代理年限为零
        {
            MessageBox.Show("代理年限不许为零!","软件提示");
            txtYears.Focus();
            return;
        }
    }
    foreach (DataGridViewRow dgvr in formDepRegister.dgvDepRegister.Rows)   //遍历所有的代理记录
    {
        //若是添加操作或非当前选中记录
        if (!dgvr.Equals(formDepRegister.dgvDepRegister.CurrentRow) || this.Tag.ToString() == "Add")
        {
            //若开始日期大于或等于某条代理记录的开始日期
            if (dtpBeginDate.Value.Date >= Convert.ToDateTime(dgvr.Cells["BeginDate"].Value).Date)
            {
                //若开始日期小于或等于某条代理记录的结束日期
                if (dtpBeginDate.Value.Date <= Convert.ToDateTime(dgvr.Cells["EndDate"].Value).Date)
                {
                    MessageBox.Show("与该代理商的以往代理登记存在日期上的重叠,程序无法设置!",
```

```csharp
                            "软件提示");
                        return;
                    }
                }
                //若结束日期大于或等于某条记录的开始日期
                if (dtpEndDate.Value.Date >= Convert.ToDateTime(dgvr.Cells["BeginDate"].Value).Date)
                {
                    //若结束日期小于或等于某条记录的结束日期
                    if (dtpEndDate.Value.Date <= Convert.ToDateTime(dgvr.Cells["EndDate"].Value).Date)
                    {
                        MessageBox.Show("与该代理商的以往代理登记存在日期上的重叠，程序无法设置！ ",
                            "软件提示");
                        return;
                    }
                }
            }
        }
        SetParametersValue();                                           //设置 SQL 语句中的参数值
        if (this.Tag.ToString() == "Add")                               //若是添加操作
        {
            //表示添加代理登记记录的 SQL 语句
            strSql = "INSERT INTO DepRegister(CustomerId,AgentLevelCode,Years,BeginDate,EndDate,Remark) ";
            strSql += "VALUES(@CustomerId,@AgentLevelCode,@Years,@BeginDate,@EndDate,@Remark)";
            if (dr.Insert(dal,strSql))                                  //若添加代理登记记录成功
            {
                //代理登记窗体的 BindingSource 组件重新绑定数据源
                formDepRegister.bsDepRegister.DataSource =
                    dr.GetDataTable(formDepRegister.tvAgentRecord.SelectedNode.Tag.ToString());
                //设置代理登记窗体的 DataGridView 控件重新显示数据源
                formDepRegister.dgvDepRegister.DataSource = formDepRegister.bsDepRegister;
                MessageBox.Show("保存成功！ ","软件提示");
                this.Close();
            }
            else                                                        //若添加代理登记记录失败
            {
                MessageBox.Show("保存失败！ ","软件提示");
            }
        }
        if (this.Tag.ToString() == "Edit")                              //若是修改操作
        {
            DateTime dtOldBeginDate =
                Convert.ToDateTime(formDepRegister.dgvDepRegister.CurrentRow.Cells["BeginDate"].Value);
            //表示修改代理登记记录的 SQL 语句
            strSql = "Update DepRegister Set AgentLevelCode = @AgentLevelCode, "
                +"Years= @Years,BeginDate = @BeginDate,EndDate = @EndDate,Remark = @Remark ";
            strSql += "Where    CustomerId = @CustomerId and BeginDate = '" + dtOldBeginDate + "'";
            if (dr.Update(dal, strSql))
            {
                formDepRegister.bsDepRegister.DataSource =
                    dr.GetDataTable(formDepRegister.tvAgentRecord.SelectedNode.Tag.ToString());
                formDepRegister.dgvDepRegister.DataSource = formDepRegister.bsDepRegister;
                MessageBox.Show("保存成功！ ", "软件提示");
                this.Close();
            }
            else
            {
                MessageBox.Show("保存失败！ ", "软件提示");
            }
        }
    }
}
```

10.8 订货单模块设计

10.8.1 订货单模块概述

订货单模块主要用于管理用户的订货单记录。其中，在订货时，用户的类别分为普通用户和代理商两种。对于普通用户，若在本系统中进行过登记，则可以查询该用户的基本信息，否则需要登记该用户的基本信息；对于代理商，由于其信息已在代理商登记模块中登记过，所以只需在订货单窗体中选择代理商名称即可获取相关信息。订货单窗体运行效果如图 10.9 所示。

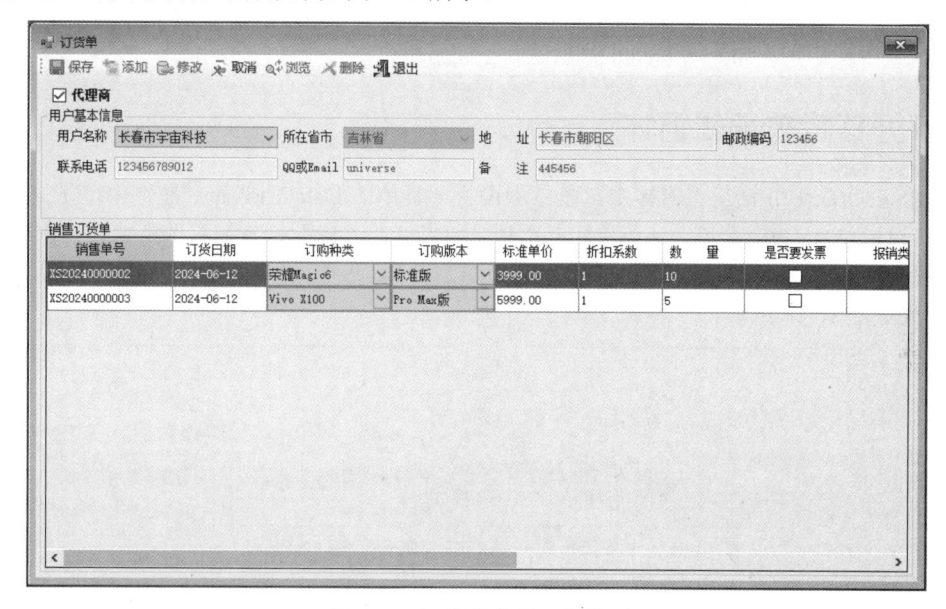

图 10.9 订货单窗体运行效果

10.8.2 设计订货单窗体

新建一个 Windows 窗体，命名为 FormRetailSaleOrderBill.cs，用于管理订货单（包括添加、修改、删除及查询订货单），该窗体用到的主要控件如表 10.16 所示。

表 10.16 订货单窗体用到的主要控件

控件类型	控件 ID	主要属性设置	用 途
ToolStrip	toolStrip1	Items 属性中添加"保存""添加""修改""取消""浏览""删除"和"退出"7 个按钮	制作工具栏
CheckBox	chbIsAgent	Modifiers 属性设置为 Public；Enabled 属性设置为 false	用户分类
TextBox	txtCustomerName	Modifiers 属性设置为 Public；ReadOnly 属性设置为 true	录入用户名称
	txtAddress	Modifiers 属性设置为 Public；ReadOnly 属性设置为 true	录入用户地址
	txtPostalCode	Modifiers 属性设置为 Public；ReadOnly 属性设置为 true	录入邮政编码
	txtPhoneNumber	Modifiers 属性设置为 Public；ReadOnly 属性设置为 true	录入电话号码
	txtURL	Modifiers 属性设置为 Public；ReadOnly 属性设置为 true	录入 QQ 或 Email
	txtRemark	Modifiers 属性设置为 Public；ReadOnly 属性设置为 true	录入备注

控件类型	控件 ID	主要属性设置	用途
ComboBox	cbxProvinceCode	Modifiers 属性设置为 Public；DropDownStyle 属性设置为 DropDownList	选择省市
RadioButton	rbCustomerType2	Checked 属性设置为 true；Modifiers 属性设置为 Public；Enabled 属性设置为 false	表示个人用户
	rbCustomerType3	Modifiers 属性设置为 Public；Enabled 属性设置为 false	表示单位用户
ContextMenuStrip	contextMenuStrip1	Items 属性中添加快捷菜单	制作添加、修改、删除订货单的快捷菜单
DataGridView	dgvSaleOrderBill	Modifiers 属性设置为 Public；AllowUserToAddRows 属性设置为 false；ContextMenuStrip 属性设置为 contextMenuStrip1	显示订货单记录
BindingSource	bsSaleOrderBill	Modifiers 属性设置为 Public	绑定数据源

10.8.3 打开订货单编辑窗体

FormRetailSaleOrderBill 订货单窗体中，在显示销售订货单的 DataGridView 控件中单击鼠标右键，将弹出一个用于管理订货单的快捷菜单。该菜单包括"添加订货单""修改订货单""删除订货单"3 个菜单项，通过选择"添加订货单"和"修改订货单"菜单项，可以打开订货单编辑窗体。该窗体主要用来新增或者修改订货单，效果如图 10.10 所示。

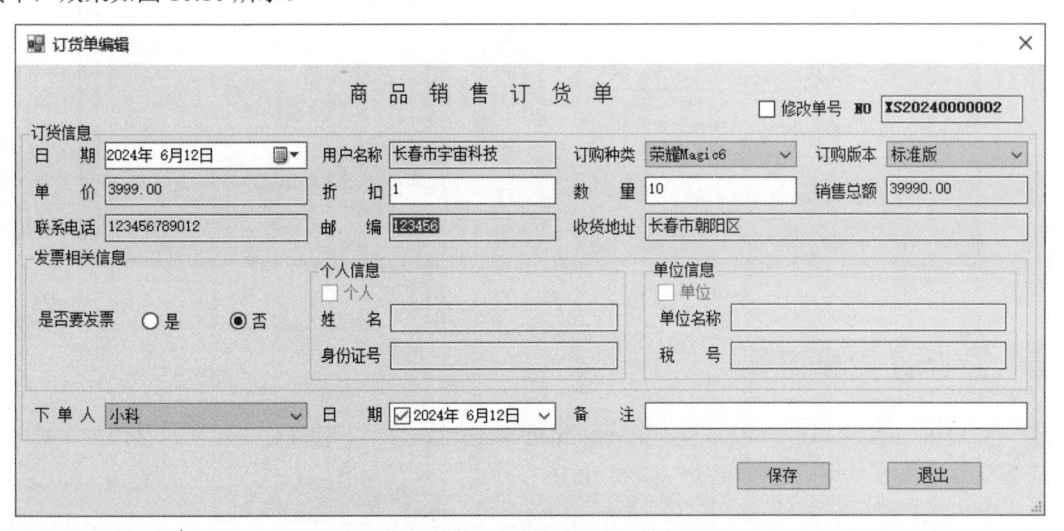

图 10.10 订货单编辑窗体

选择"添加订货单"菜单项时，打开订货单编辑窗体，这里通过设置窗体的 Tag 属性为"Add"，将其标识为执行添加订货单操作。代码如下：

```
private void contextAdd_Click(object sender, EventArgs e)
{
    if (this.CustomerNo != 0)                                    //若用户的编号不为零，即确定了某个用户
    {
        //实例化 FormRetailSaleOrderBillInput 窗体
        FormRetailSaleOrderBillInput formRetailSaleOrderBillInput = new FormRetailSaleOrderBillInput();
        formRetailSaleOrderBillInput.Tag = "Add";                //表示添加操作
        formRetailSaleOrderBillInput.Owner = this;               //设置窗体实例的所有者
        formRetailSaleOrderBillInput.ShowDialog();               //显示模式对话框窗体
    }
}
```

选择"修改订货单"菜单项时,打开订货单编辑窗体,这里通过设置窗体的 Tag 属性为"Edit",将其标识为执行修改订货单操作。代码如下:

```csharp
private void contextAmend_Click(object sender, EventArgs e)
{
    if (this.CustomerNo != 0)
    {
        if (dgvSaleOrderBill.RowCount > 0)                  //是否选择了要修改的订货单记录
        {
            //判断当前操作员
            if (GlobalProperty.OperatorCode != dgvSaleOrderBill.CurrentRow.Cells["OperatorCode"].Value.ToString())
            {
                MessageBox.Show("非本记录的录入人员,不许允许修改!", "软件提示");
                return;
            }
            //实例化 FormRetailSaleOrderBillInput 窗体
            FormRetailSaleOrderBillInput formRetailSaleOrderBillInput = new FormRetailSaleOrderBillInput();
            formRetailSaleOrderBillInput.Tag = "Edit";       //表示修改操作
            formRetailSaleOrderBillInput.Owner = this;       //设置窗体实例的所有者
            formRetailSaleOrderBillInput.ShowDialog();       //显示模式对话框窗体
        }
    }
}
```

10.8.4 订货单编辑窗体的实现

在订货单编辑窗体的 Load 加载事件中,程序需要判断当前窗体的打开方式。若以添加操作方式打开,则程序要初始化相关控件的默认值和绑定相关控件的数据源;若以修改操作方式打开,则程序需要将当前要修改的订货单的信息赋值给窗体上对应的控件。代码如下:

```csharp
private void FormRetailSaleOrderBillInput_Load(object sender, EventArgs e)
{
    ControlBindDataSource cbds = new ControlBindDataSource();
    cbds.ComboBoxBindDataSource(cbxGoodsTypeCode, "GoodsTypeCode", "GoodsTypeName",
        "Select * From GoodsType", "GoodsType");             //显示订购种类
    cbds.ComboBoxBindDataSource(cbxGoodsSeriesCode, "GoodsSeriesCode", "GoodsSeriesName",
        "Select * From GoodsSeries", "GoodsSeries");         //显示订购版本
    cbds.ComboBoxBindDataSource(cbxEmployeeCode, "EmployeeCode", "EmployeeName",
        "Select * From Employee", "Employee");               //显示下单人
    formRetailSaleOrderBill = (FormRetailSaleOrderBill)this.Owner;
    if (formRetailSaleOrderBill.chbIsAgent.Checked)
    {
        txtCustomerName.Text = formRetailSaleOrderBill.cbxCustomerId.Text;
    }
    else
    {
        txtCustomerName.Text = formRetailSaleOrderBill.txtCustomerName.Text;
    }
    txtPhoneNumber.Text = formRetailSaleOrderBill.txtPhoneNumber.Text;
    txtPostalCode.Text = formRetailSaleOrderBill.txtPostalCode.Text;
    txtAddress.Text = formRetailSaleOrderBill.txtAddress.Text;
    if (this.Tag.ToString() == "Add")                         //标识为添加操作
    {
        dtpBillDate.Value = GlobalProperty.DBTime;
        dtpSignDate.Value = GlobalProperty.DBTime;
        cbxGoodsTypeCode.SelectedIndex = -1;
        cbxGoodsSeriesCode.SelectedIndex = -1;
        cbxEmployeeCode.SelectedIndex = -1;
        txtDiscount.Text = "1";                               //若是代理商的话,默认值为代理的折扣系数
        txtSaleBillNo.Text = useful.BuildCode("SaleOrderBill", "Where OperatorCode = '"
            + GlobalProperty.OperatorCode + "'", "SaleBillNo", "XS" + GlobalProperty.DBTime.Year.ToString(), 7);
    }
    if (this.Tag.ToString() == "Edit")                        //标识为修改操作
    {
```

```csharp
        if (GlobalProperty.OperatorCode !=
            formRetailSaleOrderBill.dgvSaleOrderBill.CurrentRow.Cells["OperatorCode"].Value.ToString())
        {
            btnSave.Enabled = false;                                //非本人录入的记录，不允许修改
        }
        txtSaleBillNo.Text = formRetailSaleOrderBill.dgvSaleOrderBill.CurrentRow.Cells["SaleBillNo"].Value.ToString();
        dtpBillDate.Value =
            Convert.ToDateTime(formRetailSaleOrderBill.dgvSaleOrderBill.CurrentRow.Cells["BillDate"].Value);
        cbxGoodsTypeCode.SelectedValue =
            formRetailSaleOrderBill.dgvSaleOrderBill.CurrentRow.Cells["GoodsTypeCode"].Value;
        cbxGoodsSeriesCode.SelectedValue =
            formRetailSaleOrderBill.dgvSaleOrderBill.CurrentRow.Cells["GoodsSeriesCode"].Value;
        txtUnitPrice.Text = formRetailSaleOrderBill.dgvSaleOrderBill.CurrentRow.Cells["UnitPrice"].Value.ToString();
        txtDiscount.Text = formRetailSaleOrderBill.dgvSaleOrderBill.CurrentRow.Cells["Discount"].Value.ToString();
        txtQuantity.Text = formRetailSaleOrderBill.dgvSaleOrderBill.CurrentRow.Cells["Quantity"].Value.ToString();
        //需要发票
        if (formRetailSaleOrderBill.dgvSaleOrderBill.CurrentRow.Cells["IsNeedInvoice"].Value.ToString() == "1")
        {
            rbIsNeedInvoice1.Checked = true;
            //个人
            if (formRetailSaleOrderBill.dgvSaleOrderBill.CurrentRow.Cells["WriteOffType"].Value.ToString() == "1")
            {
                chbWriteOffType1.Checked = true;
                txtWriteOffName1.Text =
                    formRetailSaleOrderBill.dgvSaleOrderBill.CurrentRow.Cells["WriteOffName"].Value.ToString();
                txtCertificateNumber1.Text =
                    formRetailSaleOrderBill.dgvSaleOrderBill.CurrentRow.Cells["CertificateNumber"].Value.ToString();
            }
            else                                                    //单位
            {
                chbWriteOffType2.Checked = true;
                txtWriteOffName2.Text =
                    formRetailSaleOrderBill.dgvSaleOrderBill.CurrentRow.Cells["WriteOffName"].Value.ToString();
                txtCertificateNumber2.Text =
                    formRetailSaleOrderBill.dgvSaleOrderBill.CurrentRow.Cells["CertificateNumber"].Value.ToString();
            }
        }
        else                                                        //不需要发票
        {
            rbIsNeedInvoice0.Checked = true;
        }
        cbxEmployeeCode.SelectedValue =
            formRetailSaleOrderBill.dgvSaleOrderBill.CurrentRow.Cells["EmployeeCode"].Value;
        if (formRetailSaleOrderBill.dgvSaleOrderBill.CurrentRow.Cells["SignDate"].Value == DBNull.Value)
        {
            dtpSignDate.Checked = false;
        }
        else
        {
            dtpSignDate.Value =
                Convert.ToDateTime(formRetailSaleOrderBill.dgvSaleOrderBill.CurrentRow.Cells["SignDate"].Value);
        }
        txtRemark.Text = formRetailSaleOrderBill.dgvSaleOrderBill.CurrentRow.Cells["Remark"].Value.ToString();
    }
}
```

在添加或修改完订货单信息后，单击"保存"按钮，程序首先对字段进行验证，如果验证通过，则根据窗体的 Tag 属性执行相应的添加或者修改操作。"保存"按钮的 Click 事件代码如下：

```csharp
private void btnSave_Click(object sender, EventArgs e)
{
    if (txtSaleBillNo.Text.Trim().Length != 13)                     //若单号位数不正确
    {
        MessageBox.Show("单号位数不正确！", "软件提示");
        txtSaleBillNo.Focus();
        return;
    }
    if (cbxGoodsTypeCode.SelectedValue == null)                     //若订购商品种类为空
```

```csharp
    {
        MessageBox.Show("订购种类不许为空！", "软件提示");
        cbxGoodsTypeCode.Focus();
        return;
    }
    if (cbxGoodsSeriesCode.SelectedValue == null)                              //若订购商品系列(版本)为空
    {
        MessageBox.Show("订购版本不许为空！", "软件提示");
        cbxGoodsSeriesCode.Focus();
        return;
    }
    if (String.IsNullOrEmpty(txtDiscount.Text.Trim()))                         //若折扣数值为空
    {
        MessageBox.Show("折扣不许为空！", "软件提示");
        txtDiscount.Focus();
        return;
    }
    else
    {
        if (Convert.ToDecimal(txtDiscount.Text.Trim()) > 1)                    //若折扣数值大于1
        {
            MessageBox.Show("折扣不许大于1", "软件提示");
            txtDiscount.Focus();
            return;
        }
    }
    if (String.IsNullOrEmpty(txtQuantity.Text.Trim()))                         //若订购数量为空
    {
        MessageBox.Show("数量不许为空！", "软件提示");
        txtQuantity.Focus();
        return;
    }
    else
    {
        if (Convert.ToInt32(txtQuantity.Text.Trim()) == 0)                     //若订购数量为零
        {
            MessageBox.Show("数量不许为零！", "软件提示");
            txtQuantity.Focus();
            return;
        }
    }
    if (rbIsNeedInvoice1.Checked)                                              //若用户需要发票
    {
        //若既未选择填写个人信息，也未选择填写单位信息
        if (chbWriteOffType1.Checked == false && chbWriteOffType2.Checked == false)
        {
            MessageBox.Show("若需要发票，请输入相关的报销信息！", "软件提示");
            return;
        }
        if (chbWriteOffType1.Checked)                                          //若选择填写个人信息
        {
            if (String.IsNullOrEmpty(txtWriteOffName1.Text.Trim()))            //若报销人名称为空
            {
                MessageBox.Show("姓名不许为空！", "软件提示");
                txtWriteOffName1.Focus();
                return;
            }
            if (String.IsNullOrEmpty(txtCertificateNumber1.Text.Trim()))       //若报销人身份证号为空
            {
                MessageBox.Show("身份证号不许为空！", "软件提示");
                txtCertificateNumber1.Focus();
                return;
            }
        }
        if (chbWriteOffType2.Checked)                                          //若选择填写单位信息
        {
            if (String.IsNullOrEmpty(txtWriteOffName2.Text.Trim()))            //若单位名称为空
            {
                MessageBox.Show("单位名称不许为空！", "软件提示");
```

```csharp
                    txtWriteOffName2.Focus();
                    return;
                }
                if (String.IsNullOrEmpty(txtCertificateNumber2.Text.Trim()))        //若单位税号为空
                {
                    MessageBox.Show("税号不许为空！", "软件提示");
                    txtCertificateNumber2.Focus();
                    return;
                }
            }
        }
        if (cbxEmployeeCode.SelectedValue == null)                                  //若下单人为空
        {
            MessageBox.Show("下单人不许为空！", "软件提示");
            cbxEmployeeCode.Focus();
            return;
        }
        if (this.Tag.ToString() == "Add")                                           //若是添加操作
        {
            if (rsob.IsExistSaleBillNo(txtSaleBillNo.Text.Trim()))                  //若该单号已被使用
            {
                MessageBox.Show("该单号已存在,请重新输入单号！", "软件提示");
                txtSaleBillNo.Focus();
                return;
            }
            DataGridViewRow dgvr = rsob.AddDataGridViewRow(formRetailSaleOrderBill.dgvSaleOrderBill,
                formRetailSaleOrderBill.bsSaleOrderBill);                           //在控件中添加行
            dgvr.Cells["SaleBillNo"].Value = txtSaleBillNo.Text.Trim();             //设置单号
            dgvr.Cells["BillDate"].Value = dtpBillDate.Value.Date;                  //设置单据日期
            dgvr.Cells["CustomerId"].Value = formRetailSaleOrderBill.CustomerNo;    //设置用户编号
            dgvr.Cells["GoodsTypeCode"].Value = cbxGoodsTypeCode.SelectedValue;     //设置订购种类
            dgvr.Cells["GoodsSeriesCode"].Value = cbxGoodsSeriesCode.SelectedValue; //设置订购版本
            dgvr.Cells["UnitPrice"].Value = Convert.ToDecimal(txtUnitPrice.Text);   //设置单价
            dgvr.Cells["Discount"].Value = Convert.ToDecimal(txtDiscount.Text);     //设置折扣数值
            dgvr.Cells["Quantity"].Value = Convert.ToInt32(txtQuantity.Text);       //设置订购数量
            if (rbIsNeedInvoice0.Checked)                                           //若不需要发票
            {
                dgvr.Cells["IsNeedInvoice"].Value = "0";                            //设置标记值为 0
            }
            if (rbIsNeedInvoice1.Checked)                                           //若需要发票
            {
                dgvr.Cells["IsNeedInvoice"].Value = "1";                            //设置标记值为 1
            }
            if (chbWriteOffType1.Checked)                                           //若是个人需要发票
            {
                dgvr.Cells["WriteOffType"].Value = "1";                             //设置报销类别标记为 1
                dgvr.Cells["WriteOffName"].Value = txtWriteOffName1.Text.Trim();    //设置报销人名称
                //设置报销人的身份证号
                dgvr.Cells["CertificateNumber"].Value = txtCertificateNumber1.Text.Trim();
            }
            if (chbWriteOffType2.Checked)                                           //若是单位需要发票
            {
                dgvr.Cells["WriteOffType"].Value = "2";                             //设置报销类别标记为 2
                dgvr.Cells["WriteOffName"].Value = txtWriteOffName2.Text.Trim();    //设置单位名称
                //设置报销单位的税号
                dgvr.Cells["CertificateNumber"].Value = txtCertificateNumber2.Text.Trim();
            }
            dgvr.Cells["EmployeeCode"].Value = cbxEmployeeCode.SelectedValue;       //设置下单人
            if (dtpSignDate.Checked)                                                //若选择录入日期
            {
                dgvr.Cells["SignDate"].Value = dtpSignDate.Value.Date;
            }
            else                                                                    //若未选择录入日期
            {
                dgvr.Cells["SignDate"].Value = DBNull.Value;
            }
```

```csharp
            dgvr.Cells["Remark"].Value = txtRemark.Text.Trim();                      //设置备注
            dgvr.Cells["OperatorCode"].Value = GlobalProperty.OperatorCode;          //设置操作员
            dgvr.Cells["AppendDate"].Value = GlobalProperty.DBTime.Date;             //设置录入日期
            if (rsob.Insert(formRetailSaleOrderBill.bsSaleOrderBill))                //若提交新记录成功
            {
                MessageBox.Show("保存成功！ ", "软件提示");
                this.Close();
            }
            else                                                                      //若提交新记录失败
            {
                MessageBox.Show("保存失败！ ", "软件提示");
            }
        }
        if (this.Tag.ToString()=="Edit")
        {
            string strOldSaleBillNo = formRetailSaleOrderBill.dgvSaleOrderBill.CurrentRow.Cells["SaleBillNo"].Value.ToString();
            if (txtSaleBillNo.Text.Trim() != strOldSaleBillNo)                        //说明单据编号(主键)发生了改变
            {
                if (rsob.IsExistSaleBillNo(txtSaleBillNo.Text.Trim()))                //若单据编号重复
                {
                    MessageBox.Show("该单号已存在,请重新输入单号! ", "软件提示");
                    txtSaleBillNo.Focus();
                    return;
                }
                if (useful.IsExistConstraint("SaleOrderBill", strOldSaleBillNo))      //存在外键记录
                {
                    MessageBox.Show("已发生业务关系，不许修改单据号! ", "软件提示");
                    txtSaleBillNo.Focus();
                    return;
                }
            }
            DataGridViewRow dgvr = formRetailSaleOrderBill.dgvSaleOrderBill.CurrentRow;
            dgvr.Cells["SaleBillNo"].Value = txtSaleBillNo.Text.Trim();
            dgvr.Cells["BillDate"].Value = dtpBillDate.Value.Date;
            dgvr.Cells["CustomerId"].Value = formRetailSaleOrderBill.CustomerNo;
            dgvr.Cells["GoodsTypeCode"].Value = cbxGoodsTypeCode.SelectedValue;
            dgvr.Cells["GoodsSeriesCode"].Value = cbxGoodsSeriesCode.SelectedValue;
            dgvr.Cells["UnitPrice"].Value = Convert.ToDecimal(txtUnitPrice.Text);
            dgvr.Cells["Discount"].Value = Convert.ToDecimal(txtDiscount.Text);
            dgvr.Cells["Quantity"].Value = Convert.ToInt32(txtQuantity.Text);
            if (rbIsNeedInvoice0.Checked)
            {
                dgvr.Cells["IsNeedInvoice"].Value = "0";                              //不需要发票
            }
            if (rbIsNeedInvoice1.Checked)
            {
                dgvr.Cells["IsNeedInvoice"].Value = "1";                              //需要发票
            }
            if (chbWriteOffType1.Checked)
            {
                dgvr.Cells["WriteOffType"].Value = "1";                               //个人需要发票
                dgvr.Cells["WriteOffName"].Value = txtWriteOffName1.Text.Trim();
                dgvr.Cells["CertificateNumber"].Value = txtCertificateNumber1.Text.Trim();
            }
            if (chbWriteOffType2.Checked)
            {
                dgvr.Cells["WriteOffType"].Value = "2";                               //单位需要发票
                dgvr.Cells["WriteOffName"].Value = txtWriteOffName2.Text.Trim();
                dgvr.Cells["CertificateNumber"].Value = txtCertificateNumber2.Text.Trim();
            }
            dgvr.Cells["EmployeeCode"].Value = cbxEmployeeCode.SelectedValue;
            if (dtpSignDate.Checked)
            {
                dgvr.Cells["SignDate"].Value = dtpSignDate.Value.Date;
            }
            else
            {
                dgvr.Cells["SignDate"].Value = DBNull.Value;
            }
```

```csharp
            dgvr.Cells["Remark"].Value = txtRemark.Text.Trim();
            if (rsob.Update(formRetailSaleOrderBill.bsSaleOrderBill))
            {
                MessageBox.Show("保存成功！", "软件提示");
                this.Close();
            }
            else
            {
                MessageBox.Show("保存失败！", "软件提示");
            }
        }
    }
}
```

10.8.5 删除订货单信息

单击订货单窗体工具栏中的"删除"按钮，首先弹出确认删除的提示框，如果单击了"是"按钮，判断要删除的数据表中是否存在主外键关系，在不存在主外键关系的情况下，执行删除订货单信息的 SQL 语句，并重新初始化窗体中的控件，代码如下：

```csharp
private void toolDelete_Click(object sender, EventArgs e)
{
    string strSql = " Delete From Customer Where CustomerId = '" + this.CustomerNo + "'";      //删除订货单的 SQL 语句
    //弹出确认删除的提示框
    if (MessageBox.Show("确定要删除吗？", "软件提示", MessageBoxButtons.YesNo, MessageBoxIcon.Exclamation)
        == DialogResult.Yes)
    {
        if (new Useful().IsExistConstraint("Customer", this.CustomerNo.ToString()))            //判断是否存在主外键关系
        {
            MessageBox.Show("已发生业务关系，无法删除", "软件提示");
            return;
        }
        if (rc.Delete(strSql))                                                                  //执行删除操作
        {
            MessageBox.Show("保存成功！", "软件提示");
            ClearControls();
            toolDelete.Enabled = false;
            toolAmend.Enabled = false;
            toolSave.Enabled = false;
            toolCancel.Enabled = false;
            toolAdd.Enabled = true;
            toolBrowse.Enabled = true;
            this.CustomerNo = 0;
        }
        else
        {
            MessageBox.Show("保存失败！", "软件提示");
        }
    }
}
```

10.9 权限分配模块设计

10.9.1 权限分配模块概述

权限分配模块主要用于为系统的操作员分配操作权限。在操作员使用该系统之前，系统管理员首先要根据该操作员的工作角色为其分配相关模块的操作权限，然后操作员才能够正常使用。权限分配窗体运行效果如图 10.11 所示。

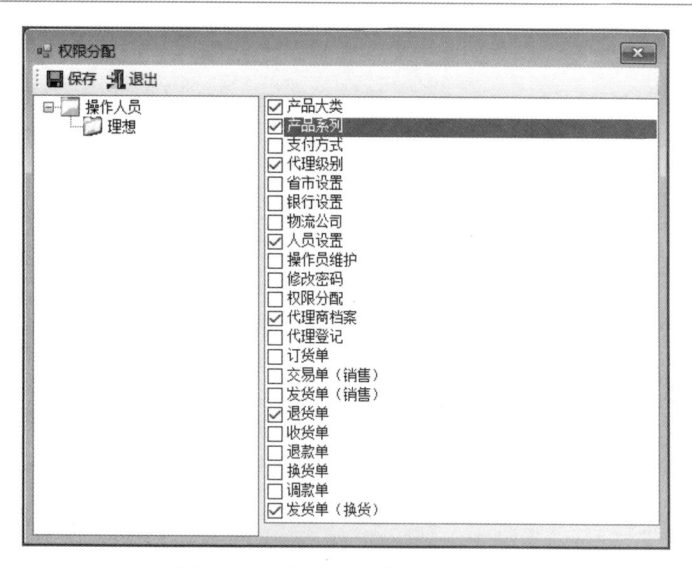

图 10.11　权限分配窗体运行效果

10.9.2　设计权限分配窗体

新建一个 Windows 窗体，命名为 FormPurviewAssign.cs，用于给该系统的操作员分配操作权限，该窗体用到的主要控件如表 10.17 所示。

表 10.17　权限分配窗体用到的主要控件

控 件 类 型	控件 ID	主要属性设置	用　　途
ToolStrip	toolStrip1	Items 属性中添加"保存"和"退出"两个按钮	制作工具栏
SplitContainer	splitContainer1	Dock 属性设置为 Fill	把窗体分割成两个大小可调区域
TreeView	tvOperator	Dock 属性设置为 Fill	显示操作员
ImageList	imgListOperator	Images 属性中添加所需的图标	包含树结点所使用的 Image 对象
CheckedListBox	chlbModule	CheckOnClick 属性设置为 true	显示系统功能模块

10.9.3　显示指定操作员的已有权限

单击权限分配窗体左侧导航中的任意操作员，程序将从数据库中检索出该操作员所具有的权限信息，并将其显示到右侧的 CheckedListBox 控件中，这是在 TreeView 控件的 AfterSelect 事件中实现的，代码如下：

```
private void tvOperator_AfterSelect(object sender, TreeViewEventArgs e)
{
    //设置 CheckedListBox 控件的所有项为不选定状态
    useful.SetCheckedListBoxState(chlbModule, CheckState.Unchecked);
    if (tvOperator.SelectedNode != null)                    //若被选择结点不为空
    {
        if (tvOperator.SelectedNode.Tag != null)            //若结点的 Tag 属性不为空
        {
            string strFlag = String.Empty;                  //声明表示权限标记的字符串
            //获取当前操作员的权限分配信息
            DataTable dt = GetPurviewAssignInfo(tvOperator.SelectedNode.Tag.ToString());
            for (int i = 0; i < chlbModule.Items.Count; i++)
            {
                chlbModule.SelectedIndex = i;               //设置列表中当前选定项的索引
                DataRow dr = dt.AsEnumerable().FirstOrDefault(itm => itm.Field<string>("MenuItemTag") ==
                    chlbModule.SelectedValue.ToString());   //获取当前模块的权限分配信息
```

```csharp
                if (dr == null)                                         //若不存在当前模块的权限分配信息
                {
                    strFlag = "0";                                      //设置权限标记为 0，表示无权限
                }
                else                                                    //若存在当前模块的权限分配信息
                {
                    strFlag = dr["IsEnabled"].ToString();               //获取权限标记
                }
                //根据权限标记设置列表中项的状态
                chlbModule.SetItemChecked(i, useful.GetCheckedValue(strFlag));
            }
        }
    }
}
```

10.9.4　保存新分配的权限

在权限分配窗体右侧的权限列表中选择完相应的权限后，单击"保存"按钮，调用 DataLogic 公共类中的 ExecDataBySqls()方法来执行修改指定操作员操作权限的 SQL 语句，从而实现保存权限分配信息的功能。代码如下：

```csharp
private void toolSave_Click(object sender, EventArgs e)
{
    List<string> strSqls = new List<string>();                          //创建 List<string>的实例
    string strSql = String.Empty;                                       //声明表示 SQL 语句的字符串
    if (tvOperator.SelectedNode.Tag != null)                            //若被选择结点的 Tag 属性不为空
    {
        //获取当前操作员的权限分配信息
        DataTable dt = GetPurviewAssignInfo(tvOperator.SelectedNode.Tag.ToString());
        for (int i = 0; i < chlbModule.Items.Count; i++)                //遍历所有的模块
        {
            chlbModule.SelectedIndex = i;                               //设置列表中当前选定项的索引
            DataRow dr = dt.AsEnumerable().FirstOrDefault(itm => itm.Field<string>("MenuItemTag") ==
                chlbModule.SelectedValue.ToString());                   //获取当前模块的权限分配信息
            if (dr == null)                                             //若不存在当前模块的权限分配信息
            {
                //添加新的权限分配记录
                strSql = "INSERT INTO PurviewAssign(OperatorCode,MenuItemTag,IsEnabled) "
                    + "','" + useful.GetFlagValue(chlbModule.GetItemCheckState(i)) + "')";
                strSqls.Add(strSql);                                    //向 strSqls 中添加表示 Insert 语句的字符串
            }
            else                                                        //若存在当前模块的权限分配信息
            {
                //若列表中的权限分配信息与数据库中的权限分配信息不相同
                if (useful.GetFlagValue(chlbModule.GetItemCheckState(i)) != dr["IsEnabled"].ToString())
                {
                    //修改某个模块的权限分配信息
                    strSql = "Update PurviewAssign Set IsEnabled = '"
                        + useful.GetFlagValue(chlbModule. GetItemCheckState(i)) + "' Where OperatorCode = '"
                        + tvOperator.SelectedNode. Tag.ToString() +"' and MenuItemTag = '"
                        + chlbModule.SelectedValue.ToString() + "'";
                    strSqls.Add(strSql);                                //向 strSqls 中添加表示 Update 语句的字符串
                }
            }
        }
        if (dal.ExecDataBySqls(strSqls))                                //若提交 SQL 语句成功
        {
            MessageBox.Show("保存成功！", "软件提示");
        }
        else                                                            //若提交 SQL 语句失败
        {
            MessageBox.Show("保存失败！", "软件提示");
        }
    }
}
```

10.10 项目运行

通过前述步骤，完成了"云销商品管理系统"项目的开发。下面运行该项目，检验一下我们的开发成果。使用 Visual Studio 打开"云销商品管理系统"项目，单击工具栏中的"启动"按钮或者按 F5 快捷键，即可成功运行该项目。项目运行后首先显示系统登录窗体，效果如图 10.12 所示。

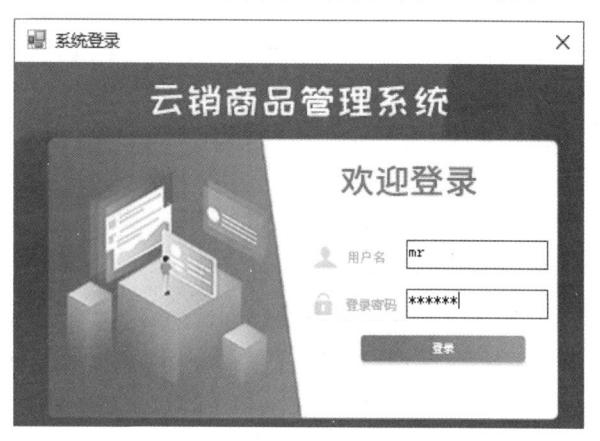

图 10.12　云销商品管理系统

在系统登录窗体中输入用户名和密码，单击"登录"按钮，如果用户名和密码正确，则进入云销商品管理系统的主窗体。然后用户可以通过对主窗体中的菜单栏、工具栏和导航菜单进行操作，进而调用其各个子模块。例如，在主窗体中单击工具栏中的"业务管理""销售业务""订货单"菜单，弹出"订货单"窗体，如图 10.13 所示。在该窗体中，用户可以对订货单信息进行添加、修改、删除等操作。

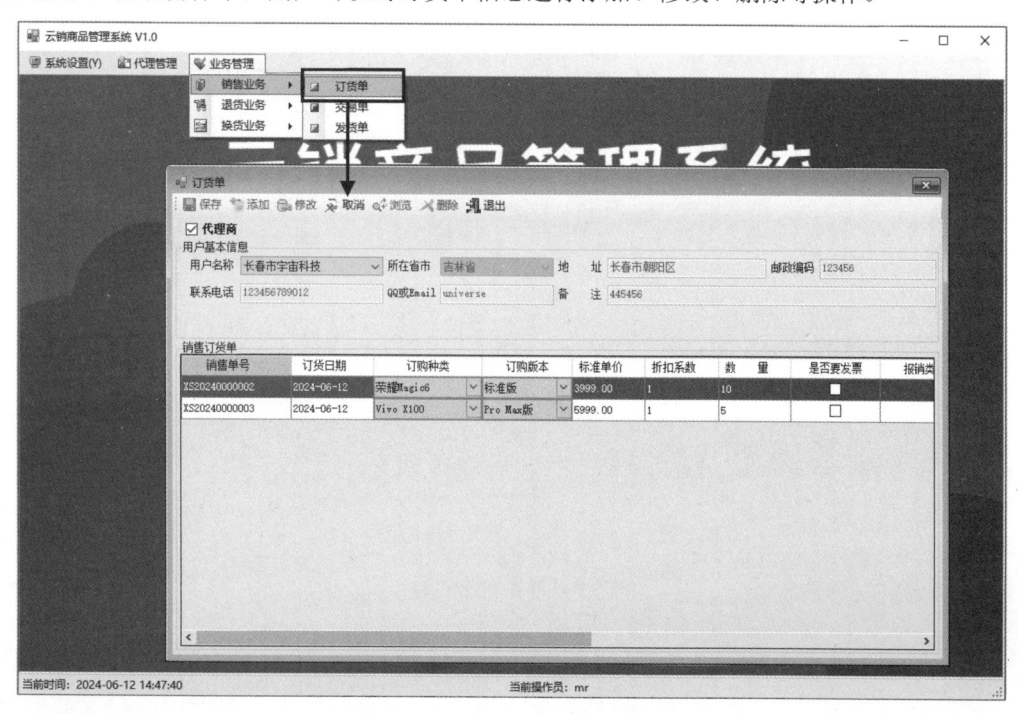

图 10.13　云销商品管理系统操作

> **说明**
>
> 在 Visual Studio 中运行本项目时,需要确保已经在 SQL Server 管理器中附加了 db_Sale 数据库,并且 INI 配置文件中的服务器名、数据库登录名和密码已经修改成了本机的 SQL Server 服务器名、数据库登录名和密码。

本章主要使用 C#结合 SQL Server 数据库开发了一个云销商品管理系统。该系统是在进销存系统原理的基础之上,结合某公司商品实际营销情况而开发的一套企业级商品销售管理系统,因此该系统在研发过程中十分注重实用性,是一个可商用的真实项目。通过学习该系统,可以使编程初学者直接迈入真实项目开发的大门,也可以为在职编程人员提供较好的项目思路。由于该系统基于进销存系统的基本原理,所以也可以基于传统进销存系统进行升级或拓展开发,设计出具有企业自身特点的销售管理系统或通用的商品销售分析系统。

10.11 源码下载

本章详细地讲解了如何编码实现"云销商品管理系统"项目的主要功能模块。为了方便读者学习,本书提供了完整的项目源码,扫描右侧二维码即可下载。